臺灣豆科植物圖鑑

作者簡介

葉茂生

學歷

日本東京農業大學農學博士

經歷

國立中興大學農藝學系教授兼系主任

國立中興大學教授兼農業試驗場場長

現職

國立中興大學農藝學系教授（退休）

曾彥學

學歷

國立臺灣大學森林學研究所博士

經歷

國立中興大學教授兼任實驗林管理處處長

國立中興大學森林學系助理教授、副教授

特有生物研究保育中心植物組助理研究員、副研究員

現職

行政院農業委員會林業試驗所所長

國立中興大學森林學系教授

王秋美

學歷

國立中興大學生命科學系博士

經歷

國立自然科學博物館

林務局東勢林管處

現職

國立自然科學博物館副研究員

五南圖書出版公司 印行

推薦序

人類利用豆科植物已經有數千年的歷史，且與人類文化具有密切關係，早在七千多年前中東地區的人們已經開始食用鷹嘴豆（*Cicer arietinum* L.）；在中國古代書冊上亦有所記載，如詩經〈小雅 小宛〉：「中原有菽，庶民采之。螟蛉有子，裸贏負之。」「菽」原為豆類總稱，在中國古代專指大豆或黃豆，大豆在中國的栽培也是歷史悠久。古代大豆的葉稱為「藿」，莖稱為「萁」，故在三國時期曹植的「煮豆燃豆萁，豆在釜中泣，本是同根生，相煎何太急？」這首詩即可印證豆類植物已融入當時的生活中。

豆科植物成員多數且多元，可適應不同的氣候與環境，本科主要分布於熱帶雨林、溫帶地區、草原及沙地，遍及五大洲。豆科植物依 APG（Angiosperm Phylogeny Group）的分類系統屬於雙子葉植物豆目，全目約有 800 屬 19,325 種左右，約占目前已知開花植物物種的 7%，是陸生植物中第三大科，僅次於蘭科及菊科。豆科依最新的分類系統 LPWG（Legume Phylogeny Working Group）可分為 6 個亞科，分別為山薑豆亞科（Duparquetioideae）、紫荊亞科（Cercidoideae）、甘豆亞科（Detarioideae）、大立果亞科（Dialioideae）、蘇木亞科（Caesalpinioideae）及蝶形花亞科（Papilionoideae），而原來的含羞草亞科則被併入蘇木亞科中。

臺灣為一海島，面積不到 40,000 平方公里，但因位於亞洲大陸棚的東緣，形成的過程曾與亞洲大陸連接過，實為一大陸島，因此許多的生物種類與亞洲大陸相近，甚至相同。又處在太平洋西緣島弧中間，北接琉球群島、日本群島至千島群島，南連菲律賓群島、南洋群島至新幾內亞，是許多南來北往候鳥的中繼站，為數不少的北方植物與南方植物藉由候鳥匯集在這小島上；加上臺灣地處亞熱帶地區，島上超過 3,000 公尺高山有 268 座，是故孕育出熱帶、暖帶、溫帶及亞寒帶的不同氣候，提供了多元植物相的生育環境，導致小小一個臺灣便擁有將近 5,000 多種的維管束植物，單就豆科植物原生種類就高達 180 分類群（包括種以下亞種、變種），其中臺灣豆科特有種有 34 分類群。

近百年來拜科技發達，經濟進步，全球交通迅速且便利，許多植物也藉由人類的刻意與非刻意運送擴散至世界各地，越來越多的外來豆科植物傳入臺灣。但吾人對其又只知偏隅，確實需要有一本完整的圖鑑供各界參用。因近年來資訊進步，資料取得較過去容易，新的植物分類系統也隨時代科技進步，融入親緣關係，較符合現代理論。因此增訂版「臺灣豆科植物圖鑑」較舊版完全不同，新的排版、新的分類系統，種類也增加一倍，足見作者的用心與投入。本次增修特別將臺灣原生豆科植物重新加以整合、訂正，臺灣近年引進栽培觀賞、綠美化、農作物、特用作物等種類極多，本書亦收集羅列約 565 外來分類群（包括種以下的亞種、變種），堪稱近幾十年來臺灣植物圖鑑之大作。

本書第一作者葉茂生教授乃是臺灣著名的豆科植物權威，一直以來受到植物分類學者所珍藏的「臺灣豆類植物資源彩色圖鑑」就是葉教授之經典著作。葉教授早年負笈日本攻取碩、博士學位即以豆科為主要研究對象，回臺任教於母校中興大學農藝學系，亦專注豆科植物種源蒐集、分類、保種與育種等研究，投入臺灣豆科植物研究逾四十幾年，退休之後仍努力不懈整理豆科植物資料，希望將一生所學能流傳後世。葉教授為學嚴謹、研究踏實，對所作專書非常講究，且力求完美，為集思廣益，群策群力且提攜後進，奕葉相承，特邀請王秋美博士及曾彥學教授兩位年輕植物分類專家合力重新撰寫，增加圖片，廣收有記錄的引進豆科物種，期能將臺灣現有豆科植物收集完備臻善。今新的巨作再度出版，可喜可賀，值得慶幸與讚賞，樂予為序。

國立中興大學森林學系　退休教授
中華易之森林植物研究協會　創會理事長

歐辰雄 謹識

自序

臺灣位於北回歸線上，南部屬熱帶，北部屬亞熱帶。但由於地理環境特殊，有東亞最高海拔 4,000 公尺的高山，造成地跨熱、暖、溫、寒四帶不同的氣候，孕育了豐富的植物資源。小小的 36 萬公頃的島上孕育了多達 5,000 餘種的維管束植物。其中豆科植物繁多，且分布全島，為臺灣極重要的植物資源之一。

豆科植物為僅次於菊科及蘭科，為顯花植物的第三大分類群，世界上估計有 770 屬 19,500 種，大多數為有用的植物（作物）。利用上，豆科是僅次於禾本科為人類第二重要的糧食作物，但是在有些地區（例如印度和非洲）豆類的重要性卻凌駕於禾穀類之上，而且豆類是植物性蛋白質及油分的最主要供給源。豆科植物除供作糧食外，更是熱帶和溫帶地區無與倫比的飼料、牧草與綠肥、覆蓋作物。尚可作為纖維、油料、染料、藥用、殺蟲劑、樹膠、樹脂、木材、燃料、庇蔭樹、果樹、庭園樹、觀賞花卉、蔬菜及蜜源等多樣性的利用。

「臺灣豆類植物資源彩色圖鑑」出版於 1991 年，當時收臺灣自生與引進的豆科植物共 448 種，（其中蝶形花亞科 293 種，蘇木亞科 87 種，含羞草亞科 68 種）。2011 年重新整理彙編了 541 種的新圖鑑，作為榮退的「畢業紀念冊」加以保存。2016 年初五南出版公司編輯突然來訪邀稿，拿出珍藏 5 年的藍本，希望重新增修內容與補照片後能提供付梓，就這樣重新掀起出版「臺灣豆科植物圖鑑」的終身願望。

近年來，從世界各地引進臺灣的豆科植物增加甚多，於是邀請國內的植物分類學專家曾彥學教授及王秋美博士共同執筆編撰，經歷五年的努力，終於完稿付梓。

本書依據 2017 年 LPWG（Legume Phylogeny Working Group）最新的豆科分類系統，將臺灣的豆科植物依 I. 紫荊亞科、II. 甘豆亞科、III. 大立果亞科、IV. 蘇木亞科及 V. 蝶形花亞科之順序，共收臺灣特有、自生、歸化（含栽培）及引進的豆科植物（作物）共 5 亞科 198 屬，695 種，16 亞種，34 變種。其中紫荊亞科 6 屬 27 種 1 亞種 2 變種，甘豆亞科 19 屬 33 種 1 亞種，大立果亞科 2 屬 4 種，蘇木亞科 46 屬 199 種 2 亞種 3 變種，蝶形花亞科 125 屬 432 種 12 亞種 29 變種等分類群。

本書最大的特點是採用 LPWG（2017）最新的豆科分類系統，有別於傳統的將豆科分為 3 個亞科或豆目（部）3 個科的分類模式。另外本書除收錄臺灣原生及引進的物種外，更收錄臺灣豆類作物的栽培種，對每種植物（作物）的分布、形態及用途均詳細說明。

作者本著便於農業、林業、牧業及植物界愛好者之參考，將此圖鑑匆匆付梓，書中未能收集而從缺的圖片，則有待繼續努力，盼來日能一一補齊。勉力成書疏漏錯誤之處勢所難免，尚祈學者專家惠予指正，以作為未來增訂再版時重要的參考。

葉茂生　曾彥學　王秋美　謹識

誌 謝

經歷五年的努力終於完成臺灣豆科植物圖鑑的修訂與編撰，能如期完成要特別感謝歐辰雄教授的鼓勵、賜序與提供寶貴的照片：小葉羊蹄甲（1 張）、紅花假地藍（1 張）。並要感謝林惠雯小姐五年來全方位不辭辛勞地打字、排版、修訂及校稿等，本書才能在預期內完成，衷心地感激。

同時要感謝楊曆縣先生提供線葉野百合（4 張）、圓葉野百合（3 張）、甘比亞野百合（2 張）、麥氏野扁豆（3 張）、豬仔笠（4 張）；鍾芸芸小姐提供大葉寶冠木（3 張）、奶油鳳凰木（3 張）、四肋莢豆（3 張）、翅果田菁（3 張）；呂碧鳳小姐提供掌葉野百合（2 張）、甘比亞野百合（1 張）、太魯閣木藍（2 張）、細梗胡枝子（2 張）、濱槐（1 張）；陳運造先生提供銀栲、白雀花、紫雀花、鷹爪豆（各 1 張）及垂花胡枝子（2 張）；林正斌先生提供毛金絲三葉草、五葉金絲雀三葉草、直立金絲雀三葉草、卡諾遜岩黃耆、西班牙紅豆草（各 1 張）；陳侯賓先生提供金葉羊蹄甲（1 張）、大豬屎豆（3 張）、白花黎豆（1 張）；孔繁明先生提供大葉寶冠木（2 張）、南南果樹（3 張）；陳丁祥先生提供皺果煉莢豆（3 張）、臺灣木藍（1 張）；黃畇柔小姐提供蘭嶼魚藤（4 張）；鄭元春先生提供黃花香豌豆（3 張）；邱輝龍先生圖供小果刀豆（2 張）、蘭嶼木藍（1 張）；董景生先生提供毛莿桐（3 張）；陳和瑟小姐提供莿豆（2 張）、羽葉補骨脂（1 張）；吳淑娟小姐提供臺灣皂莢（2 張）；江德賢先生提供垂花三葉草（2 張）；林榮森先生提供單蕊羊蹄甲（2 張）；黃春珠小姐提供樹魚藤（2 張）；陳傑樺小姐提供絲蘇木（2 張）；許榮輝先生提供廣東相思子（2 張）；陳文厚先生提供巴西雨樹（2 張）；邱垂豐先生提供雙景羽扇豆（1 張）；楊明彰先生提供掌葉野百合（1 張）；楊淑聆小姐提供濱槐（1 張）。您們無償地提供最寶貴的照片，使本書圖片更加充實、完整，增色不少，謹致上最深的謝忱。

另外感謝 Oling Keller、孔繁明、王正男、王玉美、王忠勝、王瑞閔、伍定堃、伍淑惠、江木興、何鳳、吳志文、吳振榮、吳瑪雅、吳嬌娥、呂順泉、李宏文、周正隆、林佳威、林德保、洪裕榮、張文智、張永成、張淑美、郭明裕、陳吉元、陳伯勳、陳易聖、陳信宏、陳柄佑、陳盈光、陳新永、陳達浪、黃政瑋、黃景承、楊國禎、楊淑聆、劉昌郎、蔡裕輝、鄭秉豐、蕭景鋒、羅玉燕、羅能業、龔福連等先生、小姐，以及許多低調的朋友們提供植物或協助野外工作等，感謝您們，致上最深的謝意！並向引用文獻中的所有專家、學者們等敬致謝忱。

內容概述

1. 本書依 Legume Phylogeny Working Group（LPWG, 2017）的豆科分類系統，將臺灣的豆科植物依 I. 紫荊亞科、II. 甘豆亞科、III. 大立果亞科、IV. 蘇木亞科及 V. 蝶形花亞科之順序，共收自生、引進或栽培的豆科植物 5 亞科 198 屬，695 種、16 亞種、34 變種，以拉丁學名之字母順序作為屬和種編號的依據。
2. 本書所載之科、亞科、屬、種、亞種均有形態特徵之描述，以彌補彩色照片的不足，使讀者對該植物有一個概括的認識。
3. 本書文字描述包括中名（或俗名）、學名、日名、英名（或地方名）、分布、形態、用途及染色體數等項目。
4. 中名：植物之名有時極多，擇其常見者為主，並將其別名、俗名也予摘錄。
5. 學名：本書所用學名以第一個為準，而首行以下之學名則為同義名（synonym），學名之屬名及種名均以斜體字，命名者（author name）則用正體字。
6. 日名、英名（或地方名）：植物之日名、英名或地方名。日名以平假名，英名以正體表示。
7. 分布：記述植物之原產地及分布地區。臺灣之分布或栽培狀況，引種概況等，並就臺灣特有種、自生種、歸化種（含栽培種）及引進種予以標示。
8. 形態：記述植物之外部形態，名記其為木本、草本或藤本，葉之形狀、大小，花之顏色、構造，莢果、種子之形狀、大小及發芽初期之形態等。
9. 用途：摘錄植物之各種用途。
10. 染色體數：由文獻摘錄其染色體數（2n）。
11. 書後附有主要參考文獻，與中名、學名、英名及日名之索引，以便於讀者查對。
12. 蘇木亞科中屬名附有 * 者，表示該屬屬於蘇木亞科之含羞草支序（Mimosoid clade），即傳統分類上原屬含羞草亞科（Mimosoideae）者。

目 次

目　錄

豆 科

豆科植物為僅次於菊科及蘭科，為顯花植物的第三大分類群。世界上估計有 770 屬 19,500 種，多數為有用的植物，以糧食資源之觀點來看，其重要性僅次於禾本科植物，且為重要的植物性蛋白質和油料來源。豆科植物除供作糧食外尚可作為飼料、牧草、綠肥、覆蓋、庇蔭、水土保持、纖維、林木、木材、單寧、染料、樹脂、樹膠、香料、香辛料、藥用、殺蟲劑、毒劑、燃料、蜜源、蔬菜、果樹及觀賞等多種用途。

豆科植物形態上分為喬木、灌木、藤本或草本。葉奇數或偶數羽狀複葉至二回羽狀複葉，或單葉，一般互生；小葉對生或互生，有時變為卷鬚，罕退化為假葉。花輻射對稱至兩側對稱；大多為兩性花，少單性花；花序大多為總狀花序、圓錐花序、穗狀花序，少部分為繖形、頭狀花序；雄蕊常 10 或 9 枚，少數少於 9 或多於 10 枚，合生或離生成多樣式，常形成二體雄蕊或單體雄蕊。莢果開裂或不開裂，有時具翅或稜。種子呈各種形狀，種臍明顯或不明顯，附屬物有或無，假種皮有或無。

傳統分類系統豆科（Leguminosae）分為蘇木亞科（Caesalpinioideae）、含羞草亞科（Mimosoideae）和蝶形花亞科（Papilionoideae）等三個亞科。而郝欽森系統將科升為部，將豆部（Leguminales）分為蘇木科（Caesalpiniaceae）、含羞草科（Mimosaceae）與蝶形花科（Papilionaceae）三科。2017 年 Legume Phylogeny Working Group （LPWG）利用質體 matK 基因（plastid matK gene）分析，將豆科劃分為六個亞科，分別為山薑豆亞科（Duparquetioideae）、紫荊亞科（Cercidoideae）、甘豆亞科（Detarioideae）、大立果亞科（Dialioideae）、蘇木亞科（Caesalpinioideae）和蝶形花亞科（Papilionoideae），將原來的含羞草亞科歸類為蘇木亞科的含羞草支序（Mimosoid clade）（LPWG, 2017）。

依據 LPWG 的豆科分類系統，臺灣自生和引進的豆科植物除無山薑豆亞科外，包含有紫荊亞科 6 屬 27 種 1 亞種 2 變種，甘豆亞科 19 屬 33 種 1 亞種，大立果亞科 2 屬 4 種，蘇木亞科 46 屬 199 種 2 亞種 3 變種，蝶形花亞科 125 屬 432 種 12 亞種 29 變種，總計有 5 亞科，198 屬，695 種，16 亞種，34 變種。

Leguminosae / Fabaceae

臺灣豆科植物組成如表 1。臺灣豆科植物中紫荊亞科占 4.0%，甘豆亞科占 4.6%，大立果亞科占 0.5%，蘇木亞科占 27.4%，蝶形花亞科占 63.5%。其中特有種占 4.6%，自生種占 19.6%；歸化種（含栽培種）占 18.7%，引進種占 57.1%。故臺灣豆科植物中 75.8% 為外來種（包含歸化種及引進種），而臺灣原生種（包含特有種及自生種）僅占 24.2%。

▼表 1　臺灣豆科（Leguminosae）植物的組成

亞科	屬	原生種						外來種								
		特有種			自生種			歸化種 *			引進種			合計		
		種	亞種	變種	種	亞種	變種	種	亞種	變種	種	亞種	變種	種	亞種	變種
紫荊亞科	6				1			2			24	1	2	27	1	2
甘豆亞科	19							1			32	1		33	1	
大立果亞科	2										4			4		
蘇木亞科	46	1		2	17	1		30			151	1	1	199	2	3
蝶形花亞科	125	22	2	7	115	4	8	90	4	12	205	2	2	432	12	29
合計	198	23	2	9	133	5	8	123	4	12	416	5	5	695	16	34

* 歸化種含栽培種豆類

I 紫荊亞科（Cercidoideae LPWG）

喬木、灌木或藤本灌木。多數具有卷鬚。葉單葉或二出葉，小葉對生。花總狀花序或擬總狀花序；花兩性，罕單性；兩側對稱，有時呈蝶形；雄蕊常 10 枚，有時較少。莢果開裂，裂瓣卷曲，或常翅果狀不開裂。種子種臍位於先端，呈新月形或圓形，不明顯，無附屬物、翅或假種皮等。2n=12, 14, 24, 26, 28, (42, 56)。

本亞科有 12 屬，約 335 種。臺灣有 6 屬，27 種，1 亞種，2 變種。

1 羊蹄甲屬（Bauhinia L.）

喬木、灌木。葉單葉，互生，一般頂端 2 裂，罕全緣或全裂為 2 小葉。花大，美麗，紫色、粉紅色、白色或黃色，單生，圓錐狀或繖房狀總狀花序；花萼呈大花（火焰）苞狀，花萼筒 2~5 裂；花瓣 5，具瓣柄；雄蕊 1~10 枚。莢果扁平，橢圓形，帶狀線形，開裂，罕不開裂。種子數粒，卵形或圓形，扁平。2n=24, 26, 28, (42, 56)。

本屬約 150 種，分布全球熱帶、亞熱帶地區。臺灣有歸化 1 種，引進 9 種，1 亞種，1 變種。

1 大花馬蹄豆（大花包興木、大花羊蹄甲）

- ***Bauhinia aculeata* L. ssp. *grandiflora* (Juss.) Wunderlin**
  Bauhinia grandiflora Juss.

分布 原產南美安地斯山脈地區。臺灣 1928、1965 及 1972 年曾多次引進，中、南部略有栽植，稀少。

形態 直立小喬木。具針刺。葉單葉，卵形或近心形，長 5~12 cm，先端鈍，淺二裂，裂片卵形，各有 3 脈。花純白色，大形，叢生葉腋，夜間開放，徑 10~15 cm；雄蕊 9~10 枚。莢果狹扁平。

用途 觀賞用。

2 木碗樹（馬蹄豆、銳葉羊蹄甲、白花羊蹄甲、矮白花羊蹄甲）

- ***Bauhinia acuminata* L.**
- モクワンジュ, ソシンカ, キワンジュ
- White bauhinia, Dwarf white bauhinia, Snowy bauhinia, Taper pointed mountain ebony

分布 原產印度、中國、越南、馬來半島、印尼。臺灣 1896 年首次引進，現全島各地均有栽培。

形態 落葉灌木或小喬木。枝有稜角。葉單葉，心形，互生，8~16 cm，先端銳尖，2 裂至 1/3，裂片卵形、銳或漸尖，幼時背面具絨毛，後逐呈光滑狀。花白色，徑約 10 cm，短總狀花序；花萼 5 裂，萼筒甚短，佛燄苞狀；花瓣長橢圓形，3~4 cm，先端鈍；雄蕊 10 枚，發育雄蕊 1 枚，長而離生，其他 9 枚退化，短而癒合。莢果扁平，10~13 cm，光滑無毛，暗褐色，8~12 粒種子。種子鮮褐色，長 0.6~ 0.8 cm。半地上發芽型，初生葉單葉，互生。

用途 樹皮、根和葉當藥用。花期長（5~9 月），庭園樹觀賞用。

2n=28

形態　常綠小喬木。小枝被毛。葉單葉，互生，馬蹄狀，8.5~14 cm，先端鈍，2 裂，裂至 1/4~1/3 處，藍綠色。花大而豔麗，紅色或紫紅色，頂生總狀花序，徑約 15 cm；花萼筒裂片佛燄苞狀，帶紅色；發育雄蕊 5 枚，退化雄蕊 2~5 枚。可能是羊蹄甲與洋紫荊的自然雜交種，開花但不結實，扦插繁殖。

用途　花甚芳香，當香花植物，亦為極佳之庭園景觀樹，觀賞用。為香港的區花。

3 豔紫荊（洋紫荊、普居羊蹄甲、紅花紫荊、香港羊蹄甲、香港蘭花樹、香港櫻花）

- ***Bauhinia ×blakeana* Dunn**
- アカベナカマノキ, ホンコンバウヒニア
- Hong Kong orchid tree, Blake's bauhinia, Red-flowered camel's-foot

分布　原產香港園藝上雜交種。臺灣 1967、1971 年引進栽植。現全島各地均有栽培。

4 紅花羊蹄甲（嘉氏羊蹄甲）

- ***Bauhinia galpinii* N. E. Br.**
  Perlebia galpinii (N. E. Br.) A. Schmitz
- Pride of the Cope, Red bauhinia, Nasturtium bauhinia

分布　原產熱帶非洲。臺灣 1968 年引進，園藝栽培。

形態　半落葉性灌木。樹枝蔓生，略呈半藤狀。葉單葉，互生，闊心形，5.5~8.5 cm，先端凹入，基部淺心形，表面有綠色光澤，背面色較淡，有 7 條脈。花紅色，頂生或與葉對生，呈密集總狀花序；花瓣圓形；花萼筒狀，有絨毛；發育雄蕊 2~3 枚，花絲橙紅色，夏季開花。莢果 7~13 cm，扁平，褐色。

用途　適應力強，花期長，良好之景觀植物，觀賞、綠籬。

5 馬達加斯加羊蹄甲

- ***Bauhinia grandidieri* Baill.**

分布　特產馬達加斯加。臺灣引進栽培。

形態　灌木。多分枝。葉單葉，互生，羊蹄形。花總狀花序。莢果橢圓形，扁平，革質，成熟時開裂。種子扁平，卵圓形，褐色。

用途　當薪材或柱材用。花期長（8 月／ 9 月至翌年2月／4月），當庭園景觀樹，花卉栽培，觀賞用。

6 葛利威羊蹄甲

- ***Bauhinia grevei* Drake**

分布　特產馬達加斯加。臺灣引進栽培。

形態　大灌木至小喬木，樹冠擴展。葉單葉，互生，馬蹄狀，先端 2 裂，網狀脈。花鮮紅色，中心帶綠色和黃色，大而豔麗，類似蘭花，總狀花序，頂生。

用途　適於熱帶和溫帶栽培，適應力強，花期長，當庭園景觀樹、花卉，觀賞用。

7 單蕊羊蹄甲（孟南德洋紫荊）

- ***Bauhinia monandra* Kurz**

  Bauhinia happleri Sagot

  Bauhinia krugii Urban

  Bauhinia porosa Bail.

- ボウヒニアモナントウ
- Butterfly flower, Jerusalem date, St. Thomas tree, Pink orchid, Park orchid tree

分布　原產於圭亞那。臺灣引進栽培。

形態　灌木或小喬木，直立。冬季落葉，幼枝具絨毛。葉單葉，圓心形或闊圓形，15~18 cm，先端鈍而 2 裂，裂至葉片的 1/4~1/3 處，基部截形。花粉紅色，繖房花序或密集的總狀花序；花萼筒漏斗狀，散生絨毛；有葯雄蕊僅 1 枚。莢果長 16~33 cm，扁平，光滑，成熟後開裂，10~15 粒種子。種子扁橢圓形，1~1.2 cm，黑色。

用途　斐濟當飼料木栽植，家畜食其幼芽。行道樹、庭園樹，觀賞用。

2n=28, 42

（林榮森　攝）

（林榮森　攝）

8 總狀花羊蹄甲（垂枝羊蹄甲、穗狀花羊蹄甲、硬葉羊蹄甲、總花羊蹄甲）

- ***Bauhinia racemosa*** **Lam.**
  Bauhinia parviflora Lam.
- ホザキボウヒニア, ラセモサバウヒニア
- Racemosa bauhinia, Small flowered mountain ebony

分布　原產印度、斯里蘭卡、馬來西亞、華南。臺灣 1898 年引進，臺北植物園及各地略有栽植。

形態　灌叢狀小喬木。枝蔓生而下垂，略呈藤本狀。葉單葉，互生，闊心形，5~6 cm，先端深 2 裂，基部略呈心形。花淡黃色，呈總狀花序；花瓣倒披針形，3~3.5 cm，完全雄蕊 10 枚。莢果長 15~30 cm，略呈鐮刀形，光滑無毛，12~20 粒種子。種子扁長橢圓形，0.5~1 cm。

用途　樹皮在印度當火繩用。葉、嫩芽、花蕾、幼莢在印度及爪哇當蔬菜，種子也可食用。印度西部葉當獨特 bidi 菸葉用。樹膠及葉當藥用。當庭園觀賞樹。

2n=22, 24, 28

9 小葉羊蹄甲

- ***Bauhinia rufescens*** **Lam.**
  Kharroub

分布　原產熱帶非洲。臺灣 1980 年代引進，臺北植物園及中、南部地區有栽培。

形態　灌木或小喬木。具多數分枝，幼時具柔毛。葉單葉，小形，徑在 2.5 cm 以下，有時從基部裂起，闊長橢圓形或卵形，首尾兩端皆圓，主脈 3 條。花黃色，小形，帶有香味，呈頂生總狀花序或繖房花序；花萼鐘形，裂片佛燄苞狀，為萼筒的二倍長；

花瓣線狀卵形，首尾兩端狹；完全雄蕊 10 枚。莢果線形，4~9 cm，革質，成熟時開裂，種子數粒。種子扁平，有光澤。地上發芽型，初生葉單葉，互生。

用途　在蘇丹為駱駝最喜歡的飼料；嫩芽可食。原住民採纖維、單寧、木材等。樹皮、根、莖及葉當藥用。觀賞用。

2n=18, 22, 26, 28, 56

（歐辰雄　攝）

10　黃花羊蹄甲（黃花洋紫荊）

- ***Bauhinia tomentosa*** **L.**

  Bauhinia pubescens DC.

  Alvesia tomentosa (L.) Britt. & Rose
- キバナモクワンジュ, ハンモンソシカ, キバナバウヒニア
- Yellow bauhinia, Bell bauhinia, Yellow mountain ebony

分布 原產印度、中國、熱帶非洲、西印度群島。臺灣 1909、1965 年分別引進，在臺北植物園及園藝場栽培。

形態 小灌木。多分枝，大多呈團簇狀生長。葉單葉，卵形，互生，2.5~9 cm，先端 2 裂，背面多少有柔毛，裂片裂至葉全長的 1/3 至 2/3 處，先端呈圓鈍形。花黃色或淡黃色，上方花瓣基部中間有深褐色斑，2~3 朵與葉對生或略呈頂生繖房花序；花瓣不完全展開，倒卵形或倒心形，2.5~7.5 cm，近似無爪或短爪；完全雄蕊 10 枚，長短不一。莢果闊線形，革質，扁平呈緊縮狀，約 13 cm，先端漸尖，基部狹，6~12 粒種子。

用途 材緻密，易加工。花為黃色染料的原料。葉有酸味可食用，爪哇嫩葉當蔬菜用，種子也可食用。在印度樹皮搗敷腫瘤及創傷。乾燥葉及花非洲當藥用。觀賞用。

11a 羊蹄甲（宮粉羊蹄甲、洋紫荊）

- ***Bauhinia variegata* L. var. *variegata***
  Phanera variegata (L.) Benth. var. *variegata*
- フイリソシンカ, ハルザキバウヒニア
- Orchid tree, Mountain ebony, Variegated bauhinia, Camel's foot tree, Poor man's orchid

分布 原產華南及印度、緬甸。臺灣 1896、1900 年代多次引進，已歸化全島各地栽植。

形態 半落葉性直立中喬木。葉單葉，圓形或廣卵形，有時腎形，15~18 cm，先端鈍而 2 裂，裂至葉片的 1/4~1/3。花粉紅色或白色，少數呈總狀花序，長 1~4 cm；花瓣 5，倒披針形或倒卵形，具黃綠色或暗紫色斑紋；完全雄蕊 5 枚。莢果帶狀，15~25 cm，扁平，成熟時開裂，10~15 粒種子。種子扁圓形。半地上發芽型，初生單葉，互生。栽培品種**寶花羊蹄甲**（cv. Rubra），花深紫紅色；**斑葉洋紫荊**，葉白化具白斑（圖 3）。育有各種不同品種。

用途 木材製農具用。樹皮含單寧，當收斂劑，鞣皮，染色用，為 sem gum 或 semda gona 的原料。花芽、幼葉、幼莢可當蔬菜用。種子含油 16%。花大而美麗，且有香味，當行道樹、庭園樹，觀賞用。蜜源植物。

2n = 28

11b 白花羊蹄甲（白花洋紫荊）

- ***Bauhinia variegata* L. var. *candida* (Roxb.) Baker**

  Phanera variegata (L.) Benth. var. *candida* (Roxb.) Yeh

  Bauhinia candida Roxb.

  Bauhinia alba Wall.
- シロバナソシンカ
- White bauhinia

分布　原產印度及華南。臺灣引進各地均有栽培。

形態　落葉小喬木。為羊蹄甲之變種，形態與原種相似。但花為白色，有芳香，頂生或腋生，總狀花序；完全雄蕊 5 枚，花期 8~12 月。莢果長闊線形，赤褐色，12~15 cm。

用途　滿樹盛開時花朵潔白美麗，為優良觀賞庭園樹、行道樹外，更是香花原料的優良樹種。花可食。

2 紫荊屬（Cercis L.）

落葉灌木或喬木。葉單葉，互生，先端圓鈍、微凹或銳形，掌狀脈；托葉小，鱗片狀或薄膜狀，早落。花粉紅色至紫紅色，單朵組成總狀花序或數朵聚成花束簇生於主幹或老枝；花瓣 5，假蝶形，具柄；雄蕊 10 枚，離生。莢果扁平，廣線形至長橢圓形，二端銳尖，上縫線具狹翅，遲開裂。種子 2 至數粒，扁平，近圓形，紅棕色。2n=12, 14。

本屬約 8 種，分布北美、歐洲及亞洲中部。臺灣引進 3 種。

1 美國紫荊

- ***Cercis canadensis* L.**
- アメリカハナズオウ
- Eastern red bud, Red-bud, American Judas tree, American red bud

分布　原產北美東部及中部。臺灣 1980 年代引進，栽植於臺北植物園。

形態　喬木，惟栽植時大多呈灌木狀生長。葉單葉，互生，嫩葉紫紅色，闊心形、闊卵形至心形，5~14

cm，先端漸尖或銳尖，基部心形。花粉紅色，長約 1 cm，叢生樹枝上；花萼不規則 5 裂；雄蕊 10 枚。莢果扁平，狹長橢圓形，長 6~10 cm，兩端銳尖。種子數粒，扁平，具光澤。地上發芽型，初生葉單葉，互生。

用途 法後裔之加拿大人以花當沙拉材料。印地安人樹皮當收斂劑。為美奧克拉荷馬州的州花。觀賞用。

2n=12, 14

2 紫荊（紫珠、滿條紅、羅筐桑、花蘇芳）

- ***Cercis chinensis* Bunge**

  Cercis japonica Planch.
- ハナズオウ
- Chinese redbud, Chinese red-bud

分布 原產中國東部至南部，今各地普遍栽培。臺灣引進栽植。

形態 落葉喬木或大灌木。莖幼時暗灰色而光滑，老時粗糙而為裂片。葉單葉，幼時綠色，近圓形，6~14 cm，先端銳尖，基部心形，葉緣膜質透明，表面平滑有光澤。花紫紅色或粉紅色，長 1~1.8 cm，4~10 朵簇生於老枝上，4 月中旬出葉前開放。莢果扁平帶狀，5~14 cm，沿腹縫線有狹翅。種子 2~8 粒，扁平，闊長圓形，4~6 mm，黑褐色，光亮。地上發芽型，初生葉單葉，互生。品種**白花紫荊**（cv. Alba），花白色。

用途 樹皮、花梗、根及花當藥用。花為良好蜜源，可當沙拉，芳香有酸味。當庭園樹、觀賞栽培，為一種美麗而常用的木本花卉植物。

2n =14

3 歐洲紫荊（西洋花蘇芳）

- ***Cercis siliquastrum* L.**
  Siliquastrum orbicularis Moench
- セイヨウハナズオウ
- European Judas tree, European red-bud, Arbol de Juda, Judas tree, Love tree

分布　原產南歐至西亞。臺灣引進栽培。

形態　喬木，一般較低呈灌木狀。葉單葉，呈深心形，徑 6~10 cm，先端圓鈍或略凹，綠色帶粉，幼時紫綠色。花紫紅色，罕白色，3~6 朵花簇生於老枝上，出葉前開花。莢果扁平，長 8~12 cm。地上發芽型，初生葉單葉，互生。**白花歐洲紫荊**（cv. Alba），花白色。

用途　以色列及土耳其採幼莢當蔬菜沙拉，花也可食用。主要當花卉栽培觀賞。

3 長筒羊蹄甲屬（Gigasiphon Drake）

常綠小至大喬木或灌木。無或罕單一卷鬚。葉單葉，先端漸尖，全無 2 裂。花大至非常大，頂生或腋生短總狀花序，或排成穗狀，兩性花。花托筒伸長，呈狹圓柱形，包被大多數明顯的小花梗；萼片 5 枚，長而狹窄，花瓣 5 枚；雄蕊 10 枚，一般全可孕。莢果大，不規則的橢圓狀長橢圓形，約 10 粒種子，木質化，開裂或不開裂。種子大，種臍成 U 字型圍繞大部分種子。

本屬約有 6 種，原產熱帶東非和東南亞。臺灣引進 1 種。

1 大筒羊蹄甲

- ***Gigasiphon macrosiphon* (Harms) Brenan**
  Bauhinia macrosiphon Harms

分布　原產熱帶東非、肯亞及坦尚尼亞。臺灣引進園藝栽培。

形態　喬木。樹皮白或略帶淡紅灰色。小枝初被銹色毛，不久變平滑。葉單葉，闊卵形至亞圓狀卵形或倒卵形，長 8~17 cm，基部心形或亞心形，微光滑。花白色，但有一花瓣具黃色斑紋，類似玉蘭花，頂生總狀花序，直立，長 4~10 cm；花萼筒長 8~13 cm；完全雄蕊 10 枚，花絲微毛。莢果平，不開裂，長約30 cm，寬6~9 cm，約6粒種子。種子扁亞圓形，徑 2~3 cm，紫棕色。

用途　花極美麗，栽培觀賞用。木材當燃料、工具材、木炭材等。

4 裂葉羊蹄甲屬
（Lysiphyllum (Benth.) de Wit）

喬木、灌木（半攀緣）和攀繞藤本。有時具卷鬚。葉單葉，深裂成 2 小葉，互生或螺旋狀排列。花白色或黃白色，呈總狀花序，頂生或腋生；花萼 5 裂；雄蕊 10 枚。莢果多少扁平。種子橢圓形，扁平。

本屬約有 8 種，分布泰國至澳洲。臺灣引進 3 種。

1 澳洲羊蹄甲（昆士蘭羊蹄甲）

- ***Lysiphyllum carronii* (F. Muell.) Pedley**
  Bauhinia carronii F. Muell.
- Queensland ebony, Northern bean tree

分布　原產昆士蘭、澳洲。臺灣 1968、1970 年分別引進栽植。

形態　大喬木。具多數分枝，枝細長，略具針刺，初生小枝條及幼葉均被絨毛，最後呈光滑無毛狀。葉單葉，深裂成 2 小葉狀，小葉十分明顯，鐮刀狀卵形，2~4 cm，先端鈍，脈 5~7 條。花白色，2~3 枚，叢生於同一短花軸上；花萼筒狹倒圓錐形，先端短 5 裂；花瓣倒卵形，外被絲狀絨毛；雄蕊 10 枚，長短不一，較花瓣為長。莢果較狹，不超過 3.5 cm，革質。

用途　當飼料及觀賞用。

2 虎氏羊蹄甲（虎氏包興木）

- ***Lysiphyllum hookeri* (F. Muell.) Pedley**
  Bauhinia hookeri F. Muell.
- フツカボウヒニア
- Mountain ebony, White bauhinia, Pegunny, Queensland ebony, Hooker's bauhinia

分布　原產澳洲東北部及昆士蘭地區。臺灣 1970 年代引進栽培。

形態　喬木。樹冠略呈擴展狀圓形。枝細長，斜上升。葉單葉，深裂呈 2 小葉，卵形或倒卵形，2.2~5 cm，先端鈍，葉柄先端有突起的腺點。花白色，邊緣帶有腥紅色，少數，呈頂生總狀花序；花萼 5 裂，呈筒狀；花瓣卵形，有爪，近似相等；雄蕊 10 枚，較花瓣略長，柱頭大。莢果 2.5~3 cm，扁平。

用途　當飼料。放牧用。幼芽家畜食之。觀賞用。

3 泰國羊蹄甲

- ***Lysiphyllum winitii* (Craib) de Wit**
  Bauhinia winitii Craib
- Oraphim bauhinia, Oraphim, Rhiunang

分布　特產泰國。臺灣引進栽培。

形態　大蔓性植物，有卷鬚。枝具軟毛。葉單葉，螺旋狀排列，深裂成小葉，歪卵形，3~4.5 cm，基部與先端均圓形；托葉小，葉柄約 1 cm。花黃白色，主為無分支總狀花序，側生或頂生，長 6~15 cm，軸被軟毛；兩性花，長 4~6 cm；雄蕊 10 枚，長約

7 cm。莢果 30 cm，無毛，6~10(~12) 粒種子。種子扁平，徑 10~15 mm。

用途　在泰國樹皮與檳榔（*Areca catechu* L.）一起當嗜好咀嚼料用。當庭園樹，觀賞用。

5 藤羊蹄甲屬（Phanera Lour.）

藤本或半攀緣灌木，稀喬木。一般具卷鬚。葉全緣，2 裂或 2 小葉。花白色、淡黃色、淡紅色、橙紅色等，總狀花序；花萼筒微伸長，有時基部膨大，或成管狀，開口或圓柱形，花萼筒口分成 2~5 瓣；雄蕊 3 枚（少 2 或 4）。莢果多少扁平，亞圓形，彎曲，線形，木質，開裂或不開裂。種子亞圓形至橢圓形。2n=24, 26, 28。

本屬約有 82 種，分布印度、馬來西亞和南美。臺灣自生 1 種，歸化 1 種，引進 7 種、1 變種。

1 金葉羊蹄甲

- ***Phanera aureifolia* (K. Larsen & S. S. Larsen) Bandyop**

  Bauhinia aureifolia K. Larsen & S. S. Larsen

  Bauhinia chrysophylla K. Larsen & S. S. Larsen

- Gold leaf

分布　原產泰國南部。臺灣引進栽培。

形態　常綠蔓性木本植物。葉單葉，先端 2 裂，全緣，網狀脈，幼葉金黃色，密被一層細毛，成熟時變為綠色，葉邊緣紅色，密被細毛。花白色，老化後變為乳白色，總狀花序，兩性花。莢果 1 粒種子，乾莢開裂。

用途　當地人民相信金葉（Gold leaf）是力量、財富、快樂和愛的象徵。當庭園樹觀賞用。

（陳侯賓　攝）

2 菊花木（龍鬚藤、鉤藤、花藤、菊花藤、九龍藤、蝶藤、缺葉藤）

- ***Phanera championii* Benth.**

  Bauhinia championii (Benth.) Benth.

- ヤハズカズラ, キクカボク
- Champdon's bauhinia, Chrysanthemum flower tree, Chrysanthemum wood

分布　臺灣自生種，分布華南、越南。臺灣生長於全島低海拔山地的叢林內及金門太武山，極為普遍。

形態　木質大藤本。莖蔓延很長，橫斷面呈菊花狀花紋。葉單葉，互生，心形，6~8 cm，先端漸尖且呈淺2裂，基部心形或近圓形，密被絨毛，厚紙質、全緣。花淡黃白色，小而多數，呈頂生的總狀花序；花萼鐘形，5裂，裂片披針形；發育雄蕊3枚。莢果扁平，長8~11 cm，褐色。種子扁平，卵圓形，1~1.4 cm，黑色至黑褐色。半地上發芽型，初生葉單葉，互生。

用途　樹皮可取纖維，極耐水。根及樹皮含單寧。根、老幹及莖當藥用，可散瘀治血、祛風濕、止痛。莖稱「菊花木」，花紋美麗，製筆筒、花瓶等工藝品。蔭棚美化，觀賞用。

3 首冠藤（深裂葉羊蹄甲）

- ***Phanera corymbosa* (Roxb. *ex* DC.) Benth.**
  Bauhinia corymbosa Roxb. *ex* DC.
- カズサキハマカズラ
- Phanera, Corymbose bauhinia, Vining bauhinia, Climbing bauhinia, Camel's foot

分布　原產華南、越南、東南亞。臺灣引進園藝栽培。

形態　木質藤本。有卷鬚。植物體具褐色長毛。葉單葉，近圓形，長與寬約為2.5~5 cm，先端裂至中間部位，葉夜間閉合。花帶粉紅色、玫瑰色，或粉紅色脈之白花，總狀花序，花多數聚集略呈球形，花徑2.5~3 cm；花瓣緣有細波狀；發育雄蕊3枚，退化雄蕊2~5枚。莢果帶狀長圓形，長10~20 cm。種子多數，長圓形，徑約8 mm。

用途　花繁葉茂，葉形奇特，適合綠化觀賞用。用於庭園中做垂直綠化植物。

4 粉葉羊蹄甲（羊蹄甲藤）

- ***Phanera glauca* Wall. *ex* Benth.**

  Bauhinia glauca (Wall. *ex* Benth.) Benth.
- Glaucous climbing bauhinia, Climbing bauhinia

分布　原產中國西部，分布東南亞。臺灣引進栽培。

形態　木質藤本。卷鬚扁平有軟毛。葉單葉，近圓形，4~10 cm，頂端 2 裂達葉長的 1/2 或更深，裂片卵形，先端圓鈍。花密集，白色，呈繖房狀總狀花序，頂生或與葉對生；花瓣長約 2.5 cm，乳白色；萼片離生；發育雄蕊 3 枚，退化雄蕊 5~7 枚。莢果薄而扁平，13~30 mm，不開裂。種子 10~20 粒，卵形，極扁平，長約 1 cm。

用途　枝及葉當藥用，搗爛沖洗米水或煎水洗患處，治皮膚濕疹。綠化庭園樹，栽培觀賞用。

5 素心花藤

- ***Phanera kockiana* (Korth.) Benth.**

  Bauhinia kockiana Korth.
- イロモドリノキ
- Red trailing bauhinia

分布　原產蘇門答臘、馬來西亞、新加坡。臺灣 1988 年自新加坡引入，園藝界栽培之。

形態　大蔓性灌木。枝條延伸長，有卷鬚。但修剪成灌木後株高 20~40 cm 即能開花。葉單葉，長卵形或橢圓形，互生，先端尾尖，全緣。花橙紅色、桃紅色或黃色，頂生；有葯雄蕊 3 枚。可用扦插或高壓法繁殖。

用途　花夏至秋盛開，極繽紛美妍。當觀賞用，適合拱門、花架、蔭棚美化或盆栽。

6a 洋紫荊（紫羊蹄甲、羊蹄甲、玲甲花、紫木椀樹、紅花羊蹄甲）

- ***Phanera purpurea* (L.) Benth. var. *purpurea***

  Bauhinia purpurea L.

  Bauhinia triandra Roxb.

  Bauhinia castrata Blanco
- ムラサキモクワンジュ, ムラサキソシカ, ウスベニハカマノキ, フュザキバウヒニア
- Butterfly tree, Camel's foot tree, Orchid tree, Purple bauhinia, Geranium tree, Purple mountain ebony, Purple camel's foot

分布　原產印度、斯里蘭卡及華南。臺灣 1903 年引進，已歸化，各地廣泛栽植之。

形態　落葉小喬木。葉單葉，卵圓形，卵形或長橢圓形，7~10 cm，先端 2 裂，裂至全長的 1/3~1/2，基部圓。花赤紅色，頂生或腋生的總狀花序，長 6~12 cm，花期 8~9 月；有藥雄蕊 3~4 枚。莢果帶狀，10~30 cm，扁平，成熟後開裂，12~15 粒種子。種子近圓形，扁平，0.8~1 cm，褐色。半地上發芽型，初生葉單葉，互生。

用途　印度木材當細工、農具及建材用。樹皮含單寧及樹膠。嫩葉和樹皮當藥用。葉當飼料。花及花芽原住民食用之。根皮劇毒，忌服。樹幹為樹膠的原料。葉形奇特，花大色豔，當庭園及行道樹，觀賞用。

6b 粉白洋紫荊（粉白羊蹄甲）

- ***Phanera purpurea* (L.) Benth. var. *alba* (Bailey) Yeh**

  Bauhinia purpurea L. var. *alba* Bailey

分布　由原種變異而來，首見於美國。臺灣 1910 年引進栽植。

形態　落葉小喬木。樹形與葉片均與原種相同，惟開花時期與花色不同。花初為粉紅色，後轉變為白色，花期 9~11 月。莢果初為紅褐色，成熟時變為黑褐色，闊線形，具波狀緣。另有一變種（品種）紫玲甲（*P. purpurea* L. var. *violacea*, cv. Violacea）花藍紫色。

用途　園藝變種，主要當行道樹、庭園樹，觀賞用。

7 白冠藤（攀緣羊蹄甲）

- ***Phanera scandens* (L.) Raf.**

  Bauhinia scandens L.

  Lasiobema anguina (Roxb.) Miq.

  Bauhinia anguina Roxb.

分布　原產印度到馬來半島。臺灣引進栽培。

形態　蔓性植物，有卷鬚。葉單葉，深心形，非常淺的 2 裂，但沒有缺口，裂片銳尖形。花白色，小形，呈圓錐花序。莢果長 4~5 cm。育有各種不同品種。

用途　觀賞用。

8 藤羊蹄甲（大葉羊蹄甲）

- ***Phanera vahlii* (Wight & Arn.) Benth.**

  Bauhinia vahlii Wight & Arn.

- バーリイバウヒニア
- Malu creeper, Camel's foot climber

分布　原產喜馬拉雅山麓、印度等地。臺灣 1968 年引進，栽植於彰化玫瑰推廣中心。

形態　木質大藤本。具多數枝條，小枝密被毛茸，有卷鬚。葉單葉，圓形或卵圓形，寬度較長度為大，長 9~40 cm，先端裂至葉長的 1/3~1/4 處，基部深心形，脈 11~13 條，表面亮綠色，光滑無毛，背面具絨毛。花白色但帶有黃色，多數，呈頂生的總狀花序，密集排列而成繖房花序；花瓣挺出，倒卵形，長 2.5~2.8 cm，有短爪，密被毛茸；完全雄蕊 3 枚。莢果 27~33 cm，近木質，種子 8~12 粒，成熟開裂。

用途　樹皮為纖維原料。當飼料木，幼芽家畜食之。嫩芽、種子可食用。觀賞用。

$2n=28$

9 雲南羊蹄甲

- ***Phanera yunnanensis* (Franch.) Wunderlin**
  Bauhinia yunnanensis Franch.
- Yunnan bauhinia

分布　原產中國雲南、四川、貴州、緬甸和泰國北部。臺灣引進栽培。

形態　藤本。枝略具稜或圓柱形，卷鬚成對，近無毛。葉單葉，闊橢圓形，全裂至基部，彎缺處有一剛毛狀尖頭，基部深或淺心形，裂片斜卵形，2~4.5 cm，兩端圓鈍，膜質或紙質。花淡紅色，總狀花序，頂生或與葉對生，長 8~18 cm，10~20 朵花，花徑 2.5~3.5 cm；花瓣匙形，頂部兩面具黃色柔毛，上面 3 枚各有 3 條玫瑰紅色縱紋，下面 2 枚中心各有 1 條縱紋；完全雄蕊 3 枚。莢果帶狀長圓形，扁平，8~15 cm，頂端具喙，開裂後扭曲。種子闊圓形至長圓形，扁平，長 7~9 mm，黑褐色，有光澤。

用途　當行道樹、庭園樹，觀賞用。

6 假羊蹄甲屬（Tylosema (Schweinf.) Torre & Hillc.）

草本或木質藤本，蔓性或攀緣植物；地下塊莖肥大。葉單葉，基部廣心形，先端全緣至微 2 裂；托葉 2 枚，披針形。花黃色，頂生或腋生總狀花序；完全雄蕊 2 枚。莢果長橢圓形，木質，光滑。種子 2 粒，橢圓形，黑色。2n=52。

本屬約有 5 種，分布熱帶非洲、安哥拉、衣索比亞、肯亞和辛巴威。臺灣引進 1 種栽培。

1 假羊蹄甲（圓蹄藤、賽羊蹄甲）

- ***Tylosema fassoglensis* (Kotschy *ex* Schweinf.) Torre & Hillc.**
  Bauhinia fassoglensis Kotschy *ex* Schweinf.
- Acapa, Manghamba

分布　原產熱帶非洲。臺灣 1980 年代引進，在園藝界略有栽培。

形態　灌木或小喬木，蔓性。葉單葉，近似圓形，7.5~12.5 cm，先端 2 裂，裂片可及葉片的 3/4 處。有 4 條脈，背面淡綠色而略帶白粉狀。花黃色，頂生或腋生的總狀花序；花萼 5 裂，有褐色毛；完全雄蕊 2 枚。

用途　爪哇原住民以根的煎煮液當藥用。種子和塊莖非洲原住民食用之。樹液可採透明狀的樹膠。當庭園樹觀賞用。

附註：

3.*Gigasiphon*, 4.*Lysiphyllum*, 5.*Phanera*, 6.*Tylosema* 原屬 *Bauhinia* 屬，但最近由分子多型性遺傳分析（Molecular phylogenetic analysis）結果，將其分為不同的屬（LPGW, 2017）。

II 甘豆亞科（Detarioideae Burmeist.）

喬木，灌木，罕亞灌木。葉偶數羽狀複葉或二出複葉，稀單葉；小葉對生或互生，有時具半透明腺點。花總狀花序或圓錐花序；花兩性或具兩性和雄花；完全或稍兩側對稱，非蝶形；雄蕊 10 枚，有時較多或較少。莢果大多木質，開裂或不開裂，木質或薄瓣之翅果狀；具肉質的中果皮和內果皮。種子有時硬，偶具有附屬物和假種皮。2n=24, (16, 20, 22, 36, 68)。

本亞科有 84 屬，約 760 種。臺灣有 19 屬，33 種，1 亞種。

1 緬茄屬（Afzelia Sm.）

喬木，稀為灌木。葉偶數羽狀複葉；小葉對數少，革質。花大型，美麗具甜香味，赤粉紅色，單花或圓錐花序，頂生或上位葉腋生；花瓣 1 片，具長爪；完全雄蕊 7~8 枚。莢果木質，不對稱長橢圓形、腎形或半圓形，扁平，4~9 或更多粒種子，二縫線厚而木質，殆不開裂。種子卵形或長橢圓形，黑色或紅色，種子間有橫隔，被鮮黃色、橙色或紅色的假種皮包被。2n=24。

本屬約 13 種，分布熱帶亞洲和非洲。臺灣引進 2 種。

1 菲律賓緬茄（田達羅樹）

- ***Afzelia rhomboidea* (Blanco) S. Vidal.**
  Eperua rhomboidea Blanco
  Pahudia rhomboidea (Blanco) Prain
- チングロ
- Tindalo

分布　原產菲律賓。臺灣於 1938 年引進，種植於雙溪熱帶樹木園內。

形態　喬木。葉偶數羽狀複葉，葉軸上有 2 合生的托葉；小葉 3~4 對，長橢圓形或橢圓狀卵形，7.5~8.5 cm，先端漸尖，基部鈍或略圓。花黃紅色，呈腋生總狀花序，但常聚合成圓錐花序，長 20~27 cm；花萼 4 枚；花瓣 1 枚，黃紅色；完全雄蕊 7 枚。莢果橢圓形，18~20 cm。種子黑色，有橙紅假種皮。地上發芽型，初生葉羽狀複葉，對生。本種與緬茄最大區別在於小葉先端漸尖而後者小葉先端常微凹或鈍形。

用途　材為優良用材，常被栽培，當高級家具、樂器、工具柄等材。

2n=24。

2 緬茄（沔茄）

- ***Afzelia xylocarpa* (Kurz) Graib**
  Pahudia xylocarpa Kurz
- Malaca teak

分布　原產中南半島、緬甸及雲貴一帶。臺灣 1960 年代由泰國引進。臺北植物園內栽植，各地零星栽培。

形態　喬木。樹皮常具灰白色大斑點。葉偶數羽狀複葉；小葉 2~4 對，橢圓形或卵狀橢圓形，5~8.5 cm，先端微凹或鈍形，基部卵圓狀，紙質，表面深綠色有光澤，背面灰綠色。花紫色，腋生呈總狀花序聚合成圓錐花序；花萼 4 裂；花瓣 1 枚，淡紫色；完全雄蕊 4 枚，退化雄蕊 4 枚。莢果黃褐色或深褐色，長橢圓形或圓形，木質，8~12 cm，表面密被黃斑點，邊緣尤多，具小突起。種子 2~3 粒，卵形或長橢圓形，1.5~2.5 cm，黑色。地上發芽型，初生葉羽狀複葉，對生。

用途　種子藥用。種柄可雕刻印章用。種子供手工藝品用。木材為高級家具用材。

2 瓔珞木屬（Amherstia Wall.）

常綠喬木，直立。葉偶數羽狀複葉；小葉 4~8 對，初期柔軟，後變大型，革質。花朱紅色，頂生下垂總狀花序，約 20~30 朵聚生於先端；花瓣 5；雄蕊 10 枚，二體，紅色。莢果長鐮刀形，扁平，木質化。種子 1~6 粒，橫生，扁平。種子一般不能繁殖。2n=24。

本屬僅 1 種，原產中南半島之緬甸及東印度。臺灣引進 1 種。

1 瓔珞木

- ***Amherstia nobilis* Wall.**
- ヨウラクボク
- Queen of flowering trees, Amherstia, Pride of Burma

分布　原產中南半島、緬甸及印度。臺灣引進栽培。

形態　常綠喬木。葉偶數羽狀複葉，長 90 cm；小葉4~8對，長30 cm，初期紅棕色，柔軟，慢慢變大，革質，濃綠。花朱紅色，呈總狀花序，長 60~90 cm，優雅下垂，約 20~30 朵花，聚生於先端；雄蕊二體(9+1)，突出；花葯紅色。幼莢果黃綠色，紅脈，成熟莢果光滑，棕色，長鐮刀形，扁平，木質化。種子一般不能繁殖，以扦插繁殖之。

用途　有「緬甸花樹皇后」的美譽，為熱帶最華麗美觀的觀賞樹。

2n=24

3 柚木豆屬（Baikiaea Benth.）

中至大喬木。葉偶數或奇數羽狀複葉；小葉互生，1~5 對，長橢圓狀橢圓形，一般大而全緣，革質；托葉短小，鱗片狀。花大型，乳白色、橙黃色或粉紅色，密集頂生或腋生總狀花序；花瓣 5，具爪；雄蕊 10 枚。莢果扁平，基部不對稱，木質，密被棕色或灰黑色絨毛，開裂，裂瓣扭曲。種子少而大，橢圓形或亞圓形，暗紅色。2n = 24。

本屬約 4 種，分布熱帶非洲。臺灣引進 1 種。

1 柚木豆（羅德西亞栗樹）

- ***Baikiaea plurijuga*** **Harms**
- Rhodesian teak, Rhodesian chestnut, Zambezi redwood, Umgusi mkushi

分布　原產非洲西南至東部。臺灣引進栽培。

形態　中 ~ 大喬木。葉偶數羽狀複葉；小葉 4~5 對，對生，橢圓形至長橢圓形，長 3.5~7 cm。花粉紅色，圓錐花序，腋生，長達 30 cm；萼片 4；花瓣 5，長 2~3 cm；雄蕊 10 枚。莢果扁平，倒卵形，長約 13 cm，具短柄。地上發芽型，初生葉羽狀複葉，小葉 2~3 對，互生。

用途　木材非常有用途，耐久性佳，平滑，比重 0.90，比較難以加工。當床、枕木、窗框、家具、柱木用，為羅德西亞重要的輸出木材。樹皮浸出液治眼疾。觀賞用。

2n=20

4 猴花樹屬（Barnebydendron J. H. Kirkbr.）

落葉喬木。葉偶數羽狀複葉；小葉 3~5 對，長橢圓形。花鮮豔，緋紅至粉紅色，具柄，總狀花序著生老枝上；花瓣 3，偶有退化者；雄蕊 10 枚，二體 (9+1)。莢果扁平，光滑，不開裂，1~3 粒種子。種子腎形或卵形。

本屬僅 1 種，原產中美洲。臺灣引進 1 種。

1 猴花樹（紅火樹、巴基斯坦之火、火麒麟）

- ***Barnebydendron riedelii*** **(Tul.) J. H. Kirkbr.**
  Phyllocarpus riedelii Tul.
  Phyllocarpus septentrionalis Donn. Sm.
- Monkey flower tree

分布　原產熱帶美洲及南亞洲地區。臺灣引進園藝零星栽培。

形態　落葉喬木，樹冠廣闊。葉偶數羽狀複葉；小葉 3~5 對，長橢圓形，全緣，先端漸尖，近革質。花緋紅色至粉紅色，繖房花序，幹生；花絲細長。莢果光滑，1~3 粒種子。種子腎形或卵形，長 2.5~4 cm。

用途　花盛開時千朵小花密生枝幹，非常壯觀而美麗，當庭園樹、觀賞樹用。

2n=22

5 卷果洋槐屬（Brachystegia Benth.）

中至大喬木，少為灌木。葉偶數羽狀複葉，新葉展開時一般紅色、青銅色或粉紅色，柔軟，多毛；小葉 2~70 對，紙質或革質。花小，綠黃色，腋生或頂生總狀花序；雄蕊一般 10 枚，有時 9~12 或多可達 18 枚，全可孕。莢果扁平，長橢圓形，木質，開裂，裂瓣卷曲，1~8 粒種子。種子扁平，有光澤。2n = 24。

本屬約有 30 種，分布熱帶非洲。臺灣引進 1 種。

1 南非卷果洋槐

- ***Brachystegia spiciformis* Benth.**

  Brachystegia randii Bak. f.

- Msasa, Miombo, Central African tree

分布　原產南非洲。臺灣引進栽培。

形態　喬木。葉羽狀複葉，新芽紅色。春天明亮美麗的新葉常誤以為花。花小，綠黃色，總狀花序腋生或頂生。莢果扁平，長橢圓形，木質。種子 1~8 粒，扁平，有光澤。地上發芽型，初生葉羽狀複葉，小葉 2 對，對生。

用途　樹脂濃赤色，樹皮含單寧，鞣革用。樹皮原住民製作地布、繩索、袋子、穀物貯藏倉庫用。材褐色，質不佳，但為良質木炭、薪材。原住民料理種子食用之。熱帶栽培當遮蔭樹。

2n=24

6 寶冠木屬（Brownea Jacq.）

常綠灌木或小至中喬木。葉偶數羽狀複葉，新葉粉紅色或紫色，成熟轉綠；小葉 4~18 對，革質。花粉紅色、紅色、稀白色，短總狀或略頭狀，徑 10~22cm；具總苞，苞片早落；小苞片具顏色，近基部略合生；花瓣 5；雄蕊 10~11 枚，離生或下部位近半處微連結。莢果長橢圓形，扁平，直或略鐮刀形，木質或革質，二瓣裂。種子少，縱向排列，卵形，扁平。2n=24。

本屬約有 30 種，原產南美北部及西印度群島。臺灣引進 3 種，1 亞種。

1a 寶冠木

- ***Brownea coccinea* Jacq. ssp. *coccinea***

  Brownea guaraba Pittier

  Brownea speciosa Rchb.

  Hermesias coccinea (Jacq.) Kuntze

- ホウカンボク
- Scarlet flame bean

分布　原產委內瑞拉至哥倫比亞，熱帶地區廣泛栽培。臺灣 1960 年引進栽培。

形態　常綠灌木。葉偶數羽狀複葉；小葉 3~6 對，革質，光滑無毛，長橢圓狀披針形，4~9 cm，先端尾狀突尖，基部銳至心形，幼時呈粉紅褐色。花冠和花絲鮮紅色至深粉紅色，花頭狀花序，近球形，花 15~20 朵，密生，由邊緣向中央漸次開放；雄蕊從花冠伸出。莢果 20~30 cm，無毛，種子 4~7 粒。

用途　花非常美麗，庭園觀賞用。

2n=24

1b 球花樹

- ***Brownea coccinea* Jacq. ssp. *capitella* (Jacq.) D. Velasquez & Agostini**

  Brownea capitella Jacq.

  Brownea latifolia Jacq.

  Brownea racemosa Jacq.

  Hemesias capitella (Jacq.) Kuntze

分布　原產委內瑞拉。臺灣 1960 年引進，栽植於農試所嘉義分所，中、南部庭園內偶有栽培。

形態　小喬木。樹枝由基部生出，初生枝條密被短柔毛。葉偶數羽狀複葉；小葉 2~5 對，常被短柔毛，對生或兩列狀排列，卵狀長橢圓形，4~10 cm，下位小葉片基部心形或闊圓形，上位小葉一邊呈銳尖形，另一邊呈圓心形。花紅色，總狀花序密生聚合成一繡球形，25~30 朵；雄蕊一般 11 枚，少數有 12~14 枚者，基部相連。莢果 8~16 cm，具疏毛。種子 2~7 粒。

用途　非常美的觀賞木，頭狀花與美洲最美之觀賞樹大寶冠木同樣美麗。當庭園樹，觀賞用。

2n=24

2 大寶冠木（大頭寶冠木、繡球樹、委內瑞拉玫瑰）

- ***Brownea grandiceps* Jacq.**

  Brownea amplibracteata Pittier

  Brownea angustiflora Little

  Brownea araguensis Pittier

  Brownea ariza Benth.

  Hermesis grandiceps (Jacq.) Kuntze
- オオホウカンボク
- Rose of Venzuela, Rose of mountain, Brownea Kewensis, Rose of the Jungle, Scarlet flame bean

分布　原產委內瑞拉。臺灣引進園藝栽培。
形態　中喬木。枝粗而強壯，具毛。葉偶數羽狀複葉，對生，羽片 12~18 對，革質，新葉帶有紅色；卵狀橢圓形。花橙紅色，偶有白色花，頭狀花序，花密生，幾成球形，直徑 20~25cm。莢果長約 25 cm，棕色，被有毛。種子大，黑褐色。另有園藝用品種，**邱大寶冠木**（Brownea Kewensis）（圖 3），花極大而豔麗，種子不規則卵狀橢圓形或橢圓形。
用途　世界各地植物園常有栽培。被譽為「委內瑞拉玫瑰」，美洲大陸最美之觀賞用樹木，觀賞用。
2n=24

3 大葉寶冠木

● ***Brownea macrophylla*** **M. T. Mast.**

（孔繁明　攝）

分布　原產巴拿馬、哥倫比亞。臺灣引進園藝栽培。
形態　小喬木。枝和葉柄具褐色毛。葉偶數羽狀複葉，長約 30 cm；小葉 3~6 對，卵狀長橢圓形，革質。花橙色或紅色，頭狀花序，直接著生於樹幹或樹枝，直徑 20~25 cm。
用途　當庭園景觀樹，觀賞用。
2n=24

（孔繁明　攝）

（鍾芸芸　攝）

（鍾芸芸　攝）

（鍾芸芸　攝）

7 擬寶冠木屬（Browneopsis Huber）

小或大喬木。葉偶數羽狀複葉；小葉 3~4 對，對生或亞對生，長橢圓形，短柄，基部小葉柄連接。花近無柄，由苞片包被，呈緊密的冠狀頭狀花序；花瓣 3~4；雄蕊 12~15 枚。莢果長柄，線形，微彎曲，有短喙，不開裂。

本屬 3 種，原產中美洲及巴西亞馬遜流域。臺灣引進 1 種。

1 斑葉寶冠木（擬寶冠木）

● ***Browneopsis ucayalina*** **Huber**

分布　原產中美洲和巴西亞馬遜地區。臺灣引進園藝栽培。

形態　喬木。葉偶數羽狀複葉；小葉 3~4 對，對生，長橢圓形。花白色，由苞片包被，呈緊密的冠狀頭狀花序，著生樹幹或樹枝上；雄蕊 12~15 枚，花絲基部相連。莢果長柄，線狀稍彎曲，有短喙，不開裂。

用途　庭園觀賞木，葉、花觀賞用。

8 美種木屬（Colophospermum J. Kirk *ex* J. L'eonard）

灌木或喬木。葉二出複葉，互生；小葉對生，無柄，歪卵形。花小，白色或灰綠色；花瓣無，雄蕊 20~25 枚，離生，等長。莢果扁平，有柄，斜橢圓形或鐮刀狀卵形，薄革質，不開裂，種子 1 粒。種子淡黃色，腎形、扁平，子葉具皺紋及樹脂點。2n=36。

本屬僅 1 種，原產熱帶非洲、特蘭斯瓦爾、辛巴威、馬拉威及莫三鼻克。臺灣引進 1 種。

1 美種木（羅德西亞鐵木）

- ***Colophospermum mopane* (Kirk *ex* Benth.) Kirk *ex* J. L'eonard**
  Copaifera mopane Kirk *ex* Benth.
- Mopane, Butterfly tree, Turpentine tree, Rhodesian ironwood, Ironwood, Balsam tree

分布　原產熱帶非洲。臺灣引進栽培。

形態　灌木或小喬木。葉二出複葉，葉脈自基部伸出，略平行於中肋，革質，托葉早落；小葉歪斜，卵形。花小型，總狀或圓錐花序；苞片小，無小苞；萼片 4 片；花瓣無，雄蕊 20~25 枚，略等長。莢果具柄，不開裂。種子 1 粒，腎形，扁平，具皺紋及樹脂點。

用途　葉當飼料用。種子含豐富的蛋白質，有希望成為蛋白質之資源。材堅硬，重而濃茶色，耐久性強，加工困難，當橋樑、支柱、枕木、玩具、刀柄、建築、車輛等用。辛巴威原住民木材之煎煮液為祭神之儀式使用之。亦為柯柏膠（copaiba）之原料。栽培觀賞用。

2n =36

9 柯柏膠樹屬（Copaifera L.）

喬木、灌木或低灌木。葉偶數或奇數羽狀複葉，1~ 多對，稀單葉，一般具腺點。花小，無柄或短柄，總狀或圓錐花序，頂生或近頂生；花瓣無；雄蕊 8~10 枚，離生。莢果一般革質，扁平或膨脹，近圓形或橢圓形，不開裂或微裂，1~2 粒種子。種子有或無假種皮。2n=24。

本屬約有 30 種，主要分布熱帶南美洲和非洲。臺灣引進 3 種。

1 柴油樹（苦配巴樹、巴西柴油樹、蘭氏柯柏膠樹）

- ***Copaifera langsdorffii* Desf.**
- パラコパイバ
- Copaiba tree, Para copaiba

分布　原產巴西、阿根廷。臺灣 2010 年代引進栽培。

形態　小喬木。樹幹暗赤色，有縱溝。幼枝被細柔毛至光滑。葉偶數羽狀複葉，羽軸長約 8 cm；小葉 3~5 對，互生 ~ 對生，卵狀披針形 ~ 橢圓形，先端銳形 ~ 圓形，葉基圓形，5~9 cm，具有毛型和無毛型，具透明油腺點。花白色，有時淡粉紅色，圓錐花序 5~16 分枝，頂生。莢果卵形，種子 1 粒。地上發芽型，初生葉羽狀複葉，小葉 3 對，對生。

用途　木材紅色，少有黃色，邊材寬闊，材質柔，不耐久，比重 0.75~0.77，當船材、車輛材、樑材、道具材用。樹幹挖洞可取油，據 Wiesener 之報告 1 株可取 50 公升油。油類似石油，暗赤色，可當柴油用；油當皮膚創傷止血藥用，製造香水、髮油。

2n=24

2 柯柏膠樹（馬拉開波柯柏膠樹、古巴香脂樹）

- ***Copaifera officinalis* L.**
  Copaifera jacquiini Desp.
  Copaiba officinalis (L.) Jacq.
- コパイババルサムノキ, コパイフェラバルサムノキ
- Copaiba, Maracaibo copaiba

分布　原產熱帶美洲、委內瑞拉、古巴、哥倫比亞。臺灣 1909 年引進栽植於嘉義植物園。

形態　常綠喬木。幼枝密被長絨毛。葉偶數羽狀複葉，互生，羽軸長 3~8 cm；小葉 2~5 對，對生～互生，卵形～長橢圓形，3~8 cm，先端銳尖，基部圓鈍歪斜，邊緣略反卷，革質，具多數的油腺點。花白色，小形，總狀花序或圓錐花序；花萼 4 深裂；雄蕊 10 枚，離生。莢果卵狀球形，扁平，長約 2.5cm。種子 1 粒，卵形。地上發芽型，初生葉羽狀複葉，對生。

用途　心材為柯柏膠（copaiba）的原材，可作為工農用之油性樹脂（oleoresin）的原料。為高經濟性的石油能源植物。木材加工用，並可當藥用。觀賞用。

2n =24

3 委內瑞拉柯柏膠樹（紫心木柯柏膠樹）

- ***Copaifera pubiflora* Benth.**
- コパイフェラ
- Purple heart wood, Copaiba

分布　原產委內瑞拉中部、哥倫比亞、秘魯。臺灣 1909 及 1924 年分別引進，栽植於臺北及墾丁植物園。

形態　喬木。樹幹直徑可達 50 cm，樹皮赤褐色，樹冠有時可擴展至 15 m。葉偶數羽狀複葉，互生，羽軸長 4 cm；小葉 2~3 對，對生，卵形，無毛，長 3~6 cm，先端稍突形，基部圓形，小葉柄長 3 mm 以下。花黃白色，小形，呈頂生的圓錐花序，著生約 200 朵花。莢果卵圓形，長約 2.5 cm，1 粒種子。種子卵圓形，1.5 × 0.7 cm。地上發芽型，初生葉羽狀複葉，對生。

用途　在委內瑞拉為柯柏膠的原材，當柯柏膠香脂（copaiba balsam）的原料。為高經濟性的石油能源植物。木材加工用。當觀賞樹用。

2n =24

10 南南果屬（Cynometra L.）

灌木或小至中、偶為大喬木。葉偶數羽狀複葉，對生，稀互生；小葉 1~ 數對，革質、歪斜，短柄，基部常具一腺體。花小，白色至桃紅色、紫色，多兩性，多於 2 列的頂生或腋生總狀或穗狀花序，或於主幹或老枝上呈密繖房花序；花瓣 5 枚，離生；雄蕊 8~13 枚，一般 10 枚。莢果長橢圓形，木質，光滑，開裂或不開裂。種子大多 1~2 粒，厚，扁平。

本屬約有 70 種，分布熱帶東南亞、非洲、西印度和中、南美洲。臺灣引進 3 種。

1 南南果樹（南南果）

- ***Cynometra cauliflora* L.**
- ナムナムノキ, ナムナム
- Nam Nam

（孔繁明　攝）

分布　原產印度、馬來西亞及印尼。臺灣引進栽植於農試所嘉義分所。

形態　小喬木。枝叢生成束狀。葉二出複葉；小葉 2 枚對生，歪橢圓形，7~8 cm，先端銳尖，基部鈍，革質，表面光滑。總狀花序，著生在枝幹或老枝上，花小，紫色或白色，花瓣線形。莢果近似三角形或半圓形，長 5~8 cm，表皮皺、不規則隆起，黃綠色或濃褐色，果莢多肉，白色，厚約 1 cm。種子 1 粒，大，半球形。本種小葉先端銳尖與枝上花南南果小葉先端凹入，可區別之。

用途　果肉多而有酸味、香味，可生食或保存用。幼芽可當漬物原料，也可與胡椒、魚或大豆等其他食物料理食之。成熟果黃綠色，汁液不多，微酸澀，食之酸中帶甜，香氣似蘋果，也適於做泡菜或煮熟食用，品質佳者生食，亦有加入咖哩中做調味料。當果樹栽培，觀賞用。

（孔繁明　攝）

（孔繁明　攝）

2 面尼南南果

- ***Cynometra mannii* Oliv.**

分布　原產熱帶非洲尼日、喀麥隆、加彭、剛果。臺灣引進栽培。

形態　喬木。樹幹基部分枝，偶而長支持根，樹冠十分濃密。葉偶數羽狀複葉，幼葉紅色；小葉 3~6 對，卵橢圓形，先端一對最大，先端成 V 字形，似釘鎚。花小，白色，短總狀花序，側生於枝幹上。本種小葉 3~6 對，可與其他種類小葉 1 對區別。

用途　木材硬，當柱材或工具柄用。觀賞用。

3 枝上花南南果（海岸樹、密花南南果）

- ***Cynometra ramiflora* L.**

  Cynometra bijuga Span. *ex* Miq.

  Cynometra carolinensis Kaneh.

  Cynometra hosinoi Kaneh.

  Cynometra schumanniana Hams

  Maniltoa carolinensis (Kaneh.) Hosok.

- Coastal tree

分布　原產印度、斯里蘭卡至馬來西亞。臺灣引進栽培。

形態　喬木。莖直立或斜上升。莖或幼枝光滑無毛或稀疏平滑。葉偶數羽狀複葉，互生；小葉 2 枚，對生，長橢圓狀披針形，全緣，光滑，基部鈍，歪斜，先端凹入，呈 V 字形。花白色，葉腋叢生或 2~6 花，腋生呈總狀花序，側生於枝條上；萼片 5 或 4 裂；花瓣分離；雄蕊 9~10 枚，完全分離。莢果圓形至亞圓形，木質化，光滑，1~2 粒種子。種子卵形至圓形，表面光滑，橄欖色、棕色或黑色。

用途　木材比重 1.01，菲律賓當籬柱或家之支柱及薪材用。根、莖及種子之油當體膚之清潔劑用。園藝當觀賞用。

11 宏寶豆屬（Humboldtia Vahl）

灌木或小喬木。葉偶數羽狀複葉，短柄；小葉 3~5 對，無柄，卵狀長橢圓形，先端漸尖，革質，具裂紋脈，最低 1 對最小。花橙色或白色融有紅色，腋生總狀或圓錐花序；花瓣 5；完全雄蕊 5 枚。莢果長橢圓形，直或彎曲，扁平，革質，具脊，二瓣裂。種子 1~4 粒，卵形，無假種皮。

本屬約有 8 種，分布於斯里蘭卡、印度和爪哇。臺灣引進 1 種。

1 宏寶豆（小瓔珞木）

- ***Humboldtia laurifolia* Vahl**
  Batschia laurifolia Vahl
- Little Amherstia

分布　原產印度、斯里蘭卡、爪哇。臺灣引進栽培。

形態　直立灌木或小喬木。幼莖光滑，常被螞蟻棲息而膨大。葉偶數羽狀複葉，長 10~20 cm，光滑或近無毛；小葉 3~5 對，卵形至卵狀長橢圓形或披針狀長橢圓形，4~15 cm，先端漸尖，基部歪斜圓形至楔形，光滑；托葉葉狀形，2~3.5 cm，先端銳尖，基部鐮刀形。花白色，總狀花序或圓錐花序，腋生，長 8~12 cm；花瓣 5 枚，長 10~12 mm；雄蕊長約 12~20 mm。莢果初期微毛或近光滑，成熟時光滑，橢圓形，扁平，5~10 cm。種子 3~4 粒，卵形，無假種皮。

用途　當庭園樹，觀賞用。

12 叉葉樹屬（Hymenaea L.）

喬木，具樹脂。葉二出複葉，短柄；小葉無柄，基部歪斜，革質，具透明腺點。花大或中等，大多白色，密繖房花序頂生；花瓣 5，長橢圓狀倒卵形，具腺點；雄蕊 10 枚，離生。莢果歪倒卵形或長橢圓形，短或微長，厚，木質，不開裂。種子少，被厚果肉包被，形狀多樣。2n=24。

本屬約有 25 種，分布熱帶中、南美洲、西印度群島和墨西哥、非洲。臺灣引進 3 種。

1 南美叉葉樹（西印度刺槐、孿葉豆）

- ***Hymenaea courbaril* L.**
  Hymenaea animifera Stokes
  Hymenaea candolleana Kunth
  Inga megacarpa M. E. Jones
- オオイナゴマメ, クールハバリル
- Courbaril, West Indian locust tree, South American locust, Locust tree, Brazilian copal, Jutaicica

分布　原產熱帶美洲。臺灣 1916 年引進，墾丁國家公園與雙溪熱帶樹木園內有栽植，各地零星栽培。

形態　常綠大喬木。葉二出複葉；小葉長橢圓狀披針形，4~9 cm，先端狹或銳尖，表面綠色有光澤，背面有油腺點，革質。花黃色而後逐漸轉變為淡黃色或白色，有時具紅色或淡紅色條紋，呈頂生總狀花序或圓錐花序；花瓣長橢圓形或倒卵形，先端鈍；雄蕊 10 枚。莢果歪倒卵狀長橢圓形，光滑，木質，6~10 cm，暗褐色，具果肉，不開裂。種子數粒，長橢圓形。地上發芽型，初生葉 2 小葉，對生。

用途　材重而堅硬，當一般構物、家具、機械等製造用材。果肉可食用，與水混合製「atole」酒和飲料。為巴西珂珀脂（Brazil copal, Resina de Cuapinole）之原料。當藥用、殺蟲劑、香料等。觀賞用。

2n =24

2 小葉叉葉樹

- ***Hymenaea parvifolia* Huber**

分布　原產南美洲之巴西、玻利維亞、秘魯、哥倫比亞及委內瑞拉。臺灣引進栽培。

形態　常綠高大喬木，高 20~25 m。葉偶數羽狀複葉；小葉 2~3 對，對生。花白色，小型，呈頂生的總狀花序。莢果長橢圓形，長 5~15 cm，寬 3~5 cm，革質，不開裂，種子被乾果肉（假種皮）包被。種子 3~4 粒。

用途　種子取乳液當 Bemi 纖維素（Bemicellulose）用，果肉可食用，根和莖為南美珂珀脂（South American copal）之原料，當藥用。木材加工用。當觀賞用。

2n=24

3 非洲叉葉樹（擬叉葉樹、土拉奇豆、叉葉樹、疣果孿葉豆）

- ***Hymenaea verrucosa* Gaertn.**

  Trachylobium verrucosum (Gaertn.) Oliver.

  Trachylobium mossambicensis Klotzsch.

  Cynometra spruceana Benth.

- トラキロビゥム
- Mandrofo, Andrakadrake, Tandroraha, Zanzibal copal-tree, Gum copal, East Africa copal

分布　原產馬達加斯加、非洲東部。臺灣 1916 年代引進，墾丁國家公園內有栽植。

形態　半落葉大喬木。葉二出複葉；小葉歪卵狀長橢圓形，6.5~12.5 cm，先端短漸尖，硬革質。花淡黃白色，呈圓錐花序。莢果圓形或卵形或長橢圓形，3~5 cm，厚革質，有疣、粗糙、不開裂，具短喙，有樹脂。種子 1~2 粒，厚長橢圓形，1~2 cm，黑色。地上發芽型，初生葉單葉，對生。**本種莢果有疣，可與南美叉葉樹光滑區別。**

用途　根、樹幹及莢果為 Zamibar copal 樹脂的原料，也稱為 Gum copal of Madagascar，樹脂工業用。觀賞用。

2n =24

13 太平洋鐵木屬（Intsia Thouars）

落葉喬木。葉偶數羽狀複葉；小葉 2~5 對，全緣，卵形至長橢圓形，革質。花稍大，白色、粉紅或紅色，呈總狀或圓錐花序；花瓣 1 枚；完全雄蕊 3 枚，退化雄蕊 1~7 枚。莢果長橢圓狀線形，平，薄，革質至木質，二瓣裂，具橫脈，1~8 粒種子。種子扁平、圓形，無假種皮。2n=24。

本屬約 9 種，分布熱帶印尼、馬來西亞、波里尼西亞、菲律賓。臺灣引進 1 種。

1 太平洋鐵木

- ***Intsia bijuga*** **(Colebr.) Kuntze**
  Macrolobium bijuga Colebr.
  Intsia amboinensis Thouars
  Afzelia bijuga (Colebr.) Gray
- シロヨナ, タイヘイヨウテツボク, タシロマメ
- Ipil, Merbau, Ipil laut, Fiji afzelia, Molucca ironwood, Borneo teak, Johnstone River teak, Pacific teak, Scrub mahogany

分布　原產太平洋諸島、馬來西亞、琉球。臺灣 1909 及 1935 年引進，雙溪熱帶樹木園內有栽植。

形態　喬木。具多數分枝。葉偶數羽狀複葉；小葉多為 2 對，偶有 1 或 3 對者，長橢圓形，闊倒卵形或闊卵形，5~15 cm，先端圓鈍。花小形，初開時純白色，後逐漸轉變為粉紅色，頂生的繖房花序；花瓣卵狀圓形或卵形，有明顯的脈絡；雄蕊 3 枚。莢果長橢圓形或線形，8~20 cm。種子 3~6 粒。地上發芽型，初生葉羽狀複葉，小葉 2 對，對生。

用途　材為高級用材，當床、建築、船舶、電桿、家具、橋樑等用材。材與樹皮可取褐色或黃色染料。樹皮及果實當藥用。種子有毒，水浸洗 3~4 日可食用。庭園樹，觀賞用。

2n=24

14 儀花屬（Lysidice Hance）

常綠小灌木或喬木。葉偶數羽狀複葉；小葉 4~6 對，光滑，革質，頂對小葉最大。花紫紅色，呈腋生和頂生的圓錐花序；花瓣 3，深紫色，有爪，倒卵形；雄蕊 6~2 枚，白色。莢果大而平，倒卵形，木質或革質，二瓣裂，裂瓣旋卷。種子扁平，縱長橢圓形，被海綿狀隔膜隔離。2n=16。

本屬有 2 種，原產華南、越南。臺灣引進 2 種。

1 短萼儀花

- ***Lysidice brevicalyx*** **Wei**

分布　原產中國廣東、廣西、貴州、雲南等。臺灣引進栽培。

形態　喬木。葉偶數羽狀複葉；小葉 3~4(~5) 對，近革質，長圓形，倒卵狀長橢圓形或卵狀披針形，6~12 cm，先端鈍或尾狀漸尖，基部楔形或鈍形。花紫色，圓錐花序，長 13~20 cm；花瓣倒卵形，先端近截平而微凹；雄蕊二型，退化雄蕊 8~5 枚，不等長。莢果長橢圓形或倒卵狀長橢圓形，15~26 cm，開裂，裂瓣平或稍扭轉，7~10 粒種子。種子長橢圓形至近圓形，2~2.8 cm，栗褐色或微帶灰綠，有光澤。本種苞片與小苞片均為粉紅色，可與儀花的白色區別。

用途　木材黃白色、堅硬，是優良建築用材。根、莖、葉亦可入藥，性能如儀花。庭園樹觀賞用。2n=16

2 儀花（麻亂木、假花、鐵羅傘）

- ***Lysidice rhodostegia*** **Hance**
- シタンマメ

分布　原產華南、越南。臺灣 1970 年代引進，中南部栽植之。

形態　喬木或灌木。具多分枝，小枝條略呈「之」字形。葉偶數羽狀複葉；小葉 3~6 對，橢圓形或長橢圓形，4~10 cm，先端極尖或驟尖，基部圓形或楔形。苞片與小苞片均為白色。花白色或紫堇色，頂生或腋生的總狀或圓錐花序；花萼管狀，4 裂；花瓣 3 枚，卵形或長卵形，有長爪；發育雄蕊 2 枚，少 1 或 3 枚。莢果條形，扁平，15~22 cm，木質，無毛，具喙，成熟後開裂。

用途　種子可食用。材硬，重而緻密，為重要用材。根、莖、葉藥用稱「鐵羅傘」，有活血散瘀、消腫止痛之效。庭園樹供觀賞用。2n =16

15 手帕樹屬（Maniltoa Scheff.）

喬木。葉偶數羽狀複葉，新幼葉被顯著的芽鱗包被，芽鱗覆瓦狀；小葉 2~15 對，無柄，歪斜橢圓形，全緣。花白色或粉紅色，呈頂生或腋生總狀花序；花瓣 5，無柄，狹線形；雄蕊多數，15~80 枚。莢果有柄，扁平，球形，厚，不開裂，一般 1~2 粒種子。

本屬約有 15 種，原產斐濟、巴布亞新幾內亞和印尼。臺灣引進 1 種。

1 寶冠葉手帕樹

- ***Maniltoa browneoides* Harms**
  Maniltoa gemmipara Backer
  Pseudocynometra browneoides (Harms) Kuntze
- Handkerchief tree, Pokok sapu tangan

分布　原產新幾內亞、澳洲。臺灣引進栽培。
形態　常綠喬木。葉偶數羽狀複葉，新幼葉似柔軟的白手帕，從樹枝向下垂掛，數日轉變成綠色，變硬而直立；小葉 4~5 對，長橢圓形，基部歪斜，先端漸尖，光滑，全緣。花白色，一旦授粉快速地從白色變為棕色，形成大而圓的頂端簇團，被棕色、紙質的苞片包被，花與新葉同時出現；雄蕊長。莢果寬，稍扁平，微喙，棕色，僅 1 粒種子。種子圓形。
用途　木材十分堅固和耐久，做家具用木材。當公園、庭園之觀賞樹及遮蔭樹用。花與新葉觀賞用。

16 無憂樹屬（Saraca L.）

常綠灌木或喬木。葉偶數羽狀複葉；小葉少，一般至 7 對，革質，無柄，卵狀披針形。花黃色、粉紅色或紅色，具深色之花心，圓錐狀繖房花序老枝上側生；花瓣無；雄蕊 3~10 枚，離生。莢果長橢圓形或線形，扁平或微腫脹，革質至木質，1~8 粒種子。種子卵狀或角形。2n=24。

本屬約有 25 種，分布熱帶亞洲。臺灣引進 4 種。

1 幹花樹

- ***Saraca cauliflora* Baker**

分布　原產馬來西亞。臺灣引進栽培。

形態　喬木。具多數分枝。葉偶數羽狀複葉；小葉 5~6 對，上位葉多為長橢圓狀披針形，長 8~30 cm，先端漸尖，基部漸狹，下位葉多少為長橢圓形，較小，略革質，平滑無毛；小葉柄長 1~1.5 cm，葉脈明顯，表面呈光澤綠色，背面色較淡。花初開時黃色，漸變杏黃而花心紅色，密集呈大形繖房花序，略呈球形，徑 18~35 cm，單生或成對生長於樹幹或老樹枝上；小苞片不顯著；花萼裂片 4 枚；花瓣無；有葯雄蕊 4 枚，可與其他種類區別。

用途　當庭園樹栽培，觀賞用。

2n=24

2 中國無憂樹（中國無憂花、四方木）

- ***Saraca dives* Pierre**

  Saraca chinensis Merr. & Chun
- Chinese asoka

分布　原產廣東、雲南。臺灣引進栽培。

形態　常綠喬木。葉偶數羽狀複葉，長約 80 cm；小葉 4~6 對，長橢圓形，嫩時被短柔毛或無毛。花紅黃色，圓錐花序頂生，約 8~12 cm；小苞片橙紅色；花萼裂片 5 枚，可與無憂樹 4 枚區別；花瓣無；有葯雄蕊 9~10 枚。莢果扁平，長橢圓形，22~30 cm，革質至木質，開裂後極扭曲。

用途　採樹皮曬乾，藥稱「四方木皮」，有祛風除濕、消腫止痛功效。庭園樹，觀賞用。

2n=24

3 無憂樹（無憂花）

- ***Saraca indica* L.**

  Saraca asoca (Roxb.) Willd.

  Jonesia asoca Roxb.

  Jonesia pinnata Willd.
- ムユウジュ, アソカノキ
- Asoka tree, Si soup, Sorrowless tree, Asoka

分布　原產印度、馬來西亞及斯里蘭卡。臺灣 1903 年及 1909 年引進，栽植於臺北植物園，中興大學亦有之。

形態　喬木。幹略帶黑褐色，具多數分枝。葉偶數羽狀複葉；小葉 3~6 對，長橢圓形或長橢圓狀披針形，10~30 cm，先端鈍或銳尖，基部鈍，硬革質，表面綠色有光澤，背面淡綠色。花橘紅色或橙色，小花數 10 朵密生成團，著生於老樹幹，密集排列呈繖房花序，略呈球形，約 8~12 cm；花萼裂片 4 枚，花瓣無；雄蕊 7 枚。莢果長橢圓形，開裂，10~28 cm。種子 4~8 粒，長橢圓形，扁平，長 3.5 cm。地上發芽型，初生葉鱗片狀，互生。

用途　為佛教的聖樹，佛陀據說生於此樹下，為佛教的觀賞樹。印度樹皮當婦女病的藥。當檳榔的代用品、咀嚼用。適合庭園綠籬美化、行道樹、庭園樹，觀賞用。

2n =24

4　黃花無憂樹

- ***Saraca thaipingensis*** **King**
- タイピンアソカ
- Yellow saraca

分布　原產爪哇、中南半島、馬來半島。臺灣引進園藝零星栽培。

形態　喬木。葉偶數羽狀複葉，長約 45 cm；小葉 5~6 對，闊披針形或長橢圓形，先端鈍或突尖，全緣，革質。花黃色，繖房花序，總梗細長，直徑約 20~30 cm，小花聚生成團，簇生；苞片黃色；花萼裂片 4 枚，萼筒部之開口呈紅色。

用途　當庭園樹、行道樹、觀賞用樹。莢果當藥用。

2n=24

17 紅雲花樹屬（Schotia Jacq.）

灌木或小喬木。葉羽狀複葉；小葉 3~18 對，革質。花鮮紅色、粉紅色，美麗醒目，密集短總狀或圓錐花序；花瓣 5，卵形或長橢圓形，略不等，殆無柄；雄蕊 10 枚，離生或基部短合生。莢果扁平，線形，長橢圓或鐮刀形，革質或木質，1~ 數粒種子。種子球形，扁平，有或無黃色假種皮。2n=24。

本屬約有 20 種，分布熱帶非洲，約 10 種原產南非。臺灣引進 1 種。

1　紅雲花樹（紅雲花、非洲核桃樹）

- ***Schotia brachypetala*** **Sond.**

Schotia rogersii Burtt & Davy
Schotia semireducta Merxm.

- African walnut, Tree fuchsia, Weeping boerboon, Fuchsia tree

分布　原產南非洲。臺灣於 1965、1971 及 1972 年多次引進，各地零星栽植。

形態　喬木。葉偶數羽狀複葉；小葉 3~5 對，卵形、長橢圓形或倒卵形，2~6 cm，先端圓，基部漸狹或鈍。花深紅色，叢生於老而無葉的枝條上，呈圓錐花序，頂生或腋生；花萼 4 裂，呈管狀；雄蕊 10 枚。莢果長橢圓形。種子具黃色假種皮。

用途　種子炒而當糧食食用。嫩葉亦可食用。樹皮及根之浸出液當藥用。材含單寧。為優良家具、床材之用材。樹型優美，庭園樹，觀賞用。

2n =24

18 油楠屬（Sindora Miq.）

大喬木。葉羽狀複葉；小葉亞洲種幾對生，非洲種互生，2~10 對，革質。花小，頂生總狀或圓錐花序；花瓣 1 枚，大，無柄，長橢圓形；雄蕊 9~10 枚，基部有毛，短或歪斜合生，上方 1 枚常退化而無花葯，次 2 枚具伸長花絲及卵狀花葯，餘 7 枚退化僅具小花葯或無葯囊。莢果扁平，卵形或圓形。種子 1~3 粒，橢圓形，黑色，有光澤，具假種皮。2n=16, 24。

本屬約有 20 種，分布熱帶亞洲和非洲。臺灣引進 2 種。

1　泰國油楠（白鶴樹、大葉蘇白豆、白花木）

- ***Sindora siamensis* Miq.**

  Sindora cochinchinensis Baill.
- クラカス
- Gomat, Go, Gu, Krakas, Sepatir

分布　原產中南半島及馬來西亞。臺灣 1937 年及 1960~1970 年代由越南引進，栽植於雙溪熱帶樹木園，南部零星栽植。

形態　大喬木。小枝帶褐色。葉偶數羽狀複葉；小葉 2~4 對，倒卵形， 3.5~7 cm，先端圓形，頂端微凹，革質。花小，呈頂生或腋生的總狀花序。莢果卵圓形，2.5~3 cm，扁平，表面有短針刺及樹脂分泌，先端尖突狀，成熟後開裂。1~2 粒種子。種子扁圓形，8~9 mm，有光澤。

用途　為海南島很有名的經濟樹木。樹皮含多量單寧。樹脂當燈油及燃料。木材當貴重之樑木、家具或車輛用材等，用途甚廣。當園林樹，觀賞用。

2n =20, 24

2 蘇白豆（斯帕樹、菲律賓白鶴樹）

- ***Sindora supa* Merr.**
- スパ
- Supa

分布 原產菲律賓。臺灣 1935 年引進，美濃雙溪熱帶樹木園內栽植，南部零星栽植。

形態 喬木。具多數分枝，小枝光滑無毛。葉偶數羽狀複葉；小葉 3~4 對，橢圓形或長卵形，5~6 cm，先端銳。花淡黃色，呈總狀花序，頂生；花萼帶有黃絨毛，萼片 4 枚，卵狀三角形；花瓣僅 1 枚，與花萼極類似。莢果扁平，橢圓形，5~7 cm，木質，散生硬刺，及樹脂分泌，開裂，具短尖喙。

用途 樹幹為 Supa 油的原料，不乾性油，燈油及皮膚病藥，當塗料，和其他油混合用。材硬，重，當樑木、船舶、橋樑、裝飾品及家具等製材，常用為太平洋鐵木（*Intsia bijuga*）的代用品。觀賞用。2n =16

19 羅望子屬（Tamarindus L.）

半常綠喬木。葉偶數羽狀複葉；小葉 10~20 對，長橢圓形。花小，黃綠色有紫紅色條紋，呈頂生的總狀花序；花瓣 5 枚，上 3 枚狹長橢圓狀倒卵形，下 2 枚退化呈鱗片狀；完全雄蕊 3 枚。莢果長橢圓形至線狀長橢圓形，直或微彎曲，中果皮厚而軟，肉質，有酸甜味，不開裂。種子 3~14 粒，長方形或卵圓形，歪斜，扁平。2n=24。

本屬僅 1 種，原產熱帶非洲，熱帶和亞熱帶廣泛栽培。臺灣早年引進，歸化 1 種。

1 羅望子（羅晃子、酸果樹、九層皮果、酸豆、烏梅、油楠、酸角）

- ***Tamarindus indica* L.**
  Tamarindus officinalis Hook.
- タマリンド, チョウセンモダマ, ラボウシ
- Indian date, Tamarind, Tamarind-tree, Sour bean

分布　原產非洲，熱帶及亞熱帶廣泛栽植。臺灣 1896 年首次引進，1896 年首次引進，後又多次引進，已歸化在中、南部栽植甚廣。

形態　常綠大喬木。葉偶數羽狀複葉；小葉 10~20 對，長橢圓形，10~25 mm，先端鈍。花淺黃綠色有紫紅色條紋，呈頂生的總狀花序；花瓣發育者 3，餘退化為鱗片；完全雄蕊 3 枚，4 枚退化。莢果肥大，筒狀長橢圓形，直或略彎曲，長 7~15 cm，濃褐色，中果皮厚而軟，有酸甜味。種子 3~14 粒，赤褐色，卵圓形或歪方形等。地上發芽型，初生葉羽狀複葉，對生。

用途　木材當建築材、車輛等用。幼葉當蔬菜，配製海鮮食用及當飼料用。莢果除食用外，果肉可做清涼飲料、釀酒、緩瀉藥及製餅原料。醃製後的酸豆醬也是上乘的佐料。種子蛋白質含量多，油炸或磨粉為主食的代用品。種子、嫩葉、幼果可供藥用。花、果、葉片等可做染料。樹形美，當行道樹、庭園樹、熱帶果樹，觀賞用。

2n=24

III 大立果亞科（Dialioideae LPWG）

喬木，灌木，罕亞灌木。葉奇數羽狀複葉，稀偶數羽狀複葉，單葉或掌狀複葉；小葉互生，罕對生。花聚繖圓錐花序，稀具二花排列或單生花的總狀花序；花兩性，兩側對稱，有時蝶形；雄蕊 5 枚或較少，罕 6~10 枚，單體，稀二體。莢果一般核果狀或翅果狀，不開裂，罕開裂，或肉質果，具硬化的中果皮。種子 1~2 粒，稀更多，無附屬物。2n=24, 28。

本亞科有 17 屬，約 85 種。臺灣有 2 屬，4 種。

1 南美金檀屬（Apuleia Martius）

高大喬木。葉奇數羽狀複葉；小葉 5~11 枚，大，橢圓形，互生，革質。花小，白色，芳香，繖房花序，腋生；花瓣 3 枚；雄蕊 3 枚。莢果扁平，長橢圓形，光亮革質，上縫線狹翅狀，不開裂。種子 1~2 粒，卵形，略扁。2n=24, 28。

本屬有 2 種，原產於熱帶美洲，委內瑞拉、巴西、阿根廷。臺灣引進 1 種。

1 南美金檀（鐵蘇木）

- ***Apuleia leiocarpa*** **(Vogel) J. F. Macbr.**
  Leptolobium leiocarpa Vogel
  Apuleia molaris Spruce *ex* Benth.
  Apuleia polygama Freire Allemão
  Apuleia praecox (Martius) Vogel
- Grapia, Anicirana, Anacaspi

分布　原產南美洲。臺灣引進栽培。

形態　落葉喬木。葉奇數羽狀複葉；小葉橢圓形，大，革質，互生，5~11 枚，先端漸尖。花白色或米色。莢果橢圓形、卵形或長圓形，2 粒種子。

用途　木材金黃色至黃褐色，時間久而變銅色，重而強硬，具耐久性，比重 0.87，當重構造物、枕木、電線桿、柵欄柱、床材、門窗框和造舟、車輪等製作使用。觀賞用。

2n=28

2 大立果屬（酸欖豆屬）（Dialium L.）

中至大喬木。葉奇數羽狀複葉；小葉略互生，3~21 枚，革質或紙質，全緣，橢圓形。花小，黃色、白色或淺綠色，圓錐花序腋生或頂生；花瓣 1、

2 或無，罕 5 枚；雄蕊一般 2 枚，有時 5，罕 10 枚。莢果核果狀，小，卵狀球形或圓盤形，不開裂，棕色或黑色，果皮硬，果肉軟。種子 1~2 粒，略扁狀。2n=28。

本屬約有 40 種，原產熱帶非洲、馬達加斯加及東南亞。臺灣引進 3 種。

1 爪哇大立果（爪哇羅望子、爪哇酸欖豆、絨毛羅望子、黑羅望子、加蘭伊、摘亞木）

- ***Dialium indum* L.**
  Dialium javanicum Burm. f.
  Dialium laurinum Baker
  Dialium marginatum de Wit
  Dialium turbinatum de Wit
- クランジノキ, タマリンドプラム
- Tamarind plum, Kranjii, Velvet tamarind

分布　原產馬來西亞、爪哇、泰國。臺灣引進園藝果樹栽培。

形態　常綠高大喬木。枝條被灰色軟毛。葉奇數羽狀複葉，長 15~20 cm；小葉 5~9 枚，紙質，橢圓狀披針形，7.5~10 cm，先端銳形，基部楔形，無毛。花白色，圓錐花序，頂生或葉腋處側生；花瓣 5，卵狀長橢圓形至橢圓形；雄蕊 2 枚，花絲細短。莢果暗褐色或近黑色，球形至卵狀，稍扁平，徑 2 cm，果皮被細毛，很薄，果肉橘色。種子 1 粒，淡褐色，方形至腎形。地上發芽型，初生葉單葉，對生。

用途　果可生食，味甘甜，味道似羅望子，但酸味少。木材重而堅硬，色澤濃黃褐色至栗褐色，比重 0.94~1.12，為重要的建築材、裝飾用材、船舶製材、器柄、車輛床板等。樹皮和葉藥用。當果樹栽培。

2n=28

2 錫蘭大立果（絨毛羅望子、黑羅望子、錫蘭羅望子、斯里蘭卡大立果、錫蘭酸欖豆）

- ***Dialium ovoideum* Thwaites**
- ピロウドタマリンド
- Velvet tamarind, Gal-siyambala, Kanji

分布　原產斯里蘭卡、印度、泰國。臺灣引進栽培。

形態　常綠大喬木。幼枝被毛。葉奇數羽狀複葉；小葉 5~7 枚，長橢圓形或披針形，革質，6-16 cm，表面光亮。花白色，頂生圓錐花序，長 10~20 cm，密被短毛；花瓣無；雄蕊 2 枚。莢果小，殆無梗，卵狀凸鏡形，長 2~3cm，密被白細絨毛，成熟後光滑，褐黑色，多果集成果穗，果肉黃色，果皮薄而脆。種子 1~2 粒，黃褐色，扁平形。

用途　果肉含有澱粉，酸甜適度，可生食，或調理食用。木材泰國製作錨用，在印度當良材用。斯里蘭卡原住民採野果到市場上出售。

2n=28

3 馬來大立果（馬來羅望子、馬來酸欖豆）

- ***Dialium platysepalum* Baker**
  Dialium ambiguum Prain
  Dialium havilandii Ridl.
  Dialium kingii Prain
  Dialium maingayi Baker
- Monkey keranji, Keranji burong

分布　原產馬來半島、蘇門答臘、婆羅洲、菲律賓和泰國。臺灣引進栽培。

形態　常綠性高大喬木。枝條被細短毛。葉奇數羽狀複葉，長 10~28 cm；小葉 5~21 枚，互生，革質，濃綠色，橢圓形或長披針形，或卵狀披針形，先端微凸或銳尖或鈍形，基部圓形或楔形，背面被紅色絨毛。花白色，呈頂生圓錐花序；花瓣 5 枚，三角形；雄蕊 2 枚。莢果倒卵形或亞圓形，2.5 cm，黑褐色，密被棕色絨毛，有乳頭狀突起；果肉褐色，有酸味。種子 1~2 粒，圓形至腎形，3~13 mm，淺棕色至灰黑色，有光澤。

用途　原住民採集野生果實食用，或市場出售。心材濃褐色，比重 0.96，當船舶和桅桿用材。

2n=28

蘇木亞科（Caesalpinioideae DC.）

喬木，灌木，藤本，亞灌木或草本。枝一般具有刺或針刺。葉一般二回羽狀複葉，或大多數為偶數羽狀複葉，少奇數羽狀葉，或二出複葉，假葉或缺葉；小葉大多對生，少互生。花頭狀花序、穗狀花序、圓錐花序、總狀花序，或花成束而生；花一般兩性，罕單性，或雜性；輻射對稱，少兩側對稱，有時蝶狀或不對稱花；雄蕊常 10 枚，二體或單體，極稀無定數，少至 3、4、5 枚，多至百枚，離生或合生成束。莢果一般縫線薄，1 至多數種子；沿單一或二縫線開裂，或常為節果，翅果狀或厚而木質化而不開裂；或爆開裂，裂瓣常彎曲或卷曲。種子兩面常具附屬物，有時具鮮或肉質假種皮，有時具翅，種臍位於尖端，子葉不明顯。2n=24, 26, 28, (12, 14, 16, 18, 20, 22, 32, 36, 40, 42, 48, 52, 54, 56, 64, 72, 78, 104, 208)。

本亞科有 148 屬，約 4400 種；包含含羞草支序（Mimosoid clade，即原含羞草亞科，屬名附 * 者）。臺灣有 46 屬，199 種，2 亞種，3 變種。

1 相思樹屬（Acacia Mill.）*

喬木、灌木或攀緣藤本；托葉成棘針或無。葉二回羽狀複葉或退化為具縱脈之葉柄狀之假葉；小葉通常小而多對。花小，黃色或白色，組成穗狀花序或頭狀花序，簇生於葉腋或枝頂排成圓錐花序；兩性或雜性；花瓣分離或基部連合；雄蕊多數 (>10)。莢果形狀多變化，長橢圓形或線形，直或彎曲，念珠狀或扭曲狀，扁平，開裂或不開裂，木質或革質。種子多數，扁平，具種柄及假種皮。2n=22, 26, 28, 52。

本屬約 650 種，分布全球熱帶、亞熱帶地區。臺灣自生 1 種，引進 35 種。

1 尖葉栲

- ***Acacia acuminata*** **Benth.**
  Acacia oldfieldii F. Muell.
- アクミナータアカシア
- Raspberry acacia, Raspberry-jam tree, Jamwood

分布　原產澳洲西部。臺灣於 1974 年由澳洲引進，栽植於臺北植物園。

形態　喬木。假葉長線形，7.5~25 cm，中肋顯著，葉脈細而為平行脈。花黃色，多數，成密集穗狀花序。莢果線形，扁平或在種子處凸出，種子間多呈緊縮狀。種子長橢圓形，種柄 2~3 摺膨大在種子下形成假種皮。假葉長線形、花密生成穗狀花序，為本種主要鑑定特徵，可與其他相思樹區別。

用途　木材可作為木炭的原料，原住民以木材當武器，為芳香油的資源材。花芳香，可製造香水。樹皮含 14.6~23.5 % 之單寧。樹木成長快速，可供觀賞用。

2n =26

2 無脈相思樹

- ***Acacia aneura*** F. **Muell.** ***ex*** **Benth.**
- Mulga, Mulga acacia

分布　原產澳洲。臺灣引進栽培。

形態　灌木至小喬木。假葉線形至非常狹橢圓形，灰白色，1.5~10(24) cm，被灰白色細軟毛。花鮮黃色，穗狀花序，長約 2 cm。莢果扁平，歪斜，長橢圓形，1~6 cm，具狹翅。

用途　澳洲西部原住民種子磨成粉食用。木材暗色，當槍柄。葉為家畜優良飼料。全植物為單寧之原料。蟲癭稱之為 mulga apple，可當補充水分用。

2n=26

3 耳莢相思樹（阿列克栲、耳葉相思樹、大葉相思樹）

- ***Acacia auriculaeformis*** **A. Cunn.** ***ex*** **Benth.**
- カマバアカシア
- Papua wattle, Ear-leaved acacia

分布　原產澳洲北部。臺灣 1975~1980 年間由澳洲引進，栽植於臺北植物園、墾丁國家公園，生長良好，園藝零星栽培。

形態　喬木。全株略呈白粉狀，小樹枝下垂，有粒狀小體。假葉長橢圓形鐮刀形，12~20 cm，兩端漸尖，有主脈 3~4 條。花金黃色，密集成穗狀花序，長 3.5~8 cm，1 至數枝簇生於葉腋或枝頂；花冠長 1.7~2 mm，有香味。莢果沿下縫線扭曲，5~8 cm，5~12 粒種子。種子有光澤，黑色，5~6 mm，種臍橘黃色。地上發芽型，初生葉一回、二回偶數羽狀複葉，互生。

用途　在東南亞栽培，生長迅速，為綠化之尖兵樹，適於荒山綠化，當庭園樹觀賞用，灌木樹籬用。

2n =26

4　灰葉栲（銀葉相思樹、貝利氏相思樹）

- ***Acacia baileyana* F. Muell.**
- ギンヨウアカシア, ハナアカシア
- Cootamundra wattle, Golden mimosa, Silver leaved tree

分布　原產澳洲東南部。臺灣 1973 年由美國引進栽培於臺北植物園。

形態　小喬木。枝下垂，樹型美。葉二回羽狀複葉，羽片 2~4 對；小葉 10~20 對，線形，粉白色。花深黃色，15~25 朵組合成頭狀花序，再由多數的頭狀花序組合成腋生的複總狀花序，長 6~12 cm；雄蕊多數，離生。莢果扁平長橢圓形，5~12 cm，藍褐色，10~13 粒種子。地上發芽型，初生葉一回、二回偶數羽狀複葉，互生。栽培品種**紫灰葉栲**（cv. Purpurea）葉帶紫色。

用途　木材灰色，可做薪材。花美麗，花期 1~4 月，可當切花，觀賞用，庭園樹。冬季的蜜源。生性強而成長快速，可當防風及庇蔭樹，然而生長期短，當過渡時期的樹木利用之。

2n =26

5　雙脈栲

- ***Acacia binervata* DC.**
  Acacia umbrosa A. Cunn.
- Twinvein wattle, Black wattle, Two-veined hickory, Hickory wattle

分布 原產澳洲東南部。臺灣 1974 年引進栽培於林試所恆春分所。

形態 大灌木或小喬木。全株光滑無毛，枝幼時有稜角，後成為圓柱形。假葉長橢圓狀鐮刀形或披針形，7~10 cm，兩端狹，有 2~3 條縱脈。花黃白色，約 20 朵聚合成一球形頭狀花序，頭狀花序組合呈腋生圓錐花序排列。莢果線形，7~14 cm，長而扁平。種子倒卵形。

用途 木材強硬，輕而緻密，可做斧柄、軛等。樹皮含單寧 26.7~30.4%，為品質上等之單寧原料。觀賞用。

6 辛辛那塔楊

- ***Acacia cincinnata* F. Muell.**

  Racosperma cincinatum (F. Muell.) Pedley

分布 原產澳洲。臺灣引進栽培。

形態 大灌木或喬木。樹皮皺溝，暗灰色至黑色，小枝褐灰色，具絨毛。假葉歪斜，狹橢圓狀鐮刀形，先端與基部漸尖，10~16 cm，幼葉密被絨毛，後漸成無毛。花為 5 的倍數，花冠長 1.5~1.8 mm。莢果呈螺旋狀卷曲，寬 4~7 mm，革質，光滑。種子縱的橢圓狀長橢圓形，長 3.5~4.5 mm，黑色，假種皮橢圓形，厚，橙色或黃色。

用途 花期 5~6 月，觀賞用。

7 鬼楊

- ***Acacia cognata* Domin**

  Acacia subporosa F. Muell. var. *linearis* Benth.

  Racosperma cognatum (Domin) Pedley

- Bower wattle, River wattle, Narrow-leaf bower wattle

分布 原產澳洲。臺灣引進栽培。

形態 常綠大灌木或小喬木。枝下垂，樹枝奔騰狀，美麗。假葉狹披針形，長 4~10 cm。花初生時深紫色，後轉為鮮黃色，呈球形頭狀花序，被黃色軟絨毛，有芳香味。花晚冬至春天開，著生在接近枝條的先端。莢果淺棕色，線形，3~10 cm，直。種子縱生，種柄摺疊 1~2 回。澳洲育有許多栽培品種。

用途 當綠籬、屏障樹、庭園樹、行道樹栽培利用，當觀賞用。

2n=26

8 密枝楊

- ***Acacia conferta* A. Cunn. *ex* Benth.**
- Crowded-leaf wattle

分布 原產澳洲。臺灣 1974 年引進栽培於臺北植物園。

形態 灌木。枝圓柱形，微絨毛。假葉叢生，散生或不規則輪生，線形，5~15 mm，硬而尖，基部鈍。花小形，鮮黃色，由 20~30 朵組成一球形的頭狀花序，腋生，序軸長 2 cm；花各部為 5；花萼線形；雄蕊多數，離生。莢果扁平，長橢圓形，長 5 ~9 cm，5~7 粒種子。種子橫向生長，卵形，種柄一次摺疊，具假種皮。

用途 花為香水的資源植物。觀賞用。

9 相思樹（相思、細葉相思樹、臺灣相思樹、香絲樹、松絲、假葉豆、相思仔、臺灣黑檀木）

- ***Acacia confusa* Merr.**

  Acacia confusa Merr. var. *inamurae* Hayata

- ソウシジュ, タイワンアカシア, タイワンゴウカン
- Taiwan acacia, Formosa acacia, Formosan koa, Acacia petit feuille, Small Philippine acacia

分布 臺灣自生種，分布熱帶亞洲，尤其是臺灣，菲律賓最多。臺灣廣泛生長於平地，低、中海拔山地。

形態 常綠喬木。樹皮褐色。小葉退化，假葉（葉柄）呈鐮刀狀披針形，8~10 cm，3~5 條平行脈，兩端漸尖，革質。花金黃色，有微香，頭狀花序，單生或 2~3 個簇生於葉腋；雄蕊多數，離生。莢果長橢圓形，扁平，黑褐色，有光澤，4~9 cm，2~10 粒種子。種子卵橢圓形，黑褐色。地上發芽型，初生葉一回 4 小葉羽狀複葉、二回羽狀複葉，互生。

用途 栽培做行道樹或山坡植林。花含有芳香油，

可做調香原料。樹皮含單寧 23~25 %，可鞣革、染料。材質緻密堅重，木理通直，常為農具用、鐵路枕木、礦坑用材、薪炭材（相思炭）。海岸防風樹。2n =26

10 粗果桲

- ***Acacia crassicarpa* A. Cunn. *ex* Benth.**
  Acacia aulacocarpa var. *macrocarpa* Benth.
  Racosperma crassicarpum (A. Cunn. *ex* Benth.) Pedley
- Northern Territory wattle, Brown salwood, Northern wattle, Northern golden wattle, Lancewood, Salwood, Thick-podded salwood

分布　原產澳洲、紐西蘭。臺灣引進栽培。

形態　小喬木。樹皮灰色，小塊狀裂開。假葉灰綠色，彎曲，11~20 cm，一般有 7 條明顯的平行脈，上表面基部有腺體。花黃色，穗狀花序，細長，約 4.5~6 cm。莢果木質，有脈紋，8~10 cm。種子黑色，有光澤，6 × 3 mm，假種皮白色。地上發芽型，初生葉一回、二回羽狀複葉，互生。

用途　在澳洲為北方帝國藍蝶之食草植物。常用於海濱栽培當遮蔭樹。觀賞用。非常乾燥時當飼料用。

11 三角桲（三角相思樹）

- ***Acacia cultriformis* A. Cunn.**
  Acacia cultrata Ait.
- サンカクバアカシア, ウロコアカシア
- Knife acacia

分布　原產澳洲東部。臺灣引進栽培。

形態　常綠大灌木，枝條細直。假葉三角狀倒卵形，1.3~2.6 cm，互生，先端截形，銀綠色至銀灰色，硬革質。花黃色，頭狀，直徑約 3.5 mm，總狀花序頂生。莢果濃褐色，長 3.5~8 cm，帶粉。地上發芽型，初生葉一回、二回羽狀複葉，互生。

用途　成株夏至秋開花，適合庭園植栽或盆栽，觀賞用。枝葉為插花高級素材。

2n =26

12 銀栲（銀栲皮樹、德爾栲、銀荊）

- ***Acacia dealbata* Link**

  Acacia decurrens (Wendl.) Willd. var. *dealbata* (Link) F. Muell *ex* Maiden

  Acacia irrorata Sieb.
- フサアカシア, デアルバータアカシア, ハナアカシア
- Silver wattle, Mimosa, Aromo

分布　原產澳洲。臺灣 1896~1898 年首次由印度引進，其後又分別引進，高冷地園藝觀賞零星栽培。

形態　小喬木。樹枝優美雅緻，樹皮與葉為銀白色。葉二回羽狀複葉，羽片 7~20 對；小葉 20~50 對，線形，2~5 mm，略成叢生狀。花小，黃色，25~30 朵，呈一小形的頭狀花序，再組成腋生複總狀花序。莢果長橢圓形，寬闊，平滑，濃褐色，5~8 cm，種子間不呈緊縮狀。地上發芽型，初生葉一回、二回偶數羽狀複葉，互生。

用途　樹皮含單寧 30~50%，可鞣革，與阿拉伯膠相同，可精製膠，其膠黏性非常大。花極芳香，法國作為香水樹栽培，鮮花店以 mimosa 賣之。觀賞用。枝葉可做插花材料。

2n =26

（陳運造　攝）

13 青栲（青栲皮樹、細葉金合歡、線葉金合歡）

- ***Acacia decurrens* (Wendl.) Willd.**

  Mimosa decurrens Wendl.

  Acacia adenophora Spreng.

  Acacia angulata Desv.

  Acacia sulcipes Sieb.
- ミモザアカシア
- Green wattle, Feathery wattle, Black wattle

分布　原產澳洲東部。臺灣 1896~1898 年由印度引進栽培於臺北植物園，1909 年及 1933 年又由澳洲引進，1973 年再由葡萄牙引進栽培，但不常見。

形態　常綠小喬木，淺根性植物。葉二回羽狀複葉，羽片一般 4~15 對；小葉 15~35 對，線形，5~14 mm，表面亮麗的綠色。花小形，黃色，有芳香，20~30 朵組成頭狀花序，花序小，球形，多數排列為總狀花序，然後再由多條總狀花序組合為頂生的圓錐花序。莢果線形，長 4~10 cm，4~10 粒種子。種子卵形。地上發芽型，初生葉一回、二回偶數羽狀複葉，互生。

用途　樹皮含單寧 30~50 %，為主要的單寧及膠之原料，當收斂劑及齒科藥用。爪哇因生長快速，當土壤改良與庇蔭樹栽培。斯里蘭卡當作綠肥。木材製造、薪材利用之。花可當切花用。

2n=26

14 鐮葉樗（扭葉樗、鐮莢相思樹）

- ***Acacia falcata*** **Willd.**

  Acacia plagiophylla Spreng.

- Burra acacia, Sally, Hickory wattle, Sickle wattle

分布　原產澳洲東部。臺灣 1974 年引進栽培於林試所恆春分所。

形態　直立灌木或喬木。小枝先端有稜角。假葉彎曲成鐮刀形，7~18 cm，先端圓鈍有一小尖突，有多數直而顯著的側脈。花淡黃色，20~30 朵組成頭狀花序。莢果線形，扁平，鐮狀彎曲，5~10 cm，8~10 粒種子。種子卵形，種柄重複盤曲。地上發芽型，初生葉一回、二回偶數羽狀複葉，互生。

用途　澳洲原住民偶而作為魚的麻醉劑使用。樹皮含單寧 36.8 %，鞣革用等。種植當作防沙樹，觀賞用。

2n =26

15 流蘇相思樹

- ***Acacia fimbriata*** **A. Cunn. *ex* G. Don**
- Fringed wattle

分布　原產澳洲，在沖積地常見。臺灣引進栽培。

形態　小喬木或大灌木。假葉狹披針形至橢圓形，2~6 cm，葉脈 1 條，葉緣具流蘇狀纖毛緣。花黃色，10~20 朵聚合成頭狀花序，再組成腋生總狀花序，其長度較假葉為長。莢果線形，長 4~7.5 cm，帶青色，扁平不彎曲。種子橢圓形，縱生，種柄短，具大假種皮。

用途　觀賞用。

16 星毛相思樹

- ***Acacia flavescens*** **A. Cunn. *ex* Benth.**

  Racosperma flavescens (A. Cunn. *ex* Benth.) Pedley

- Red wattle, Wattle red, Yellow wattle

分布　原產昆士蘭、澳洲。臺灣引進栽培。

形態　灌木或小喬木。葉退化為假葉，綠色，9~24 cm，葉厚，脈狀，葉和幼枝被星狀毛。花頭狀花序，花梗長約 10~15 mm，密被黃色絨毛，每頭狀花序約有 (30~)40~50 花；花冠長 1.7~2 mm，花瓣約 0.6~0.8 mm，多毛；雄蕊長約 4~5 mm。莢果扁平，6~12 cm。種子褐色至黑色，4~6 mm。地上發芽型，初生葉一回、二回羽狀複葉，互生。第 10 葉退化為單葉（假葉）。

用途　當薪材利用。樹皮含單寧 15.5~22%。有根瘤，可固定氮素，增進地力。觀賞用。

17 多花樗（多花相思樹）

- ***Acacia floribunda*** **(Vent.) Willd.**

  Mimosa floribunda Vent.

  Acacia longifolia (Andr.) Willd. var. *floribunda* (Vent.) F. J. Muell.

- ヤナギバアカシア
- White sally, Sally wattle

分布　原產澳洲東南部。臺灣 1970 年引進栽培於臺北植物園、林試所恆春分所。

形態　直立灌木或小喬木。小枝條有稜角。假葉線形或線狀披針形，長 5~12 cm。花乳白色至淡黃色，呈穗狀花序。莢果線形，直或略彎曲，長 6~9(15) cm，3~11 粒種子。種子間呈緊縮狀，有假種皮。

用途　當庇蔭樹與觀賞用。

2n =26

18 翼葉栲

- ***Acacia glaucoptera*** **Benth.**
- Clay bush-wattle

分布　原產澳洲西南部。臺灣 1974 年由澳洲引進栽植於臺北植物園內。

形態　灌木。全株光滑無毛，有時略呈粉白狀。假葉三角形，2~4 cm，中肋隆起，先端具粗刺。每一假葉向基部延伸，一直延伸至下一葉片，而形成一對生的翅狀形。花金黃色，小形，通常 30 朵聚合成一頭狀花序，花序單生或對生；花萼 5 裂；雄蕊多數。果莢小，螺旋狀卷曲。

用途　觀賞用。

2n =26

19 絨毛相思樹（絹毛相思樹、絹毛相思、厚樂相思樹）

- ***Acacia holosericea*** **A. Cunn. *ex* G. Don**

  Acacia neurocarpa A. Cunn.
- Silk-hair acacia

分布　原產澳洲西北部。臺灣 1974 年引進，栽植於臺北植物園、墾丁國家公園內。

形態　灌木或小喬木。小枝有稜，全株具灰白色或白色絲狀絨毛。假葉倒卵形或橢圓形，長 10~15 cm，主脈 3 條，側脈連結形成網眼。花金黃色，多數，密集成穗狀花序，花序長 2~5 cm，花梗長 3~7 mm；花萼 5 裂，有絨毛，淡黃色；雄蕊多數，離生。莢果長線形，不規則螺旋狀扭曲，長 4~8 cm，革質。種子卵形，淡黃色，有假種皮。

用途　澳洲原住民莢果食用之，根煮而食之。觀賞或行道樹。是極佳的薪炭材。

2n =26

20 女王栲

- ***Acacia howittii*** **F. J. Muell.**
- Sticky wattle

分布　原產澳洲。臺灣 1973 年由義大利引進，栽植於臺北植物園內。

形態　具有黏質的灌木。小枝條有條紋及絨毛。假葉狹橢圓形至斜橢圓形，平而薄，長 1.5~3 cm，紙質，暗綠色，密被絨毛，平行脈，先端有尖突。花小形，淡黃色，約 15 朵，呈頭狀花序，單生或對生於花序梗上；花萼 5 裂，有短絨毛；雄蕊多數，離生。莢果長橢圓形，扁平，4~6 cm，有微毛。種子有假種皮。地上發芽型，初生葉一回、二回偶數羽狀複葉，互生。

用途　觀賞用。

21 交枝相思樹（旋莢相思樹）

- ***Acacia implexa*** **Benth.**
- インプレキザアカシア
- Screw-pod wattle, Lightwood, Hickory, Hickory wattle, Broad-leaf wattle

分布　原產澳洲。臺灣 1973 年夏威夷引進種植於臺北植物園、林試所恆春分所。

形態　喬木。全株光滑無毛，有時略帶有粉白色。假葉披針形或披針鐮刀形，長 15 cm。 花小形，乳白色，30~50 朵，聚集密生為頭狀花序；花萼 5 裂；雄蕊多數，離生。莢果線形，長 12~20 cm，彎曲而扭曲狀，種子間呈緊縮狀。種子卵形或長橢圓形，縱列，種柄膨大而黃色，在種子下摺疊而不圍繞。

用途　木材硬而緻密，做家具、裝飾品、船舶、工具柄、油樽、車輪的中心部，上等研磨材。皮含單寧 22 %。葉與小枝乾季當家畜飼料。當觀賞用，庇蔭樹。樹皮及葉有香味當藥用。

2n =26

22 寇阿相思樹（夏威夷桃花心木）

- ***Acacia koa* A. Gray**
- コア アカシヤ
- Koa acacia, Hawaiian mahogany, Koa

分布　原產夏威夷。臺灣引進園藝栽培。

形態　喬木。假葉彎曲，長約 13 cm。頭狀花短呈總狀花序。莢果長約 15 cm，寬約 2.5 cm。在夏威夷和溫潤熱帶適應性強。

用途　當牧草價值高。木材硬，原住民製作槍、槳、木舟、家具等利用之。觀賞用。

2n =26, 52

23 大葉栲（大葉栲皮樹）

- ***Acacia lenticularis* Buch.-Ham.**

分布　原產印度。臺灣 1935 年由菲律賓引進，栽植於雙溪熱帶樹木園，今屏東科技大學有栽植。

形態　中喬木。枝光滑，疏生短刺。葉二回羽狀複葉，羽片 3~5 對；小葉 10~12 對，倒卵形至長橢圓形，長 10~12 mm，先端圓或微凸，基部微歪，中肋及側脈微凸起，背面帶有粉白色。花多數，小形，黃色或淡黃色，密集排列為穗狀花序，略呈圓柱形；花萼 5 裂，裂片三角形；雄蕊多數。莢果扁平，15~18 cm，暗褐色。

用途　觀賞用。樹皮含單寧，當染料、單寧料。

2n =26

24 長葉相思樹

- ***Acacia longifolia* (Andr.) Willd.**

  Mimosa longifolia Andr.

  Acacia spathulata Tausch

- ナガバアカシア
- Sydney golden wattle, Long-leaved wattle, Acacia trinervis, Aroma doble, Golden wattle, Coast wattle, Sallow wattle

分布　原產澳洲。臺灣引進栽培。

形態　小喬木或大灌木。類似柳樹之生長習性，枝條彎曲。假葉長線形或倒披針形，5~15 cm，具 3~4 縱脈，濃綠色，先端銳形或鈍。花鮮黃色，呈穗狀花序，呈對腋生，長 2~4 cm。莢果長 3~10 cm，扁平，圓柱形，革質，開裂，裂瓣卷扭。地上發芽型，初生葉一回、二回羽狀複葉，互生。

用途　種子原住民食用之。木材可取單寧。在沙地可造防風林。庭園木，觀賞用。

2n=26

25 直幹相思樹（馬占相思樹、大葉相思樹、旋莢相思樹）

- ***Acacia mangium*** **Willd.**
- マンギィウムアカシア
- Broad-leaved acacia

分布　原產澳洲。臺灣 1970 年引進栽植，現在臺北植物園、清華大學、中興大學及高雄一些社區公園內均有栽植。

形態　常綠直立喬木。主枝銳三稜形。假葉互生，闊橢圓形或披針形，10~18 cm，有光澤，有明顯縱脈 4 或 5 條。花多數，黃色或淡黃色，呈腋生總狀花序或穗狀花序，長 8~11 cm，單生或成對。莢果細長卷曲狀，棕色，長約 10 cm。種子長方形，黑色。地上發芽型，初生葉一回、二回偶數羽狀複葉，互生。

用途　生長快速，為綠化之尖兵，馬來西亞大量栽培。臺灣栽培生長良好，已逐漸推廣，觀賞庭園樹、庇蔭樹、造林樹、海岸防風樹。材暗褐色，堅強，刨削面光滑，當建材、紙漿材、薪材用。葉當飼料。樹皮可提取單寧。觀賞用。

26 黑栲（栲皮樹、黑栲皮樹、黑荊樹）

- ***Acacia mearnsii*** **De Wilde**

  Acacia mollissima Willd.

  Acacia decurrens Willd. var. *mollis* Benth. *ex* Lindl.
- モリシマアカシア
- Tan wattle, Black wattle, Green wattle, Acacia negra, Acacia noir

分布　原產澳洲。臺灣 1896~1898 年首先引進，後多次引進，全島零星栽培，中、南部較常見。

形態　落葉直立灌木或小喬木。葉二回羽狀複葉，羽片 9~20 對；小葉對生，30~70 對，線形，2~4 mm，先端鈍。花小形，金黃色或淡黃色，15~30 朵組成頭狀花序，頭狀花序複組合成總狀花序；花的各部均為 5；雄蕊多數。莢果扁平，長橢圓形，6~11 cm，2~10 粒種子。種子卵形，黑色。地上發芽型，初生葉一回、二回偶數羽狀複葉，互生。

用途　樹皮含單寧 30~54 %，為世界上最重要的單寧木，為主要鞣革單寧（Tanbark）用，也當食用單寧用。當薪材用，樹皮當黏著劑和浮材用，民間當收斂劑、止血劑用。觀賞用。

27 綠栲（絲栲、黑木合歡、迷拉納栲、綠栲皮樹）

- ***Acacia melanoxylon*** **R. Br.**
  Acacia arcuata Sieb.
  Acacia aroma Gill
  Acacia lutea Leavenw
- ブラツクツドアカシア, メラノキシロンアカシア, クロキアカシア
- Blackwood, Black sally, Ligetwood-tree, Australian black-wood, Silver wattle, Blackwood acacia

分布　原產澳洲。臺灣 1909 年首次引進，其後再引進，現全島零星栽培。

形態　常綠喬木。假葉一般為長橢圓狀鐮刀形或披針形，6~12(14) cm，革質。花小形，淡黃色，具濃芳香味，一般 30~50 朵組合成一頭狀花序，由多數頭狀花序組合總狀花序。莢果扁平，多少呈卷曲狀。種子近圓形；種柄淡粉紅色，雙摺圍繞種子。地上發芽型，初生葉一回、二回偶數羽狀複葉，互生。

用途　木材硬堅而耐用，在原產地為一有名用材，裝飾品、船舶、車輪、樂器之用材。樹皮含 20~32 % 的單寧，為一重要的單寧資材。觀賞用樹。熱帶的防風林，茶園庇蔭樹用。

2n =26

28 圓葉榜

● *Acacia oblique* Benth.

分布　原產澳洲南部。臺灣 1973 年由美國引進栽植於臺北植物園。

形態　灌木。多分枝，光滑無毛或微絨毛。假葉歪倒卵形或圓形，6~15 mm，中肋僅基部顯著。花黃色，小形，由 8~15 朵組成頭狀花序；花各部皆為 5；萼片線狀舌形；雄蕊多數，離生。莢果線形，扭曲，成熟後開裂。種子卵形，有肉質假種皮。

用途　觀賞用。

29 垂枝相思樹（垂枝銀葉榜）

● ***Acacia pendula* A. Cunn. *ex* G. Don**

Acacia leucophylla Lindl.

● Weeping myall, Balaar, Boree, Myall, Nilyah, Silver-leaf boree, True myall

分布　原產澳洲的新南威爾斯、昆士蘭、南澳和維多利亞。臺灣引進栽培。

形態　喬木。枝下垂。假葉硬而互生，線狀披針形，4~14 cm，銀白色，先端稍卷尾狀。花淺黃色，10~20 朵聚集成頭狀花序，頭狀花序再排成總狀花序。莢果長約 4~9 cm，被毛，縫線有狹翅。種子略圓形，種柄摺疊 1~2 回。

用途　木材有紫羅蘭的香味，緻密，硬而有美麗的模紋。莖能分泌多量、透明的良質樹膠（gum）。觀賞用。

30　珍珠楊（珍珠合歡）

- ***Acacia podalyriaefolia*** **A. Cunn. *ex* G. Don.**
  Acacia caleyi A. Cunn.
  Acacia fraseri Hook.
- ムクゲアカシア
- Pearl acacia, Queensland silver wattle, Mt. Morgan wattle

分布　原產澳洲東北部。臺灣 1973 年引進栽植於臺北植物園。

形態　直立灌木。樹枝扁平，具灰色絨毛。假葉卵形或橢圓形，2~5 cm，表裡兩面呈粉白色，具銀白色毛茸，有一極明顯的中肋。花鮮黃色，小形，多數具香味，20~30 朵聚集成頭狀花序，頭狀花序再排列成總狀花序。莢果 6~10 cm，5~12 粒種子。種子縱生，種柄短，有假種皮。

用途　花當為油炸餅（fritter）的原料。葉生長相當特殊，可供觀賞，庭園木、切花用。當綠肥用。

2n =26

31　金楊

- ***Acacia pycnantha*** **Benth.**
  Acacia petiolaris Lehm.
- ピクナンタアカシア
- Golden wattle, Broad-leaved wattle, Green wattle

分布　原產澳洲東南部。臺灣 1980 年代引進，在北部地區栽植。

形態　小或中喬木。假葉披針鐮刀形，6~20 cm。花金黃色，小形，一般 50~80 朵組成一球形的頭狀花序，再排列成腋生或頂生的總狀花序。莢果線形，長 5~12 cm，直或彎曲，7~15 粒種子，種子間緊縮狀，具假種皮。地上發芽型，初生葉一回、二回偶數羽狀複葉，互生。

用途　樹皮含單寧 21.2~46.5%，澳洲作為單寧料廣泛栽植。莖及枝為膠（Australian gum 及 wattle gum）之原料。花有希望成為香水原料。防風及環境保全栽培之，特別是鹽分高的海岸也可栽植。為澳洲之國花。觀賞用。

2n =26

32　美花相思樹

- ***Acacia retinodes*** **Schlechtd.**
- Wirilda, Bverbiooming acacia, Swamp wattle, Silver wattle

分布　原產澳洲南部。臺灣 1965 年及 1973 年引進栽植於臺北植物園。

形態　灌木或小喬木。小枝先端略呈三角形。假葉線狀披針形，長 3~20 cm，密生脈紋。花淡黃色，小形，略有香味，20~40 朵組成頭狀花序，腋生，直立，顯著的呈總狀花序狀，常由此組合為圓錐花序。莢果線形，3~15 cm，直或略彎曲，扁平。種子橢圓形，種柄雙摺圍繞種子，具假種皮。地上發芽型，初生葉一回、二回偶數羽狀複葉，互生。cv. Floribunda 為登錄栽培品種。

用途 原住民種子食用。觀賞用。

2n =26

33 柳葉相思樹（橘栲）

- ***Acacia saligna*** **(Labill.) Wendl.**
  Mimosa saligna Labill.
  Acacia bracteata Maiden & Blakele
  Acacia cyanophylla Lindl.
  Acacia lindleyi Meissner
- サリグナアカシア, ヤナギバアカシア
- Gloden wreath wattle, Weeping wattle, Blue-leaved wattle, Orange wattle

分布 原產澳洲西部。臺灣 1933 年引進栽植於臺北植物園。

形態 灌木。多分枝，小枝的樹皮光滑，紅棕色，老樹幹樹皮暗灰色，裂成縫。葉鐮刀狀披針形，8~25 cm，先端鈍，基部漸尖，暗綠色至藍綠色，質厚，中有一條明顯主脈。花鮮黃色，25~40 朵形成一頭狀花序，頭狀花序再組合排列成總狀花序。莢果線形，扁平，5~14 cm，種子間緊縮。種子卵狀長橢圓形，有假種皮，暗褐至黑色。

用途 樹皮單寧 30~50 %，可鞣革，可取良質阿拉伯膠。動物飼料。栽培當水土保持植物。觀賞用。

2n =26

34 長枝栲

- ***Acacia subporosa*** **F. Muell.**
- Narrow-leaf bower wattle, Sticky bower wattle

分布 原產澳洲。臺灣 1973 年由美國引進栽植於臺北植物園、林試所恆春分所。

形態 喬木。小枝細長，幼嫩枝有黏性。假葉線狀披針形或線形，略呈鐮刀狀，長 10~12 cm，先端銳尖，有 2~3 條明顯的脈。花淺黃色，由 20~30 朵組成頭狀花序；花各部皆為 5；萼片之長度約為花冠的一半；花瓣平滑；雄蕊多數，離生。莢果線形，3~10 cm。種子縱生，種柄摺疊，具假種皮。

用途 材堅硬有彈性，做工具柄或槍之主體。觀賞用。

2n =26

35 四角葉栲（硬葉栲）

- ***Acacia tetragonophylla*** **F. Muell.**
- Dead finish, Curare

分布 原產澳洲西部。臺灣 1974 年引進栽植於臺北植物園。

形態 大灌木。假葉叢生於枝條的老節上，線狀尖錐形，尖硬，2~3 cm，乾燥期落葉。花小形，黃色，多數，一般 40~50 朵組成頭狀花序；花的各部皆為 5；花萼線狀舌形；雄蕊多數，離生。莢果彎曲或扭曲，扁平，6~8(~13) cm，邊緣黃色，種子間呈緊縮狀。種子橢圓形，種柄黃色，圍繞種子。

用途 觀賞用。

2n =26

36 輪葉栲

- ***Acacia verticillata*** **(L' Her.) Willd.**
  Mimosa verticillata L'Her.
  Acacia semiverticillata Knowl. & Westc.
- Prickly mimosa, Star acacia, Whorl-leaved acacia, Prickly moses

分布 原產澳洲南部。臺灣 1973 年引進栽植於臺北植物園。

形態 灌木，有時成喬木狀。假葉散生或多少呈輪生狀，線狀披針形或長橢圓形，0.8~1.2 cm，先端銳尖，中肋顯著。花多數，密集排列成圓柱形的穗狀花序；花萼 4 裂；雄蕊多數，離生。莢果線形，2~5(8) cm，扁平，直或彎曲。種子長橢圓形。

用途 栽植為生籬，觀賞用，為資源植物。

2n =26, 28

2 頂果樹屬（Acrocarpus Wight *ex* Arn.）

喬木。葉大型，二回羽狀複葉；小葉卵形，對生。花大型，緋紅色，總狀花序腋生，長葉後開花；花瓣 5 枚，近等形；雄蕊 5 枚，離生。莢果長柄，扁平，線狀披針形，具狹翅。種子 2 至多粒，倒卵形，扁平，小，棕色，基部狹。2n=24。

本屬有 2 種，分布熱帶亞洲，東南亞至中南半島。臺灣引進 1 種。

1 頂果樹（梣葉豆）

- ***Acrocarpus fraxinifolius*** **Wight & Arn.**
- Pink cedar, Red cedar, Shingle tree

分布　原產東南亞至中南半島、印度、華西。臺灣1946~1950年間引進栽培。

形態　落葉大喬木。葉二回羽狀複葉，長30~80 cm，羽片3~8對；小葉4~8對，卵形，長7~13 cm，先端銳尖，基部圓鈍，全緣。花紅色，密集，呈總狀花序，長20~25 cm，被柔毛；花瓣披針形。莢果線形，長8~15 cm，紫褐色。種子倒卵形。

用途　木材非常硬，褐色具黑色花紋，做茶箱、家具、木板、建築用材，極耐久，為重要之木材。生長快速，當綠化的尖兵，觀賞用。

2n=24。

3 孔雀豆屬（Adenanthera L.）*

直立喬木。無刺或卷鬚。葉二回羽狀複葉；小葉多對，互生，橢圓狀長橢圓形。花黃色變為橙色或白色，組成穗狀或總狀花序；兩性或雜性；花瓣5，基部合生或近分離；雄蕊10枚，離生。莢果念珠狀或線形，扁平，直或彎曲，革質，成熟後沿縫線開裂，裂瓣卷曲。種子鮮紅色，或紅、黑兩色，卵形，具光澤，種皮堅硬。2n=(24), 26。

本屬約12種，分布熱帶亞洲及大洋洲、澳洲。臺灣歸化1種，引進1種。

1 小實孔雀豆（小果海紅豆）

- ***Adenanthera microsperma*** **Teijsm. *et* Binn.**

  Adenanthera tamarindifolia Pierre
- コミカイコウズ
- Ladycoot bead tree, Red bead tree

分布　原產爪哇、馬來西亞、中南半島至印度、華南。臺灣1903年引進栽培，栽植於公園、植物園、校園等，已有歸化生長的現象。

形態　落葉中至高大喬木。頂芽具絨毛。葉二回羽狀複葉，羽片3~6對，對生或互生；小葉7~11枚，卵狀長橢圓形或長橢圓狀倒卵形，2~3 cm，先端鈍圓，基部鈍。花黃色或深黃色，總狀花序，腋生；花萼4~5裂；雄蕊10枚。莢果卷曲如環，有短柄，線形，長約20 cm。種子圓形，兩面凸出，橙紅或鮮紅，有光澤，徑4~6 mm。地上發芽型，初生葉一回羽狀複葉，對生。

用途　木材堅硬，重而耐用，黃褐色或赤褐色，當建築、家具、橋樑等使用。樹皮含單寧可以鞣革。庭園樹、行道樹，觀賞用。種子當裝飾品、項鍊用。

2 孔雀豆（紅豆、海紅豆、大海紅豆、紅木）

- ***Adenanthera pavonina* L.**

  Adenanthera gersenii Scheff.
- ナンバンアカアズキ, カイコウズ
- Red sandal wood tree, Zumbic tree, Circassian tree, Coral pea, Sandal wood tree, Peacock flower fence, Sandal bead tree, Circassian bean

分布　原產印度、馬來西亞、緬甸、泰國及爪哇等。臺灣 1896~1898 年間引進，現各地均有零星栽培。

形態　落葉中喬木。樹皮灰褐色，微成片狀剝落。葉二回羽狀複葉，羽片 2~6 對，對生；小葉 9~13 枚，橢圓形，卵形至廣橢圓形，先端鈍或圓，基部鈍而略歪。花白色後轉為淡黃色，總狀花序單生或為圓錐花序；雄蕊 8~10 枚，分離。莢果直至鐮刀形，偶會扭曲。種子 6~15 粒，橢圓形，鮮紅色有光澤，徑 7~9 mm。地上發芽型，初生葉一回羽狀複葉，對生。

用途　材當建築、家具用，可採赤色染料、膠等。印度葉煎液當藥用。種子可做裝飾品、項鍊。種子含脂肪 35 %，蛋白質 39 %，東亞地區煮熟食用之。樹皮可洗頭髮及衣服。當速生樹、行道樹、庇蔭樹、庭園樹用。

2n =26, 64

4 合歡屬（Albizia Durazz.）*

喬木或灌木，稀為藤本。葉二回羽狀複葉，羽片 1 至多對；小葉對生，1~ 多對，無柄。花小，黃色、白色、粉紅色，帶有綠色或紫色，組成頭狀花序，簇生或排成圓錐花序；花瓣 5，鑷合狀，中部以下合生，上部 5 裂；雄蕊多數，一般多於 15 枚，基部合生。莢果扁平，直，膜質，不開裂或遲裂。種子卵形或長橢圓形，厚。2n=26。

本屬約 150 種，分布於熱帶及亞熱帶地區。臺灣自生 4 種，歸化 2 種，引進 5 種。

1 阿克列合歡（埃克合歡）

- ***Albizia acle* (Blanco) Merr.**

  Mimosa acle Blanco
- アクレ
- Acle, Akle, Langin, Kita Kita

分布　原產菲律賓。臺灣 1935 年引進，栽植於雙溪熱帶樹木園、臺北植物園。

形態　高大喬木。葉二回羽狀複葉，羽片僅有一對；小葉 2~5 對，羽片最先端小葉最大，長 8~18 cm，先端尖，基部圓鈍。花淡綠色，10~15 朵，成一頭狀花序，腋生；花萼筒狀，密被絨毛；雄蕊多數。莢果 20~40 cm，不開裂，種子處膨大。種子 10~12 粒，長約 2 cm。

用途　樹皮可毒魚。木材軟而欠強硬，為菲律賓重要用材之一。當造林樹木。觀賞用。

2 阿馬合歡（阿馬拉合歡）

- ***Albizia amara* (Roxb.) Boiv.**

  Mimosa amara Roxb.

  Albizia sericocephala Benth.

  Albizia struthiophylla Milne-Redh.

分布　原產非洲東部、印度。臺灣 1965 年引進栽植於林業試驗所恆春分所。

形態　小或中喬木。樹皮鱗片狀裂，灰綠色。葉二回羽狀複葉，羽片 6~16 對，密被絨毛；小葉 10~30 對，線形，3~8 mm，兩端圓鈍，基部歪斜。花白色，腋生，略呈繖形花序；花萼、花冠呈漏斗狀。莢果長橢圓形，12~22 cm，扁平，薄，具脈紋及絨毛，先端有尖突。種子 3~8 粒，卵狀圓形，灰褐色。

用途　可當家畜飼料，牛特別喜愛。乾葉蛋白質含量 26% 以上。嫩葉可食用。

2n =26

3 楹樹（合歡、牛尾樹）

- ***Albizia chinensis* (Osbeck) Merr.**

  Mimosa chinensis Osbeck

  Albizia stipulata (Roxb.) L. H. Boiv.

  Albizia marginata (Lam.) Benth.
- センゴンジャワ
- Chinese albizia, Sergon jawa, Jungjing

分布　原產中國大陸、印度、緬甸、馬來西亞、斯里蘭卡。臺灣 1945 年引進栽培於北部山區，文山、龜山及暖暖工作站均有栽培，新竹尖石、南投蓮華池附近歸化野生狀態生長。

形態　落葉大喬木。葉二回羽狀複葉，羽片 6~20 對；小葉 12~40 對，線狀長橢圓形，6~13 mm，先端尖銳而歪；總葉柄基部及葉軸上有腺體；托葉半心形，大而明顯，脫落性。花綠白色或黃白色，具芳香，頭狀花呈圓錐花序。莢果 7~15 cm，4~15 粒種子。地上發芽型，初生葉一回、二回羽狀複葉，對生。

用途　樹皮當單寧的材料，也可取樹膠。木材製家具及木箱用。葉當飼料。速生樹種，可當咖啡、茶的遮蔭樹、行道樹及肥料樹 (綠肥)。

2n =26

4 非洲合歡（哈貝合歡）

- ***Albizia harveyi* Fourn.**
  Albizia hypoleuca Oliv.
  Albizia pallida Harv.
- Bleekblaarboom

分布　原產非洲東部至南部。臺灣引進栽培於林試所恆春分所、中埔分所公園工作站。

形態　落葉中喬木。幼枝有毛。葉二回羽狀複葉，羽片 6~20 對；小葉 12~27 對，長橢圓形，2~6 mm，先端銳尖。花白色，頭狀花呈圓錐花序。莢長橢圓形，8~18 cm，棕至紫色。種子橢圓形，8~12 mm，扁平。

用途　乾季時樹皮、葉子可當大象、長頸鹿等飼料。材帶紅色，強硬。庭園景觀樹用。

2n =26

5 合歡（合昏、夜合樹、絨花樹）

- ***Albizia julibrissin* Durazz.**
  Albizia nemu (Willd.) Benth.
  Mimosa nemu Willd.
  Acacia julibrissin (Durazz.) Willd.
  Mimosa speciosa Thunb. *non* Jacq.
- ネムノキ, ネブノキ, ネブカ, カオカ
- Silk tree, Mimosa tree, Mimosa

分布　臺灣自生種，分布南亞、日本、中國、印度、伊朗。臺灣生長於中央山脈中海拔山區。

形態　落葉中或小喬木。葉二回羽狀複葉，羽片 5~15 對；小葉 10~25 對，橢圓形或線狀長橢圓形，6~7 mm，先端略呈尾狀。花粉紅色或淡粉紅色，聚集呈頭狀花序或叢生。莢果帶狀，扁平，9~15 cm，灰色，8~12 粒種子，不開裂。地上發芽型，初生葉一回、二回羽狀複葉，互生。變種**五龍鱗**（var. *speciosa* Koidz.），變種**矮合歡**（var. *rosea* Mouillef）花鮮桃色，觀賞用。

用途　材軟有紋理，當薪材、箱桶之木板、木屐材。樹皮、根皮、葉、花及種子當藥用。種子含油 10 %，幼葉煮後可食。當綠肥、飼料。當庇蔭樹，海邊防沙或沙地植樹。觀賞用。

2n =26, 52

6 山合歡（白花合歡、山槐）

- ***Albizia kalkora* (Roxb.) Prain**
  Mimosa kalkora Roxb.
  Albizia longepedunculata Hayata
- Lebbek albizia

分布　臺灣自生種，分布中南半島、中國、印度。臺灣生長於中、低海拔叢林中。

形態　中或小喬木。小分枝多毛茸。葉二回羽狀複葉，羽片 2~6 對；小葉 4~16 對，歪斜之長橢圓形，1.5~4.5 cm，基部近直角，兩面有微軟毛。花白色，頭狀花序，莖之上部位腋生或頂生，繖房狀。莢果扁平，帶狀，深褐色，7~17 cm，被微軟毛。種子 4~12 粒。地上發芽型，初生葉一回羽狀複葉，對生。

用途　樹皮含有單寧，纖維製紙用，種子可榨油。種子和根當中藥用。花有催眠作用。樹皮入藥，與 *Albizia julibrissin* 同稱「合歡」，功效亦同。

2n=26

7 大葉合歡（闊葉合歡、大合歡、緬甸合歡、印度合歡）

- ***Albizia lebbeck* (L.) Benth.**
  Mimosa lebbeck L.
  Mimosa sirissa Benth.
  Acacia lebbeck Willd.
  Acacia speciosa Willd.
- ビルマゴウカン, ビルマネムノキ, オオバネム
- Women's-tongue tree, Siris tree, Lebbeck tree, East Indian walnut, Indian siris, Silk tree

分布　原產熱帶非洲、亞洲、澳洲北部。臺灣1896~1898年間引進栽植於植物園、校園，已歸化生長，全島廣泛栽培。

形態　落葉大喬木。葉二回羽狀複葉，羽片有2~8對；小葉5~10對，橢圓形至長橢圓形，先端小葉較大，2.5~4 cm，先端鈍或凹入，基部歪斜。花淡黃色或黃綠色，帶有香味，呈頭狀花序，偶排列為繖房花序。莢果帶狀，10~30 cm，淡黃色，4~12粒種子。種子扁平，1.1~1.2 cm，淡褐色，光滑。地上發芽型，初生葉一回、二回羽狀複葉，對生。

用途　木材易於加工，而且耐久，當製造車輪、船舶、支柱、家具、雕刻、畫椽等使用。樹皮、根皮、葉及種子當藥用。葉可當飼料。生長迅速，枝葉茂密，為良好的行道樹，庭園樹用。

2n =26

8 長合歡

● ***Albizia longipedata*** **(Pittier) Britt. & Rose**

Pithecellobium longipedata Pittier

Albizia guachapele (Kunth) Dugaud

分布　原產瓜地馬拉、委內瑞拉。臺灣1951年引進栽植於林試所恆春分所。

形態　大喬木。樹幹通直，樹皮淡褐色或灰色。葉二回羽狀複葉，羽片5~10對；小葉6~12對，倒卵形至長橢圓狀卵形，2.5~4 cm，先端圓而有尾狀，基部歪斜，兩面具軟毛。花淡紅色或白色，多數呈繖形花序；雄蕊多數，花絲粉紅色或白色。莢果長20~22 cm，密被絨毛。

用途　觀賞用。

9 光葉合歡（露斯達合歡）

● ***Albizia lucida*** **(Roxb.) Benth.**

Mimosa lucida Roxb.

Albizia lucidior (Steudel) Nielsen

Inga lucidior Steudel

● テリバネム

● Tapria siris

分布　原產熱帶亞洲、印度、緬甸、泰國、馬來西亞。臺灣 1896~1898 年間引進栽植於臺北植物園，全島各地略有栽培。

形態　大喬木。葉二回羽狀複葉，羽片 1 對，偶亦有 2 對者；小葉 1~2 對，少數 3~4 對，長橢圓形，先端尖銳，基部楔形，表面光澤綠色，背面較淡。花白色後轉為黃色或淡黃色，呈繖房花序或頭狀花序；雄蕊 10~15 枚。莢果帶狀長橢圓形，6~25 cm，2~10 粒種子。

用途　材堅實，黑褐色，為良質木材。種子含油分，可食用。

2n =26

10 黃豆樹（臺灣合歡、番婆樹、白其春）

- ***Albizia procera* (Roxb.) Benth.**
  Mimosa procera Roxb.
  Acacia procera (Roxb.) Willd.
- タイワンネム, タイワンネムノキ
- White siris, Tall albizia

分布　臺灣自生種，分布熱帶亞洲及澳洲北部。臺灣生長於中、南部低海拔開闊地或乾燥地方。

形態　落葉大喬木。樹皮淡灰色。葉二回羽狀複葉，羽片 4~12 對；小葉 6~12 對，卵狀長橢圓形，2~6 cm，先端圓或鈍，基部楔形，葉軸基部有蜜腺點。花淡白色或銀白色，頭狀花序呈腋生或頂生的圓錐花序。莢果長帶形，10~23 cm，褐色，成熟時開裂，8~12 粒種子。地上發芽型，初生葉一回、二回羽狀複葉，互生。

用途　材緻密，濃褐色，易於加工，當建築裝飾品、車輪、米臼、農具、家柱、橋樑、木炭等使用之。樹皮可毒魚，可取單寧及樹膠。幼葉可食，葉當飼料。當造林木、庭園樹，觀賞用。

2n =26

11 蘭嶼合歡（島合歡、鈍葉合歡）

- ***Albizia retusa*** **Benth.**
  Albizia littoralis Teijsm. & Binn.
- ヤェヤマネムノキ, ハタイバトウ, シマネムノキ
- Kasai, Batai batu, Sea albizia

分布　臺灣自生種，分布澳洲、東南亞至石垣島。臺灣生長於恆春半島及蘭嶼之石灰岩岸海岸或海邊。

形態　小喬木。樹幹彎曲，分枝低。葉二回羽狀複葉，羽片 2~6 對；小葉 3~10 對，卵形，2.5~5 cm，先端圓凹入，基部鈍。花淡紅色或紅色帶紫紅色，呈圓錐花序；雄蕊 20 枚左右。莢果條形，15~22 cm，不開裂，黃褐色，6~16 粒種子。

用途　當木材用。樹皮原住民當肥皂的代用品。

2n=26

5 柯荷芭豆屬（Anadenanthera Speg.）*

高大喬木，高可及 30m。葉二回羽狀複葉，大型，羽片 7~35 對；小葉無柄，對生，20~80 對，葉柄基部具腺體。花白色或乳白色，30~50 朵呈頭狀或 1~7 朵成束腋生；雄蕊 10 枚，比花瓣長 2~3 倍；花葯有或無腺點。莢果直、扁平，長 10~30cm，球形、長橢圓形至線形，具厚緣，8~16 粒種子。種子扁平狀橢圓形，光澤，具緣。2n ＝ 26

本屬有 2 種，原產熱帶南美洲至西印度地區。臺灣引進 1 種。

1 柯荷芭豆（布朗柯樹、維爾卡樹）

- ***Anadenanthera colubrina*** **(Vell.) Brenan**
- *Mimosa colubrina* Vell.
  Piptadenia colubrina (Vell.) Benth.
- Cohoba, Branco

分布　原產南美洲，阿根廷、巴拉圭、巴西中、東部，波利維亞和祕魯。臺灣引進園藝栽培。

形態　高大喬木，高可及 30m。葉二回羽狀複葉，羽片多對；小葉無柄，多數對。花白色，呈頭狀花序，雄蕊 10 枚，比花瓣長。莢果長橢圓形，具厚緣，單瓣開裂，8~16 粒種子。種子橢圓形，具緣。

用途　木材硬，重而緻密，當一般建材或構物用。樹皮含 14% 單寧，當單寧料及藥用。為 Cebil gum 之原料，類似阿拉伯膠樹（*Vachellia nilotica*），當膠水原料，生長快速。根瘤具固氮作用，肥沃土壤。花為優良蜜源。種子稱 Cohoba 或 Yopo，西印度諸島原住民當魔法或儀式用。樹勢優美當庭園樹，觀賞用。

2n ＝ 26。

6 頜垂豆屬（Archidendron F. Muell.）*

灌木或喬木。葉二回羽狀複葉，羽片 1~4 對；小葉對生，數至多對，形狀和大小多樣，基部歪斜。花白色、淺綠至黃橙色，單生或複合，組成頭狀花序，或再排成圓錐花序；腋生或著生莖上；花兩性或單性；花瓣 5，中部以下合生；雄蕊多數，基部合生成筒狀。莢果直，彎曲或旋卷，扁平，沿一或二縫線深裂瓣。種子卵形至橢圓形，灰黑色，扁平，膨脹，無假種皮。2n=26。

本屬約 100 種，分布亞洲、大洋洲及澳洲。臺灣自生 1 種，歸化 1 種，引進 2 種。

1 金龜樹（牛蹄豆、金龜豆）

- ***Archidendron dulce*** **(Roxb.) Nielsen**
  Pithecellobium dulce (Roxb.) Benth.
  Mimosa dulcis Roxb.
  Inga dulcis (Roxb.) Willd.
- キンキジュ
- Manila tamarind, Madras thorn, Golden beatle tree, Opiuma, Monkey's ear-ring, Monkey pod

分布　原產熱帶美洲，其他熱帶及亞熱帶廣泛栽植。臺灣約 1645 年前後荷蘭時期引進，已歸化生長，現全島各地均有栽植。

形態　常綠喬木。葉為最簡單的二回羽狀複葉，羽片一對；小葉僅一對，橢圓形或歪長倒卵形，2~5 cm，先端鈍或圓，托葉一對成針刺狀。花黃綠色或黃色，成頭狀花序，再組成頂生的圓錐花序。莢果近圓柱形，螺旋狀扭曲，淡紅色。種子 5~10 粒，黑色。地下發芽型，初生葉 2 枚羽狀複葉，互生。栽培品種**斑葉金龜樹**（**錦龜樹**）（cv. Variegata）葉色具粉紅、白色斑紋或斑點，葉色優美（圖 4，5）。

用途　莢果可生食或炒食，是墨西哥土著食物之一。種子周圍的果肉（假種皮），酸甜可食用，且可製飲料用。樹皮含單寧，為黃色染料，鞣革用。種子含油。木材建築用，箱材用。做生籬或海岸沙地造林用。庭園栽培，觀賞用。

2n =24, 26

2 頷垂豆（頷毬豆、烏雞骨、亮葉猴耳環、亮葉圍涎樹、番仔環、尿桶公、雞三樹、雷公釣、雞眉、番仔怨）

- ***Archidendron lucidum*** **(Benth.) Nielsen**
  Pithecellobium lucidum Benth.
- タマザキゴウカン, アカバノキ, アカバダノキ
- Chinese apes-earring

分布　臺灣自生種，分布印度、中南半島、華南、琉球。臺灣生長於全省低海拔山地及金門太武山區。

形態　常綠小喬木或灌木。嫩枝、葉柄和花序被褐色短絨毛。葉二回羽狀複葉，羽片 2~4 對；小葉 3~5 對，對生或互生，長橢圓形，6~9 cm，先端漸尖或短尾狀。花白色或淡黃色，多數呈頭狀花序，再組合成圓錐花序。莢果革質，15~20 cm，卷曲迴旋成環狀，寬 2~3 cm，紅褐色，成熟時開裂。種子數粒，卵圓形，長約 1.5 cm，黑色帶有白粉狀，莢開裂後種子有絲狀種柄附著莢緣。

用途　木材當薪材用。枝及葉當藥用。莢果有毒，樹皮含單寧 22.2 %。做行道樹、綠化樹，觀賞用。

2n=26

分布　原產澳洲昆士蘭東北部、索羅門群島至馬來西亞東部。臺灣引進零星栽植。

形態　小喬木。葉二回羽狀複葉，羽片2對；小葉2~3對，較大，13~20 × 6~11cm，橢圓形，先端漸尖，上表面具扁平的腺點，葉柄及小葉柄基部及先端有類似的腺點。花白色，多數呈頭狀花序，再組合成圓錐花序。花絲長3~5cm，乳白色。莢果卷曲，橘紅色，內部黃色。種子橢圓形，藍色或藍黑色。

用途　當庭園栽植，觀賞用。

2n =26

3　索羅門頷垂豆（緋紅猴耳環、昆士蘭頷垂豆、盧希頷垂豆）

- ***Archidendron lucyi* F. Muell.**
  - *Albiza lucyi* (F. Muell.) F. Muell.
  - *Pithecellobium lucyi* F. Muell.
  - *Affonsea lucyi* (F. Muell.) Kuntze
  - *Archidendron chrysocarpum* K. Schum & Lauterb
  - *Archidendron effeminatum* de Wet
  - *Archidendron papuanum* Merr. & M. Perry
  - *Archidendron solomonense* Hemsl.
- Scarlet bean, Bean scarlet

4 印尼頜垂豆（吉鈴豆、吉日豆、緬甸臭豆、稀花猴耳環、得英蒂豆）

- ***Archidendron pauciflorum* (Benth.) Nielsen**
  Pithecellobium pauciflorum Benth.
  Archidendron jiringa (Juck) Nielsen
  Mimosa jiringa Juck
  Pithecellobium jiringa (Juck) Prain
  Abarema celebica (Kosterm.) Kosterm.
  Pithecellobium celebica Kosterm.
  Pithecellobium malinoense Kosterm.
- ジリンマメ
- Blackbead, Dog fruit, Djenkol tree, Ngapi nut, Jengkol, Jering, Djering, Nieng

分布　原產東亞、印度、泰國、馬來西亞、印尼、新加坡。臺灣引進栽培。

形態　中等喬木。葉二回羽狀複葉；羽片 1 對，小葉 3 對，橢圓狀卵形，5~28 cm，新葉紫色。花綠白色至乳白色，3~7 朵，聚成頭狀花序，徑約 2 cm。莢果寬 5.2 cm，革質，螺旋狀卷曲，種子間圓狀突出，紫棕色，3~10 粒種子。種子紅棕色，扁圓形，直徑 3~3.5 cm，帶有蒜味。地下發芽型，初生葉 2 枚羽狀複葉，互生。

用途　東南亞原住民栽培，葉和莢果當野菜煮而食用。幼芽、幼種子可生食，但不可多量食之。種子含澱粉（26%）可食用，但含有 djenkol 酸，必須煮熟至數日去毒，多量會中毒。木材硬、當室內建材、家具及裝飾品製作。莢果當洗髮劑。種子當紅色染料。當行道樹、庭園樹，觀賞用。當傳統藥用。

2n =26

7 蘇方木屬（Biancaea Tod.）

灌木或小喬木，莖具反彎之刺。葉偶數二回羽狀複葉，羽片 9~16 對；小葉多對，長橢圓形或卵狀長橢圓形。花黃色，呈總狀花序或圓錐花序，葉柄及花梗具刺。莢果長橢圓形至長橢圓狀倒卵形，扁平，厚，革質，先端有尾尖，二瓣裂。種子扁形至長柱形。2n=24。

本屬約有 6 種，主要分布熱帶亞洲，印度一馬來地區。臺灣引進 1 種。

1 蘇方木（蘇方、蘇枋、桵木、蘇木、棕木）

- ***Biancaea sappan* (L.) Tod.**
- *Caesalpinia sappan* L.
  Caesalpinia minutiflora Elmer
- スホウ
- Sappun wood, Brezel wood, Sappan wood, Red-wood, Indian redwood

分布　原產印度、馬來西亞、爪哇等熱帶地區。臺灣 1645 年首次引進，栽植於墾丁國家公園內等南

部地區，現園藝栽培。

形態　落葉灌木或小喬木，全株有刺。葉二回羽狀複葉，互生，羽片 9~16 對；小葉 10~20 對，長橢圓形或卵狀長橢圓形，10~25 mm，先端鈍，略凹入，革質。花鮮黃色，下位花呈總狀花序，上位花呈圓錐花序。莢果長橢圓狀倒卵形，6~10 cm，厚，革質，先端截形，有尾尖，成熟二瓣裂，種子 2~4 粒。

用途　材料硬而重，做裝飾品用材。樹幹、枝、莢果可精製紅色染料稱 brazilin，根取黃色染料，莢果含單寧，加鐵可當黑色染料。乾燥心材當藥用，含有蘇木素（haematoxylin）及 brazilein 色素。觀賞用。2n ＝ 24

8 蘇木屬（Caesalpinia L.）

灌木、喬木或木質藤本。具倒鉤刺或無刺。葉二回羽狀複葉；小葉長橢圓形，橢圓形或卵形，2~11 對，對生，少互生。花黃色、紅色或雜色，總狀花序合生成頂生圓錐花序；花瓣 5，有柄，近等形；雄蕊 10 枚，離生，彎曲。莢果長橢圓形，卵形，扁平或腫脹，革質或木質，有時具明顯的網脈，開裂或不開裂。種子卵形至圓球形，1~8 粒。2n=22, 24。

本屬約有 150 種，分布熱帶及亞熱帶地區。臺灣自生 4 種，歸化 1 種，引進 5 種。

1　老虎心（鷹葉刺、鴟鴞刺、內葉刺、刺果蘇木）

- ***Caesalpinia bonduc* (L.) Roxb.**

  Guilandina bonduc L.

  Caesalpinia glabra Merr.

- シラツブ
- Nicker nut caesalpinia, Bonduc nut, Nicker tree, Marble bean

分布　臺灣自生種，分布熱帶地區。臺灣生長於南部、東部的海邊或低海拔山地叢林。

形態　蔓性大藤本。莖暗褐色，全枝密生鉤刺。葉二回羽狀複葉，羽片 6~10 對；小葉 6~12 對，對生或近似對生，卵形、卵狀橢圓形或橢圓狀長橢圓形，2~5 cm。先端尖銳，基部圓。花黃色，有香味，腋生總狀或圓錐花序；花萼 5 裂；雄蕊 5~10 枚，分離。莢果長橢圓形，長 5~8 cm，密生銳刺，1~2 粒種子。種子球形或卵形，灰藍色，長 1.2~1.5 cm。地下發芽型，初生葉羽狀複葉、小葉 3~4 對，對生。

用途　種子含脂肪可製化粧品，或當「玩石」。植物體當藥用。

2 狄薇豆（狄薇蘇木、狄薇木）

- ***Caesalpinia coriaria*** **(Jacq.) Willd.**
  Poinciana coriaria Jacq.
  Libidibia coriaria (Jacq.) Schltdl.
- デビイデビイ,テウイテウイ
- Divi-divi, American sumach , Liby-liby

分布　原產墨西哥、西印度群島、中美及南美北部。臺灣 1936~37 年多次引進，美濃雙溪熱帶樹木園栽植。

形態　低至高喬木。葉奇數二回羽狀複葉，羽片 6~10 對；小葉 23~27 對，線狀長橢圓形，4~9 mm，先端圓。花淡黃色，有香味，頂生或腋生圓錐花序；雄蕊 10 枚，亦有 9 枚者，花絲基部有絨毛。莢果帶狀長橢圓形，長 2~6 cm，彎曲且扭曲。種子 1~10 粒，扁圓形。地上發芽型，初生葉羽狀複葉，對生。

用途　莢果含單寧 25~30 %，可用以鞣革，生產黑色染料，墨西哥當墨水使用。材非常硬，濃赤褐色，一般木工利用之。莢果當藥用。當行道樹、庭園樹，觀賞用。

2n = 24

3 搭肉刺（南天藤、臺灣雲實、華南雲實、假老虎簕）

- ***Caesalpinia crista*** **L.**
  Caesalpinia nuga (L.) Ait.
- ナンテンカズラ
- Wood gossip caesalpinia

分布　臺灣自生種，分布熱帶地區。臺灣生長於全島平地、低海拔山地、叢林內。

形態　大藤本。枝有鉤刺或平滑無刺。葉二回羽狀複葉，羽片 2~6 對；小葉 2~4 對，卵形或卵狀長橢圓形，3~8 cm，先端鈍尖，基部鈍。花黃色，頂生或腋生的總狀或圓錐花序；花萼 5 裂；雄蕊 10 枚，分離。莢果橢圓形，長 5~6 cm，扁平，無刺，革質，具喙。種子 1~2 粒，扁平、闊圓形。地下發芽型，初生葉鱗片葉，互生。

用途　葉、根及莢果當藥用。種子含有 bonducin 及脂肪，製化粧品，軟化皮膚用。大型的圓錐花序頗有觀賞價值。

2n=24

4 雲實

- ***Caesalpinia decapetala*** **(Roth.) Alston**

  Richardia decapetala Roth.

  Caesalpinia sepiaria Roxb.

  Caesalpinia benguetensis Elm.
- シナジャケツイバラ
- Mysore thorn, Wait-a-bit

分布　臺灣自生種，分布熱帶亞洲。臺灣生長於低海拔林緣及平地山麓，在南橫公路新武呂橋及北橫公路蘇樂、高義一帶，金門自然生長。

形態　灌木。枝條略呈蔓藤狀，有小鉤刺。葉二回羽狀複葉，羽片 4~15 對；小葉 5~12 對，卵狀長橢圓形或長橢圓形，8~20 mm，兩端鈍。花淡黃色，呈頂生或腋生的總狀花序；雄蕊 10 枚，離生，花絲密被絨毛。莢果線狀長橢圓形，7~20 cm，具喙，成熟時開裂，4~8 粒種子。種子黑褐色，橢圓形，散生斑紋。

用途　莢殼及莖含有單寧。種子榨油。根、莖、種子藥用。花觀賞。因多刺當生籬非常有效。為臺灣的稀有及有滅絕危機之植物。

2n=24

5 肉莢雲實（二蕊蘇木）

- ***Caesalpinia digyna*** **Rottler**
  Caesalpinia resupinata Hunter
  Caesalpinia oleosperma Roxb.
- フタダネジャケイバラ,テイギナジャケツイバラ
- Teri-pod plant

分布　原產印度、斯里蘭卡、緬甸、馬來西亞、華南。臺灣引種栽培之。

形態　大藤本。莖散生褐色鉤刺。葉二回羽狀複葉，羽片 9~12 對；小葉 7~12 對，長約 1 cm，無柄，長橢圓形，先端鈍。花黃色，總狀花序，腋生；萼片光滑，於扁平之基部分裂；花瓣圓形，黃色，上部有紅色條紋。莢果長橢圓形，膨脹，具喙，長 3.8~5 cm。種子 2~4 枚。

用途　根供藥用，原住民作為收斂劑。莢果含單寧 42~60 %。種子含油 13 %，及澱粉 50 %。根及莢稱為 Tari，當單寧料鞣革。當生籬、牛飼料用。

2n ＝ 24

6 巴西鐵木（鐵雲實、豹樹）

- ***Caesalpinia ferrea*** **C. Mart.**
- Brazilian ironwood

分布　原產南美洲熱帶至亞熱帶地區。臺灣 2001 年由東南亞引進，中興大學校園內栽植，園藝零星栽培。

形態　小或中喬木。樹皮容易脫落，樹幹光滑，具灰褐色、灰白斑塊，酷似豹紋。葉二回羽狀複葉；小葉 7~10 對，對生，長橢圓形至近倒卵形，長約 2.5 cm，先端鈍形或微凹，全緣，紙質。花黃色，總狀花序短，頂生或腋生呈圓錐花序；花為 4 的倍數，花瓣較花萼略長。莢果橢圓狀刀形，長約 7.5 cm，木質。種子深褐色，堅硬。

用途　當庭園景觀樹、行道樹用。當木材及飼料木利用。

2n=24

7 絲蘇木（紅蕊蝴蝶、紅蝴蝶）

- ***Caesalpinia gilliesii*** **(Wall. *ex* Hook.) Dietr.**
  Poinciana gilliesii Wall. *ex* Hook.
- Bird-of-paradise shrub, Bird-of-paradise

（陳傑樺　攝）

分布　原產阿根廷、烏拉圭。臺灣 1970、1986 年自美國引進，在南部略有栽培。

形態　灌木或小喬木。枝條多腺毛。葉二回羽狀複葉，羽片 5~6 對；小葉小而多數，長橢圓形，6~12 mm，先端與基部鈍。花鮮黃色，呈頂生的總狀花序，直立；雄蕊 10 枚，紅色，顯著挺出花外，花絲細長，鮮紅色。莢果長約 10 cm，闊線形，扁平，具喙。種子扁橢圓形。地下發芽型，初生葉一回羽狀複葉，對生。

用途　花姿奇特優美，適合庭園美化或大型盆栽，觀賞用。有「天堂鳥」之名，在美洲很受喜愛的觀賞樹。

（陳傑樺　攝）

8　蓮實藤（喙莢雲實、石蓮子、閻王刺、南蛇簕）

- ***Caesalpinia minax* Hance**
  Caesalpinia globulorum Bahk. f. & Van Koyen
  Caesalpinia jayabo Maz
- ハスノミカズラ
- Kuku tupai, White flower caesalpina

分布　臺灣自生種，分布東南亞、熱帶非洲及馬達加斯加。臺灣生長於南部低海拔山地海邊、中部八卦山脈。

形態　常綠蔓性大藤本，具鉤刺。葉二回羽狀複葉，羽片 4~8 對；小葉 6~10 對，對生或互生，卵狀披針形，2.5~8 cm，先端鈍尖，基部鈍。花黃色，總狀花序；花萼短筒狀，先端 5 裂；雄蕊 10 枚，離生。莢果橢圓形或長橢圓形，長 8~12 cm，有鉤刺。種子橢圓形，深藍色，平滑，1.5~2.5 cm。地下發芽型，初生葉一回羽狀複葉，對生。

用途　根、莖、葉及種子當藥用。種子堅硬，當玩石使用。

9　蛺蝶花（金鳳花、黃蝴蝶、金圃花、孔雀花、洋金鳳、番蝴蝶）

- ***Caesalpinia pulcherrima* (L.) Sw.**
  Poinciana pulcherrima L.
- オウゴチョウ
- Barbados-pride, Pride-of-barbados, Flower-fence, Barbado flower-fence, Dwarf poinciana, Paradise flower, Peacock flower, Parado spride

分布　原產西印度群島、熱帶及亞熱帶栽培。臺灣1650年由荷蘭引進栽培，已歸化生長，全島可見。

形態　常綠灌木或小喬木，枝幹有刺。葉二回羽狀複葉，羽片3~9對；小葉4~12對，長橢圓形，10~12 mm，先端鈍或微凹入，基部鈍。花紅色而邊緣黃色，呈頂生的總狀花序；花萼5裂；雄蕊10枚，花絲基部密生絨毛。莢果闊線形，長9~10 cm，扁平，具喙，開裂。種子6~10粒，扁方形，綠褐色。地上發芽型，初生葉一回羽狀複葉，對生。栽培品種**金蝴蝶**（cv. Flava），花黃色。**緋蝴蝶**（cv. Hybrid Pink），花粉紅色。**大葉紫蝴蝶**（cv. Rosea Pink），花黃紫紅色，小葉大。

用途　花美麗鮮豔，生性強健，花期持久，適合庭園或盆栽，觀賞用。花有活血通經之效，治跌打損傷等。

2n=24

10 藍蘇木（南美蘇木）

- ***Caesalpinia spinosa* (Mol.) Kuntze**
  Poinciana spinosa Mol.
  Caesalpinia tinctoria (Kunth) Benth.
  Caesalpinia pectinata Cav.
- Tara

分布　原產秘魯，但已在南美洲、非洲和亞洲、加利福尼亞州歸化。臺灣 1973 年引進，栽植於臺北植物園內，後再引進栽培。

形態　直立灌木。具少許鉤刺，散生短而銳尖的瘤塊。葉二回羽狀複葉，羽片 3~7 對，葉軸多刺；小葉 2~5 對，倒卵形或長橢圓形，革質，1.5~3 cm，先端圓，有時凹入，表面暗綠色，背面較淡。花黃色後呈黃紅或紅色，呈總狀花序或圓錐花序，頂生或腋生；雄蕊 10 枚，分離。莢果線形，帶赤色，彎曲，長 8~15 cm，種子 4~10 粒。

用途　莢果為市場上販賣的單寧重要原料。觀賞用。

9 美洲合歡屬（Calliandra Benth.）*

灌木或小喬木。葉二回羽狀複葉，羽片 1 至數對；小葉小而多或大而少至 1 對，對生，葉軸無腺體。花紅色或白色，頭狀花序或總狀花序；雜性，5 或 6 基數；花瓣連合至中部；雄蕊無定數，基部合生，紅色或白色。莢果扁平，直或彎曲，邊緣增厚，成熟後由頂端向基部沿縫線開裂。種子少 ~8 粒，橢圓形或圓形，無假種皮。2n=16, 22。

本屬約有 200 種，分布於熱帶美洲及非洲。臺灣引進 8 種。

1 香水合歡（細葉粉撲花、細葉合歡、豔紅合歡）

- ***Calliandra brevipes* Benth.**
- Pink power-puff

分布　原產巴西東南部。烏拉圭至阿根廷北部。臺灣引進當觀賞花卉栽培。

形態　常綠灌木。枝條生長初期挺直伸長，之後逐漸向四周彎曲。葉為極細緻的二回羽狀複葉，羽片 1 對；小葉 10~30 對，長橢圓狀線形，呈彎曲狀，長約 4 mm。花粉紅色，自枝條葉腋伸出，頭狀花序；小花無花瓣，雌雄蕊細長聚集，如粉撲狀；雄蕊多數，花絲基部合生，下端雪白，上端淡粉紅色。莢果扁平，線形，4~8 cm。種子扁菱形。

用途　花氣味芬芳，盛開時花朵枝條上成串密生，適合庭園美化或盆栽，觀賞用。

形態　灌木至喬木。樹皮黑褐色。葉二回羽狀複葉，羽片 15~20 對，長 4~7 cm；小葉 25~60 對，深綠色，線形，5~8 mm。花紫紅色，長 4~6 cm，頭狀花序散生於頂生之總梗上，長 10~30 cm；雄蕊多數，長 4~6 cm，紫紅色。莢果廣線形，扁平，8~11 cm，3~15 粒種子。種子橢圓形，扁平，5~7 mm，黑褐色。

用途　花鮮麗，栽培觀賞用。葉和小枝富含蛋白質，當家畜和羊之飼料。葉當家禽之補充飼料。木材當薪柴和造紙之紙漿用。當綠肥、庇蔭樹和水土保持作物。

2n =26

2 紅鬚樹

- ***Calliandra calothyrsus* Meissn.**
  Anneslia calothyrsus (Meissn.) Kleinh.
  Calliandra confusa Sprague & Riley
- Calliandra

分布　原產巴拿馬西北部至墨西哥南部，1963 年印尼引進，後來在東南亞熱帶廣泛栽培。臺灣引進栽培之。

3 紅粉撲花（凹葉紅粉撲花、凹葉紅合歡）

- ***Calliandra emarginata* (Humb. & Bonpl.) Benth.**

  Inga emarginata Humb. & Bonpl.
- Miniature powder-puff

分布　原產墨西哥到瓜地馬拉。臺灣 1969 年及 1972 年引進，園藝零星栽植。

形態　落葉小灌木或小喬木。葉二回羽狀複葉，羽片 1 對；小葉 3 對，長橢圓形或倒卵形，4~5.5 cm，先端銳尖或凹頭，有時呈淺二裂，基部鈍尖。花豔紅色，10~25 朵組合而成頭狀花序，單生、腋生；花萼 5 裂，鐘形；雄蕊多數。莢果闊線形，5~7 cm，扁平。種子橢圓形，黑褐色，6~8 mm。地上發芽型，初生葉一回、二回羽狀複葉，互生。

用途　花鮮豔，栽培觀賞用。

2n =26

4 豔紅合歡（豔撲花）

- ***Calliandra eriophylla* Benth.**
- ヒゴウカン, ベニゴウカン
- Mock mesquite, Mesquitella, Fairy duster

分布　原產北美西部到墨西哥。臺灣 1998 年引進園藝普遍栽培之。

形態　常綠灌木。幼枝紅褐色。葉二回羽狀複葉，羽片 2~4 對；小葉 20~30 對，長約 4 mm，線形，全緣，背面具軟毛，夜間或陰天閉合。花淡紅至深緋紅色，頭狀花序，腋生；花瓣退化；雄蕊約 20 枚，花絲基部白色，先端紅色，基部癒合成筒狀。莢果密被軟毛。地上發芽型，初生葉一回、二回偶數羽狀複葉，互生。

用途　北美當家畜或鹿的放牧飼料用，幼芽家畜食用。花姿豔美當觀賞用。

2n=26

5 紅合歡（美洲合歡、紅絨球、朱纓花、美蕊花）

- ***Calliandra haematocephala* Hassk.**

  Calliandra inaequilatera Rusby
- アカバナブラツシマメ
- Red power-puff, Pink power-puff, Red-headed calliandra

分布　原產玻利維亞，熱帶、亞熱帶地區廣泛栽培。臺灣 1910 年間引入，中、南部栽植較多。

形態　常綠灌木。葉二回羽狀複葉，羽片 1 對，長

8~13 cm，銀色；小葉 4~10 對，先端小葉最大，長橢圓狀披針形，略成鐮刀形，0.9~4.5 cm，先端銳尖，基部鈍而歪斜。花大而紅，呈球狀，聚合成頭狀花序，單生及腋生；花萼鐘形，5 裂；雄蕊較花冠為長，管長約 6 mm，花絲深紅色，基部癒合。莢果線狀長橢圓形，8~12 cm，成熟後，由頂端向基部沿縫線 2 瓣裂。種子尖橢圓形，棕色，7~10 mm。地上發芽型。栽培品種**白絨球**（cv. White Powder puff）花絲白色。

用途　花似一個蓬鬆的大絨球，又像似燃燒在枝頭上的火球，美麗奇特。單植或群植，或做綠籬、園林的優良綠化樹種，庭園樹，觀賞用。

2n =26

6 麗錐美合歡

- ***Calliandra houstoniana*** **(Mill.) Standl.**

  Mimosa houstoniana Mill.

  Calliandra houstonii (L'Her.) Benth.

  Mimosa houstonii L' Her.

分布　原產墨西哥。臺灣 1995 年引進，園藝零星栽培。

形態　常綠灌木。莖、葉柄軸具青色毛。葉二回羽狀複葉，羽片 7~12 對；小葉 30~40 對，長橢圓狀線形，長約 6 mm，先端銳形，稍彎曲，紙質，夜間閉合。花緋紅色，呈頭狀花序，頂生，腋生，花序長約 35 cm，花長約 5 cm，花絲緋紅色，由下往上綻放。莢果長約 12 cm，密被褐色剛毛。

用途　當奎寧（kinine）之代用品，當瘧疾藥用。園藝觀賞用。

7 蘇利南合歡（粉撲花、粉紅合歡、朱櫻花、小葉合歡）

- ***Calliandra surinamensis*** **Benth.**
- Surinam powder-puff, Pink fairy lily, Surinam calliandra

分布　原產南美蘇利南島及巴西。臺灣 1950 年代引進，今全省均有栽植。

形態　落葉灌木。葉二回羽狀複葉，羽片 1 對；小葉 10~12 對，線狀披針形，1.2~2.5 cm，先端銳尖，基部鈍而歪斜。花基部白色，先端為粉紅色，15~24 朵組成一頭狀花序，單生，腋生；雄蕊 12~15 枚。莢果線狀或闊線狀，6~8 cm，褐色，被柔毛。地上發芽型，初生葉一回、二回羽狀複葉，互生。

用途　庭園樹，觀賞用。

8 緋合歡（豔撲花）

- ***Calliandra tweedii* Benth.**

  Inga pulcherrima Sweet

- Mexican flame-bush, Red tassel flower

分布　原產巴西至巴拉圭。臺灣 1996 年引進，園藝零星栽培。

形態　灌木。葉二回羽狀複葉，幼葉具絹狀絨毛，羽片 3~4 對；小葉 20~30 對，線形，長 3~7 mm，鈍頭，具光澤。花緋紅色，呈頭狀花單生；萼及花冠黃綠色，密生長毛；花絲緋紅至紫紅色，長 2.5~4 cm。莢果長約 5 cm，密被長毛，具耐寒性。

用途　栽培觀賞用。

2n=16

10 黃槐屬（Cassia L.）

喬木、灌木、一年生亞灌木或大草本。葉偶數羽狀複葉；葉序螺旋狀或一排互生；葉柄及葉軸上無腺點。花黃色、粉紅色、紅色，腋生總狀花序，多花；花瓣 5 枚，略等形；雄蕊 4~10 枚，常不相等。莢果圓筒形，鈍四方形或扁平，有時具有翅或四稜，不開裂，紙質或革質。種子少至多粒，橫生，包被在濕果肉或纖維的髓內，種皮光滑，無網紋。2n=24, 28。

本屬約 100 種，分布於熱帶美洲、非洲、亞洲和澳洲。臺灣引進 16 種。

1 旃那（尖葉番瀉、埃及旃那）

- ***Cassia acutifolia* Delile**

  Cassia lenitive Bischoff

  Cassia senna L.

- センナ, エジプトセンナ
- Egyptian senna, Senna, Folia senna

分布　原產熱帶非洲、埃及、蘇丹及奈及利亞。臺灣 1909 年引進，當藥用栽植於臺北植物園及藥園。

形態　灌木或亞灌木。樹枝直立或斜立。葉偶數羽狀複葉；小葉 3~7 對，一般 3~5 對，卵形或披針形，10~25 mm，先端銳尖而尖突，表面綠色有光澤，背面色較淡或呈白粉狀。花黃色，呈腋生的總狀花序。莢果闊長橢圓形，扁平，長 4~6 cm，開裂。種子倒卵狀楔形，扁平。地上發芽型，初生葉羽狀複葉，對生。

用途　葉為藥方之「旃那」，可取黃色素（大黃素，rhein），常用為瀉劑藥。

2 銀槐（羽毛決明、羽毛旃那）

- ***Cassia artemisioides* Gaud.-Beaup. *ex* DC.**
- Feathery senna, Wormwood senna, Feathery cassia, Silver cassia

分布　原產澳洲東部。臺灣引進栽培。

形態　小灌木。具絹狀灰色軟毛。葉偶數羽狀複葉；小葉 1~8 對，針形，長約 2.5 cm。花鮮黃色，徑約 1.5 cm，總狀花序腋生，著生 5~6 朵花；花藥黑色。莢果扁平，長約 2~7 cm，暗黑色。

用途　當家畜之飼料。觀賞植物用。
2n=28, 42, 56

3　花旗木（絨果決明、泰國櫻花、桃紅陣雨樹）

- ***Cassia bakeriana* Craib**
- Pink shower tree

分布　原產泰國、印度。臺灣 1973 年由泰國引進，中、南部零星栽植。
形態　喬木。樹皮、樹枝近光滑無毛。葉偶數羽狀複葉，長 35~40 cm；小葉 8~12 對，長橢圓形，先端突尖，6~9 cm，兩面密被絨毛。花粉白色，後呈燦爛粉紅色，繖房或短總狀花序，長 4.5~7.5 cm。簇生於枝條，花團錦簇，繽紛優美；花瓣 5 枚；雄蕊 3 枚，特長，花絲中間部位增厚擴張。莢果細長，圓柱狀，長 30~90 cm，密被絨毛，成熟時黑褐色。
用途　花姿優美，顏色燦爛，當行道樹、庭園景觀樹栽培，觀賞用。

4　繁花黃槐（紅槐）

- ***Cassia brewsteri* F. Muell.**
- Leichhardt bean

分布　原產澳洲。臺灣 1973 年引進，栽培於林試所港口工作站。
形態　喬木。植株光滑無毛。葉偶數羽狀複葉；小葉 2~4 對，狹披針形或長橢圓狀披針形 5~6 cm，先端鈍或凹入，基部狹，另有小葉較小呈卵形或倒卵形，長 1.5~2 cm，葉柄上不具腺點。花黃金色或黃金橙色，多數頂生或腋生的總狀花序，長約 15 cm；花瓣狹，卵形，長約 8 mm；雄蕊 10 枚，離生，位於下方之 3 枚較花瓣為長，其他較花瓣短。莢果長 20~30 cm，厚而扁平。種子卵形，假種皮卵形，種皮浸泡後常呈漿狀。
用途　觀賞用。

5 澳洲黃槐（沙漠黃槐）

- ***Cassia eremophila* A. Cunn. *ex* Vogel**
- Desert cassia

分布　原產澳洲。1973 年由美國引進，栽植於臺北植物園。

形態　叢狀小灌木。具多數分枝，小枝細長。葉偶數羽狀複葉；小葉 1 或 2 對，線形，圓柱形，2~5 cm。花橙黃色或紅黃色，腋生而密集的繖房狀總狀花序；花萼先端 5 裂，小形，裂片卵形，先端鈍；花瓣長橢圓形，先端鈍，有短爪；完全雄蕊 10 枚，下位 2~3 枚較大。莢果線形，扁平，7~10 cm。變種**箭羽黃槐**（var. *zygophylla* (Benth.) Benth.）小葉 1~2 對，線形，扁平。

用途　成長快速，有希望成為牧草。耐乾旱，適於沙地種植。觀賞用。

2n=28

6 波斯皂莢（阿勃勒、槐花青、阿梨、長果子樹、臘腸豆、臘腸樹、牛角樹、豬腸豆）

- ***Cassia fistula* L.**
  Cassia rhombifolia Roxb.
- ナンバンサイカチ
- Golden shower, Indian laburnum, Purging cassia, Golden-rain, Pudding pipe tree, Golden-shower cassia, Golden shower senna

分布　原產印度，喜馬拉雅山東部及中部、斯里蘭卡、華南。臺灣 1945 年引進，現各地栽培。

形態　落葉或半落葉高大喬木。具多數分枝，樹枝長，延伸呈下垂狀。葉偶數羽狀複葉；小葉 3~8 對，一般 3~6 對，卵狀長橢圓形或長卵形，8~15 cm，先端銳尖，基部鈍形。花黃色，腋生，數目甚多，排列呈下垂的總狀花序；花萼 5 枚反卷；花瓣 5 枚，倒卵形；雄蕊 10 枚。莢果細圓筒形，長 20~65 cm，懸垂，外皮有 3 條稜線，暗褐色，果肉糖漿狀。種子 30~80 粒，赤褐色，卵橢圓形，扁平，有光澤。地上發芽型，初生葉羽狀複葉，互生。

用途　材硬重，製造車輪、農具用。根、樹皮及莢殼當藥用。莢果之果肉甜可食，當緩瀉劑，且可添入菸草中。莢果含單寧。樹皮當紅色染料。綠肥用。花期長，美麗，栽培當行道樹、庭園樹，觀賞用。

2n=24, 26, 28

7 彩虹旃那

- ***Cassia fistula* ×*C. javanica***
  Cassia hybrid 'Rainbow shower'
- Rainbow shower, Rainbow shower tree

分布 原產夏威夷。臺灣引進園藝栽培。

形態 為波斯皂莢與爪哇旃那的雜交種。落葉喬木。植株似波斯皂莢，惟葉形較小，枝葉密集。葉偶數羽狀複葉；小葉 8~12 對，長卵形、全緣。花粉紅色、粉黃色、粉白色，呈總狀花序。

用途 花團錦簇，風采迷人，適合庭園綠蔭美化或行道樹。為夏威夷的州花。觀賞用。

8 大果鐵刀木（紅花鐵刀木）

- ***Cassia grandis* L. f.**
- ピンクシャワー, ウマセンナ, モモイロナンバンサイカチ
- Pink-shower tree, Horse cassia, Coral shower, Pink shower senna

分布　原產熱帶中美洲。臺灣 1903 年引進，全島略有栽植。

形態　落葉喬木。葉偶數羽狀複葉；小葉 8~20 對，長橢圓形，披針形，3~6 cm，先端圓或鈍，有尖突，基部鈍。花初開時為豔紅色，後轉變為淡紅色，最後為橙紅色，呈腋生總狀花序；花萼紅色，反卷；花瓣長橢圓形或卵圓形；完全雄蕊 10 枚。莢果扁長圓筒形，30~60 cm，褐黑色，粗糙，沿腹縫線有 2 條粗肋，背縫線厚。種子橫生，埋於果肉內。種子淡褐色。扁橢圓形，1~1.5 cm。

用途　莢果果肉味苦，當藥用。熱帶當庇蔭樹、庭園樹、行道樹。花期長，美麗，栽培觀賞用。

2n=28, 56

9　爪哇旃那（爪哇決明、粉花決明、爪哇櫻花）

- ***Cassia javanica* L.**
  Cassia bacillus Roxb.
  Cassia megalantha Decne.
- コチョウセンナ, ジャワセンナ
- Javanese cassia, Apple-blossom senna, Apple-blossom shower, Pink shower, Rainbow shower

分布　原產印尼、爪哇、馬來西亞及菲律賓。臺灣 1903 年引進，全島各地零星栽培。

形態　落葉中喬木。樹幹及枝條具針刺。葉偶數羽狀複葉；小葉 5~16 對，長橢圓形，卵形或卵狀橢圓形，2~6 cm，先端鈍或圓，或凹入，基部鈍，紙質。花初為桃紅色，授粉時為暗紅色，而有較淡的塊斑，最後轉為粉紅色，呈總狀花序；花萼紅褐色，長橢圓形或卵狀長橢圓形；完全雄蕊 10 枚，下位 3 枚花絲較其他長。莢果圓柱形，20~60 cm，不開裂。種子 50~75 粒。地上發芽型，初生葉 6~7 對羽狀複葉，互生。

用途　木材原住民當建築材料用。樹皮含單寧當鞣革用。莢果當藥用。當庭園樹、行道樹，觀賞用。

2n=28

10 細果黃槐

- *Cassia leptocarpa* Benth.

分布　原產古巴、墨西哥南部和美國亞利桑那州及墨西哥州。臺灣 1973 年引進栽植於臺北植物園。

形態　直立草本。具多數分枝，具有絨毛。葉偶數羽狀複葉，長 20~40 cm，葉軸基部有一大腺體；小葉 4~8 對，橢圓形、卵形、披針形，2~4 cm，先端銳漸尖，基部鈍，兩面略被絨毛。花黃色，呈頂生總狀花序；花萼 5 裂；完全雄蕊 6~7 枚。莢果線形，25~30 cm，緊縮狀而不扁平，褐色，不具光澤。

用途　觀賞用。

11 青銅黃槐（麝香黃槐）

- *Cassia moschata* H. B. K.
- Bronze shower tree, Bronze shower

分布　原產中、南美洲之巴拿馬、哥倫比亞和古巴。臺灣引進栽培。

形態　喬木，高及 20 m。近似波斯皂莢（*Cassia fistula*）。葉偶數羽狀複葉；小葉 10~18 對，大多對生或互生，長橢圓形，長 4~5 cm，寬約 1.3 cm，被軟毛。花粉紅色和金黃色，十分豔麗，呈短總狀花序。莢果較波斯皂莢小，長 30~45 cm。種子褐色，卵橢圓形，包被種子之果肉具有麝香味。

用途　在哥倫比亞葉當緩瀉劑用。花期長，美麗，當行道樹、庭園樹栽培，觀賞用。生長快速當薪材用。

12 節果決明（粉花山扁豆）

- *Cassia nodosa* Buch-Ham. *ex* Roxb.

  Cassia javanica L. ssp. *nodosa* (Buch-Ham. *ex* Roxb.) K. Larson *et* S. Larson
- バライロモクセンナ
- Pink cassia, Pink and white shower, Joint-wood, Liring, Sooling, Siboosook

分布 原產喜馬拉雅山東部至馬來半島，夏威夷群島、中國廣州等地有栽培。臺灣 1971 年引進，栽植於林試所恆春分所。

形態 落葉喬木。小枝纖細，下垂，具絨毛。葉偶數羽狀複葉，長 15~25 cm；小葉 5~13 對，長橢圓形或卵形橢圓形，4~10 cm，先端尖銳，基部鈍形，歪斜。花初為淡紅色，後轉為深粉紅色，最後則呈黃紅色，具玫瑰香味，短總狀繖房花序，生長於無葉之枝條上；花萼被柔毛；花瓣長橢圓形，先端銳尖，長 1.5~3 cm。莢果圓柱形，35~60 cm，種子 50~100 粒。

用途 材堅硬而重，原住民當樑、支柱、斧及刀柄等家具用材。根當肥皂的代用品洗滌用。花期長，美麗，栽培觀賞用。

2n=24, 48

13 蝴蝶黃槐

- ***Cassia phyllodinea*** **R. Br.**

分布 原產於澳洲。臺灣 1973 年由美國引進，栽植於臺北植物園內。

形態 直立灌叢。多數分枝，小枝細長，硬，具白色絨毛。葉為葉狀枝（假葉），扁平線形，2~4 cm，先端鈍而淺 2 裂，有時呈楔形，基部漸狹。花黃色，小形，徑約 2 cm，腋生，呈總狀花序；花萼綠色，5 裂，裂片長 3~4 mm；花瓣長橢圓形，先端鈍；花葯 2~3 枚較長。莢果直或彎曲，有柄。

用途 觀賞用。

14 印度決明（紅桂木）

- ***Cassia roxburghii*** **DC.**

  Cassia marginata Roxb.

- Red cassia, Ceylon senna

分布 原產印度、斯里蘭卡。臺灣 1970 年代引進，中、南部略有栽培。

形態 小喬木。具多數分枝，小枝細長，密被絨毛。葉偶數羽狀複葉；小葉 15~20 對，長橢圓形或卵狀長橢圓形，1.5~4.5 cm，先端深凹入，有一明顯尖突，基部鈍形，歪斜，葉脈於背面顯著隆起。花桃紅色，呈頂生或腋生總狀花序，組合成圓錐花序；花萼反卷，紅色；花瓣長橢圓形，稍帶暗紅色。莢果圓柱形，不開裂，長 20~30 cm，種子間有橫隔膜。

用途 樹冠美麗，適合當庭園綠蔭樹或行道樹，觀賞用。

15 毛黃槐

- ***Cassia tomentosa*** **L. f.**

  Cassia multiglandulosa Jacq.

- ケセンナ
- Woolly senna

分布 原產墨西哥南部、瓜地馬拉及美國西南部。臺灣 1973 年由美國引進，栽植於臺北植物園。

形態 灌木。具多數分枝，小枝圓柱形，密被絨毛。葉偶數羽狀複葉，托葉披針形，早落，被柔毛；小葉 6~8 對，長橢圓形，5~6 cm，先端鈍，基部歪斜，表面綠色，無毛，背面較淡，密被絨毛。花鮮黃色，呈繖房狀總狀花序；完全雄蕊 7 枚。莢果線形，10~13 cm，膜質，略扁平，被細絨毛。

用途 幼莢及花當蔬菜食用。觀賞用。

2n=24

16 墨西哥黃槐

- ***Cassia wislizenii*** **A. Gray**

  Palmerocassia wislizenii (A.Gray) Britton

分布 原產墨西哥及美國亞利桑那州。臺灣於 1973 年引進之，栽植於臺北植物園。

形態 落葉灌木。多分枝，樹皮褐色，有明顯皮孔。葉偶數羽狀複葉；小葉 2~3 對，卵形或倒卵形，長 1 cm 以上，先端長尾狀，葉背面葉脈顯著隆起。花黃色，腋生或頂生總狀花序。莢果線形，扁平，長 12 cm 左右，黑色，有光澤，先端有尖突。

用途 觀賞用。

11 稻子豆屬（Ceratonia L.）

常綠小至中喬木。葉偶數羽狀複葉；小葉 2~5 對，橢圓形，初紅棕色有毛，後變為革質，暗綠色，有光澤。花紅色，短總狀花序側生於一年生枝條，單生或簇生；雜性或雌雄異株；雄花紅色至黃色，完全雄蕊 5 枚，雌花淺綠色。莢果線狀長橢圓形，扁平，革質，不開裂，果肉甜。種子 5~15 粒，倒卵狀雙凸形。2n=24。

本屬僅 1 種，原產於地中海地區、小亞細亞、阿拉伯和以色列。臺灣引進栽培種 1 種。

1 稻子豆（巧克力豆、角豆樹、佳樂豆、長角豆、佳洛豆）

- ***Ceratonia siliqua* L.**
  Ceratonia coriacea Salisb.
  Ceratonia cinermis Stokes
- イナゴマメ, キャロブマメ
- Carob, St John's bread, Carob bean, Locust (bean) tree, Alaroba bean, Algaroba of Spain, Bean tree, Algarrobo

分布　原產南歐、小亞細亞，澳洲及美國南部等亞熱帶地區也有栽培。臺灣引進栽植，為一栽培種食用豆類作物。

形態　常綠喬木。葉偶數羽狀複葉，互生；小葉 2~6 對，橢圓形，全緣，革質，表面暗綠色有光澤，背面赤灰綠色。花紅色，腋生的頭狀花序。莢果弓形，果皮厚，不開裂，8~25 cm。種子倒卵狀双凸形，暗褐色，果肉甜而味佳。地上發芽型，初生葉二小葉，互生。

用途　種子含非氮素化合物 60 % 左右，營養價值高，原產地居民常利用，而且是地中海地區重要輸出品，稱之為 Carob coffee。當藥用。莢果甘甜，含糖分 30 %，可供食用。果實壓汁可作糖漿（syrup）。果仁可製膠。上等的牛、羊飼料。樹形美觀，當行道樹、庭園樹栽培，觀賞用。當果樹栽培。為古阿拉伯文化的傳統宗教聖樹。

2n=24

12 假含羞草屬（Chamaecrista Moench）

喬木，灌木或草本。葉偶數羽狀複葉，具腺點；小葉多對，線形，線狀披針形，長橢圓形或鐮刀形，絨毛緣，碰觸多少敏感。花黃色，單生或總狀花序；花瓣等長；雄蕊 4~10 枚，其中 1~3 枚可能退化，離生。莢果長線形，一般扁平，成熟時開裂，裂瓣卷繞。種子菱形，扁平，光澤或有凹痕，無網紋。2n=14, 16。

本屬約有 250 種，分布熱帶及亞熱帶地區。臺灣特有 1 種，自生 1 種，歸化 3 種。

1 鵝鑾鼻決明

- ***Chamaecrista garambiensis* (Hosokawa) Ohashi**

  Cassia garambiensis Hosokawa

  Cassia mimosoides L. var. *garambiensis* (Hosokawa) Ying
- ガランビセンナ, ガランビネムチャ
- Oluanpi senna

分布　臺灣特有種，生長於屏東恆春半島鵝鑾鼻至風吹沙海濱一帶。

形態　一年生或二年生草本。莖匍匐，細長，長 10~20 cm，具絨毛。葉偶數羽狀複葉，小形，葉柄有腺體；托葉小，卵狀錐形，長 2~3 mm；小葉 7~25 對，歪長橢圓形或近似半卵形，5~10 mm，先端鈍或圓，基部鈍。花黃色，單生或 2 枚，腋生；花萼 5 裂；花瓣兩側對稱；雄蕊 9 枚，4 大 5 小，花絲極短，柱頭長條狀。莢果扁平，線形，略彎曲，被粗毛，3~3.5 cm，黑色。種子 9~12 粒，近似菱形。地上發芽型，初生葉羽狀複葉，互生。

用途　當綠肥或覆蓋植物，有定沙功用。為一稀有保育類植物。

2 大葉假含羞草（大葉山扁豆、短葉決明、鐵箭矮陀）

- ***Chamaecrista leschenaultiana* (DC.) Degnener**

  Cassia leschenaultiana DC.

  Chamaecrista nictitans (L.) Moench var. *glabrata* (Vogel) H. S. Irwin & Barneby

  Cassia auricoma Steyaert

  Cassia wallichiana DC.

  Cassia mimosoides L. ssp. *leschenaultiana* (DC.) Ohashi
- ナンヨウカワラケツメイ
- Lauki

分布 原產印度、緬甸、越南、華南、印尼。臺灣1961年引進栽培，歸化生長於全島平地至中海拔、路旁或原野。

形態 一年生或多年生直立或偃臥狀草本。莖紅色或紫紅色，枝條水平伸展，紅色。葉偶數羽狀複葉；小葉16~24對，狹長橢圓形，5~20 mm，先端鈍而有長尖突，偏斜。花黃色，單生或2~3枚，腋生呈總狀花序；花萼5裂，披針形；雄蕊10枚或1~3枚退化，最長的花葯呈紅色。莢果線形，扁平，2.5~5 cm。種子8~16粒，亞四方形，2~3 mm，黑褐色。地上發芽型，初生葉偶數羽狀複葉，互生。

用途 當熱帶之綠肥。種子及葉當藥用。全草或根中國本草稱「鐵箭矮陀」，當藥用。莖及葉當茶的代用品。

2n =16, 32, 48

3 假含羞草（山扁豆、茶豆、黃瓜豆、含羞草決明）

- ***Chamaecrista mimosoides*** **(L.) Greene**
  Cassia mimosoides L.
- カワラケツメイ
- Mountain flat-bean, Tea senna, Mimosa-leaved cassia

分布 原產熱帶亞洲、非洲、澳洲。臺灣1961年引進栽培，已歸化生長於全島海邊至低海拔山地，多陽光之原野。

形態 直立一年生或多年生草本。具多數分枝，常具柔毛或粗毛。葉偶數羽狀複葉，長4~12 cm；小葉30~60對，呈鐮刀狀，狹線形或線形，中間者4~8 mm，先端尖銳而有短尖突；托葉大形，尖錐狀線形，殘存不脫落。花黃色或鮮黃色，1~3枚呈腋生總狀花序或單生；雄蕊10枚。莢果線狀披針形，扁平，4~7.5 cm，密被絨毛。種子12~25粒，褐色，具光澤，略方形至長方形，3~3.5 mm。地上發芽型，初生葉偶數羽狀複葉，互生。

用途 嫩葉及芽可當茶的代用品。種子、根及葉當藥用。耐旱耐瘠，為良好之覆蓋及綠肥作物。觀賞用。

2n=16, 32, 48

4 假山扁豆

● **_Chamaecrista nictitans_ (L.) Moench**

Cassia nictitans L.

Chamaecrista aechinomene (Collad.) Greene

Cassia aechinomene Collad.

Cassia patellaria Collad.

Cassia multipinnata Pollard

Nictitella amena Raf.

分布 原產熱帶美洲。臺灣 1950 年引進當牧草栽培，逸出已歸化生長於荒地。

形態 一年生草本。直立或略呈匍匐狀。莖綠色或帶有紫紅色。葉偶數羽狀複葉；小葉 10~30 對，線形或線狀披針形，7~15 mm，基部歪斜，先端銳尖。花黃色或鮮黃色，單生或 2~3 對的總狀花序，腋生；花萼小，5 裂，裂片披針形；花瓣卵形或長橢圓形；雄蕊 8~10 枚。莢果長 2.5~3.5 cm，6~10 粒種子。種子扁卵三角形，褐色。地上發芽型，初生葉偶數羽狀複葉，互生。

用途 當綠肥。天然牧草。防止土壤侵蝕用。

2n =32

5 豆茶決明（水皂角）

● **_Chamaecrista nomame_ (Sieb.) Ohashi**

Soja nomame Sieb.

Cassia nomame (Sieb.) Honda

Cassia mimosoides L. ssp. *nomame* (Sieb.) Ohashi

● カワラケツメイ

分布 臺灣自生種，分布日本、朝鮮、中國東北、華北。臺灣生長在中海拔之多陽光林緣之路旁。

形態 一年生草本。直立或傾伏。多分枝，莖被白絨毛。葉偶數羽狀複葉，長 3~7 cm；小葉 15~35 對，線狀披針形，8~12 mm，基部歪斜，小葉柄短，在最下位之小葉具單一無柄腺點。花黃色，腋生，單花或 2~ 數花呈短總狀花序；雄蕊 4 或 5 枚。莢果線形，扁平，3~8 cm，有毛，開裂。種子 6~12 粒，近菱形，平滑。地上發芽型，初生葉偶數羽狀複葉，互生。

用途 莖當茶的代用品。莢果和種子當茶飲用及藥用。可當綠肥。

13 雞髯豆屬（Cojoba Britton & Rose）*

喬木或灌木。葉一回或二回羽狀複葉，小葉對生，無柄。花頭狀花序，著生在上位葉的葉腋。莢果螺旋狀，微彎曲，成熟時開裂，二面常鮮紅色。種子無種衣（aril），具黑色薄的種皮。

本屬約有 20 種，分布中、南美洲。臺灣引進 1 種。

1 雞髯豆（含羞樹、小豆樹、密葉猴耳環、珊瑚蛇樹、紅羅望子）

- ***Cojoba arborea* (L.) Britton & Rose**
- *Mimosa arborea* L.

  Acacia arborea (L.) Willd.

  Pithecolobium arboretum (L.) Urban

  Samanea arborea Ricker
- エバーフレッシュ
- Coral snake tree, Red tamarind, Wild tamarind, John crow

分布　原產中、南美洲，分布哥斯大黎加、宏都拉斯、薩爾瓦多、貝里斯、瓜地馬拉、古巴、多明尼加、海地、波多黎各、牙買加、墨西哥和波利維亞等。臺灣引進栽培。

形態　常綠高大喬木。葉二回羽狀複葉，互生，葉柄基部膨大，兩側各有一尖刺，葉軸上有腺體；小葉 25~35 對，對生，葉基歪斜，全緣。花淡黃色，頭狀花序具長梗，單一或數個花序著生於葉腋。莢果螺旋狀，紅色，成熟時開裂。種子卵形，種皮薄、黑色、明亮，無種衣。

用途　木材在市場稱 Bahama sabicu，新材黑紅色或紅棕色，可做櫃子、家具、線軸等用。栽培觀賞用。

14 垂花楹屬（Colvillea Bojer *ex* Hook.）

落葉喬木。葉二回羽狀複葉，羽片對生，15~25 對；小葉小，多數，螺旋排列，對生，有時互生，18~30 對。花鮮橙色至緋紅色，密集總狀花序；花瓣 5；雄蕊 10 枚，離生。莢果長而直，膨大，二瓣裂。種子長橢圓形，橫生，小。2n=28。

本屬僅 1 種，原產馬達加斯加。臺灣引進 1 種。

1 垂花楹

- ***Colvillea racemosa* Bojer**
- Colville's glory

分布　原產馬達加斯加島。臺灣 1972 年引進，栽植於玫瑰花推廣中心及臺北植物園，各地零星栽培。

形態　大喬木。樹幹通直，平滑。葉二回羽狀複葉，長 85~92 cm，羽片 20~30 對；小葉 20~28 對，對生或近似對生，長橢圓形，1~1.5 cm，先端略鈍，紙質。花豔紅或橙紅色，一花序常著生 200 枚左右，密集排列呈下垂總狀花序；雄蕊 10 枚，離生，伸出於花冠外。莢果長橢圓形，長 14~16 cm，略膨大，開裂。

用途　當庭園樹、景觀樹，栽培觀賞用。

2n=28

15 鳳凰木屬（Delonix Raf.）

落葉性喬木。葉二回羽狀複葉，長 30~50cm，羽片 10~25 對；小葉小而多，20~40 對。花大而美麗，呈黃色或鮮紅色，頂生或腋生，繖房狀總狀花序；花兩性；雄蕊 10 枚，離生。莢果大，長，帶狀線形，扁平，硬，木質，二瓣裂。種子多粒，長橢圓形，橫生。2n=22, 24, 28。

本屬約 10 種，分布非洲、馬達加斯加及印度。臺灣歸化 1 種，引進 4 種。

1 白花鳳凰木

● ***Delonix decaryi*** **(R. Vig.) Capuron**

Poinciana decaryi R. Vig.

分布　原產馬達加斯加，生長於南部和西南部海岸地區。臺灣引進栽培。

形態　小喬木。高 3~10 m，樹冠傘型。葉二回羽狀複葉，羽片 (1-)2~3 對；小葉 14~16 枚，對生，狹長橢圓形。花白色，芬芳美麗，花大，7~8 cm，腋生，呈總狀花序；上部花瓣有大黃色斑點；雄蕊長，雄蕊和花柱紫色或紅色。莢果長而纖細，長 35 cm，寬 3.5 cm，暗棕色或灰綠色。種子長橢圓形。

用途　未熟種子可食用。木材製獨木舟或棺材用。花多而美麗，當庭園樹、行道樹觀賞用。扦插當綠籬用。樹脂當膠（Glue）用。

2　奶油鳳凰木（老虎豆）

- ***Delonix elata*** **(L.) Gamble**

  Poinciana elata L.

- Creamy peacock flower, White Gul Mohur, Tiger bean, Flamboyant tree

（鍾芸芸　攝）

分布　原產熱帶東非洲，分布埃及、蘇丹、衣索匹亞、索馬利亞、烏干達、肯亞、坦尚尼亞。臺灣引進栽培。

形態　喬木。高 2.5~15 m，具開展的圓形樹冠。葉二回羽狀複葉，羽片 3~6 或更多對，一般 4~6 對；小葉 10~14 對，長橢圓形或倒披針狀長橢圓形，長 0.6~1.2 cm，寬 1.25~4 mm，較鳳凰木（*Delonix regia*）小。花淡黃色，殘餘者白色，後變為杏色；頂生呈繖房花序，花同時開放；花瓣圓形，邊緣卷曲，長 1.6~3.8 cm，寬 1.8~4.2 cm；雄蕊花絲長 5~10 cm，淡棕色或微紅色，基部被毛。莢果扁平橢圓狀長橢圓形，紅棕色或紫棕色，長及 20 cm，有光澤。種子多數，長橢圓形。

用途　葉料理可食用。種子饑荒時煮熟食用之。根部和樹皮當藥用。花多而美麗，當庭園樹、行道樹、遮蔭樹、土壤保育樹用。木材當薪材用。觀賞用。

2n=28

（鍾芸芸　攝）

（鍾芸芸　攝）

3　多花鳳凰木（黃花鳳凰木）

- ***Delonix floribunda*** **(Baill.) Capuron**

  Aprevalia floribunda Baill.

  Aprevalia perrieri R. Vig.

- Fengoky

分布　馬達加斯加的特有種，生長於西部和南部地區。臺灣引進栽培。

形態　喬木。枝卷曲。葉二回羽狀複葉；羽片3~5對；小葉5~7對和1枚先端小葉，狹卵形。花淡綠黃色，多花，頂生或側生總狀花序；晚春葉展開前開花，布滿樹冠，呈平頭狀；花萼近鐘形，萼片5枚，厚，相接而不相疊，有時兩枚連合；花瓣1枚，小，爪形；雄蕊10枚，排成2列，不等長。莢果扁平，闊線形，木質。種子長橢圓形。

用途　當品質差的樹脂原料。木材當薪材和木炭材用。葉當家畜飼料。花多而美麗，當庭園樹、行道樹，觀賞用。

4　帕米拉鳳凰木（鳳鳥鳳凰木、矮鳳凰木）

- ***Delonix pumila*** **Du Puy, Phillipson & R. Rabev.**
  Delonix adansonioides (R.Vig.) Capuron
  Poinciana adansonioides R.Vig.
- Fengoko

分布　原產熱帶馬達加斯加，熱帶亞洲地區廣泛栽培。臺灣引進栽植。

形態　灌木狀小喬木。高1.5~3 m，多分枝，樹冠圓形。葉二回羽狀複葉，羽片2對；小葉2~4對，對生，橢圓形或長橢圓形。花白色，大而美麗，腋生總狀花序；上部花瓣爪形，具狹管狀、分泌花蜜的爪；雄蕊長，黑色。類似白花鳳凰木（*Delonix decaryi*），但白花鳳凰木花瓣更窄，具黃色斑點，兩者可以分辨之。莢果線形，扁平。種子長橢圓形，以種子繁殖。

用途　花大而美麗，適於溫室當觀賞花卉栽培。

5 鳳凰木（金鳳樹、火樹、洋楹、鳳房樹）

- ***Delonix regia*** **(Bojer *ex* Hook.) Raf.**
  Poinciana regia Bojer *ex* Hook.
- ホウオウボク
- Flamboyant flame tree, Royal poinciana, Peacock flower, Flame boyant, Flame tree, Golden phanix, Fire tree, Flame of the forest

分布　原產熱帶馬達加斯加，熱帶亞洲地區廣泛栽培。臺灣 1897 年多次引進，已歸化生長，全島栽植。

形態　落葉大喬木。葉二回羽狀複葉，羽片 10~20 對；小葉 20~40 枚，線形或長線形，5~8 mm，先端鈍而有尖突。花紅色，具黃色花斑，大而豔麗，呈總狀花序排列；雄蕊 10 枚，紅色。莢果扁平，呈劍形，木質，黑褐色，40~70 cm。種子 30~45 粒，狹長橢圓形，2~2.5 cm，深褐色帶有灰色斑點，兩端圓鈍，子葉頂端有缺刻。地上發芽型，初生葉一回羽狀複葉，對生。

用途　木材製造小型家具用。種子有毒不可食用。樹脂可當阿拉伯膠的代用品。樹皮當藥用。花為黃色染料原料。花美麗有王者風範，優美之庭園樹及行道樹、綠蔭樹，觀賞用。

2n =28

16 草合歡屬（Desmanthus Willd.）*

多年生草本或灌木。葉二回羽狀複葉；小葉多數，小而狹，最下一對葉柄常具腺體。花白色、乳黃色，腋生頭狀花序；花兩性或下位者中性；花瓣 5 枚，離生或有些合生；雄蕊 10 或 5 枚，離生。莢果棕色，線形或彎曲，膜質至革質。種子歪卵形，扁平。2n=24, 28。

本屬約 25 種，原產熱帶南、北美洲。臺灣歸化 2 種，引進 1 種。

1 北美草合歡

- ***Desmanthus illinoensis*** **(Michx.) B.L. Rob. & Fernal**
  Mimosa illinoensis Michx.
- Prairie mimosa, Prickle weed

分布　原產北美洲。臺灣引進栽培。

形態　多年生草本。葉二回羽狀複葉；小葉 20~30 對，長約 6 mm。花白色，頭狀花序，著生在總花柄上，長約 7.5 cm；雄蕊 5 枚。莢果長橢圓形，密生，彎曲，長約 2.5 cm。地上發芽型，初生葉一回、二回羽狀複葉，互生。

用途　觀賞用。

2n=28

2 草合歡（合歡草）

- ***Desmanthus pernambucanus* (L.) Thellung**

  Mimosa pernambucana L.

  Acuan bahamense Britton & Rose

  Desmanthus diffuses Willd.

  Desmanthus strictus Bertol.

  Desmanthus virgatus (L.) Willd. var. *strictus* (Bertol.) Griseb.
- Slender mimosa, Dwarf koa, Donkey bean, Desmanthus, Bundleflower, Anil, Jureminha, Acacia savane

分布　原產加勒比海、南美，太平洋及印度諸島，澳洲南部、南非、東南亞等已歸化生長。臺灣引進栽培，歸化生長於中、南部地區。

形態　直立至匍匐之多年生灌木。幼莖有角，紅色或綠色，有金色軟脊。葉二回羽狀複葉，長 4~11 cm，羽片 2~4(~6) 對，長 15~54 mm；小葉 9~21 對，長橢圓形至線形，5~11 mm。花白色，8~13 朵，呈頭狀花序，腋生。莢果窄線形，4.5~8.5 cm，二瓣裂，13~22 粒種子。種子暗棕色，2.4~3.2 mm。

用途　當飼料。綠肥。覆蓋作物用。觀賞用。

2n=24

3 多枝草合歡（多枝合歡草）

- ***Desmanthus virgatus* (L.) Willd.**

  Mimosa virgatus L.

  Desmanthus depressus Willd.
- Dwarf koa, Desmanthus, Rayado bundle flower

分布　原產熱帶和亞熱帶美洲。臺灣引進，歸化生長於中、南部之乾溪旁和路邊。

形態　直立灌木。葉二回羽狀複葉，羽片通常 6 對，在最下羽片葉柄有腺體；小葉約 20 對，長橢圓形，長 7 mm，先端銳尖，基部歪鈍。花白色，直立，無柄，少數密生，呈小頭狀花序，著生在小枝近先端葉腋，下垂。莢果線形，6~9 cm，扁平，無毛，先端有喙。二瓣裂。種子四方形，深黑色，長約 3 mm，兩面有 U 型痕。

用途　種子當飼料用。夏威夷放牧家畜食其嫩芽。印尼當綠肥和覆蓋用。

2n=24

17 代兒茶屬（Dichrostachys (DC.) Wight & Arn.）*

灌木或小喬木。小枝先端具銳利木質化刺。葉二回羽狀複葉，小而多對。花腋生，圓柱狀，單一或成對，排列在二層：下層花中性，白色、乳白色、紫色或粉紅色，假雄蕊 10，長，絲狀；上層花兩性，黃色或黃尖端，雄蕊 10 枚，離生。莢果線形，扁平，革質，不開裂或沿縫線不規則開裂，莢常留在樹枝上數月。種子約 4 粒，倒卵形，扁平，光滑。2n=(28), 50, 56。

本屬約有 20 種，分布從非洲至亞洲，多數產馬達加斯加。臺灣引進 1 種。

1 代兒茶（螢之木、中國燈籠樹）

- ***Dichrostachys cinerea*** **(L.) Wight & Arn.**

  Mimosa cinerea L.

  Dichrostachys glomerata (Forssk.) Chiov

  Dichrostachys nutans (Pers.) Benth.

  Acacia cinerea (L.) Spreng.

  Acacia fleckii Schinz

  Calliea callistachys Hassk.

  Calliea glomerata (Forssk.) Macbr.

- Sekelbos, Christmas tree, Chinese lantern tree, Kakada

分布　原產熱帶非洲、伊朗、熱帶亞洲及澳洲。臺灣引進栽培。

形態　灌木或小喬木。側生枝的小枝先端著生銳利的木質刺。葉二回羽狀複葉，葉軸具軟毛，羽片 7~15 對，各對之間有棒狀腺體；小葉 15~30 對，大小變化大，一般小於 6 mm。花粉紅色或紫色，穗狀花序下垂，長 1.3~7.5 cm；稔性花著生軸之遠側，假雄蕊 10 枚或更多。莢果濃褐色，長約 10 cm，不開裂，無毛，長時間成束殘留樹上，種子 4~8 粒。

用途　莢果、枝、葉含高蛋白質，在非洲當放牧的飼料木利用。枝葉含蛋白質 15 %，粗纖維 21 %，鈣 1.5 %，磷 0.18 %，具飼料價值。樹皮含單寧當鞣革用。樹皮和根當藥用。材非常重，硬而強韌，有耐久性，赤褐色，製車輪、木釘及高級品用。當庭園樹觀賞用。

2n=56

18 德州烏木屬（Ebenopsis Britton & Rose）*

灌木或小喬木。葉二回羽狀複葉，羽片少對；小葉小而多對。花白色至淺黃色，穗狀花序，腋生；雄蕊多數（>10），單體。莢果直長，扁平，長橢圓形，木質化不開裂。種子卵形至圓形，紅色或黑色，無種衣。

本屬有 2 種，主要分布北美及南美。臺灣引進 1 種。

1 德州烏木

- ***Ebenopsis ebano* (Berland.) Barneby & J.W. Grimes**
- *Mimosa ebano* Berland.
  Pithecellobium ebano (Berland.) C.H. Müll.
- Texas ebony

分布 原產北美洲、墨西哥。臺灣引進栽培。

形態 灌木至小喬木。樹幹和莖有刺或針狀突起，莖或幼枝條無毛。葉二回羽狀複葉，互生；小葉暗綠色，非常小，10~ 多數。花淺黃色至白色，穗狀花序，腋生，花放射狀或有些不規則排列；雄蕊多數（>10），單體。莢果直長，橢圓形或長橢圓形，3~10 粒種子。種子卵形至圓形，光滑，紅色、深紅色和黑色。

用途 墨西哥原住民種子燒而食用，幼莢調理食用。種皮厚，當咖啡的代用品。木材耐久，當裝飾品和車輪材利用。當中型的庇蔭樹、景觀樹，觀賞用。

19 鴨腱藤屬（Entada Adans.）*

攀緣藤本，灌木或喬木。葉二回羽狀複葉，羽片數對，羽軸先端常變成卷鬚；小葉大而少，或小而多。花小，無柄，乳黃色、綠色、紅色或紫色，組成腋生總狀花序或頂生穗狀花序；兩性或雜性；花瓣 5，離生或微合生；雄蕊 10 枚，離生或基部合生。莢果直或彎曲，甚大，扁平，木質，分節。種子扁平，大，近圓形至橢圓形。2n=(16), 26, 28。

本屬約 35 種，原產舊世界熱帶地區。臺灣特有 1 變種，自生 3 種、1 亞種。

1 恆春鴨腱藤（小葉鴨腱藤）

- ***Entada parvifolia*** **Merr.**

  Entada koshunensis Kanehira
- コウシユンモタマ
- Small-leaf climbing entada

分布　臺灣自生種，分布菲律賓、琉球、馬來西亞、印度。臺灣生長於恆春半島一帶。

形態　蔓生的大藤本。莖基部至中間部位膨大，而攀蔓於樹上。葉二回羽狀複葉，羽片 2 對；小葉 2~3 對，革質，斜卵形，5~7 cm，鈍頭、凹端；總葉柄頂端具 2 分岔之等長卷鬚。花綠白色，呈穗狀花序有毛。莢果 30~50 cm，外果皮通常剝落，內果皮軟，雙縫線有極明顯之脊。種子扁圓形或微卵形，徑 3~5 cm，厚約 1 cm，黑褐色或紫黑色，扁平，種皮具多數放射線條紋，種緣有鮮明的腹溝，種臍 0.7 cm。地下發芽型，初生葉鱗片葉，互生。

用途　樹皮含單寧。洗髮用。種子當裝飾品。

2n=26

2a 榼藤子（鴨腱藤、山芙蓉、牛腸麻、枋、榼藤、烏鴉腱藤、過崗龍、木腰子）

- ***Entada phaseoloides*** **(L.) Merr. ssp. *phaseoloides***

  Lens phaseoloides L.

  Entada gigas (L.) Fawx.

  Entada scandens Benth.
- モダマ
- Soap-bark vine, Thomas bean, Sword bean, Nicker bean, Climbing entada, Sea bean, Liver bean

分布 臺灣自生種，分布熱帶與亞熱帶地區，馬來西亞、琉球南部、太平洋諸島、澳洲。臺灣生長於南部恆春、滿州的山地叢林或林緣。

形態 蔓生的大藤本。莖木質。葉二回羽狀複葉，羽片常 2 對；小葉 1~2 對，卵形或長橢圓形，略呈鐮刀形，6~8 cm，先端鈍，基部鈍。花綠白色，小而不明顯，穗狀花序，腋生；花萼鑷合成鐘形；雄蕊 10 枚，分離，花絲黃色，花藥同型，柱頭點狀。莢果木質，長帶狀，90~120 cm，種子間緊縮。種子橢圓形，凸出，邊緣有角，種皮硬，褐色有光澤，徑 4~6 cm，厚 1~1.5 cm。地下發芽型，初生葉為鱗片葉，互生。

用途 樹皮含單寧。洗髮用。種子調製後可食用。葉當肥皂的代用品、象的飼料、毒魚用。莖、種子可當藥用。種子稱「樹子」，當大甲藺編織時磨平蓆面用之工具，亦可當裝飾品用。為臺灣稀有及有滅絕危機之植物。

2n =28

2b 越南鴨腱藤

- ***Entada phaseoloides* (L.) Merr. ssp. *tonkinensis* (Gagnepain) Ohashi**

  Entada tonkinensis Gagnepain

分布 臺灣自生種，分布中國大陸南部、越南、日本九州、琉球。臺灣生長於中部臺中、南投、北部宜蘭、臺北、桃園之山區。

形態 蔓生大藤本。莖木質。葉二回羽狀複葉；小葉 1~2 對，長橢圓形或卵形，兩端鈍形。花綠白色，穗狀花序，腋生；花萼鑷合成鐘形；雄蕊 10 枚，分離，花藥同型，柱頭點狀。莢果木質，90~120 cm，種子間緊縮。種子黑紫色或暗棕色，扁平，邊緣圓形，徑 4~5 cm，厚 1.5~2.3 cm。地下發芽型，初生葉鱗片葉，互生。

用途 樹皮含單寧。洗髮用。葉當肥皂的代用品。莖和種子藥用。種子當玩飾品。臺灣稀有及有滅絕危機之植物。

2n=28

3a 鴨腱藤（厚殼鴨腱藤）

- ***Entada pursaetha* DC. var. *pursaetha***

  Entada rheedii Sprengel

  Mimosa entada L.
- モダマ
- Gogo

分布 臺灣自生種，分布熱帶亞洲、印度、斯里蘭卡、菲律賓、新幾內亞、澳洲。臺灣生長於中部地區。

形態 大木質藤本。葉二回羽狀複葉；小葉 5 對。花呈穗狀花序，有絨毛。莢果 30~60 cm，節間明顯內縮，各節呈圓形，不開裂，內果皮木質化，約有 8 粒種子。種子扁圓形，徑 3.5~4 cm，厚 0.5 cm，褐色，種皮光亮平滑，周緣無淺溝。種臍 2~3 mm。

用途 種子可當裝飾品。莖可採纖維。樹皮含單寧。

2n=28

3b 臺灣鴨腱藤

- ***Entada pursaetha* DC. var. *formosana* (Kanehira) Ho**

  Entada formosana Kanehira
- タイワンモダマ
- Formosan soapbark vine, Taiwan entada

分布 臺灣特有變種，生長於南部低海拔的山地，墾丁國家公園有之。

形態 巨大木質藤本。葉二回羽狀複葉，羽片 2 對，先端 2 歧卷鬚；小葉 4~5 對，狹卵形或長橢圓形，3~4 cm，先端鈍尖，基部鈍。花白綠色，呈穗狀花序；花萼鑷合成鐘形；雄蕊 10 枚，分離，花絲黃色，花葯同型，柱頭點狀，有絨毛。莢果長帶狀，60~120 cm，木質，堅硬，種子間緊縮。種子扁平，呈凸透鏡狀，徑 4~5 cm，光滑，具皺紋或條紋，周緣有淺溝，可與鴨腱藤區別。地下發芽型，初生葉鱗片葉，互生。

用途 種子炒後可食用，可當項鍊等裝飾品。莖可採纖維，造紙用。葉等做肥皂的代用品。為臺灣稀有植物。

2n=28

20 耳豆樹屬（Enterolobium Martius）*

大喬木，生長快速。葉二回羽狀複葉，羽片 5~15 對；小葉 20~30 對。花小，長約 1cm，黃白色至淺綠色，頭花單生、簇生或成總狀花序；花兩性，無柄；花瓣合生至中部；雄蕊多數，基部合生。莢果耳形，彎曲成圈，厚，扁平，硬，革質，光澤，中果皮海棉質，乾厚硬化，不開裂。種子間有隔膜，10~20 粒，卵形，硬，光滑，兩面有黃色圈。2n=26。

本屬約有 8 種，原產熱帶美洲和西印度群島。臺灣引進 1 種。

1 耳豆樹（紅皮象耳樹、圓莢果）

- ***Enterolobium cyclocarpum* (Jacq.) Griseb.**

  Mimosa cyclocarpa Jacq.
- エレファントイアー, ゾウノミミ
- Elephant's ear, Caro, Ear pod

分布　原產墨西哥、中美及西印度諸島、南美北部。臺灣 1928 年引進，在高雄南勝、新威森林公園、中興大學等栽植，各地零星栽植。

形態　高大喬木。葉二回羽狀複葉，羽片 4~9 對，對生；小葉 20~30 對，長橢圓形或長橢圓狀披針形，1.6~2 cm，先端尖銳而有尖突。花白色或淡黃色，頭狀花序。莢果扭曲呈耳形，內面深凹入，扁平，徑 8~10 cm，褐色有光澤，10~15 粒種子。種子長卵形，1.5~2 cm，中央黑褐色，鑲黃色圈，外圍棕色，有光澤。地上發芽型，初生葉一回、二回偶數羽狀複葉，互生。

用途　木材在水中極耐久，當木船、水槽、裝飾品用材。嫩芽可食用。飼料。樹皮及莢果當肥皂代用品，樹皮採取液可治風邪，為 Goma de Caro 樹脂的原料。綠化樹之尖兵。

2n=26

21 格木屬 (Erythrophleum Afzel. ex G. Don)

喬木。葉二回羽狀複葉，羽片對生或次對生，2~4 對；小葉互生，歪斜，革質。花小，具短梗，乳黃色或白色，總狀花序再排成圓錐花序；花瓣 5，匙形，離生；雄蕊 10 枚，離生。莢果長橢圓形，厚，端圓，革質或木質，常一邊開裂，種子間有果肉。種子約 6 粒，橫生，圓形或四角形，扁平。2n=24。

本屬約有 15 種，分布熱帶非洲和東亞、澳洲。臺灣引進 2 種。

1 格木

- ***Erythrophleum fordii* Oliver**
- Ford erythrophleum

分布　原產中國南部及中南半島。臺灣約 2000 年引進栽培。

形態　常綠高大喬木。小枝密被黃色的短毛。葉二回羽狀複葉，羽片 3 對，對生或近對生，20~30 cm；小葉互生，5~13 枚，卵形或卵狀橢圓形，5~8 cm，基部圓，歪斜，先端漸尖。花白色，圓柱狀總狀花序，長 10~20 cm，再排成圓錐花序；花萼鐘形，有軟毛；雄蕊 10 枚，花絲為花瓣長的 2 倍。莢果扁平，10~18 cm，革質，成熟時開裂。種子黑褐色，稍扁平，長橢圓形，2~2.5 cm。地上發芽型，初生葉羽狀複葉，對生。

用途　木材黑棕色，硬，緻密，為有名的硬材，堪稱「鐵木」，是優良的建築、工藝和家具用材，當造船和樑柱用。材含單寧當鞣革原料。庭園綠化樹，觀賞用。中國列為國家二級保護植物。

2n=24

分布　原產熱帶非洲，莫三鼻克和辛巴威。臺灣引進栽培。

形態　高大喬木。低處分枝，樹皮裂開，灰色。葉二回羽狀複葉，互生，羽片 2~4 對；小葉互生，7~13 枚，卵形至卵狀橢圓形，5.5 ~ 9 cm，先端鈍狀漸尖，基部對稱。花黃白色至綠黃色，穗狀總狀花序，腋生，長及 12 cm，有短黃色毛；兩性花，雄蕊 10 枚。莢果扁平，微彎曲，5~17 cm，不開裂，6~11 粒種子。種子長橢圓至橢圓形，長約 11 mm。

用途　非洲很普遍的藥用植物。樹皮的煎煮液當地原住民當箭毒和毒魚劑利用。樹皮含生物鹼，精製後當藥用。材硬、耐久，當構造物用。當庭園觀賞樹和行道樹用。

2n=24

2 幾內亞格木

- ***Erythrophleum guineense* G. Don**
  Erythrophleum judiciale Proctor
  Erythrophleum ordale Bolle
  Erythrophleum suaveolens (Guill. & Perr.) Brenan
  Afzelia grandis Loud.
- Sasswood tree, Sasswood, Sassy bark tree, Redwater tree, Moavi, M’kasa, M’ka

22 白梣屬（Faidherbia A. Chev.）*

喬木。枝具針狀托葉。葉二回羽狀複葉，葉柄具腺體。花乳白色，呈穗狀花序；雄蕊花絲短而基部相連；花藥有腺體。莢果長橢圓形，彎曲，不開裂。種子有胚乳，具絲狀種柄。2n=26。

本屬僅 1 種，廣泛分布熱帶和亞熱帶非洲。臺灣引進 1 種。

1 白梣

- ***Faidherbia albida* (Delile) A. Chev.**
  Acacia albida Delile
  Acacia gyrocarpa Hochst. *ex* A.Rich.
  Acacia saccharata Benth.
- Apple-ring acacia, Winter thorn, Kad, Haraz

分布　原產南非，廣泛分布熱帶和亞熱帶非洲。臺灣 1965 年由南羅德西亞引進，栽植於墾丁國家公園內。

形態　高大喬木。幼小時樹皮白色或淡灰色。托葉呈刺狀，針刺直而擴展，成對而生，長 2.5 cm。葉二回羽狀複葉，羽片 2~8 對，通常 4~6 對，總軸上對生，羽片間具腺體；小葉 7~17 對，青綠色，長橢圓形，3~6 mm，先端突尖。花乳白色，呈長穗狀花序。莢果長橢圓形，長 6~25 cm，橘紅色，弓形而彎曲。地上發芽型，初生葉二回羽狀複葉，互生。
用途　枝葉可當駱駝的飼料。樹皮含單寧。莖為阿拉伯膠的原料，稱之為 Gomme de Senegal。種子在南羅德西亞為救荒食物，先煮去除種皮，再煮種仁食用之。觀賞用。
2n =26

23　南洋合歡屬（Falcataria (I. C. Nielsen) Berneby & J. W. Grimes）*

高大喬木。葉二回羽狀複葉，羽片 6~20 對；小葉多對，對生，小，長橢圓形。花白色或黃綠色，穗狀花序排列成圓錐花序，腋生；花兩性；花瓣 5，基部合生；雄蕊多數。莢果帶狀，直，扁平，無節縮，腹縫線有狹翅，成熟後沿腹縫線遲裂。種子亞圓形至長橢圓形，15~20 粒，種皮厚，無假種皮。2n=26, 52。

本屬有 3 種，分布摩鹿加群島、新幾內亞、巴布亞新幾內亞、索羅門群島、澳洲。臺灣歸化 1 種。

1　摩鹿加合歡（南洋合歡、摩奴加合歡、南洋楹、麻六甲合歡）

- ***Falcataria moluccana* (Miq.) Brneby & J. W. Grimes**
  Albizia moluccana Miq.
  Albizia falcata (L.) Bacher *ex* Merr.
  Adenanthera falcata L.
  Albizia falcataria (L.) Fosberg
  Adenanthera falcataria L.
- センゴラウト, モルツカネム
- Sengo laut, White albizia, West Indian walnut, Malacca albizia, Falcate-leaved albiza, Batai, Molucca albizia

分布　原產斯里蘭卡、麻六甲等。臺灣 1901 年引進栽培林試所恆春分所、中興大學、新威苗圃等，南部有造林，已歸化生長。
形態　常綠高大喬木。葉二回羽狀複葉，羽片 6~20 對；小葉 6~26 對，橢圓或長橢圓形，6~11 mm，先端尖銳。花初期白色，後變黃或黃綠色，穗狀花序排列呈圓錐花序；雄蕊多數。莢果帶狀，10~30 cm，扁平，約 16 粒種子，深褐色。種子長卵形，綠褐色，有光澤。地上發芽型，初生葉二回羽狀複葉，對生。
用途　根瘤豐富，造林速生樹種，可當庇蔭樹。木材軟，造紙或火柴棒、火柴盒、木屐、合板。樹皮含有單寧。葉當飼料。嫩葉枝生或煮食用。可做庭園或行道樹，觀賞用。樹幹為生產白木耳之優良段木。
2n =26, 52

24 皂莢屬（Gleditsia L.）

喬木。樹幹或枝條常具單 1 或分枝狀硬刺。葉偶數羽狀複葉或二回羽狀複葉；小葉小，無柄，對生。花小，綠色或淺綠色，腋生或側生，單一或束狀總狀花序；單性和兩性，雌雄異株或雜性；花瓣 3~5，覆瓦狀排列；雄蕊 6~10 枚，離生。莢果長卵形，扁平，直或旋卷，開裂或不開裂。種子多數，棕色，卵形至亞圓形，扁平。2n=28。

本屬約有 12 種，分布溫帶和亞熱帶南、北美洲、亞洲和非洲。臺灣自生 1 種，引進 2 種。

1 臺灣皂莢（雞鵤公、華南皂莢、雞角刺、恆春皂莢）

- ***Gleditsia fera*** **(Lour.) Merr.**
  Mimosa fera Lour.
  Gleditsia formosana Hayata
  Gleditsia thorelli Gagnepain
  Gleditsia rolfei Vidal
- シマサカチ
- Formosan honey locust, Hengchun honey locust

（吳淑娟　攝）

（吳淑娟　攝）

分布　臺灣自生種，分布華南、華中、菲律賓。臺灣生長於南部地區之恆春半島。

形態　喬木。分枝灰褐色，刺長粗而分歧。葉偶數羽狀複葉，偶二回羽狀複葉；小葉 5~10 對，長橢圓形至菱狀橢圓形，2~10 cm，紙質至薄革質，表面深棕色，光滑，背面無毛或有時中肋有絨毛。花綠白色，排列成聚繖花序，腋生或頂生，長 7~16 cm；花雜性，兩性花，雄蕊 5~6 枚；單性花，雄花雄蕊 10 枚。莢果扁平，14~25 cm，直或微彎曲，深棕色至黑褐色，幼時被棕黃色絨毛，成熟時變成無毛。種子 8~12 粒，褐色至黑褐色，卵形至橢圓形，8~14 mm。地上發芽型，初生葉羽狀複葉，互生。

用途　木材硬當製家具、車輪用材。莢果含皂素，當肥皂和殺蟲劑。觀賞用。

2 皂莢（皂角、雞栖子）

- ***Gleditsia sinensis* Lam.**
  Gleditsia horrida Willd.
- トラサイカチ, シナサイカチ
- Chinese honey locust

分布　原產中國大陸。臺灣 1909 年首度引進，栽植於臺北植物園。

形態　喬木。幹有棘刺。葉偶數羽狀複葉；小葉 4~9 對，卵形或長橢圓形狀卵形，3~5 cm，先端鈍或微凸，表面黃脈，背面較淡。花白色，小形，密集排列呈總狀花序；雄蕊 10 枚。莢果長橢圓形，12~30 cm，扁平，先端有尾狀尖刺，黑褐色帶有白粉。種子多數。地上發芽型，初生葉羽狀複葉，互生。

用途　木材製車輛、家具用材。莢果之煎煮液當肥皂的代用品。莢果之果皮及刺當藥用。樹皮含單寧當毛皮之鞣革劑。種子可食用。當庭園觀賞樹用。

2n =28

3 美國皂莢（三刺皂莢）

- ***Gleditsia triacanthos* L.**
- アメリカサイカチ
- Honey locust, Sweet locust, Sprinkaan boom, Acacia negro

分布　原產於美國。臺灣於 1965 年引進，臺北植物園及墾丁國家公園栽植之。

形態　大喬木。有針刺。葉偶數羽狀複葉及二回羽狀複葉同時生長，二回羽狀複葉者有羽片 4~7 對；小葉 9~14 對，橢圓狀披針形，1~2 cm，先端鈍或有尖突。花不顯著，呈總狀花序；完全雄蕊 7 枚。莢果彎鐮刀形，10~40 cm，暗褐色，果肉有甜味，種子多數。

用途　木材硬而耐久，當枕木、支柱等。果肉含糖豐富，與種子均可食用。果肉含蛋白質 12~14 %，可釀造類似啤酒的飲料。當園林樹種，觀賞用。

2n=28

25 墨水樹屬（Haematoxylum L.）

小喬木或灌木。葉腋有刺。葉一回偶數羽狀複葉，最下位一對二回羽狀複葉；小葉倒卵形，2~4 對；托葉刺狀。花小或中型，芳香，黃色，腋生總狀花序密生；花瓣 5，長橢圓形，近整齊；雄蕊 10 枚，離生。莢果披針形，扁平，膜質，二瓣裂。種子長橢圓形或腎形。2n=24。

本屬有 3 種，原產中、南美洲和西印度群島。臺灣歸化 1 種。

1 墨水樹（洋蘇木、蘇木、洋森木）

- ***Haematoxylum campechianum* L.**
- ロツグウツド, カンベシアボク
- Logwood, Blood wood tree, Campechy wood, Jamaica wood

分布 原產熱帶美洲、西印度諸島。臺灣 1904 及 1910 年引進，南部已歸化生長，全島各地均有栽植。

形態 落葉小喬木。葉偶數羽狀複葉，托葉呈刺針狀；小葉 2~4 對，倒卵形或倒心形，2~2.5 cm，先端凹入，基部楔形，薄革質，兩面皆光滑無毛，中肋明顯。花黃色，有香味，呈下垂或斜上的總狀花序。莢果扁而薄，彎鐮刀形，4~6 cm。種子 1~3 枚，腎形，黃褐或淡綠褐色，1~0.6 cm。地上發芽型，初生葉為 2 枚羽狀複葉，互生。

用途 心材紫褐色，含有蘇木精色素（haematoxylin）為藍色染料，可染羊毛、絹、木棉、麻等，亦為藍黑墨水及顯微技術之染色劑。藥材用，為溫和之收斂劑。木材硬而重，有耐久性，易加工，細工家具，裝飾品之用材。花為優良蜜源。當庭園樹，觀賞用。

2n=24

26 印加豆屬（Inga Mill.）*

灌木或喬木。葉偶數羽狀複葉，總柄有翅或無；小葉大，少對，歪斜，每對小葉有大的腺點。花大多白色或黃色，稍大；頭狀花序單一、簇生或排列成圓錐狀，罕穗狀；花 5~6 數，多兩性；花冠管狀；雄蕊多數；基部合生。莢果線形，四稜或圓柱形，光亮，木質或革質，殆不開裂。種子多被果肉包被，假種皮白色。2n=26。

本屬約 300 種，分布熱帶和亞熱帶美洲，從墨西哥至巴西。臺灣引進 4 種。

1 印加豆（印加果、長果冰淇淋豆）

- ***Inga edulis* Mart.**
  Inga tropica Tora
  Inga vaga (Vell.) Moore
- Food Inga, Inga cipo, Inga-fruit, St. John's bread, Ice cream bean

分布 原產墨西哥至巴拿馬以南地區。臺灣引進園藝果樹栽培。

形態 常綠性大喬木。葉偶數羽狀複葉，長及 24 cm；小葉 4~6 對，具翅狀葉軸，有光澤，長約 15 cm。花小形，白色，有香氣，穗狀花序，長 10~20 cm。莢果細長，四角形，長可達 1 m，成熟時開裂。種子橢圓形，黑色，外包被白色果肉（假種皮），味香甜。

用途 果肉香甜，原住民食用之，地方市場常有販售。根有根瘤，可以固定氮素，使土壤肥沃。當咖啡園最佳的庇蔭樹。莢和葉可當飼料。

2n=26

2 無柄印加豆

- ***Inga sessilis*** **(Vell.) Martius**

  Mimosa sessilis Vell.

  Feuilleea sessilis (Vell.) Kuntze

分布　原產巴西東南部地區。臺灣引進栽植。

形態　小喬木至喬木。分枝角狀，密被絨毛。葉偶數羽狀複葉，葉柄翅狀，2~5 cm，具翅狀葉軸，7~20 cm；小葉 5~8 對，頂小葉橢圓形至倒卵形，6.5~20 cm，先端尖銳至漸尖，基部銳尖，歪斜，全緣。花白色，總狀花序，成串排列，腋生；雄蕊約 20 枚，長約 9.7 cm，白色。莢果彎曲，木質，緣厚，10~22 cm。種子長橢圓形，包被白色果肉（假種皮）。

用途　果肉有甜味可食用。當咖啡園的庇蔭樹。

3 冰淇淋豆

- ***Inga spectabilis*** **(Vahl) Willd.**

  Mimosa spectabilis Vahl

  Inga fulgens Kunth

- アイスクリ-ムマメ
- Guavo de castilla, Guavo real, Ice cream bean, Monkey tambrin, Bribri

分布 原產墨西哥、哥斯大黎加至巴拿馬，常被栽培。臺灣引進園藝栽培。

形態 常綠小喬木至喬木。葉偶數羽狀複葉；小葉2對（罕3對），無柄，葉軸具翅，寬及1cm，革質，長橢圓形至倒卵狀長橢圓形，7~25 cm，先端銳至鈍。花白色，長約3 cm，頭狀花序，簇生排列成圓錐花序，腋生。莢果扁平，劍狀，長30~70 cm，寬5~8 cm，無稜，光滑。種子外包被白色果肉（假種皮）。地下發芽型，初生葉2小葉，對生。

用途 果肉有甜味，可食用。有根瘤可固定氮素，增進地力。當咖啡園的庇蔭樹。

4 關刀豆（番石榴豆、番石榴印加豆）

- ***Inga vera*** **Willd.**
- グアバ インガ
- Guaba, Guaba inga, River-koko, Pan chock, Coralillo

分布 原產熱帶美洲多明尼加、海地、牙買加及波多黎各，分布從墨西哥至巴拿馬。臺灣引進當果樹栽培。

形態 常綠中型喬木，高12~18 m。多分枝，樹皮灰棕色，外形極類似番石榴 (guava)。葉偶數羽狀複葉，呈2列互生，長18~30 cm，棕色，被毛，具綠色寬6~10 mm翅；小葉3~7對，無柄，橢圓形至長橢圓形，長5~15 cm，在每1對之間具1小圓腺點，先端鈍，基部鈍尖，有光澤，脈紋明顯。花白色，6~7.5 × 7.5~9 cm，具多數絲狀白色雄蕊，基部形成雄蕊管。莢果近圓柱狀，長10~20 cm，寬1~2 cm，具4肋，微彎曲，棕色，密被絨毛。種子外包被白色果肉（假種皮）。地下發芽型，初生葉2小葉，對生。

用途 包圍種子的果肉有甜味，原住民食用之。樹木生長快速，當咖啡、可可園之庇蔭樹。木材當箱子、家具用材。在印度當薪材及木炭材用。當果樹栽培、果實食用。花富花蜜為優良的蜜源植物。
2n=26

27 銀合歡屬（Leucaena Benth.）*

小直立灌木或中至大喬木。葉二回羽狀複葉；小葉小而多，或大而少，偏斜，通常具腺體。花黃色、粉紅色、白色或淺綠色，頭狀花序單生或簇生於葉腋；兩性；花瓣 5，離生；雄蕊 10 枚，離生，突出於花冠之外。莢果廣線形，短柄，薄而扁平，膜質或薄革質，邊緣增厚，二瓣裂，無橫隔。種子褐色或黑色，卵形，扁平。2n=26, 28, 52, 56, (104)。

本屬約 50 種，分布熱帶和亞熱帶，南、北美洲、非洲和大洋洲。臺灣歸化 1 種，引進 9 種。

1 姬楹（小銀合歡）

● ***Leucaena collinsii* Britton & Rose**

分布 原產瓜地馬拉、墨西哥。臺灣引進。

形態 小至中型的落葉喬木。葉二回羽狀複葉，羽片 (5)6~16 對；小葉 25~56 對，4~7 mm。寬線形，葉軸上腺體圓形或橢圓形。花灰乳白色，頭狀花序，徑 9~24 mm，花 55~170 朵。莢果帶狀，扁平，11~20 cm，9~20 粒種子，成熟後開裂。種子狹卵形，扁平，褐色。

用途 耐乾旱為水土保持優良樹種。當綠肥、飼料。觀賞用。木材當薪材或造紙原料。

2 異葉楹（白楹）

● ***Leucaena diversifolia* (Schlecht.) Benth.**

Acacia diversifolia Schlecht.

分布 原產中美洲。臺灣引進。

形態 灌木。葉二回羽狀複葉，葉長 8~15 cm，羽片 10~18 對，葉軸上腺體長橢圓形；小葉 20~60 對，長 3~6 mm。花白色，頭狀花序，徑 6~8 mm。莢果帶狀扁平，10~18 cm，成熟後開裂。種子卵形，褐色。

用途 觀賞用，。葉供飼料用。

3 食用楹（食用銀合歡）

● ***Leucaena esculenta* (Moc. & Sesse) Benth.**

Mimosa esculenta Moc. & Sesse

分布 原產墨西哥高地。臺灣引進栽培。

形態 中型喬木。葉二回羽狀複葉，長達 40 cm，羽片 30~40 對；小葉 60~75 對，3.5~6.6 mm，不對稱之線形，銳尖或亞銳尖，光滑；葉柄具大腺體，橢圓形，5.5~8 mm。花粉紅色，頭狀花序，徑 25~28 mm，有 150~170 朵花。莢果長橢圓形至長橢圓狀線形，扁平，15~25 cm，有 15~20 粒種子，成熟時橘棕色，光滑，開裂。種子圓形至卵形，褐色，9~11 mm。地上發芽型，初生葉一回、二回羽狀複葉，互生。

用途　幼果之種子可食。幼葉供飼料。觀賞用。木材製紙漿，造紙原料。水土保持及庇蔭樹用。

4 闊葉楹（披針葉銀合歡）

- ***Leucaena lanceolata* S. Watson**

分布　原產中美洲。臺灣引進。

形態　喬木。葉二回羽狀複葉，長 10~15 cm，羽片 3~6 對；小葉 6~7 對，卵形至披針形，長 2~4 cm。花白色，頭狀花序，徑 1.2~2.5 cm。莢果帶狀，扁平，8~12 cm，成熟後開裂。種子卵形，褐色。

用途　葉供飼料。觀賞用。木材製紙漿，造紙原料。

5 銀合歡（白相思仔、巨楹、硬葉楹、白合歡）

- ***Leucaena leucocephala* (Lam.) de Wit.**

  Mimosa leucocephala Lam.

  Leucaena glauca (L.) Benth.

  Acacia glauca (L.) Moench

  Mimosa glauca L.

- ギンゴウカン, ギンネム, イピルイピル
- White popinac, Ipilipil, Wild tamarind, Leucaena, Lead tree, Giant ipil-ipil, Hedge acacia, Kao haole, Jumbia bean, Jumpy bean, Carib bean

分布　原產熱帶美洲，如今熱帶廣泛歸化。臺灣約 1645 年前後荷蘭時期引進，今全島各地可見，已歸化生長。

形態　灌木或喬木。葉二回羽狀複葉，羽片 3~10 對；小葉 5~20 對，線形或線狀披針形，6~21 mm，先端尖銳有尖突。花白色，頭狀花序，或頂生的總狀排列；雄蕊多數，分離。莢果帶狀，直而扁平，15~20 cm。種子 15~20 粒，狹卵形，扁平，楔形，褐色，有光澤。地上發芽型，初生葉一回、二回偶數羽狀複葉，互生。按形態分為三類型：**夏威夷型**，原產墨西哥，高約 5 m，早熟，周年開花結莢；**薩爾瓦多型**，原產中美洲，高達 20 m；**秘魯型**，高達 15 m，分枝多而低。有與粉葉楹雜交之品種，稱**雜交楹**。

用途　當咖啡園等的庇蔭樹。綠肥，飼料用。種子做項鍊，炒可食之。爪哇幼莢嫩葉食用之。為水土保持優良樹種，木材製紙漿，造紙原料。當薪材。小琉球居民取未熟種子當驅蟲劑。樹皮可提取栲膠。可做觀賞樹。

2n =52, 56, 104

6 大葉楹（大葉銀合歡）

- ***Leucaena macrophylla* Benth.**

分布　原產中美洲。臺灣引進。

形態　喬木。葉二回羽狀複葉，葉變化大，羽片 2~4 對；小葉 2~5 對，卵形，長 3~7 cm；葉軸上腺體圓形。花白色，頭狀花序，徑 12~20 mm。莢果帶狀扁平，15~20 cm，成熟後開裂。種子卵形，褐色或褐黑色。

用途　當咖啡園之庇蔭樹。綠肥、飼料。木材製漿，造紙原料。

7 粉葉楹（粉葉銀合歡）

- ***Leucaena pulverulenta* (Schlecht.) Benth.**

  Acacia pulverulenta Schlecht.

- Lead tree

分布　原產北美德克薩斯州及墨西哥北部。臺灣引進。

形態　喬木。直徑 50 cm 或更粗，全植物體被白色

絨毛。葉二回羽狀複葉，長達30 cm，羽片10~20對，葉軸腺體小圓形；小葉15~30對，長3~6 mm，彎曲線形，先端銳形。花白色，頭狀花序，長橢圓形，徑約10 mm，有芳香。莢果帶狀，直而扁平，11~25 cm，成熟後開裂。

用途　觀賞用。生長快速，當尖兵樹種用，材重，深褐色。

2n=56

8 小葉楹（小葉銀合歡）

- ***Leucaena retusa*** **Benth.**
- Littleleaf leadtree, Goldenball leadtree, Wahoo tree, Lemonball

分布　原產北美洲高地及墨西哥。臺灣引進。

形態　灌木或小喬木。無毛。葉二回羽狀複葉，長15 cm以下，羽片3~4對，葉軸上腺體圓形；小葉4~8對，1.5~3 cm，長橢圓狀橢圓形，最先端小葉倒卵形。小葉先端鈍形或凹頭狀，葉脈呈網狀。花鮮黃色，頭狀花序，徑1.5~2.0 cm。莢果帶狀，15~25 cm，成熟後開裂。種子卵形，扁平，褐色。

用途　觀賞用。

9 香楹

- ***Leucaena shannoni*** **Donn. Sm.**

分布　原產中美洲。臺灣引進。

形態　喬木。葉二回羽狀複葉，長25 cm以下，羽片4~5對，葉軸上腺體圓形，小而不明顯；小葉9~17對，長達25 mm。花白色，頭狀花序，徑1~1.5 cm。莢果帶狀，扁平，10~15 cm，成熟後開裂。種子卵形，褐色。

用途　觀賞用。飼料用。木板重而硬，受到注意，但無商品價值。當地當薪材、木炭及耐久的重建築材利用。

10 三角楹

- ***Leucaena trichodes*** **(Jacq.) Benth.**
  Mimosa trichodes Jacq.

分布　原產南美洲秘魯。臺灣引進。

形態　灌木。全株無毛。葉二回羽狀複葉，長可達20 cm，羽片2~4對，葉軸上腺體小；小葉2~5對，卵形，長2~5 cm，先端圓形。花白色，頭狀花序，直徑約1 cm以下。莢果帶狀，10~15 cm，膜質有光澤，成熟後開裂。種子卵形，扁平，褐色。

用途　觀賞用。

28 羽毛樹豆屬（Lysiloma Benth.）*

灌木或小喬木，葉二回羽狀複葉，小葉小而多對或大而少對，葉柄腺體顯著。花小，白色或淡綠色，頭狀或圓柱狀的腋生總狀花序，單一或簇生，具長梗，花瓣等長，雄蕊多數，大多12~30枚。莢果線形，黑或棕色，一般直而扁平，先端圓，基部狹窄，成熟時開裂。種子卵形，棕色，小而扁平。2n=26。

本屬約有35種，分布熱帶美洲，墨西哥，西印度諸島及美國西南部。臺灣引進1種栽培。

1 羽毛樹豆（小葉假羅望子、沙漠蕨豆）

- ***Lysiloma watsonii*** **Rose**
- *Lysilsoma thornberi* Britt & Rose
  Lysiloma microphyllum Benth. var. *thornberi* (Britton & Rose) Isely
- Feather bush, Fern-of-the desert, Littleleaf false tamarind

分布　原產墨西哥，臺灣引進栽培於臺北植物園。

形態　大灌木或小喬木，葉二回羽狀複葉，羽片5~8對，小葉小，線形或長橢圓形，20~35對。春天葉轉為金黃色而落葉。花乳白色，頭狀花序，頂生呈簇狀。莢果扁平，長10~15cm。種子卵形，棕色。

用途　木材當建材或家具用。觀賞用。

29 見血飛屬（Mezoneuron Desf.）

灌木，大藤本，罕喬木。小枝及葉柄常具刺。葉二回羽狀複葉，羽片和小葉對均對生，多數；小葉小而多或大而少。花雜紅色或黃色，或紫粉紅色，總狀花序腋生或於枝端排成圓錐狀；花瓣 5，覆瓦狀；雄蕊 10 枚，離生。莢果長橢圓或披針形，扁平，壁薄，罕革質，沿腹縫線上具翅，不開裂或遲二瓣裂。種子 1 至少粒，扁平，圓形或腎形。2n=22, 24。

本屬約有 35 種，分布熱帶亞洲、非洲、馬達加斯加、澳洲和南太平洋諸島。臺灣引進 2 種。

1 見血飛（印度見血飛）

- ***Mezoneuron cucullatum*** **(Roxb.) Wight & Arn.**

  Caesalpinia cucullata Roxb.

分布 原產喜馬拉雅東部、雲南、尼泊爾、印度至馬來西亞。臺灣引進栽培。

形態 大藤本植物。枝及葉柄具鉤刺。葉二回羽狀複葉，長 45 cm，羽片 5 或 6 對；小葉 3 對，長 4~12 cm，圓形或長橢圓形，先端漸尖，基部寬楔形至圓鈍，無毛。花鮮黃色，有紅色條紋，呈總狀花序，長 25 cm。莢果扁平，長橢圓形，長 8~12 cm，先端鈍形，無毛，具膜質喙，翅寬 6~9 mm。種子 1~2 粒。

用途 葉、樹皮當藥用。觀賞用。

2 蘇門答臘見血飛

- ***Mezoneuron sumatranum*** **(Roxb.) Wight & Arn.**

  Caesalpinia sumatrana Roxb.

  Mezoneuron ruburm Merr.

- Darah belut

分布 原產馬來半島、印尼至印度。臺灣 1970 年代引進栽培。

形態 大藤本。具小而略呈鐮刀狀之針刺。葉二回羽狀複葉，羽片 4~7 對；小葉 3~5 對，對生或近似對生，倒卵狀長橢圓形或卵狀長橢圓形，2~7 cm，先端圓鈍而凹入，基部鈍，兩面光滑無毛。花紅色帶有黃色，呈總狀花序排列，常組合為一圓錐花序；雄蕊 10 枚，離生。莢果長橢圓形，長 10~16 cm。種子 3~7 粒，具寬翅。

用途 葉含皂素。樹皮含生物鹼。馬來半島葉煎煮液當藥用。觀賞用。

30 含羞草屬（Mimosa L.）*

草本或灌木，罕喬木。多具鉤刺或針。葉二回羽狀複葉，常具敏感性，觸之即閉合，少無發育或退化為假葉；小葉小，少至多對。花無柄，小，白色、粉紅色或淡紫紅色，花序圓球形或圓筒形，腋生；花瓣 3~6，鑷合狀，有些合生或離生；雄蕊 4~10 枚，離生。莢果長橢圓狀線形，厚，膜質或革質；具 3~6 莢節，每節有種子 1 粒，莢節脫落後莢緣宿存。種子扁平，卵形至橢圓形。2n=24, 26, (28, 40, 52)。

本屬約 450 種，分布熱帶和亞熱帶地區。臺灣歸化 3 種，引進 1 種。

1 光莢含羞草（簕仔樹）

- ***Mimosa bimucronata*** **(DC.) Kuntze**

  Acacia bimucronata DC.

  Mimosa sepiaria Benth.

  Mimosa stuhlmannii Harms

  Mimosa thyrsoidea Griseb.

- キダチミモザ
- Bimucronata mimosa, Giant mimosa

分布　原產南美阿根廷、烏拉圭、巴拉圭、巴西。臺灣引進栽培。

形態　落葉性灌木至小喬木。密生黃色毛，多刺。葉二回羽狀複葉，羽片 4~9 對，長 1.5~8 cm；小葉 12~16 對，線形，5~7 mm，革質，葉緣無毛至多毛，先端凸尖。花白色，頭狀花序；花萼杯型；花瓣長橢圓形，2.5~4 mm，基部合生；雄蕊 8 枚。莢果棕色，直帶狀，3.5~4.5 cm，無刺，一般 4~8 節。種子橄欖色，卵形，扁平，約 4.5 mm。

用途　原住民當藥用、燃料。花開時滿樹白色，當觀賞植物。綠籬用。為優良蜜源植物。薪炭材樹種。

2n=26

2　美洲含羞草（巴西含羞草）

- ***Mimosa diplotricha*** **C. Wright** ***ex*** **Sauvalle**
  Mimosa invisa Mart. *ex* Colla
- オオトゲミモサ
- Giant sensitive plant, Giant false sensitive plant, Nila grass

分布　原產熱帶美洲、巴西、瓜地馬拉、墨西哥、宏都拉斯至巴拿馬。臺灣 1960 年代引進，如今中、南部地區已歸化生長。

形態　匍匐性半灌木。莖、枝條具四稜及鉤刺。葉二回羽狀複葉，羽片 5~9 對；小葉 10~25 對，線形，0.4~0.7 cm，先端鈍而有尖突，基部圓鈍。花粉紅色，密集成頭狀花序，頂生或腋生；花萼 5 裂；花瓣輻射對稱；雄蕊 10 枚，分離。莢果線狀長橢圓形，1.5~3.5 cm，密布銳利刺毛，3~4 節。種子卵形，褐色，約 3.5 × 2.5 mm。

用途　當綠肥及覆蓋植物。

2n =24, 26

3 刺軸含羞草（刺軸含羞木）

- ***Mimosa pigra* L.**
  - *Mimosa asperata* L. var. *pigra* Willd.
  - *Mimosa asperata* L.
  - *Mimosa brasiliensis* Niederl.
  - *Mimosa canescens* Willd.
  - *Mimosa hispida* Willd.
  - *Mimosa pellita* Willd.
  - *Mimosa polyacantha* Willd.
- Giant sensitive tree

分布　原產熱帶美洲，今廣泛且快速歸化熱帶地區。臺灣引進，已歸化生長於中、南部地區。

形態　直立多分枝的灌木。莖具尖銳且彎曲的刺，被毛。葉二回羽狀複葉，互生，羽片 5~15 對；小葉 18~54 對，線形至長橢圓形，長 3~12.5 mm，具 3~5 條平行脈，邊緣具剛毛，葉軸多刺。花紫紅至淡紅色，頭狀花序，1~3 個，頂生或生於較高之葉腋，總狀排列；雄蕊 8 枚。一頭花形成 4~6 個莢果，莢果線形至長橢圓形，4~8 cm，扁平，密被長且堅硬但不銳利的刺。種子橢球形至倒披針形，長 5~7 mm。

用途　觀賞用。西印度諸島原住民當藥用。具侵略性，被列為世界百大外來入侵種，危及水庫蓄水，破壞生態，減少農作物生產。

2n =26

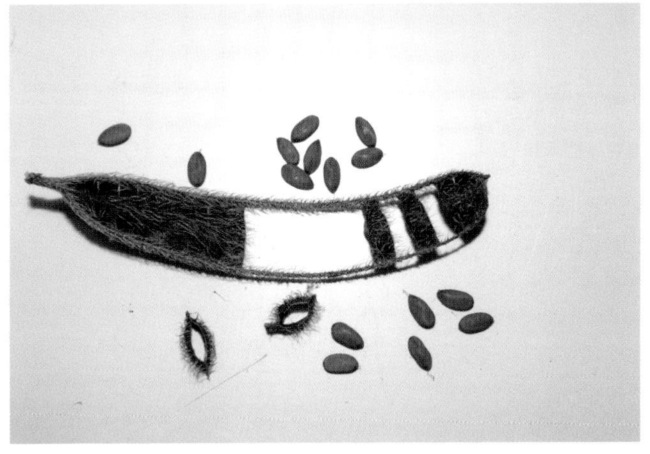

4 含羞草（喝呼草、見笑草、見笑花）

- ***Mimosa pudica* L.**
- オジギソウ, ネムリグサ
- Sensitive plant, Humble-plant, Shame plant, Live-and-die, Touch-me-not, Action plant

分布　原產熱帶非洲。臺灣約 1645 年前後荷蘭時期引進，已成歸化植物，分布全島。

形態　多年生草本，或亞灌木狀。散生刺毛及鉤刺。葉二回羽狀複葉，羽片 1~2 對，掌狀並列；小葉 5~26 對，具敏感性，線狀長橢圓形，6~11 mm，先端鈍，基部鈍。花粉紅色，形成球形的頭狀花序，具腋生長花梗，花梗散生剛毛；無花萼；花瓣輻射對稱；雄蕊 10 枚，分離。莢果線形，3~4 cm，種子間緊縮，2~4 節，莢緣具刺毛。種子卵狀橢圓形，扁平。地上發芽型，初生葉一回、二回羽狀複葉，互生。

用途　綠肥用。全株當藥用。約含 19% 的單寧。當生物教材植物。盆栽，觀賞用。

2n =32, 48, 52

31 水合歡屬（Neptunia Lour.）*

匍匐低灌木或多年生草本。有些水生，具上升或浮水性莖。葉二回羽狀複葉，羽片 2~6 對；小葉多數，小，觸摸會敏感或夜晚閉合；有時葉柄有腺體。花一般黃色或白色，花頭狀花序或穗狀花序；花瓣 5，至中部合生或離生；雄蕊 10 枚，罕 5 枚。莢果歪斜長橢圓形，扁平，膜質至革質，腹縫線直，背縫線彎曲，開裂。種子 4~20 粒，橫生，卵形，扁平。2n=28, (36, 54, 56, 78)。

本屬約有 15 種，分布熱帶和亞熱帶，新、舊世界。臺灣歸化 4 種。

1 細枝水合歡

- ***Neptunia gracilis* Benth.**
- Native sensitive plant

分布　原產澳洲、菲律賓。臺灣引進，已歸化生長在鵝鑾鼻一帶珊瑚礁海岸之草地及路旁。

形態　草本。匍匐或微傾斜。莖纖細，有角，基部木質化，多分枝。葉二回羽狀複葉，羽片 2~4 對；小葉無柄，10~16 對，長 4~6 mm，長橢圓形，先端鈍或銳尖，基部歪。花黃色，頭狀花序，花梗 3~6 cm，花無柄。莢果長橢圓形，15~24 mm，平滑，有網狀脈紋。種子橢圓形。

用途　當綠肥參考。觀賞用。

2n =26

2 水合歡（水含羞草、越南怕醜草、越南香菇草、假策菜）

- ***Neptunia oleracea* Lour.**
  Neptunia prostrata Baill.
  Desmanthus natans Willd.
- ミズオジギソウ, ネムリウキクサ, ウキオジギソウ, カイジンソウ
- Water mimosa, Water sensitive plant

分布　原產熱帶西非至中南半島各地之水域。臺灣約 1990 年後由新住民引進，現已歸化全島，各地零星栽植。

形態　多年生草本，浮水性水生植物。植株莖部特化為蓬鬆的海綿組織浮於水面；在莖節處長根，紅褐色或褐色。葉二回羽狀複葉，互生，羽片 2~3 對；小葉 7~22 對，觸摸後會閉合下垂，類似含羞草。花黃色，頭狀花序，約 1.5~2.5 cm；分為兩性花及雌雄蕊退化的中性花。莢果橢圓形，扁平。種子卵形，扁平，褐色。以扦插法繁殖，適應性強，生長旺盛，常在水面形成優勢族群。

用途　在泰國、越南為重要蔬菜，嫩葉供炒、煮食用，具特殊風味。夏季當飼料，冬季當水草栽培裝飾溫室。葉片與莖部海綿組織具特殊生態，適合當學校教材植物。

2n=52, 54, 56

3 直立水合歡（直立水含羞草）

- ***Neptunia plena* (L.) Benth.**
  Mimosa plena L.
  Desmanthus plenus Willd.

分布　原產北美洲南部、中美洲、南美洲北部和熱帶亞洲。臺灣引進栽培，已歸化生長於臺灣南部低海拔地區。

形態　多年生草本，生長於陸地。莖直立或斜上升，分枝，圓筒狀，無毛，莖基部特化為蓬鬆的海綿組織浮於水面。葉二回羽狀複葉，羽片 2~5 對，最下方羽片著生處有腺體；小葉 9~36 對，4~18 mm，長橢圓形，先端鈍形至寬銳尖，偶而凸尖，基部歪斜。花黃色或淡黃色，穗狀花序，每穗有 20~40 朵花；下位花，無柄，花萼鐘形，長 0.6 mm，五裂，黃色，雄蕊 10 枚；上位花為完全花，無柄，花萼鐘形，長 1.2 mm，5 裂，綠色，雄蕊 10 枚。莢果長橢圓形，扁平，膜狀革質，光滑，1.5~5 cm，有種子 8~20 粒。種子棕色，卵形，扁平，長約 3.5 mm。

用途　觀賞用。

2n=72, 78

4 毛水合歡（毛水含羞草）

- ***Neptunia pubescens* Benth.**
- Tropical puff

分布　原產喀麥隆。臺灣引進栽培，歸化生長於南部。

形態　多年生草本。莖匍匐，無刺，老莖木栓化。葉二回羽狀複葉，羽片 2~6 對；小葉 10~12 對，葉片觸摸後會閉合下垂。最下位葉之羽片沒有腺體。花黃色，放射狀，略呈球形之頭狀花序，有二型，頭狀花之黃色者，花瓣纖細，具大而黃色的可稔雄蕊，其他之白色花則雄蕊不稔。花期春天到秋天。莢果長橢圓形，扁平，薄革質，長 1.5~2 cm，成熟時褐色。種子卵形，扁平，褐色。

用途　當牧草利用。觀賞。

32 巴克豆屬（Parkia R. Br.）*

高大喬木。葉二回羽狀複葉，羽片多對；小葉小，10~70 對；葉柄及葉軸具腺體。花頭狀花序，具長柄，基部花雄性或不孕，白色或紅色，具 10 退化雄蕊；較上層為完全花，黃色、粉紅色或紅色，雄蕊 10 枚。花瓣 5，狹線狀匙形，略鑷合狀，突出。莢果長橢圓形或長橢圓狀線形，直或彎曲，革質或木質，常具果肉，遲裂或不開裂。種子卵形至長橢圓形，厚，平。2n=24, 26。

本屬約 50 種，分布熱帶和亞熱帶兩半球地區。臺灣引進 4 種。

1 非洲巴克豆（印度巴克豆、非洲伯克樹）

- ***Parkia africana* R. Br.**
  Parkia biglobosa (Roxb.) Benth.
  Parkia uniglobosa Don
- アフリカバラキヤ, アフリカフサマメノキ, ヒロハフサマメノキ
- African locust bean, Monkey cutlass, Nutta-nut

分布　原產熱帶西非。臺灣 1970 年代由非洲引進，中南部有栽培。

形態　多年生喬木。葉二回羽狀複葉，互生，暗綠色，長 30 cm，羽片達 17 對；小葉 13~60 對，長橢圓形至線形，0.8~3 cm。花橘色或紅色，頭狀花序，長 4.5~7 cm，徑 3.5~6 cm，花梗長 10~35 cm。莢果線形、扁平，成熟時粉紅棕色至暗棕色，12~30 cm，種子達 30 粒以上。種子大，平均每粒種子重 0.26 g，種皮硬，暗褐色，光滑。地上發芽形，初

生葉鱗片葉、二回羽狀複葉，互生。

用途　種子含油約 20 %，原住民調理種子，如味噌或奶油般利用。非洲原住民採野生果實食用，多將果莢打碎後再煮食。種子炒而當咖啡的代用品。為赤色染料及當藥用。木材當一般木工使用。莢毒魚用。

2n =24

2 雙腺巴克豆（雙腺豆）

- ***Parkia biglandulosa*** **Wight & Arn.**
  Parkia pedunculata (Roxb.) Macbr.
- ヒロハフサマメノキ
- Nering

分布　原產馬來西亞。臺灣 1971 年引進，南部林試所恆春分所栽植。

形態　落葉喬木。葉二回羽狀複葉，葉軸基部有 2 腺點，羽片 20~30 對，近對生；小葉 70~100 對，線狀舌形，6~7 mm，先端尖銳，基部歪斜。花密集排列呈頭狀花序，先端呈球形。莢果柄長，被柔毛。

用途　果肉釀造飲料用。當景觀樹、庭園樹，觀賞用。

2n =26

3 美麗巴克豆（臭樹、臭豆、美麗球花豆、巴克豆）

- ***Parkia speciosa*** **Hassk.**
- ネジレフサマメノキ
- Petai, Sataw, Sator, Sadtor, Bitter bean, Twisted cluster bean, Stink bean

分布　原產泰國、馬來西亞、印尼等地區。臺灣約 1990 年後新住民由馬來西亞引進，園藝零星栽培。

形態　高大喬木。葉二回羽狀複葉，羽片大，羽片10~19對；小葉20~35對，線形，多數而密集生長。花白色，頭狀花序，具長柄下垂。莢果扁平，種子扁橢圓形，先端微凸尖。

用途　嫩葉可作調味菜烹調食用。花生食或作漬物食用。莢果生食或熟食用，或當香味料。種子除生食外，嫩種子有香味煮食。木材可供建材用。當庭園樹、景觀樹，觀賞用。

4 大葉巴克豆（爪哇巴克豆、爪哇合歡、球花豆）

- ***Parkia timoriana* (DC.) Merr.**
  Inga timoriana DC.
  Parkia javanica Merr.
  Parkia roxburghii G. Don
- クサマメノキ, クバン, バルキアノキ
- Kedaung, Kerayong, Kerieng, Kupong

分布　原產印尼、印度、馬來西亞。臺灣1903年首次引進，現全島各地略有栽植，臺中中山公園有一棵巨木。

形態　落葉高大喬木。葉二回羽狀複葉，羽片15~42對；小葉20~80對，線形，7~10 mm，先端銳尖。花黃色，密集排列呈一頭狀花序；花托呈柄狀，先端膨大近球形。莢果厚，黃色，果肉澱粉質，20~36 cm。種子15~21粒，卵形，2~2.5 cm，種皮厚而硬，黑色。地上發芽型，初生葉鱗片葉、二回羽狀複葉，互生。

用途　種子煮而可食用。木材輕而易鋸，可做一般製材。莢果及樹皮做染料及肥皂用，樹皮外用療癢。馬來西亞人吃種子，而利用果肉及種子醱酵而成香料，原住民常利用之。當庭園樹、景觀樹，觀賞用。

2n =26

33 扁軸木屬（Parkinsonia L.）

灌木或小喬木。葉二回羽狀複葉，互生或簇生，羽片 1~2 對，扁平；小葉小而多對，有時不完全發育。花黃色，腋生總狀花序；花瓣 5；雄蕊 10 枚，有時較少，離生。莢果線形，直或彎曲，不開裂或微二瓣裂，種子間常縊縮。種子少，長橢圓形。2n=28。

本屬約 15 種，分布熱帶和亞熱帶，南、北美洲和非洲南部。臺灣引進 1 種。

1 扁軸木

- ***Parkinsonia aculeata* L.**
- Jerusalem thorn, Mexican palo verde, Jelly bean tree, Ratama

分布 原產熱帶南美。臺灣 1970 年引進，中、南部園藝零星栽植。

形態 灌木或小喬木。枝條顯著下垂，無毛。葉二回羽狀複葉，主葉軸呈小而銳尖的針刺狀，在其膨大基部有羽片 1~3 對；小葉約 25 對，長橢圓形，2~6 mm，先端鈍或圓，基部歪斜。花黃色，有香味，直立總狀花序；花萼 5 裂；花瓣長 1~2 cm，上位花瓣有紅褐色斑點或斑塊；雄蕊 10 枚。莢果線形，念珠形，4~15 cm，有縱稜。種子 1~6 粒，長橢圓形。地上發芽型，初生葉羽狀複葉，對生。

用途 樹及葉當藥用。葉當牛或羊的飼料。栽培當綠籬。庭園樹，觀賞用。

2n=28

34 盾柱木屬（Peltophorum (Vogel) Benth.）

落葉大喬木或灌木。無刺。葉二回羽狀複葉，大型，羽片對生；小葉多對，對生，無柄。花黃色，大而美麗，腋生或頂生總狀花序或圓錐花序；兩性；花瓣 5，圓形或倒卵形，不等長，覆瓦狀；雄蕊 10 枚，離生。莢果長橢圓狀披針形，扁平，兩縫線均具翅，不開裂。種子 1~2 粒，罕 3~4 粒，扁平，橫生。2n=26, 28。

本屬約 15 種，分布熱帶和亞熱帶兩半球地區。臺灣引進 3 種。

1 非洲盾柱木（垂籬木）

- ***Peltophorum africanum*** **Sond.**
- アフリカユウエンボク
- African wattle, Rhodesian black wattle, Huilboom

分布　原產熱帶非洲。臺灣 1965 年由羅德西亞引進，南部墾丁公園內栽植。

形態　落葉喬木。具褐色絨毛。葉二回羽狀複葉，羽片 5~13 對，對生或近似對生；小葉 10~20 對，長橢圓形，4~10 mm，先端短尖突。花淡黃色或近似金黃色，總狀花序；雄蕊 10 枚，離生。莢果倒卵狀長橢圓形，革質，扁平，兩端狹，6~8 cm。種子 1~2 粒，長橢圓形。地上發芽型，初生葉羽狀複葉，互生。

用途　木材製家具、車輛、斧柄、原住民裝飾品等，亦為良質薪材。根、莖煎煮液當藥用。當庭園樹、庇蔭樹等用。

2n =26

2 巴西盾柱木（美洲盾柱木）

- ***Peltophorum dubium*** **(Spr.) Taub.**
  Caesalpinia dubium Spr.
  Peltophorum vogelianum Walp.
- ブラジルユウエンボク
- Cana-fistula, Ybira-puita

分布　原產巴西。臺灣 1973 年引進，臺北植物園、林試所港口工作站栽植。

形態　落葉大喬木。小枝，葉、柄及花序具褐色絨毛。葉二回羽狀複葉，羽片 6~10 對；小葉 20~30 對，長橢圓形，6~13 mm，先端鈍，基部歪斜。花黃色，呈總狀花序，而形成大形的圓錐花序；雄蕊 10 枚，離生。莢果長橢圓形，7~10 cm，兩端均狹，腹面有狹翅。種子 2 粒。地上發芽型，初生葉羽狀複葉，互生。

用途　材粉紅色至赤褐色，耐久，原住民利用做木工、一般構物、細工、家具、車輪等。庭園樹，觀賞用。

2n=26

3 盾柱木（盾柱樹、翅果木、雙翼豆）

- ***Peltophorum pterocarpum*** **(DC.) Backer *ex* K. Heyne**
  Inga pterocarpa DC.
  Peltophorum inerme (Roxb.) Naves *ex* F. Vill.
  Caesalpinia inerme Roxb.
  Peltophorum ferrugineum Benth.
- ユウエンボク
- Yellow flame, Soga, Yellow poinciana, Rusty shield-bearer

分布　原產熱帶亞洲、美洲及澳洲。臺灣 1898 年引進，各地普遍栽植。

形態　落葉高大喬木。葉二回羽狀複葉，羽片 4~13 對；小葉 8~22 對，長橢圓形，10~24 mm，先端凹入。花黃色或淡黃色，具香味，多數花呈總狀花序，組合而成一頂生的圓錐花序；花瓣 5 枚，倒卵形；雄蕊 10 枚，離生。莢果長橢圓形，扁平而薄，赤褐色，5~12 cm，兩側縫合線具 4~5 mm 的翅，種子 2~4 粒。種子卵橢圓形，黑褐色，長約 1 cm。地上發芽型，初生葉一回羽狀複葉，近似對生。

用途　樹皮為黃褐色染料的原料，極具商品價值。含單寧可以鞣革，藥用等。當庇蔭樹、行道樹、庭園樹，觀賞用。

2n =26

35 油豆樹屬（Pentaclethra Benth.）*

常綠喬木。不分枝。莖、葉柄和花梗密被鏽色絨毛，具腺點。葉二回羽狀複葉。羽片10或更多對；小葉多數。花一般黃白色，長穗狀花序，常呈圓錐花序；萼片、花瓣5；雄蕊5枚。莢大，長，寬，扁平，基部狹窄，革質或木質，棕色，二縫裂，裂片卷曲。種子數粒，菱形，大，含油30~36%。2n=26。

本屬有3種，分布熱帶非洲和南美洲。臺灣引進1種。

1 油豆樹

- ***Pentaclethra macrophylla* Benth.**
- Owala oil tree, Oil bean tree, Atta bean

分布　原產熱帶非洲、奈及利亞至安哥拉。臺灣引進。

形態　常綠喬木。不分枝。莖、葉柄和花梗具鏽色絨毛。葉二回羽狀複葉，羽片5~6對；小葉10~12對，歪斜長橢圓形，長約2.5 cm。花黃色，小而多數，密生，呈穗狀花序；萼片及花瓣小；雄蕊5枚，各個之間有2枚偽雄蕊。莢果長約45 cm，寬約7 cm。扁平，基部狹窄，革質至木質，棕色，二縫裂，至多8粒種子。種子菱形，大，紅色。

用途　種子含30~36%之不乾油，當Owala奶油或油之原料，適宜製造蠟燭和肥皂用。種子可食用，原住民製成麵包食用。樹皮當藥用。木材硬，當細工、車輪及一般木工材用。

2n=26

36 猴耳環屬（Pithecellobium Mart.）*

灌木或小喬木。葉二回羽狀複葉，當新葉出現時老葉掉落，羽片少對；小葉小而多對或大而少對；葉柄和葉軸常具腺體。花一般粉紅色、白色或紫色，芳香，頭狀或圓錐花序；兩性或雜性；花瓣中部以下合生成管狀；雄蕊多數，單體，突出。莢果形狀多樣，扁平，直，卷曲或旋卷，開裂或不開裂。種子圓形或卵形，扁平，暗棕色或黑色；假種皮白色、粉紅色或紅色。2n=26。

本屬約20種，主要分布熱帶美洲和亞洲。臺灣引進1種。

1 巴西雨樹（巴西雨豆樹）

- ***Pithecellobium tortum*** **Mart.**
  Pithecellobium scalare Griseb.
- Brazilian raintree, Tatane

（陳文厚　攝）

分布　原產巴西和巴拉圭的特有種。臺灣引進栽培。
形態　喬木。樹幹短，徑可及 20 cm。幹及分枝具大刺。葉偶數二回羽狀複葉，互生；羽片 4~7 對；小葉淺綠色，10~ 多對，夜間閉合。花類似含羞草（*Mimosa*）白色或粉紅色，芳香，呈頭狀花序；雄蕊多數，單體。莢果扭曲。
用途　花為蜜源植物。當中型庇蔭樹、景觀樹，觀賞用。
2n=26

（陳文厚　攝）

37 牧豆樹屬（Prosopis L.）*

喬木或灌木。具刺或無刺。葉二回羽狀複葉，羽片 2~4 對；小葉少或多對；葉柄有小腺點。花淺綠白色，小而無柄，腋生圓柱形穗狀花序，少呈頭狀花序；花瓣 5，中部以下合生；雄蕊 10 枚，離生。莢果線形，厚，扁平或亞方形，直或彎曲，革質或木質，不開裂，中果皮海綿質，有甜味。種子卵形或長橢圓形，扁平，淺棕色。2n=26, 28, (52, 56)。

本屬約有 45 種，分布熱帶南、北美洲、亞洲、非洲。臺灣引進 1 種。

1 牧豆樹（墨西哥合歡、結亞木）

- ***Prosopis juliflora*** **(Sw.) DC.**
  Mimosa juliflora Sw.
- メスキツト
- Taxas mesquite bean, Mesquite, Taxas algaroba, Honey locast, Honey pod

分布 原產熱帶美洲。臺灣 1960 年代引進，南部地區、林試所恆春分所、臺南永康三崁店有栽植。

形態 灌木或小喬木。葉二回羽狀複葉，羽片 2~4 對；小葉 6~29 對，一般 11~15 對，長橢圓狀線形，6~25 mm，先端鈍或凹入。花黃綠色，腋生的總狀或穗狀花序。莢果直或彎曲，扁平而厚，肉質，淡黃色，長 12~30 cm，有縱紋，種子間緊縮成念珠狀，約 25 節。種子卵形，褐色。地上發芽型，初生葉一回、二回羽狀複葉，互生。

用途 材密緻，濃褐色或紅色，當枕木、木柱、車輪、薪炭材等。成熟莢果，部分原住民的主要糧食或當家畜飼料。黏液有希望採得膠乳化劑。根含單寧 6~7 %。花為蜜源作物。觀賞用。

2n =26, 28, 52, 56

38 翼雌豆樹屬（Pterogyne Tul.）

常綠喬木，高 10~25 m。葉不連貫的大羽狀複葉；小葉一般互生，小，橢圓形或卵形。花小，黃色，小花梗，呈腋生總狀花序；花萼管狀，短；花瓣 5 枚；雄蕊 10 枚，離生；雌蕊子房短柄，壓縮，單胚珠，沿上側呈翅狀。莢果翼狀闊鐮刀形，革質，扁平，紅棕色，具光澤，下垂，基部表面脈網狀；內含 1 粒種子，不開裂。種子長橢圓狀倒卵形，扁平。2n=20。

本屬僅 1 種，分布阿根廷北部、玻利維亞、巴拉圭和巴西。臺灣引進 1 種。

1 翼雌豆樹（翅雌豆木）

- ***Pterogyne nitens*** **Tul.**
- Ibiraro

分布 南美洲的特有種，分布阿根廷北部、玻利維亞、巴拉圭、巴西和安地斯山之低斜坡。臺灣引進在高雄內門栽培。

形態 常綠喬木，高 10~25 m，樹冠開張，圓形，可及 30 m，樹幹徑 40~60 cm。葉羽狀複葉，大；小葉一般互生，橢圓形或卵形，近對稱，具光澤；托葉小至不太明顯。花黃色，小，小花梗，呈腋生總狀花序，花序短，鬆散，葇荑花狀；雄蕊 10 枚，離生；雌蕊子房沿上側呈翅狀。莢果翅狀闊鐮刀形，扁平，紅棕色，具光澤，下垂，基部含 1 粒種子，不開裂。種子長橢圓狀倒卵形，扁平。已被 IUCN 評估為「瀕臨絕滅」的紅色等級。

用途 根系具保持土壤被侵蝕作用。可當遮蔭樹用。心材紫棕色，當小屋、家具等建材、桶材、枕木用。當觀賞用。

39 翼莢木屬（Pterolobium R. Br. *ex* Wight & Arn.）

藤本、灌木或小喬木。枝具鉤刺。葉二回羽狀複葉，羽片和小葉多對。花白色或黃色，小而多，腋生者呈圓錐花序，頂生者呈總狀花序；花瓣 5，倒卵形，略不等長，覆瓦狀；雄蕊 10 枚，離生，近等長。莢果長橢圓形，扁平，不開裂，具鐮刀狀膜翅。種子懸垂。2n=24。

本屬約 12 種，原產熱帶和亞熱帶亞洲和非洲。臺灣引進 1 種。

1 翼莢木

- ***Pterolobium stellatum* (Forssk.) Brenan**

  Mimosa stellata Forssk.

  Pterolobium exosum (J. F. Gmel.) Bake. f.

  Cantuffa exosa J. F. Gmel.

分布　原產非洲之衣索比亞至辛巴威。臺灣引進栽培。

形態　藤本蔓性植物。莖具對生鉤刺。葉二回羽狀複葉，羽片 5~13 對；小葉 7~15 對，狹長橢圓形，4~12 mm，先端鈍。花白色或黃色；萼綠色。莢果翅狀斜鐮刀形，扁平，不開裂，磚紅色，長 3~6 cm，翅長約 2.5 cm。

用途　當庭園樹，觀賞用。

2n=24

40 雨豆樹屬（Samanea (Benth.) Merr.）*

大喬木或灌木。葉二回羽狀複葉，羽片 2~9 對，對生，基部具腺體；小葉 1 至多對，長橢圓形或線形。花粉紅色或黃色，排成圓球形頭狀花序或繖形花序；兩性；花瓣 5 裂；雄蕊多數，基部合生成管狀。莢果略圓柱形，彎曲或稍直，不開裂或罕略開裂，革質，具增厚之邊緣，中果皮有甜的果肉，種子間具隔膜。種子多數，長橢圓狀卵形，光滑。2n=26。

本屬約 30 種，分布熱帶美洲及非洲。臺灣歸化 1 種。

1 雨豆樹（雨樹）

- ***Samanea saman* (Jacq.) Merr.**

  Mimosa saman Jacq.

  Albizia saman (Jacq.) Muell.

  Pithecellobium saman (Jacq.) Benth.

  Enterolobium saman (Jacq.) Prain

- アメリカネム, アメフリノキ, レインツリー
- Rain tree, Saman, Monkey pod tree , Monkey pod, Saman tree, Cow tamrind, Zamang, Monkey pod

分布　原產西印度諸島至北美洲中部。臺灣 1903 年首次引進，其後又引進，全島各地均有栽植。中、南部已歸化生長。

形態　高大喬木。葉二回羽狀複葉，羽片 2~5 對；小葉 2~8 對，先端者最大，卵形，長橢圓形或倒卵形，1.5~4.5 cm，略呈鐮刀狀，先端鈍，基部歪斜。

花粉紅色，聚合成頭狀花序；雄蕊 20 枚，紅色，基部合生。莢果扁平，彎曲或直，縫線較厚，15~20 cm，黑褐色。種子 15~20 粒，埋於假種皮中，長橢圓形，褐色，1~1.5 cm。地上發芽型，初生葉一回、二回羽狀複葉，對生。

用途 生長迅速，枝葉繁茂，當庇蔭樹、庭園樹、行道樹，觀賞用。木材可做車輪、家具、雕刻用。莢果果肉部分可供食用。葉可做飼料。果味甜而多汁，牛喜食之。

41 桫欏豆屬（Schizolobium Vogel）

大喬木，生長快速。葉二回羽狀複葉，羽片大，15~20 對；小葉小，橢圓形，10~20 對。花金黃色，腋生總狀花序或頂生圓錐花序；花瓣 5，具爪，近等長；雄蕊 10 枚，離生。莢果扁平，匙形，革質，開裂。種子 1 粒，大，長橢圓形，著生莢之先端。2n=26。

本屬約 5 種，分布巴西至南墨西哥。臺灣引進 1 種。

1 桫欏豆（塔樹、捕蟲樹）

- ***Schizolobium parahybum* (Vell.) Blake**

  Cassia parahybum Vell.

  Schizolobium excelsum Vogel
- Tower tree, Bacurubu

分布 原產巴拿馬、巴西。臺灣早期由馬來西亞引進栽植於中、南部，零星栽培。近年民間視為環保植物而廣為栽培。

形態 高大喬木。樹幹通直，少分枝，樹冠類似桫欏。葉二回羽狀複葉，長 1 m 左右，羽片 20~27 對，對生；小葉 22~26 對，長橢圓形，3~4.5 cm，裡面帶粉，先端淺凹頭，基部歪斜。花淡黃色，頂生圓錐花序，直立，長 30 cm。莢果扁平，匙狀，1 粒種子。種子大，橢圓形，著生莢果先端，為紙質假種皮所包被。

用途 生長快速，木材有用。為綠化樹之尖兵，觀賞用。葉柄具有黏膠物質，昆蟲接觸後會被黏著，具有捕蟲作用。

2n=26

42 塞內加爾膠樹屬（Senegalia Raf.）*

灌木、喬木或藤本。無托葉狀針刺。葉二回羽狀複葉，互生；葉軸和主葉柄具明顯的無柄或短柄之腺體；羽片和小葉多對。花白色或黃白色，頂生聚集組成頭狀或穗狀花序；雄蕊多數。莢果成熟時二縫裂，稀不開裂。種子多數，扁平。2n=26。

本屬約 200 種，分布於熱帶、亞熱帶美洲、非洲、亞洲和澳洲。臺灣自生 1 種，引進 5 種。

1 藤相思樹（藤本相思樹、卡塔相思樹、藤栲、藤相思、尖葉相思）

- ***Senegalia caesia*** **(L.) Maslin, Seigler & Ebinger**
  Acacia caesia (L.) Willd.
  Mimosa caesia L.
  Acacia intsia (L.) Willd. *et* Hook. f.
  Acacia pseudo-intsia Miq.
  Mimosa intsia L. var. *caesia* (L.) Baker
- ツルアカシア
- Climbing acacia, Kartar

分布　臺灣自生種，分布印度、馬來西亞、中南半島、華中、華南。臺灣生長於全島低海拔的山地，惟近年來由於山地逐漸開發而銳減。

形態　常綠纏繞性木質大藤本。有鉤刺，葉軸具腺體。葉二回羽狀複葉，羽片 6~15 對；小葉 10~30 對，線狀長橢圓形或略為方形，4~5 mm，先端漸尖，基部圓鈍。花黃綠或淡黃色，15~30 朵組合為頭狀花序，然後由多數的頭狀花序組合為一頂生大型的圓錐花序；雄蕊多數，分離。莢果直，卵狀長橢圓形，長 8~15 cm，開裂，8~12 粒種子。種子扁圓形。

用途　花及莢果燒灰當藥用。觀賞用。

2n =26

2 兒茶（阿仙藥、孩兒藥、百藥煎、粉口兒茶、烏爹泥）

- ***Senegalia catechu* (L.f.) P. J. H. Hurter & Mabb.**
  Acacia catechu (L. f.) Willd.
  Mimosa catechu L. f.
  Acacia sundra (Roxb.) Beddome
- アセンヤクナキ, ペグノキ, カラユアカシア
- Catechu, Wadalee-gum tree, Cutch, Black cutch tree, Cachou, Black cutch

分布　原產西巴基斯坦、緬甸、泰國、印度。臺灣1910年引進栽培於林試所恆春分所，後又多次引進，現在南部略有栽培。

形態　中喬木。具有針刺，針刺倒鉤雙出。葉二回羽狀複葉，羽片10~20對；小葉20~50對，長橢圓形，線形或線狀長橢圓形。花黃白色，多數，密集排列為圓柱形的穗狀花序。莢果扁平，3~10粒種子，成熟時開裂。

用途　心材為重要的褐色Khaki染料。將樹幹砍下，剝皮切片，水煮過濾濃縮至成糖漿狀，冷卻倒入模型內，乾後即成兒茶（阿仙藥）、兒茶羹或黑兒茶，含兒茶精（α-catechin）、表兒茶酚（epicatechol）當藥用。材赤色，極耐久，當特殊工具之柄、車輪、箱材等。觀賞用。

2n =26

3 羽葉金合歡（羽葉合歡、蛇藤、臭菜、瓦斯菜、泰國臭菜、插蓊）

- ***Senegalia pennata* (L.) Maslin**

  Acacia pennata (L.) Willd.

  Mimosa pennata L.

  Acacia pinnata Willd.

- Snake acacia, Aila, Shemba, Awal, Climbing wattle

分布　原產亞洲、非洲熱帶地區。臺灣約 1953 年前後引進栽培。

形態　攀緣藤本。小枝有毛及倒刺。葉二回羽狀複葉；小葉 30~54 對，線形，5~10 mm，具緣毛。花白色，頭狀花序圓球形，再排成圓錐花序。莢果帶狀，9~20 cm，邊緣淺波狀，種子 8~12 粒。

用途　嫩葉、嫩梢可炒食或涼拌。藤莖有毒，當外用藥。樹皮和莢果枝汁液染漁網用，毒魚用。非洲南部樹皮當纖維料，製網、漁網等用。木炭纖維當拭鏡用。小枝和根潔牙用。

2n=26

4 藤金合歡（小合歡、酸子藤）

- ***Senegalia rugata* (Lam.) Britton & Rose**

  Acacia rugata (Lam.) Merr.

  Mimosa rugata Lam.

  Acacia concinna (Willd.) DC.

  Mimosa concinna Willd.

  Acacia hooperiana Miq.

  Acacia polycephala DC.

- ネムカズラ

- Soap-pod, Shikakai

分布　原產熱帶亞洲，爪哇、印度、緬甸及華南。臺灣引進栽培。

形態　藤本，攀緣性灌木或小喬木。多刺。小枝條及葉軸具刺，被灰色絨毛。葉二回羽狀複葉，互生，長 10~20 cm，羽片 6~18 對，長 8~12 cm，葉柄具腺體；小葉 15~25 對，線狀橢圓形，長 8~12 mm，膜質，兩面多毛或無毛。花白色或黃白色，芳香，呈頭狀花序，徑 9~12 mm。莢果帶狀，長 8~15 cm，表面皺縮，縫線寬，直或深波狀，具喙，種子間縊縮。種子 6~10 粒。

用途　莢果當絲和毛織物的洗濯劑。當洗髮和洗銀器用。種子可食用。幼葉具酸味，當蔬菜用。乾種子及樹皮含高含量皂素和單寧。當肥皂代用品。葉印度藥用。

2n=26

5 塞內加爾膠樹（阿拉伯膠樹）

- ***Senegalia senegal* (L.) Britton**
  Acacia senegal (L.) Willd.
  Mimosa senegal L.
  Acacia verek Guill *et* Perr.
- アラビアゴムノキ, セネガルアカシア
- Gum arabic acacia, Gum-arabic tree, Gum senegal, Sudan gum, Kordofan gum

分布　原產熱帶亞洲、北非。臺灣 1945 年引進栽植於雙溪熱帶樹木園，現南部略有栽培，罕見。

形態　喬木。具尖刺；托葉狀針刺 3 枚，側生 2 枚直立，第 3 枚反卷。葉二回羽狀複葉，羽片 3~5 對；小葉 8~12 對。花白色，有香味，多數，呈疏狀的穗狀花序。莢果長橢圓形，扁平，7~9 cm，種子 5~6 粒。

用途　樹幹可採樹膠，當印染、墨水、餅乾的原料。樹膠的粉末作丸劑、乳劑、糊劑、錠劑之結合藥。本品內服製成黏漿劑，可治腹瀉，又做樹膠糖漿、鎮咳錠等。樹皮含單寧 20 %。

2n=26

6 秘斯卡栲

- ***Senegalia visco* (Lor. *ex* Griseb.) Seigler & Ebinger**
  Acacia visco Lor. *ex* Griseb.
  Acacia platensis Manganaro
  Acacia polyphylla Clos
  Lysiloma polyphyllum Benth.
- Arca, Visco, Viscote, Viscote blanco, Viscote negro

分布　原產阿根廷。分布熱帶非洲、南美洲和澳洲。臺灣引進栽培。

形態　喬木。莖倒圓錐形，樹冠頂部圓潤。葉二回羽狀複葉，落葉。花少，淡黃色，頭狀花序。莢果鞘狀，膜質。

用途　材當建築材、箱材用。當庭園觀賞樹、行道樹，觀賞用。當藥用。

2n =26

43 決明屬（Senna Mill.）

喬木、灌木或草本。葉偶數羽狀複葉，葉序為螺旋狀；葉柄和葉軸常具腺體。花黃色，1~ 多花呈腋生總狀花序，或頂生繖房狀圓錐花序；花瓣 5，離生，略等長；雄蕊 10 枚，離生。莢果圓柱形，四角形，膨脹或扁平，有時具翅或 4 稜。種子種皮無斑點，但具有不明顯或明顯的負網紋。2n=22, 24, 26, 28。

本屬約有 240 種，分布熱帶、亞熱帶之美洲、非洲、澳洲及大洋洲。臺灣特有 1 變種，自生 1 種，歸化 7 種，引進 13 種，1 變種。

1 翼柄決明（翼軸決明、翼果旃那、翅莢決明、翅果鐵刀木）

- ***Senna alata* (L.) Roxb.**
  Cassia alata L.
- ハネセンナ, ハネミセンナ
- Ringworm senna, Candelabra bush, Empress candle plant, Winged cassia, Christmas-candle, Seven golden candlesticks, Candle bush, Ringworm bush (shrub)

分布　原產美洲。熱帶南、北兩半球廣泛栽植，已歸化生長。臺灣 1906 年首度引進，各地零星栽植，已歸化生長。

形態　直立灌木。具多數分枝，枝條細長，被柔毛。葉偶數羽狀複葉，長 40~65 cm；小葉 8~24 對，長橢圓形或長橢圓狀倒卵形，8~12 cm，先端鈍或極少數凹入，最下位 1 對剛好生長於葉軸基部而抱莖。花金黃色，呈總狀花序排列，長 50~80 cm；萼片 5，有顏色，大小形狀相似；花瓣 5 枚，卵形或長橢圓形，先端鈍。莢果長線形，12~18 cm，四周有寬翅，成熟時沿腹縫線開裂，50~70 粒種子。種子菱狀楔形，扁平，黑褐色，約 6 mm。地上發芽型，初生葉 4 小葉，互生。

用途　根的浸出液、葉及種子當藥用。花色亮麗，

果形奇特，栽培當綠籬、庭園樹，觀賞用。

2n=24, 28

2 亞歷山大決明（狹葉旃那、狹葉番瀉、狹葉番瀉樹）

- ***Senna alexandrina* Mill.**

  Cassia alexandrina (Garsault) Thell.

  Senna alexandrina Garsault

  Senna angustifolia (Vahl) Batka

  Cassia angustifolia Vahl

- ホソバセンナ, チンネベリセンナ, インドセンナ
- Indian senna, Tinnevelly senna, Arabian senna, Congo senna, Alexandrian senna

分布　原產熱帶非洲及中非洲。臺灣 1930 年引進，供藥用栽培，稀少。

形態　與旃那（*Cassia acutifolia*）極相類似，惟高度較高，高 4 m。葉偶數羽狀複葉；小葉 4~8 對，狹卵狀披針形，2~5 cm。花黃色，呈腋生總狀花序。莢果較狹，寬為 1~2 cm。

用途　觀賞用。乾燥葉當藥用，與旃那同為優良瀉劑。印度南部栽培，尤其 Tinnevellg 地方最多。

2n ＝ 26, 28

3 麻楊勒茶（麻脫勒茶）

- ***Senna auriculata* (L.) Roxb.**

  Cassia auriculata L.

- ミミセンナ
- Matara tea, Tanner's cassia, Avaram senna

分布　原產印度及斯里蘭卡。臺灣 1903 年首次引進，後又多次引進，各地零星栽培。

形態　落葉灌木。具多數分枝，小枝略呈棍棒狀，具灰色細絨毛。葉偶數羽狀複葉；小葉 8~12 對，卵形，長橢圓形或倒卵形，12~25 mm，先端鈍而凹入，最先端有尖突；托葉大而殘存，耳形。花黃色，大而明顯，腋生的總狀花序；花瓣有長爪，多少呈皺摺狀，長 2~4 cm。莢果薄，8~13 cm，扁平而略扭曲，種子 10~20 粒。

用途　樹皮稱 tangedu bark，為優良單寧的原料。葉為茶的代用品。治下痢。救荒用的蔬菜。乾燥花當咖啡代用品。印度以嫩芽汁與蜂蜜混液醱酵，製飲料。

2n =14, 16, 28

4 金葉黃槐（雙莢槐、金邊黃槐、臘腸子樹、雙莢決明）

- ***Senna bicapsularis* (L.) Roxb.**

  Cassia bicapsularis L.

  Cassia candolleana Vogel.

- キダチセンナ
- Gloden leaf senna, Double-fruited cassia

分布 原產熱帶美洲。如今熱帶廣泛栽培。臺灣1903年首度引進，各地廣泛栽培。

形態 落葉或半落葉灌木。小樹枝上升或垂懸。葉偶數羽狀複葉；小葉3~5對，圓形或長橢圓形，20~25 mm，先端鈍而有尖突，基部歪斜，葉緣帶金黃色。花黃色，呈頂生或腋生的總狀花序；萼片淡黃色，橢圓形；花瓣卵狀長橢圓形或倒卵形，先端鈍；完全雄蕊6~7枚。莢果念珠狀長線形，8~15 cm，先端尖突，內有2列種子，40~60粒。種子扁圓形，黑褐色，5~6 mm。地上發芽型，初生葉羽狀複葉，互生。

用途 木材為造紙原料。非洲當瀉劑。花美麗當行道樹，市街安全島綠籬、庭園樹，觀賞用。亦可當綠肥用。

5 尖葉黃槐（繖房決明、花決明）

- ***Senna corymbosa*** **(Lam.) H. S. Irwin & Barneby**
  Cassia corymbosa Lam.
- ハナセンナ
- Flowering senna, Flowery senna

分布 原產阿根廷北部、烏拉圭及巴西南部。臺灣1909年首次引進，臺北植物園及其他各地有栽植。

形態 灌木。多分枝，枝細長，初具絨毛，後變為光滑。葉偶數羽狀複葉；小葉3~5對，通常3對，長橢圓狀披針形或闊披針形，5~6 cm，先端銳尖或漸尖或呈鈍形，基部鈍，表面綠色有光澤，背面淡綠色。花黃色，呈腋生或頂生繖房狀總狀花序；花萼片小形，綠色；花瓣長橢圓形或卵狀橢圓形，先端鈍；下位雄蕊較其他為長。莢果圓筒形，扁平，7.5~12 cm。種子多數。

用途 花美麗，觀賞用。

2n =28

6 複總望江南（複總狀決明、長穗決明）

- ***Senna didymobotrya*** **(Fresen.) H. S. Irwin & Barneby**
  Cassia didymobotrya Fresen.
  Cassia nairobensis Hort.
- ユヤシセンナ
- Popcorn-bush

分布 原產衣索匹亞。熱帶非洲、美洲已歸化。臺灣1937年首次引進，林試所恆春分所及中、南部

有栽培。

形態　灌木或小喬木。小枝初生時被絨毛，後光滑。葉偶數羽狀複葉；小葉 8~16 對，卵狀長橢圓形或倒披針狀長橢圓形，2.5~6 cm，先端有一明顯的尖突，基部圓而歪斜。花金黃色，呈頂生的總狀花序。莢果長橢圓形，2 瓣裂，7.5~10 cm，扁平。種子 9~16 粒，倒卵狀長橢圓形。

用途　馬來西亞、斯里蘭卡當綠肥。烏干達當咖啡的庇蔭樹。當瀉劑藥用。觀賞用。

2n =28

7　大花黃槐（多花黃槐、繁花決明、多花槐、光葉決明）

- ***Senna floribunda* (Cav.) H. S. Irwin & Burneby**
  Cassia floribunda Cav.
  Cassia grandflora Desf.
  Cassia laevigata Willd.
  Cassia septentrionalis Zucc.
- オオバノハブソウ, キダチハブソウ
- Smooth senna, Hill cassia, Peanut-butter cassia

分布　熱帶地區廣泛分布。臺灣 1971 年由葡萄牙引進，栽植於林試所恆春分所、臺北植物園，霧社地區已歸化生長。

形態　落葉小灌木狀草本。葉偶數羽狀複葉；小葉 3~4 對，卵狀長橢圓形或披針形，5~8 cm，先端漸尖。花黃色，腋生之總狀花序；花萼綠色；花瓣長橢圓形或卵狀長橢圓形，先端鈍；完全雄蕊 7 枚。莢果長圓柱形，8~9 cm，成熟時沿腹縫線開裂。地上發芽型，初生葉 4 小葉，互生。

用途　種子當咖啡的代用品及藥用。幼芽、嫩葉及種子含有少量毒性，但煮熟可食之。熱帶高地的綠肥。霧社地區種子充作「決明子」零售，泡茶飲用可清熱、利尿。觀賞用。

2n =28, 56

8　四葉黃槐（大葉決明）

- ***Senna fruticosa* (Mill.) H. S. Irwin & Barneby**
  Cassia fruticosa Mill.
- ヨツバセンナ
- Dropping cassia

分布 原產熱帶美洲。臺灣 1990 年自馬來西亞引進，園藝栽培。

形態 常綠灌木或小喬木。枝被細毛。葉偶數羽狀複葉，互生，葉軸基部小葉間具腺體；小葉 2 對，對生，卵形至長卵形，先端尖，全緣。花黃色，短總狀花序頂生或腋生；完全雄蕊 7 枚。莢果長 7~27 cm，略圓柱狀。

用途 生性強健、抗瘠、花盛開時美觀逸雅，花期持久，適合庭植或大型盆栽，庭園觀賞樹。

2n =26

9 毛決明（毛莢決明）

- ***Senna hirsuta*** **(L.) H. S. Irwin & Barneby**

  Cassia hirsuta L.

- ケセンナ, タヌキハブソウ

分布 原產熱帶美洲。臺灣早年引進，南部已歸化生長，生長於開闊地及原野，中、北部偶而亦有之。

形態 亞灌木的直立一年生草本。植株具臭味，密被卷曲的絨毛，多分枝。葉偶數羽狀複葉，葉柄基部膨大處有腺體；小葉 4~6 對，卵形或卵狀長橢圓形，4~10 cm，先端銳尖或漸尖，基部圓鈍。花暗黃色，呈總狀花序，腋生或頂生；花萼 5 裂；花瓣兩側對稱；雄蕊 10 枚，二體。莢果線形，直立而彎曲，扁平呈弓形，14~20 cm。種子 50~90 粒，扁卵形，暗褐色，徑 0.3~0.5 cm。地上發芽型，初生葉羽狀複葉，4 小葉，互生。

用途 葉煮食之當藥用。當綠肥，改良土壤用。

2n =28, 56

10 沙漠蘇木

- ***Senna meridionalis*** **(R. Vig.) Du Puy**

  Cassia meridionalis R. Vig.

  Cassia viguierella var. *meridionalis* Ghesq.

分布 原產馬達加斯加西南部。臺灣引進栽培。

形態 灌木或小喬木。樹幹基部有些肥大。葉偶數羽狀複葉；小葉 3~6 對，橢圓形，先端圓形，基部圓鈍。花鮮黃色。

用途 當地採集野生植物當木材用。幹基部膨大，栽植當景觀樹用，可以種子或扦插繁殖。

11 小葉黃槐（滿園春、密葉黃槐）

- ***Senna multijuga*** **(Rich.) H. S. Irwin & Barneby**
  Cassia multijuga Rich.
- November shower, Small leaf cassia

分布 原產熱帶美洲。臺灣 1909 年引進，各地零星栽植。

形態 落葉小喬木。樹幹平滑，具多分枝。葉偶數羽狀複葉；小葉 25~27 對，長橢圓形，1.5~4 cm，先端圓，具尖突，雙面具細而緊密的絨毛。花黃色，呈大圓錐花序；花瓣最下位 1 枚鐮刀形，2~3 cm，有短柄，其他花瓣較短，具長爪。莢果扁平，線形，4~20 cm。種子約 15 粒，長橢圓形。

用途 行道樹、庭園樹，觀賞用。

2n=24

12 鈍葉決明（草決明）

- ***Senna obtusifolia*** **(L.) H. S. Irwin & Barneby**
  Cassia obtusifolia L.
- エビスグサ
- Prabunatha, Chakunda

分布 原產南非，現熱帶廣泛分布。臺灣引進栽培。

形態 亞灌木草本。莖有稜。葉偶數羽狀複葉，葉柄具有短柄腺體，橙紅色；托葉鐮刀形，直立；小葉倒卵形，夜晚閉合。花通常兩朵腋生，花梗短，小花梗細長，具 4 稜；花瓣倒卵形，有爪，脈 3 條。莢果圓柱形，長 15~18 cm，向下彎曲，有 6 稜。種子縱向排列，黃褐色。

用途 葉當蔬菜。種子可泡茶，當咖啡代用品。種子含有黃色 Emodine 及類似的配醣體，當藥用、黃色染料利用。當綠肥作物栽培。

13 望江南（羊角豆、石決明、野扁豆、假槐花、決明子、扁決明、草決明、茶兒花、喉白草）

- ***Senna occidentalis*** **(L.) Link**
  Cassia occidentalis L.
  Cassia foetida Pers.
- オオハブソウ, ハブソウ, クサセンナ
- Coffee senna, Negro coffee, Stinking weed, Styptic weed

分布　原產北美東部至南部、西印度群島、墨西哥至南美，舊世界已歸化生長。臺灣 1961 年引進，已歸化生長於平地及低海拔山地。

形態　一年生或多年生草本狀亞灌木。莖基部木質，多分枝。葉偶數羽狀複葉；小葉 3~6 對，卵形或卵狀長橢圓形，3~8 cm，先端漸尖或銳尖，基部圓。花鮮黃色，2~4 朵呈頂生或腋生的總狀花序；花萼 5 枚；花瓣 5 枚；雄蕊 10 枚，上面 3 枚不發育，花葯二型。莢果線形，扁平，10~13 cm，縫合線變厚。種子 40~50 粒，卵形，褐色。地上發芽型，初生葉羽狀複葉，互生。

用途　種子泡茶飲用，當咖啡代用品。藥用當緩瀉劑、強壯劑。植株、種子、莖及葉當藥用。嫩葉、幼芽炒可食，但務必炒熟。當綠肥。觀賞用。

2n=26, 28

14 長春槐（沙漠決明）

- ***Senna pallida* (Vahl) H. S. Irwin & Barneby**

  Cassia pallida Vahl

  Cassia biflora L.

  Cassia discolor Desv.

  Cassia dispar Willd.

  Cassia gualensis Lundell

- Two-flowered cassia

分布　原產中、南美洲及加勒比海地區。臺灣 1989 年自泰國引進，園藝界栽培之。

形態　常綠灌木。多分枝。葉偶數羽狀複葉；小葉 15~20 對，橢圓狀倒長卵形，長約 1 cm，全緣，紙質。花鮮黃色，密生於枝條，呈總狀花序。莢果扁平，長約 3~6 cm。

用途　適合庭植，綠籬或大型盆栽，觀賞用。

2n=28

15 金盃決明（金盃黃槐）

- ***Senna pendula* (Willd.) H. S. Irwin & Barneby var. *glabrata* (Vogel) H. S. Irwin & Barneby**

  Cassia coluteoides Colladon

  Cassia pendula Willd.

- コバノセンナ
- Easter senna, Valamuerto, Cassia Easter

分布　原產巴西，分布於南美洲熱帶地區，澳洲昆士蘭等歸化生長。臺灣引進園藝栽培。

形態　灌木，高約 3 m。葉偶數羽狀複葉，葉柄長約 3~3.5 cm；小葉 4~5 對，倒卵形或卵狀橢圓形，1.5~4 cm，先端圓；每對小葉軸具腺點。花金黃色，腋生或頂生總狀花序，枝先端者常呈冠狀。花瓣 5，內凹，花冠呈盃狀。莢果圓柱形，長約 8.5~15 cm；直或稍彎曲，棕色。種子多數，扁圓形，直徑約 4~6 cm。地上發芽型，初生葉 4 小葉羽狀複葉，互生。

用途　花極美麗，當庭園、路邊花卉栽培，觀賞用。

16 羅漢決明

- ***Senna podocarpa* (Guill. *et* Perr.) Lock**

  Cassia podocarpa Guill. *et* Perr.

分布　原產熱帶美洲。臺灣引進栽培。

形態　平滑灌木或小喬木。葉偶數羽狀複葉，總柄無腺體；小葉 4~5 對，橢圓形，長 10~15 cm，先端圓鈍。花黃色，密集，呈總狀花序，幼時球穗狀；萼圓鈍，光滑；花瓣倒卵形。莢果扁平，革質。種子 10~20 粒。

用途　觀賞用。葉和根藥用。當染料、墨水、紋身和媒染劑等用。

17 沙漠黃槐

- ***Senna polyphylla* (Jacq.) H. S. Irwin & Barneby**

  Cassia polyphylla Jacq.

  Cassia tenuissima Sesse & Moc.

  Peiranisia polyphylla (Jacq.) Britton & Wilson

分布　原產波多黎各、維吉尼亞群島、巴哈馬。臺灣引進栽培。

形態　灌木。老莖樹皮黑灰色，有短鱗片狀之溝紋，從莖基部長出多幹，枝條纖細，淺綠色，成熟時變褐色。葉偶數羽狀複葉，互生或叢生，每節有 3~5 葉；小葉 3~15 對，長 4~10 mm。花黃色，總狀花序，腋生。莢果線形，8~15 cm，種子間微皺縮。種子扁平，暗棕色。

用途　當地人收集野生者當柴用。栽培當觀賞用。

18 鐵刀木（黑心樹、孟買薔薇木、孟買黑檀）

- ***Senna siamea* (Lam.) H. S. Irwin & Barneby**

  Cassia siamea Lam.

  Cassia florida Vahl.

  Cassia gigantea Bertero *ex* DC.

  Sciacassia siamea (Lam.) Britton & Rose

- タガヤサン
- Kassod tree, Rose wood, Bombay black wood, Djoowar, Coffee senna, Siamese senna, Cassod tree

分布　原產印尼、馬來半島、中南半島、印度，熱帶美洲及非洲已歸化。臺灣 1896 年由印度引進，已歸化生長，全島均有栽植。

形態　落葉喬木。樹皮灰褐色。葉偶數羽狀複葉；小葉 6~10 對，卵狀長橢圓形，3~7.5 cm，先端鈍而略凹入。花黃色，頂生或腋生的總狀或圓錐花序；花萼反卷；花瓣 5 枚，長橢圓形；發育雄蕊 7 枚。

莢果扁平，略彎曲，15~30 cm，具較厚的瓣片和縫線，縫線間多呈彎曲。種子 20~30 粒，扁橢圓形，褐色，0.6~1 cm。地上發芽型，初生葉偶數（2，4 小葉）羽狀複葉，互生。

用途 非洲種在咖啡園庇蔭，因而稱之為 coffee senna。心材黑色，作為美術用品及樂器。重而硬，當橋樑、電線桿、坑道杭木、床材、家具、薪炭材。當生籬、庭園樹、行道樹等觀賞用。樹皮含單寧。根當藥用。花煮而可食之。當綠肥用。

2n=28

19a 茳芒決明（假苦參、苦參決明、草決明、大本羊角豆）

- ***Senna sophora*** **(L.) Roxb. var.** ***sophora***
  - *Cassia sophora* L. var. *sophora*
  - *Cassia indica* Poir.
  - *Cassia torosa* Cav.
- オオバノセンナ
- Edible senna, Senna sophora, Inflated-fruit senna

分布 原產熱帶澳洲、亞洲，現今廣泛分布熱帶地區。臺灣引進栽培於低海拔地區，已歸化生長。

形態 灌木或亞灌木。具多分枝，小枝直立或斜上升。葉偶數羽狀複葉，葉柄近基部有一腺體；小葉 5 ~10 對，卵形至披針形，2.5~8 cm，邊緣帶有紫紅色，背面粉白色。花黃色，徑約 2 cm，繖房狀總狀花序，花少數，頂生或腋生；有葯雄蕊 7 枚，3 枚退化。莢果近圓筒狀，緣黃褐色，中央褐色，長 7~10 cm。種子 30~40 粒。

用途 幼芽及幼莢可食用。根、葉、樹皮和種子當藥用。觀賞用。

2n=24, 28

19b 澎湖決明

- ***Senna sophora*** **(L.) Roxb. var.** ***penghuana*** **(Y. C. Liu** ***et*** **F. Y. Lu) Chung**
  - *Cassia sophora L. var. penghuana* Y. C. Liu *et* F. Y. Lu
- ボウコウセンナ
- Penghu senna

分布 臺灣澎湖之特有變種，生長於澎湖之原野。

形態 小灌木。小枝平伏，多分枝，全株光滑無毛。葉偶數羽狀複葉；小葉 5~7 對，長橢圓形，1.5~3 cm，先端鈍，甚少為漸尖或銳尖，基部鈍，邊緣帶紫紅色，背面粉白色。花黃色，頂生或腋生，總狀花序；雄蕊 6~7 枚。莢果近圓柱形，棕黑色，長 5~10 cm。種子 20~60 粒，扁狀卵圓形，褐色，3~5 mm。地上發芽型，初生葉 4 小葉羽狀複葉，互生。

用途 種子當藥用。觀賞用。為臺灣稀有及有滅絕危機之植物。

2n=28

20 美麗決明（美洲槐）

- ***Senna spectabilis*** **(DC.) H. S. Irwin & Barneby**
  - *Cassia spectabilis* DC.
- Popcorn bush, Cassia

分布　原產非洲熱帶地區。臺灣 2007 年由新加坡引進，園藝零星栽培。

形態　灌木或小喬木。小枝有軟毛。葉偶數羽狀複葉，互生；小葉 8~15 對，長橢圓狀披針形，長約 7.5 cm，先端漸尖，背面具軟毛。花黃色，徑約 4 cm，總狀花序，長約 60 cm，頂生。莢果圓柱狀長條形，長 25~35 cm，成熟時黑褐色。

用途　當庭園、道路美化及景觀樹用，花姿亮麗，觀賞用。

2n=28

21　黃槐決明（黃槐、金鳳）

- ***Senna surattensis* (Burm. f.) H. S. Irwin & Barneby**

  Cassia surattensis Burm. f.

  Senna sepeciosa Roxb.

  Cassia suffruticosa Roth

  Cassia fastigiata Vahl

- モクセンナ

- Glossy shower senna, Scrambled eggs, Sunshine tree, Scrambled egg plant, Kembang, Kooning

分布　原產印度、斯里蘭卡、印尼、菲律賓及太平洋諸島。臺灣 1903 年首度引進，已歸化生長，現各地均有栽植。

形態　大灌木至小喬木。具多數分枝，小枝細長，光滑無毛。葉偶數羽狀複葉；小葉 6~9 對，卵形或卵狀長橢圓形，2~5 cm，先端鈍或微凹入。花黃色，10~15 朵，呈頂葉腋生的總狀花序或繖房狀總狀花序，花序長 3~6 cm，有柔毛；花萼深 5 裂，裂片長橢圓形；花瓣長橢圓形，先端鈍；雄蕊 10 枚。莢果線形，扁平，常彎曲，7~10 cm，具細長的喙。種子 10~25 粒，扁平，橢圓形，黑褐色，長約 6 mm。地上發芽型，初生葉羽狀複葉，互生。

用途　根的煎煮液當藥用。嫩葉當蔬菜用。樹皮為單寧原料。庇蔭樹，綠籬及園林綠化樹，觀賞用。

2n=48, 56

22 決明（大號山土豆、馬蹄決明、假綠豆、草青仔、圓決明、真決明、石決明、決明子、鹿藿草）

- ***Senna tora* (L.) Roxb.**
  Cassia tora L.
- ホソミエビスグサ, ロツカクソウ, コエビスクザ, エビスグサ
- Oriental senna, Sickle senna, Foetid cassia, Wild senna, Sickle pod

分布　臺灣自生種，廣泛分布於熱帶及亞熱帶地區。臺灣生長於平地或低海拔地區之開闊地。

形態　直立一年生的亞灌木狀草本，略帶有惡臭。葉偶數羽狀複葉；小葉 3 對，倒卵形至長橢圓狀倒卵形，2~6 cm，先端鈍而微尖突，基部漸尖。花黃色，腋生，成對生長；發育雄蕊 7 枚，二體。莢果細長圓柱形，稍彎曲，有稜線，略呈四方形，12~17 cm。種子近菱形，長約 5 mm，褐色，有光澤。地上發芽型，初生葉 4 小葉，互生。

用途　種子藥用，稱「決明子」，有解毒、養目、健胃、強壯、利尿等功效。咖啡的代用品，可泡茶。青色染料的媒染劑。幼葉、幼芽可食。綠肥。觀賞用。

2n=24, 26, 28, 52

（鍾芸芸　攝）

44 四肋莢豆屬（Tetrapleura Benth.）*

落葉高大喬木，高及 25 m，樹幹周長超過 3 m。葉二回羽狀複葉，對生；羽片 5~9 對；小葉 12~24 枚，互生，橢圓形，小，基部歪斜，先端 V 字型凹入，光滑或微毛。花小，粉紅色或乳黃色，單花或成對腋生，呈穗狀總狀花序；花瓣線狀披針形，分離；雄蕊 10 枚，分離。莢果長橢圓形，長 15~25 cm，呈 4 縱肋翅狀，不開裂，種子間被隔膜分開。種子小而硬，卵形，黑色，扁平。2n=26。

本屬約有 2 種，分布熱帶東非洲。臺灣引進 1 種。

1 四肋莢豆

- ***Tetrapleura tetraptera*** **(Schumach. & Thonn.) Taub.**

Tetrapleura thonningii Benth.

分布　原產非洲南部。臺灣引進。

形態　落葉高大喬木。葉二回羽狀複葉，互生，羽片 5~9 對；小葉 12~24 枚，互生，橢圓形，基部歪斜，先端凹入，光滑；葉軸具腺體。花小，粉紅色；單花或成對腋生，呈穗狀總狀花序；雄蕊 10 枚，分離。莢果長橢圓形，厚，暗紅棕色，長 15~25cm，呈 4 肋翅狀，不開裂，種子間膜隔離；具肥大果柄。種子卵橢圓形，小而硬，扁平，黑色。地上發芽型，初生葉羽狀複葉，對生，小葉互生。

用途　果肉可食用，具牛奶糖味道。莢果果肉含少量皂素，可當洗髮及洗衣服用。莢果、葉當藥用。木材當小家具、門窗之框材用。庭園栽培觀賞用。

2n=26

（鍾芸芸　攝）

（鍾芸芸　攝）

45 金合歡屬（Vachellia Wight & Arn.）*

喬木，灌木或藤本。具托葉狀針刺。葉二回羽狀複葉，互生，羽片和小葉多對，對生；葉軸及葉柄具腺體。花黃色或乳白色，組成球形頭狀或伸長成穗狀花序，腋生排成總狀花序；二性花，少單性；花萼、花冠 4~5 裂；雄蕊多數，離生。莢果直、彎曲或卷曲，開裂或不開裂。種子多數。2n=26, 52。

本屬約有 165 種，分布熱帶、亞熱帶非洲、美洲、亞洲及澳洲。臺灣歸化 1 種，引進 9 種、1 亞種。

1 牛角相思樹（牛角栲）

- ***Vachellia cornigera* (L.) Seigler & Ebinger**

  Acacia cornigera (L.) Willd.

  Mimosa cornigera L.

  Acacia spadicigera Schltdl. & Cham.

- Bullhorn acacia, Swollen-thorn acacia, Bullhorn wattle, Bull's horn acacia, Bull-horn thorn, Oxhorn acacia

分布　原產墨西哥至哥斯大黎加，歸化於西印度群島、亞熱帶地區。臺灣 1936 年引進栽種於墾丁國家公園。

形態　常綠灌木或小喬木。樹枝上有 2 枚對生大形牛角狀針刺，部分中空，基部膨大，先端尤尖銳，長 6~7 cm。葉二回羽狀複葉，羽片 5~6 對；小葉 18~20 對，長橢圓形或線狀長橢圓形，1~1.5 cm，先端鈍，基部圓。花黃色，多數，密生呈短棍棒穗狀花序；雄蕊多數。莢果圓柱形，長 5~7 cm。

用途　有名的有刺植物，由於刺使草食動物不敢接近，當骨董品或觀賞用栽培之。

2n =26

2 駱駝刺楉

- ***Vachellia erioloba*** **(E. Mey.) P. J. H. Hunter**
  Acacia erioloba E. Mey.
  Acacia giraffae Willd.
- Camel thorn, Giraffe acacia

分布　原產非洲南部。臺灣引進。

形態　喬木。具直立、褐色托葉狀的粗刺，雙生，長約 3 cm。葉二回羽狀複葉，長約 6 cm，羽片 1~2 對；小葉 8~15 對，長約 5 mm。花黃色，頭狀花序，叢生，一般在長葉之前開花。莢果橢圓形，彎曲，長約 13 cm，具灰色絨毛，不開裂，內側海綿狀。

用途　當 Cape gum 的原料，可食用。樹皮當染皮革用。莢果粉當家畜的飼料。種子當咖啡的代用品。材硬，當器具柄，小物件製作用。觀賞用。

2n=52

3 金合歡（牛角花、荊球花、鴨兒樹、刺毬花、番刺仔、羊抗刺、刺球花）

- ***Vachellia farnesiana*** **(L.) Wight & Arn.**
  Acacia farnesiana (L.) Willd.
  Mimosa farnesiana L.
  Acacia pedunculata Willd.
- キンゴウカン, キンネムアカシア
- Sweet acacia, Cassie flower, Cassie, Sponge tree, West Indian blackthorn, Farnesian acacia, Popinac, Opopanax, Mimosa bush, Cassy, Huisache

分布　原產熱帶、亞熱帶美洲，分布澳洲、非洲和亞洲。臺灣早期引進，如今中、南部與東部已歸化生長，中、南部較常見。

形態　直立灌木或喬木。具刺狀托葉。葉二回羽狀複葉，羽片 2~8 對；小葉線形，通常 10-20 對，4~7 mm，先端鈍，基部圓。花鮮黃色，具有香味，多數小花聚合成頭狀花序；單朵雄蕊 60~68 枚，分離。莢果圓柱形或紡錘形，4~7 cm，暗褐色至灰黑色，不開裂。種子橢圓形，褐色，7~9 mm。

用途　全世界熱帶地區廣泛栽培，花取精油，製香水。樹皮、果莢、根含單寧，當鞣革、收斂劑、緩和解熱劑等利用之。莢果之黏液藥用。莢果為黑色染料之原料。莖之樹脂為二級品膠。木材堅硬，製鋤，裝飾品等。代羅望子食用之，種子發芽後食用之，也可當飼料。葉子具有酸、甜味，可當調味料。花曬乾，可泡茶飲用。莢果和葉當飼料。觀賞用、生籬、防止土壤流失等栽培之。

2n=52

4 元蘭梣（紅刺梣）

- ***Vachellia gerrardii*** **(Benth.) P. J. H. Hurter**

  Acacia gerrardii Benth.

  Acacia hebecladoides Harms

- Sebeldit, Red acacia

分布　原產非洲南部。臺灣 1965 年由羅德西亞引進，栽培於林試所恆春分所、臺北植物園。

形態　喬木。小枝被灰色毛茸，樹冠呈傘形，具直立刺。葉二回羽狀複葉，羽片 3~12 對；小葉 12~23 對，長 3~7.5 mm。花白色，有芳香，呈球形頭狀花序。莢果大而呈鐮刀形，7~15 cm，開裂。種子綠褐色，扁平，9~12 mm。

用途　葉含 17 % 以上的粗蛋白質。枝葉可當牛或羊之飼料。

5 堅利梣（強刺梣）

- ***Vachellia karroo*** **(Hayne) Banfi & Galasso**

  Acacia karroo Hayne

  Acacia horrida (L.) Willd.

  Mimosa horrida L.

  Acacia inconflagrabilis Gerst.

  Acacia hirtella E. Mey.

  Acacia natalitia E. Mey.

- Cape gum, Mimosa thorn, Allthorn acacia, Sweet thorn, Karroo bush

分布　原產非洲南部。臺灣引進栽植於林試所港口工作站。

形態　小喬木。樹冠扁平，刺直立，長約 6 cm。二回羽狀複葉；羽片 2~6 對；小葉 5~11 對，約長 6 mm。花黃色，排列成穗狀花序，多數著生在無葉之枝上。莢果長橢圓形，長約 5 cm，薄而扁平。地上發芽型，初生葉一回、二回偶數羽狀複葉，互生。

用途　材堅硬，當建築材用。樹皮與莢果含單寧，鞣革用。葉與幼莢、花當飼料。莖可採 Cape gum，似阿拉伯膠，南非人食用之。薪材、庇蔭樹、生籬。觀賞用。

2n=52

6 白皮金合歡

- ***Vachellia leucophloea*** **(Roxb.) Maslin, Seigler & Ebinger**

  Acacia leucophloea (Roxb.) Willd.

  Mimosa leucophloea Roxb.

  Acacia alba Willd.

- White-barked acacia, Brewers acacia, Distillers acacia, Panicled acacia, Kuteera-gum, Sated babul, Pilang

分布　原產印度和緬甸。臺灣引進栽培。

形態　高大喬木。有刺，乾期落葉，樹皮白色至黃灰色，光滑，老樹變黑而粗糙。葉二回羽狀複葉，羽片 4~13 對；小葉 5~30 對，革質，綠色。葉柄和羽片連接處之下部位有圓腺點。花淺黃色至乳白色。莢果黃色、綠色或棕色，平而直，10~20 cm，10~20 粒種子。種子長橢圓形，暗褐色，6 mm。地上發芽型，初生葉一回、二回羽狀複葉，互生。

用途　材淡紅色至瓦紅色，當支柱、車輛、細工、農具等使用，為上等薪材。樹皮當纖維原料，在印度作漁網、繩索用。樹皮當砂糖和椰子汁的香料。樹皮含單寧 9~20 %，當鞣皮或黑色染料用。幼嫩莢及種子可食用。莖為樹膠之原料，當優良樹膠之充填料及藥用。

2n=26

7a 膠樹

- ***Vachellia nilotica*** **(L.) P. J. H. Hurter & Mabb. ssp. *nilotica***

  Acacia nilotica (L.) Delile

  Mimosa nilotica L.

  Acacia scorpioides (L.) W. F. Wight

- アラビアゴム
- Egyptian mimosa or thorn, Gum-arabic tree, Suntwood, Babul acacia

分布　原產熱帶非洲、阿拉伯、印度、巴基斯坦、麻六甲。臺灣 1897 年引進栽植臺北植物園。

形態　喬木。樹皮暗褐色，有波狀裂痕。葉二回羽狀複葉，羽片 3~6 對；小葉 10~15 對，線狀長橢圓形，3~5 mm，兩端鈍，基部歪。花暗黃色，有強烈香味，2~6 朵腋生叢生，聚集成頭狀花序；雄蕊多數，離生。莢果線形。種子 8~12 枚，黑色扁平。

用途　生產單寧（樹皮含 18~23 %）、膠（樹液）及木材三大產品。豆莢及枝條可當蔬菜。種子釀酒。當牧草樹。因果莢成熟時有強烈香味，味甜，家畜特別喜好。幼樹皮可取纖維，水煎煮可治咳嗽。

2n=52\

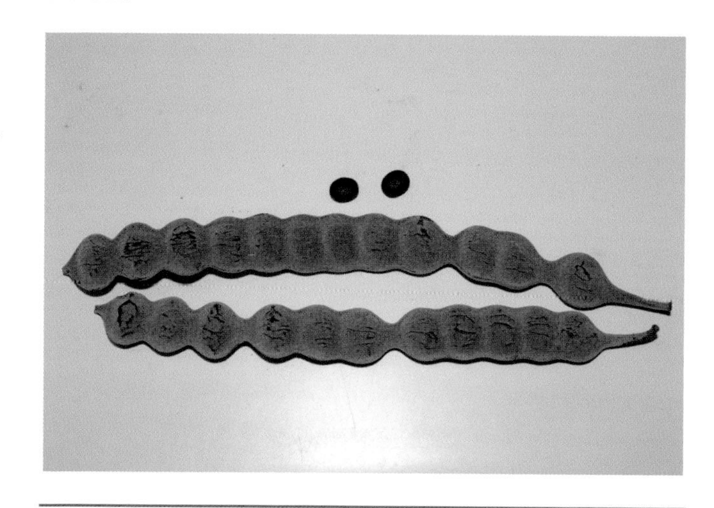

7b 阿拉伯膠樹（膠樹）

- ***Vachellia nilotica*** **(L.) P. J. H. Hurter & Mabb. ssp. *subalata*** **(Vatke) P. J. H. Hurter & Mabb.**

  Acacia nilotica (L.) Del. ssp. *subalata* (Vatke) Brennan

  Acacia arabica (Lam.) Willd.

  Mimosa arabica Lam.

  Acacia subalata Vatke

- アラビアゴムモドキ
- Babul acacia, Brown barbary gum, Egyptian mimosa, Gum arabic tree, Indian gum arabic, Prickly acacia, Scented-pod acacia

分布　原產熱帶非洲、巴基斯坦、印度。引進栽培之。臺灣 1930 年代引進栽植於臺北植物園，現在中、南部略有栽植。

形態　大喬木。樹冠多呈傘型。托葉形成的針刺長 1.5~5 cm。葉二回羽狀複葉，羽片 2~8 對；小葉

12~28 對，線形。花金黃色，密集於球形的頭狀花序。莢果直或略彎曲，厚，種子間呈明顯的緊縮狀。地上發芽型，初生葉一回、二回偶數羽狀複葉，互生。

用途　木材重，緻密具耐水、白蟻之性質，可做機械、農具、工具之柄、車輪、枕木，當屋樑、雕刻、船舶之材。葉及幼莢為駱駝、羊之優良飼料。幼枝之樹皮可取纖維。果莢與樹皮可鞣革及當黃色染料。莖為水溶性之阿拉伯膠源。印度饑荒時將樹皮磨成粉與食用粉混合食用之，原住民利用此膠與胡麻混合食之。舊種子醱酵當飲料。與禾本科輪作可改良土壤。藥丸錠劑之黏著劑，外科用之散布劑、去臭劑等。當庇蔭樹、飼料。觀賞用。

2n =44, 52

8 白刺相思樹

- ***Vachellia sieberiana*** **(DC.) Kyal. & Boatwr.**

  Acacia sieberiana DC.

- White thorn, Paperbark thorn, Paperbark acacia

分布　原產熱帶非洲、巴基斯坦。臺灣引進栽培。

形態　高大喬木。葉二回羽狀複葉，長約 15 cm；小葉 15~40 對；刺白色，粗壯直立，長約 10 cm；羽片 12~18 對。花乳白色，芳香。莢果褐色，10~20 cm，不開裂。種子埋在海綿狀組織中，一列並排。

用途　莖為樹脂之原料，樹脂水溶性，可食用、當黏著劑、墨水原料。幼莢含粗蛋白 8.3 %，種子含粗蛋白 27.4 %，幼嫩枝葉含粗蛋白 22 % 也可食用。掉落的莢果和葉子當動物乾旱期的求生飼料。在非洲樹皮和根當藥用。當蜜源植物。觀賞植物。

2n=52

9 旋扭金合歡

- ***Vachellia tortilis*** **(Forsk.) Galasso & Banfi**

  Acacia tortilis (Forsk.) Hayne

  Mimosa tortilis Forsk.

  Acacia fasciulata Guill. & Perr.

  Acacia spirocarpa Hochst *ex* A. Rich.

- Sejal, Talha, Shittah tree, Umbrella thorn, Umbrella acacia

分布　原產阿爾及利亞至埃及和阿拉伯、南非。臺灣引進栽培。

形態　小喬木。樹冠傘形，枝具軟毛，赤褐色，刺有些白色，直立，細長，但有些灰色先端褐色，先端彎曲，非常小。葉二回羽狀複葉，羽片 5~9 對；小葉 6~19 對。花白色或乳白色，有芳香味，呈頭狀花序。莢果橫斷面圓形，黃褐色，有軟毛，7~15cm，螺旋狀扭卷，不開裂。種子間多少有些緊縮。

用途　嫩幼枝綿羊及山羊食之。莢果成熟後掉落，非洲的家畜非常喜歡食用，營養價值高，在肯亞成熟的莢果是牛、羊等的主要飼料。採 Comme rouge 樹脂，當樹膠、藥劑及藥用。花芳香，觀賞用。

2n=52

10 發燒栲（發燒樹）

- ***Vachellia xanthophloea*** **(Benth.) P. J. H. Hurter**

  Acacia xanthophloea Benth.

- Fever tree

分布　原產非洲東部和南部，分布溫帶地區。臺灣引進。

形態　喬木。生長快速，樹皮光滑，新枝紫色，後變黃色。葉二回羽狀複葉，羽片 5~7 對；小葉小，長約 8 mm。花黃色，多數小花聚合成頭狀花序。莢果灰棕色，橢圓形，平而直，稍紙質，長 5~9

cm，5~10 粒種子。

用途　木材硬而重，為一般有用材，當支柱或桿柱用。成長快速，耐霜性極強，可保土壤侵蝕。非洲原住民當瘧疾、發燒的解熱劑用。葉和莢當牲畜飼料。花當蜜源。當綠籬或灌木樹籬。觀賞用。

2n=52

46 鐵木屬（Xylia Benth.）*

小至大喬木。無刺。葉二回羽狀複葉，羽片 1 對；小葉大而少對，或小而多對；葉柄先端具腺點，頂小葉連接處有 1 小腺點。花灰綠色、白色或黃色，頭狀花序呈總狀排列；花兩性；花瓣 5，基部合生；雄蕊 10 枚，有時更多，突出。莢果無柄，長橢圓狀鐮刀形，大，厚，扁平，木質，裂瓣具彈性。種子倒卵形，扁平，棕色，光滑。2n=(16), 24。

本屬約 15 種，分布熱帶之非洲，馬達加斯加、南印度和緬甸。臺灣引進 1 種。

1 緬甸鐵木（木莢豆）

- ***Xylia xylocarpa* (Roxb.) Taub.**
  Mimosa xylocarpa Roxb.
  Xylia dolabriformis Benth.
- ピンカド
- Iron wood, Ironwood of Benth, Burma iron wood

分布　原產緬甸、馬來西亞。臺灣 1937 年由菲律賓引進，栽植於美濃雙溪熱帶樹木園內。

形態　高大喬木，夏季常落葉。葉二回羽狀複葉，羽片 1 對；小葉 2~6 對，長橢圓形，長 4~20 cm，先端漸尖，基部鈍略歪。花多，淡黃色，密集呈球形的頭狀花序；雄蕊 10 枚。莢果扁平，鐮刀形，略彎曲，厚木質，10~15 cm，開裂。種子 6~10 粒，扁平，褐色，有光澤。地上發芽型，初生葉 2 片羽狀葉，對生。

用途　木材堅硬，難鋸，赤褐色，當橋樑材、緩衝裝置、步道、船舶、枕木、支柱等，為重要構材。樹皮含單寧。種子含 20 % 黃色不乾性油。

2n=16, 24

蝶形花亞科（Papilionoideae DC.）

喬木、灌木、草本或具卷鬚之纏繞性藤本植物。葉大多奇數或少偶數羽狀複葉，或掌狀複葉，常單葉，三出複葉，罕二出複葉或4出複葉。小葉對生或互生，有時變為卷鬚，罕為假葉。花大多總狀花序或圓錐花序，少成為繖房狀、穗狀或頭狀花序，或單花；花兩性，少單性，大多兩側對稱，少不對稱或輻射對稱或近輻射對稱；花萼常5裂；花瓣5，一般蝶形花冠，最外最大1枚為旗瓣，外兩側旁一對為翼瓣；底部一對合生者為龍骨瓣；雄蕊大多10枚，罕9枚或更多，組成二體雄蕊（9+1或5+5），或離生或基部合生之單體雄蕊。莢果沿一或二縫線開裂，或不開裂，而為節果、翅果狀或核果狀。種子一般具硬種皮，有時具鮮或肉質假種皮，種臍縫線複合，種臍和子葉明顯，無附屬物。2n=14, 16, 18, 20, 22, 24, (10, 12, 26, 28, 30, 32, 36, 38, 40, 42, 44, 46, 48, 50, 52, 56, 64, 84, 96, 128, 180)。

本亞科有503屬，約14, 000種。臺灣有125屬432種，12亞種，29變種。

1 雞母珠屬（Abrus Adans.）

一年生或多年生攀緣灌木或藤本。葉偶數羽狀複葉；小葉多對，小，全緣。花粉紅色或白色，腋生或頂生的總狀花序；數朵簇生於花序的節上；兩性花，雄蕊9枚，聯合成筒狀，上部分裂。莢果長橢圓形或線形，扁平或微膨脹。種子2至多粒，圓柱形，具光澤，常鮮紅或黑色，或紅、黑兩色。2n=20, 22。

本屬約15種，分布熱帶地區。臺灣自生1種，引進1種及1亞種。

1 雞母珠（相思子、相思豆、紅珠木、郎君豆、鴛鴦豆、雞母珍珠、雞母子）

- ***Abrus precatorius*** **L.**
  Abrus abrus (L.) Wight
  Glycine abrus L.
- トウアズキ
- Rosary pea, Crab's eye, Indian liquorice, Jequirity, Love pea, Red-bean vine

分布 臺灣自生種，廣泛生長於熱帶及亞熱帶地區。臺灣生長於桃園以南，中、南部、東部，低海拔之山地及平地原野及澎湖。

形態 蔓性多年生草本。纏繞於其他植物上。一年生枝條綠色或淺黃色。葉偶數羽狀複葉；小葉8~17對，對生，闊圓形或長圓形，1~1.5 cm。花淡粉紅色或白色，乃至青紫色，叢生於節上，呈腋生，總狀花序，一花序上有10~50朵；雄蕊9枚，單體。莢果長橢圓形，成熟後開裂，3~6粒種子。種子橢圓形，長5~6 mm，深紅帶一大黑點，有光澤。地上發芽型，初生葉羽狀複葉，互生。

用途 種子含有相思素（abrin）具猛毒，當眼炎及解毒藥用。種子煮沸後當強壯劑。根、莖、葉含有甘草素當藥用，亦可當飲料。莖葉乾燥可泡茶，稱為「雞母珠茶」。可作為覆蓋、綠肥作物。種子鮮豔美麗可作項鍊等裝飾品。

2n=22

2a 美麗相思子（毛相思子）

● ***Abrus pulchellus* Wall. *ex* Thw. ssp. *pulchellus***

分布　原產華南地區，中南半島、東南亞、不丹、印度等。臺灣引進栽培。

形態　蔓性植物。莖纖細，一年生枝條褐色或紫色，被稀疏黃色剛毛或絨毛。葉偶數羽狀複葉；小葉6~10對，對生，短柄，膜質，近圓形，0.7~4 cm，先端截形，具小尖頭，基部圓形，表面無毛，背面被疏白伏毛。花粉紅色、紫色或紫紅色，密集成頭狀，3~9 mm，呈總狀花序，腋生，3~10 cm；雄蕊 9 枚。莢果長橢圓形，5~6.5 cm，成熟時開裂，密被平伏白毛，6~12 粒種子。種子黑褐色或褐色，微光澤，橢圓形或卵形，扁平。原亞種與廣東相思子主要區別小葉常較大，多為 2 cm 以上，且小葉葉基圓形，莢果亦較大 3 cm 以上，而後者小葉較小，長度不及 1 cm，且小葉葉基近心形，莢果長度常 3 cm 以下。

用途　在馬來西亞根做飲料用。在爪哇莖當纖維料，做沉水物之捆包繩用。當藥用及觀賞用。

2n=22, 24

2b 廣東相思子（廣州相思子、雞骨草、地香根）

● ***Abrus pulchellus* Wall. *ex* Thw. ssp. *cantoniensis* (Hance) Verdc.**

Abrus cantoniensis Hance

● カンドントウアズキ

● Canton abrus

（許榮輝　攝）

分布　原產中國廣東、廣西。臺灣引進栽培。

形態　攀援之蔓生多年生植物。二年生枝條紅褐色。葉偶數羽狀複葉，托葉錐尖狀成對著生；小葉 8~11 對，橢圓形或倒卵形，長 0.5~2.5 cm，先端平截，有芒尖，基部近心形，黃綠或淺黃棕色，小葉柄極短，被短柔毛。花小，淡紅色，呈總狀花序腋生；萼鐘狀，黃綠色；旗瓣寬橢圓形，翼瓣狹，龍骨瓣弓形；雄蕊 9 枚。莢果長橢圓形，長 2.2~3 cm，被黃色短疏毛。種子 4~5 粒，長圓形，黑褐色。

用途　種子有毒，全草（除豆莢）中國本草稱「雞骨草」當藥用。觀賞用。

（許榮輝　攝）

2 合萌屬（Aechynomene L.）

草本或小灌木。莖直立或匍匐。葉偶數或奇數羽狀複葉；小葉多數，易閉合。花黃色至橙色，常具紫色或紅色斑紋，花數朵組成簇生總狀花序；雄蕊二體 (5+5)，或基部合成一體。莢果具長柄或短柄，線形或橢圓形，狹而扁平，具 2~18 莢節，各節有 1 粒種子。種子腎形，淺褐色至黑色，小而光滑。2n=(18), 20, 40。

本屬約 200 種，主要分布熱帶、亞熱帶地區。臺灣自生 1 種，歸化 1 種、1 變種，引進 1 種。

1a 美洲合萌（美洲皂角、敏感合萌）

● ***Aeschynomene americana* L. var. *americana***

● アメリカクサネム

● American joint vetch, Sensitive joint vetch, Sensitive jointpea, Pega pega, Shyleaf aeschynomene, Forage aeschynomene

分布 原產美洲，現廣泛歸化於全球熱帶及亞熱帶。臺灣 1961 年引進，歸化生長於全島低海拔地區開闊之路旁、荒地。

形態 斜立多年生草本或亞灌木。小枝條細長，斜上升或近似下垂，具絨毛。葉偶數羽狀複葉，托葉顯著，盾狀著生；小葉 10~30 對，主脈 2~4 條，披針形，0.4~1 cm，先端圓，基部鈍。花黃色或黃綠色，總狀花序；雄蕊二體 (5+5)。莢果直或彎曲，平滑，長 2.5~4 cm，上縫線不具刻痕，1~8 莢節，半圓形。種子腎形，褐色，2~2.8 mm。地上發芽型，初生葉羽狀複葉，互生。

用途 具有根瘤。可作為牧草、綠肥、覆蓋用。

1b 毛果美洲合萌

- ***Aeschynomene americana*** **L. var.** ***glandulosa*** **(Poir.) Rudd.**

分布 原產熱帶美洲。臺灣引進栽培，已歸化生長於花蓮河岸濕地。

形態 直立多年生亞灌木。莖紅棕色，多分枝。葉偶數羽狀複葉，橢圓形，長橢圓形至披針狀橢圓形，1.5~3 cm；小葉 12~24 對，線狀長橢圓形，4~10 mm，先端凸尖。花棕黃色，旗瓣有紫色大斑點，呈短總狀花序，有 1~4 朵花；雄蕊 10 枚。莢果直或彎曲，長 1~2.5 cm，4~8 莢節，半圓形，被長腺毛，此與美洲合萌（var. *americana*）主要區別。種子卵形至腎形，黑色。

用途 可當綠肥、覆蓋、牧草利用。

2 浮葉合萌（大葉水含羞草、水合萌）

- ***Aeschynomene fluitans*** **Peter**

  Aeschynomene schlechteri Baker f.

- Giant sensitive fern

分布　原產熱帶非洲，安哥拉、坦尚尼亞、尚比亞。臺灣引進栽培。

形態　多年生水生草本。莖中空，密生不定根。葉偶數羽狀複葉，長達 8 cm；小葉 16~26 對，長橢圓形至線狀長橢圓形，長 9~25 mm，無毛，藍綠色，全緣或細鋸齒狀。花黃色，單花，腋生。莢果長 1.5~5 cm，沿著邊緣有節狀脊。

用途　在非洲為有價值之牧草，幼枝條含粗蛋白 14.8~26.6 %，對特別貧瘠之沙地和河川綠化相當重要。原住民當野菜食用。

3 合萌（田皂角、虱篦草、合明草、草合歡、水槐、水松柏、水槐子、水通草）

- ***Aeschynomene indica*** **L.**
- クサネム
- Joint vetch, Hard sola-pith plant, Budda pea, Common aeschynomene, Indian jointvetch, Kat sola, Kuhilia

分布　臺灣自生種，分布熱帶亞洲、太平洋諸島、日本。臺灣生長於全島平野至低海拔路旁。

形態　一年生半灌木狀草本。莖直立或斜上升狀，光滑至微毛。葉偶數羽狀複葉，托葉膜質，披針形；小葉 20~50 對，線形或長橢圓形，1~1.5 cm，先端鈍，基部圓形，主脈 1 條，晚間與陰雨天小葉全部閉合。花黃色或黃色帶有紫色斑點或條紋，總狀花序；雄蕊二體 (5+5)。莢果線狀長橢圓形，具刻痕，6~10 莢節，節四方形，每節具扁平種子 1 粒。種子腎形，3.5 mm，黑褐色，光滑。地上發芽型，初生葉羽狀複葉，互生。本種莖無毛可與美洲合萌莖被絨毛區別。

用途　具有根瘤。可作為牧草，優良覆蓋綠肥。全草及種子當藥用。葉可代茶用。莖去皮之木質部，印度作為漁網之浮木、筏子、魚籠等。材當為燒陶瓷薪材用。

2n=38, 40

3 煉莢豆屬（Alysicarpus Desv.）

一年生，二年生或多年生草本。莖直立或分散。葉單葉，極罕為羽狀三出複葉；小葉線形至披針形。花小，常成對排列，頂生或腋生的總狀花序；花萼 5 淺裂；雄蕊二體 (9+1)。莢果近圓柱形，直，扁而不平，具數個不開裂莢節，每節有 1 粒種子。種子亞圓形或球形。2n=16, 20。

本屬約 30 種，分布熱帶地區。臺灣特有 1 變種，自生 2 種，歸化 2 種。

1 長葉煉莢豆（細葉煉莢豆、柴胡葉煉莢豆）

- ***Alysicarpus bupleurifolius*** **(L.) DC.**
  Hedysarum bupleurifolium L.
- ナガバタケハギ
- Sweet alys

分布　臺灣自生種，分布印度、馬來西亞、波利尼西亞、中國。臺灣生長於南部低海拔之乾燥草地、路旁。

形態　直立或斜立具有多數枝條的草本。枝條細長。葉單葉，線形或披針形，2~5 cm，先端漸尖，基部圓，托葉披針形。花紅～橙黃色，數枚頂生於枝條尖端，呈伸長的總狀花序，長 6~12 cm；雄蕊 10 枚，二體。莢果圓柱形，1~1.5 cm，3~8 莢節，節間成緊縮狀，平滑。種子近菱形。地上發芽型，初生葉單葉，對生。

用途　具有根瘤，可做綠肥及牧草，覆蓋用。

2n=16

2 圓葉煉莢豆

- ***Alysicarpus ovalifolius*** **(Schum.) J. Leonard**

  Hedysarum ovalifolius Schum.

- マルバタケハギ

分布　原產熱帶非洲、馬達加斯加和亞洲。臺灣引進栽培，歸化自生在新竹以南及花蓮之開闊地、路旁、河邊及海邊。

形態　直立或匍匐之多年生草本。葉單葉，一般二型，上位葉披針形，2~5 cm，先端銳尖，基部圓形，下位葉橢圓形，1.5~2 cm，先端凹缺，基部圓形。花紫紅色，長 6 mm，總狀花序，花疏生，長於 4

cm；雄蕊 10 枚，二體。莢果 (5~) 15~22 mm，不開裂，有鉤毛，無隔膜，但有時末梢部節有隔膜，節下緣成圓形，有莢節 (1~)4 ~ 6(~8)。種子長橢圓形，暗紅色，長 2 mm。地上發芽型，初生葉單葉，對生。本種類似煉莢豆（*A. vaginalis*），但葉面及葉背網狀細脈平不明顯，而煉莢豆葉面及葉背網狀脈突起，明顯。

用途　具有根瘤。可做綠肥、覆蓋用、飼料用。葉與根浸出液當藥用。

3 皺果煉莢豆

- ***Alysicarpus rugosus*** **(Willd.) DC.**

  Hedysarum rugosum Willd.

分布　原產熱帶非洲、亞洲、歐洲、西印度諸島。臺灣引進栽培，最早歸化於恆春墾丁、青蛙石一帶，生長於開闊荒地、路旁。

形態　匍匐狀草本。被毛。葉單葉，長卵形，1.5~4 cm，先端圓鈍，基部圓，小托葉乾膜狀。花紅橙色，集成總狀花序；雄蕊 10 枚，二體，花萼乾膜筒狀。莢果皺縮，幾乎包於花萼內，圓腫，2~3 節，節間具橫隔，可斷裂成單節。種子圓形。地上發芽型，初生葉單葉，對生。

用途　具有根瘤可作綠肥、覆蓋用，當家畜的飼料用。葉及根浸出液當藥用。

2n=16

（陳丁祥　攝）

（陳丁祥　攝）

（陳丁祥　攝）

4a 煉莢豆（蠅翼草、山土豆、山地豆、土豆舅、一條根舅、單葉豆）

- ***Alysicarpus vaginalis* (L.) DC.**
  Hedysarum vaginale L.
  Alysicarpus nummularifolius (L.) DC.
  Hedysarum nummularifolius L.
- ササハギ
- Alyce clover, Buffalo clover

分布　臺灣自生種，廣泛分布於舊世界之熱帶。臺灣生長於全島平地或低海拔山地、草生地、開闊地、路旁等。

形態　多年生匍匐或斜上升草本。具多數枝條，小枝條細長。葉單葉，通常二形，下部葉為心形、卵形，1~3 cm，上部葉橢圓形、長橢圓形，至披針形。2~8.5 cm，先端鈍圓至微凹，托葉披針形，先端尾尖。花紅紫色，呈頂生疏生的總狀花序，長 8~15 cm。莢果線形，1~3 cm，莢果有隔膜，初為黑色，後變黃色，具柔毛，4~9 節，基部二節藏於花萼內。種子橢圓形。地上發芽型，初生葉單葉，對生。

用途　為優良之綠肥、覆蓋作物；防止土壤流失，土壤改良作物。適於作乾飼料或牧草。植物體全草當藥用。幼苗及嫩莖葉可食用。

2n=16

4b 黃花煉莢豆

- ***Alysicarpus vaginalis* (L.) DC. var. *taiwanensis* Ying**

分布　臺灣特有變種，生長於宜蘭、花蓮、苗栗及高雄地區。

形態　多年生草本。為煉莢豆之變種，葉單葉，橢圓形、長橢圓形，先端鈍圓至微凹。花完全為黃色；龍骨瓣擴展狀，長橢圓形，長 1.5~2 cm。莢果呈線形，內有隔膜，初為黑色，後變為黃色，具柔毛，4~9 節，種子橢圓形。

用途　可當覆蓋、綠肥用。

4 紫穗槐屬（Amorpha L.）

亞灌木或灌木，少草本。葉奇數羽狀複葉，互生；小葉全緣或鋸齒狀，多數，小，具腺點。花小，紫色、藍紫色或白色；頂生或總狀花序或穗狀花序；花萼 5 齒裂；花冠僅存旗瓣 1 枚；雄蕊 10 枚，單體。莢果短，長橢圓形，略彎曲，不對稱，常具腺點，不開裂，1~2 粒種子。種子長橢圓形，亞腎形，具光澤。2n=20, 40。

本屬約 15 種，主產北美洲。臺灣歸化 1 種。

1 紫穗槐

- ***Amorpha fruticosa* L.**
- Bastard indigo, False indigo, Indigo bush

分布 原產北美。在日本、中國也有栽培。臺灣引進栽培，最近歸化生長於北部地區。

形態 落葉灌木。葉奇數羽狀複葉；小葉 9 ~25 枚，卵形、橢圓形或披針狀橢圓形，全緣，有黑色腺點，1.5~4 cm，兩面具微軟毛。花藍紫色或深紫色，總狀花序單一或多數組成圓錐花序密生在枝的上部，長 7~15 cm；花冠僅具旗瓣 1 枚，無翼瓣及龍骨瓣；雄蕊 10 枚，由花冠伸出，基部結合成不明顯的雄蕊筒。莢果下垂，茶褐色，圓柱形，7~9 mm，先端有小尖，彎曲，有腺點，種子 1 粒，含有芳香油。種子長圓形，長約 5 mm，棕色，有光澤。地上發芽型，初生葉單葉，互生。

用途 莖葉含紫穗槐甙（amorphin）藥用。種子含油 10 % 左右，當漆的代用品、潤滑油及甘油用。適宜防風林之造林，當土壤保全，沙地固定用。庭園景觀樹，觀賞用。養分含量豐富，當綠肥、堆肥用。鮮液含粗蛋白質 21.58%，粗脂肪 5.55%，粗纖維 11.1%，可溶性無氮浸出物 41.9%，可陰乾或乾葉粉發酵後當飼料用。老化莖枝可用於編織及包裝用材，也是造紙工業和人造纖維的原料。

2n=40

5 野毛扁豆屬（Amphicarpaea Elliott *ex* Nutt.）

一年生或多年生纏繞或攀緣性草本。葉羽狀三出複葉；小葉橢圓狀卵形。花兩型，閉鎖花位於莖基部，無花瓣；蝶形花白色、藍色、紫色或紅色，腋生的總狀花序；雄蕊二體 (9+1)。莢果線形或鐮刀形，扁平。種子橢圓形或亞球形。而閉鎖花之莢果長橢圓狀，不開裂，種子一般 1 粒。2n=20。

本屬約 4 種，分布熱帶及溫帶北美洲，亞洲中、北部，喜馬拉雅、日本及熱帶非洲。臺灣自生 1 變種。

1 野毛扁豆（銀豆、藪豆、兩型豆）

- ***Amphicarpaea edgeworthii* Benth. var. *japonica* Oliver**
  Amphicarpaea bracteata (L.) Fernald. ssp. *edgeworthii* (Benth.) Ohashi var. *japonica* (Oliver) Ohashi
- ヤブマメ
- Wild bean

分布 臺灣自生變種，分布喜馬拉雅、中國、日本。臺灣生長於中、南部中海拔山區、潮濕半開闊之路旁、林緣。

形態　多年生藤本狀草本。莖細長，匍匐性或纏繞性，具多分枝。葉羽狀三出葉；頂小葉廣卵形，3~6 cm，先端銳尖，基部圓形，側小葉較小，基部歪斜；托葉狹卵形，先端漸尖。花淡紫色，呈腋生總狀花序，具有正常開放花及閉鎖花，後者通常無花瓣，且莢果在地下成熟；雄蕊 10 枚，二體。莢果扁平，闊線形或線形，長 2~3 cm，略彎曲，光滑；地下莢果白色，球形，種子 1 粒。種子橢圓形，3~4 mm。地下發芽型，初生葉單葉，心形，對生。

用途　地下種子可食用為 Ainu 族的糧食。當土壤改良及覆蓋用。

2n=20

6 甘藍樹屬（Andira Lam.）

喬木。葉奇數羽狀複葉，罕三出複葉，互生；小葉對生，7~15 枚，狹長橢圓形，頂小葉一般倒卵形，具長柄。花小，粉紅色或紫色，美麗、芳香，頂生或側生圓錐花序；花瓣 5，具長爪，旗瓣圓；雄蕊 10 枚，殆二體。莢果橢圓柱形或倒卵形，綠色，外被疣狀腺點，硬而木質化，不開裂，種子 1 粒。2n=20。

本屬約有 35 種，分布熱帶南、北美洲、西印度群島和西非。臺灣引進 1 種。

1 甘藍樹（粉妝樹、無刺甘藍豆）

- ***Andira inermis* (Wright) DC.**
  Geoffroea inermis Wright
- アンゲリン, アンジラノキ
- Cabbage tree, Angelin, Bastard cabbage tree, Cabbage angelin, Cabbage bark, Partridge wood, Worm bark, Yellow cabbage tree, Almendro, Brown heart

分布　原產墨西哥南部、西印度諸島、中美與南美及非洲西部。臺灣 2007 年由馬來西亞引進，園藝零星栽植。

形態　落葉喬木，樹冠傘形或球形。葉奇數羽狀複葉；小葉披針形或長橢圓形，全緣，先端尾尖或突尖，薄革質。花粉紅或赤紫色，小花多數聚生成團，總狀花序，頂生。莢果扁平，核果狀，不開裂。

用途　材堅硬，耐久性強，黃色或濃褐色、黑色，為貴重木材，做家具、裝飾品、細工和器具等之用材。種子和樹皮藥用，稱為 Goa powder。當庭園景觀樹、行道樹，觀賞用。咖啡園的庇蔭樹、防風樹用。

2n=20, 22

7 土圞兒屬（Apios Fabr.）

多年生纏繞性草本。塊根可肥大。葉奇數羽狀複葉；小葉 3~9 枚，一般 5~7 枚，卵狀披針形。花紫色、棕紅色，或白色；腋生，少頂生的總狀花序；雄蕊二體 (9+1)。莢果線形，亞鐮刀形，光滑，平，二瓣裂，裂瓣卷曲。種子少至多粒，長橢圓形。2n=22。

本屬約 10 種，原產北美東部和西部及東亞。臺灣特有 1 種，栽培種 1 種。

1 臺灣土圞兒（臺灣豆芋、豆芋、九兒羊地栗子）

- ***Apios taiwaniana*** **Hosokawa**
- タイワンホドイモ
- Taiwan apios

分布　臺灣特有種，生長於中、南部中海拔之林緣及草地。

形態　多年生藤本狀草本。莖細長，有軟毛，具多數分枝。葉奇數羽狀複葉；小葉 5 或 7 枚，卵形或卵狀披針形，4~6 cm，先端漸尖或鈍，有尖突，基部圓或截斷狀圓形，全緣，小托葉剛毛狀。花多數，黃色或黃紫色，常 3~5 枚叢生於結節上，呈腋生總狀花序，長 12~18 cm，有絨毛；雄蕊 10 枚，二體。莢果扁平，線形，長約 8 cm，被短柔毛。

用途　地下根肥大含澱粉可食用，並藥用。全草煎服當藥用。

2 美國土圞兒（洋土圞兒、食用土圞兒）

- ***Apios tuberosa*** **Moench**

  Apios americana Medicus

  Glycine apios L.
- アメリカホドイモ
- Potato bean, Indian potato, Ground nut, Tuberous glycine

分布　原產北美，由東北部到佛羅里達至德克薩斯的印第安人栽培之。臺灣引進栽培，為一栽培種食用根莖類作物。

形態　蔓生的多年生草本。葉奇數羽狀複葉；小葉 5~7 枚，卵橢圓形，先端漸尖，基部圓形。花淡紫色，美而有香味，呈總狀花序，腋生，有 10~13 朵花，夏季開花。莢果線形，有多粒種子。地下塊莖肥大，由種薯產生多數匍匐枝，地表下淺伸，可達 1 m，各節可肥大成西洋梨形之塊莖，直徑 2~8 cm。

用途　塊莖可煮食或烤食，為印第安人重要食糧，味道介在甘藷與馬鈴薯之間，淡而甜，味美，為寒冷地生育之薯類。當飼料及觀賞花卉。

2n=40

8 花生屬（Arachis L.）

一年生或多年生草本，莖直立或匍匐。葉偶數羽狀複葉，罕三出複葉；小葉全緣，一般 2 對，長橢圓狀倒卵形。花華麗，黃色、黃白色或褐色，有時具紅條紋，單花或 2~ 數朵簇生成總狀花序，葉柄側生；雄蕊二體 (9+1)，或偶而 9 枚，單體，基部合成一束；授粉後子房柄伸長插入土中結莢成熟。莢果長橢圓形或卵形，1~4(6) 粒種子。種子卵形至長橢圓形。2n=20, 40。

本屬約有 40 種，原產南美洲東部，引進至熱帶及溫帶地區。臺灣栽培種 1 種、4 型，歸化 1 種，引進野生種 13 種、1 變種。

1 巴替柔果花生

● ***Arachis batizocoi*** **Krapov.** ***et*** **W. C. Greg.**

分布　原產玻利維亞。臺灣由美國引進，試驗栽培、種原保存之 (No. 03, PI. 298639)。

形態　一年生或多年生草本。主株直立高約 0.3~0.6 m，具多橫走分枝，分枝匍匐，長可及 2 m 以上，莖黃綠色。葉偶數羽狀複葉；小葉 2 對，略大，卵圓形或卵橢圓形，2~5 cm，先端鈍而有不明顯尖突，基部鈍圓，綠色。花黃色，小至中型，腋生，單生，旗瓣沒有紅色條紋；雄蕊 10 枚成一束；授粉後子房柄伸入土中發育成莢果，子房柄綠色或帶有紅色。莢果長橢圓形，0.9~1.2 cm，1 粒種子。種子棕色，橢圓形，0.8~1.2 cm，百粒重 12.5~14.1 g，含油分 55.7 %，蛋白質 29.7 %。半地上發芽型，初生葉 4 小葉，互生。

用途　當飼料、牧草、綠肥及覆蓋用。

2n=20, 40，染色體組（genome）BB。

2 卡典那西花生

● ***Arachis cardenasii* Krapov. *et* W. C. Greg.**

分布 原產玻利維亞。臺灣引種原進保存、試驗栽培 (No. 06 , PI. 262141)。

形態 多年生草本。主株直立約 15~20 cm，具多分枝，分枝匍匐，長可及 1 m。葉偶數羽狀複葉；小葉 2 對，卵圓形，2~4 cm，先端圓而有小尖突，基部鈍圓。花單生，黃色，小至大型，而旗瓣顏色較淡，乳黃色，腋生；雄蕊 10 枚，單體；授粉後子房柄伸入土中發育成莢果，子房柄綠帶紅色。莢果長卵形，0.7~1 cm，有短喙，1 粒種子。種子卵形、棕色，0.6~0.8 mm，百粒重 5.3~6.0 g，含油分 45.7 %，蛋白質 35.0 %。半地上發芽型，初生葉 4 小葉，互生。

用途 當綠肥、牧草及覆蓋用。PI. 262141 具有抗花生銹病之特性。

2n=20，染色體組 AA。

3 待爾果花生（卡口花生）

● ***Arachis diogoi* Hoehne**

Arachis chacoense Krapov. *et* W. C. Greg.

分布 原產巴拉圭。臺灣引進試驗栽培，種原保存之 (No. 09 , PI. 276235)。

形態 多年生草本。半匍匐（主莖直立）性。莖暗紅色，被稀毛茸。葉偶數羽狀複葉；小葉 2 對，長橢圓形，綠色，2.2~4.5 cm，先端銳尖，基部鈍尖。花橙黃色，單生，子房柄綠色。莢果 1.0~1.3 cm，1 粒種子。種子棕色，0.6~0.8 cm，百粒重 5.8~6.2 g，含油分 48.4 %、蛋白質 32.4 %。半地上發芽型，初生葉 4 小葉，互生。

用途 對銹病、葉斑病具抗性，為重要的二倍體野生種資源，當綠肥、覆蓋作物利用。

2n=20，染色體組 AA。

4 長喙花生（印度花生、阿根廷花生、蔓花生、滿地黃金）

● ***Arachis duranensis* Krapov. *et* W.C. Greg.**

Arachis argentinensis Speg.

● Fake peanut

分布 原產阿根廷。印度及臺灣引進當地被植物栽培，全島已歸化生長。種原保存 (No. 02, PI. 219823)。

形態 一年或多年生草本。莖多分枝，匍匐，長可及 1~2 m。葉偶數羽狀複葉；小葉 2 對，橢圓形或卵狀橢圓形，1.5~2.5 cm，黃綠色，先端圓鈍，基部鈍或圓。花黃色，小至中型，單生；雄蕊 10 枚成一束；授粉後子房柄伸長入土中，發育成莢果，子房柄綠色。莢果長卵形，1~1.5 cm，有長喙， 1 粒種子。種子棕色，8.6~11.4 mm，百粒重 8.9~9.4 g，含油分 48.5 %，蛋白質 32.4 %。半地上發芽型，初生葉 4 小葉，互生。

用途 當綠肥、飼料、覆蓋用，草皮地被植物，觀賞用。PI. 219823 具有抗銹病特性。

2n=20，染色體組 AA。

5 多年生花生

- ***Arachis glabrata* Benth.**
- Perennial peanut

分布 原產巴西。臺灣引進，種原保存、試驗栽培之 (No. 13)。

形態 矮生的多年生草本。莖匍匐分枝多，長可及 1~2 m。葉偶數羽狀複葉；小葉 2 對，長橢圓形，3~5 cm，先端銳尖，基部鈍尖。花黃色，單生，大型，腋生；雄蕊 10 枚，單體。莢果長橢圓形，1 粒種子。種子卵橢圓形。開花結果很少，因此以無性繁殖之。半地上發芽型，初生葉 4 小葉，互生。

用途 是沙地的優良牧草，也當綠肥、覆蓋作物使用。臺灣引進主當牧草、飼料栽培。

2n=40

6 落花生（花生、土豆、長生果、地豆、地果、落花參、南京豆）

- ***Arachis hypogaea* L.**
- ナンキンマメ, ピナツ, ドウジンマメ, ジマメ
- Groudunt, Monkey-nut, Peanut, Goober-pea, Earth nut, Earth-almond, Grass nut, Pindar

分布 原產巴西，世界溫暖國家廣泛栽培。臺灣早期引進全境栽培，已歸化生長，為一栽培種食用豆類作物。

形態 一年生草本。莖有直立型、中間型與匍匐型。葉偶數羽狀複葉；小葉 2 對，長橢圓形至倒卵形，2~5 cm，先端鈍、圓或凹頭，基部鈍。花黃色，多單生或二花簇生於葉腋；雄蕊 10 枚合成一束；授粉後子房柄伸長，子房插入土中，發育而成莢果。莢果長橢圓形，有 1~4(5) 粒種子。種子長圓形或長卵形，白色、淡紅、玫瑰紅、褐、棕黑或紫色。半地上發芽型，初生葉 4 小葉羽狀複葉，互生。栽培種花生（*A. hypogaea*）分為兩個亞種，每亞種又分為兩變種：密枝亞種（ssp. *hypogaea*）分密枝變種（var. *hypogaea*）和絨毛變種（var. *hirsuta* Koher）；疏枝亞種（ssp. *fastigiata* Waldron）分疏枝變種（var. *fastigiata*）和珠豆變種（var. *vulgaris* Harz.）。臺灣栽培種花生可分為 2 亞種，3 變種，4 生長型。育成的品種很多，變化很大。

用途 為一重要豆類作物。大別可分為食用與油用兩類；種子可供炒食、煮食，並供製造糖果、糕餅、罐頭等食品；可榨油，做食用油或再加工油等。油粕為優良之飼料，也可製成花生粉供作肥料及醬油原料。莖葉可供為家畜飼料、燃料及肥料 (堆肥、綠肥、草木灰)。種子味甘氣香，供藥用。

2n=40，染色體組 AA。

6a 維吉尼亞型花生（密枝花生、叢生型花生、普通型花生）

- ***Arachis hypogaea* L. var. *hypogaea* f. *virginia***
- Virginia Bunch type (Virginia type) peanut, Common type peanut

分布　臺灣栽培之大莢、大粒花生品種。

形態　植株生長習性為半直立型或叢生型，耐病性強。主莖短，花青素含量少，絨毛短、少，分枝多、長、細。葉偶數羽狀複葉；小葉 2 對，橢圓形，小，濃綠色。生育期長，開花期晚，成熟期長。莢果大，略呈有勾嘴的蠶蛹形，果喙及果腰有或不明顯，莢殼厚，每莢有 2 粒種子。種子大，種皮厚，白粉色、淺紅色、紅紫色、褐色、紅白間色，含油分少，休眠性中等。籽粒大小分級標準為 5.95 × 25.40 mm，特大粒 8.53 × 24.40 mm。

臺灣育成品種有立枝仔，大冇，臺中 1 號、2 號，臺農 7 號、8 號。

用途　同落花生。

6b 蘭娜型花生（維吉尼亞匍匐型花生、鴛鴦豆、匍匐型花生）

- ***Arachis hypogaea* L. var. *hypogaea* f. *runner***
- Virginia Runner type (Runner type) peanut, Creeping type peanut

分布　主要在澎湖栽培之花生品種。

形態　生長習性屬密枝匍匐型，耐病性強。主莖短，花青素含量少，絨毛短、少，分枝多、長、細。葉偶數羽狀複葉；小葉 2 對，橢圓形，小，濃綠色。生育期長，開花期晚，成熟期長。莢果小，莢殼厚，每莢有 2~3 粒種子。種子中等，長圓柱形，種皮厚，褐色或灰褐色，含油分多，休眠性強。籽粒大小分級標準為 6.35 × 19.05 mm。

育成品種有鴛鴦豆、澎湖 1 號、2 號、3 號。

用途　同落花生。

6c 瓦倫西亞型花生（疏枝花生、多粒型花生）

- ***Arachis hypogaea* L. var. *fastigiata* f. *valencia***
- Valencia type peanut, Multiple seeds type peanut

分布　臺灣栽培之多粒型花生品種。

形態　生長習性為直立型，耐病性弱。主莖長，粗壯，花青素含量多，絨毛少，分枝少、稍長、粗。葉偶數羽狀複葉；小葉 2 對，長橢圓形，大，綠色。生育期中等，開花期稍早，成熟期稍短。莢果長，圓柱形，兩端鈍圓，無明顯的橫縊和果喙，莢殼厚，每莢 3~4(5) 粒種子。種子小，圓柱形，休眠性弱，種皮薄，紅色、黑色、紫色等，含油分高，休眠性弱。籽粒大小分級標準同西班牙型 3.95×19.05 mm。

育成品種有黑金剛、臺南 16 號、17 號、花蓮 2 號等。

用途　同落花生。

6d 西班牙型花生（珍珠豆花生）

- ***Arachis hypogaea* L. var. *vulgaris*, f. *spanish***
- Spanish type peanut, Pearl type peanut

分布　臺灣栽培最廣，最多的花生品種。

形態　生長習性屬直立型，耐病性弱。主莖長，花青素含量相當多，絨毛長，分枝少、短、粗。葉偶數羽狀複葉；小葉 2 對，橢圓形，大，淡綠色。生育期短，開花期早，成熟期短。莢果小，形狀多樣，蛹狀、葫蘆形、斧頭形等，具明顯的橫縊，果喙有或無，莢殼薄，每莢 2 粒種子。種子小，多為早熟性，圓珠形或桃形，種皮薄，淡紅色、紫色等，含油分高，休眠性弱。美國花生正常成熟籽粒大小分級標準 3.95 × 19.05 mm。

臺灣育成的品種大多屬之，如臺農 1~6 號，臺農 9 號，臺南白油豆 1~3 號，臺南 4~14 號、18 號，花蓮 1 號等。

用途　同落花生。

7 山地花生

- ***Arachis monticola* Krapov. *et* Rigoni**

分布　原產阿根廷。臺灣引進，種原保存、試驗栽培 (No. 12, PI. 219824)。

形態　多年或一年生草本。主莖直立，具多橫走分枝，分枝匍匐，綠色，無毛。葉偶數羽狀複葉；小葉 2 對，廣橢圓至橢圓形，2.5~3.5 cm，先端鈍圓或鈍尖，基部鈍形。花橙黃色，單花，寬約 2 cm；授粉後子房柄伸入土中結莢，子房柄綠帶紅色。莢果喙十分明顯，1.0~1.4 cm，1 粒種子。種子淺棕色，0.9~1.1 cm，百粒重 10.4~10.8 g，含油分 50.1 %，蛋白質 32.6 %。

用途　具抗蟲性。當綠肥、覆蓋作物利用，重要資源植物。

2n=40，染色體組 AA。

8 巴拉圭花生

- ***Arachis paraguariensis* Chod. *et* Hassl.**

分布 原產巴拉圭。臺灣由美國引進，試驗栽培、種原保存之 (No. 01, PI. 262842)。

形態 一年生或多年生草本。主莖直立多分枝，分枝偃伏，長可及 1 m。葉偶數羽狀複葉；小葉 2 對，披針形，4~5 cm，葉緣有長毛。花金黃色，旗瓣橙色，單生於葉腋，中至大型，16~24 mm；雄蕊 10 枚，成一束；授粉後子房柄伸長，伸入土中發育成莢果，子房柄綠帶暗紅色。莢果長橢圓形，1.5~1.9 mm。種子棕色，0.8~1.2 cm，百粒重 16.4~18.2 g，含油分 55.9 %，蛋白質 29.7 %。半地上發芽型，初生葉羽狀 4 小葉，互生。

用途 當綠肥、飼料及牧草用。

2n=20，染色體組 EE。

9 屏托花生（亞瑪莉樂花生）

- ***Arachis pintoi* Krapov. *et* W. C. Greg.**
- Pinto peanut

分布 原產南美洲。臺灣由澳洲引進 Amarillo 品種栽培，生長快速，現當覆蓋（地被）植物栽培 (No. 14)。

形態 多年生匍匐性草本。莖多分枝，長可及 2 m。葉偶數羽狀複葉；小葉 2 對，橢圓形或倒卵形，1.5~2.5 cm，黃綠色，先端圓鈍，基部鈍圓。花黃色，中型，開花期長，黃花盛開，極為美觀。半地上發芽型，初生葉羽狀 4 小葉，互生。

用途 優良之豆科青飼料作物，匍匐性強為理想的地被覆蓋作物，可改良土壤地力，極佳之茶園綠肥作物。栽培品種（cv. Golden Glory）綠葉黃花當草皮景觀作物。

2n=20，染色體組 CC。

10 小粒花生（普西拉花生）

- ***Arachis pusilla* Benth.**

分布 原產巴西、阿根廷。臺灣引進，試驗栽培、種原保存之 (No. 07, PI. 338448)。

形態 多年生草本。主莖直立，分枝多，長 0.6~1 m，全株較小。葉偶數羽狀複葉；小葉 2 對，倒卵形或卵狀橢圓形，1~2 cm，葉緣具有長白毛，葉先端有尖突，基部鈍。花金黃色，旗瓣橙色內帶紫色，葉腋單生，小型，10~12 mm；雄蕊 10 枚成一束；授粉後子房柄伸入土中發育成莢果，子房柄綠色。莢果長卵形，0.7~1.0 cm。種子棕色，4.9~7.1 mm，百粒重 4.8~5.3 g，含油分 50 %，蛋白質 35.0 %。半地上發芽型，初生葉羽狀 4 小葉，互生。

用途 當綠肥、牧草及覆蓋用。PI. 338448 具有抗銹病特性。

2n=20, 40，染色體組 TT。

11 利果尼花生

● *Arachis rigonii* Krapov. *et* W. C. Greg.

分布　原產玻利維亞。臺灣引進種原保存、試驗栽培之 (No. 08, PI. 262142)。

形態　多年生草本。分枝多，匍匐性，長約 0.3~0.5 m。葉偶數羽狀複葉；小葉 2 對，倒卵形，1~2 cm，先端凹入或鈍，有小尖突。花黃色，旗瓣橙黃色，10 × 12 mm，葉腋單生；雄蕊 10 枚成一束；授粉後子房柄伸入土而發育成莢果，子房柄綠帶暗紅色。莢果圓卵形，1.1~1.3 cm。種子卵形，0.7~0.9 cm，百粒重 7.4~7.6 g，含油分 52.7 %，蛋白質 31.7 %。半地上發芽型，初生葉羽狀 4 小葉，互生。

用途　當牧草、綠肥及覆蓋用。

2n=20，染色體組 EE。

12 斯培給基尼花生

● *Arachis spegazzinii* Krapov. *et* W. C. Greg.

分布　原產地阿根廷。臺灣引進試驗、栽培種原保存之 (No. 11, PI. 262133)。

形態　多年生草本。主莖斜立，分枝匍匐，莖綠色微帶紅色。葉偶數羽狀複葉；小葉 2 對，橢圓形或廣橢圓形，黃綠色，2.0~2.5 cm，微毛，花黃色，單生，約寬 1.5 cm。子房柄綠帶紅色。莢果橢圓形，0.8~1 cm，種子單粒，0.5~0.7 cm，鮮淺棕色，百粒重 6.8~7.3 g，含油分 50.2 %，蛋白質 33.5 %。

用途　具有抗銹病特性，抗蟲性強，為優良之花生種原植物。可當綠肥、覆蓋用。

2n=20，染色體組 AA。

13 狹粒種花生

● *Arachis stenosperma* Krapov. et W. C. Greg.

分布　原產巴西。臺灣由美國引進，種原保存、試驗栽培 (No. 04, PI. 338280)。

形態　一年或多年生草本。主莖斜立，高約 30 cm，具多分枝，分枝匍匐，長可及 1 m 以上。葉偶數羽狀複葉；小葉 2 對，綠色，橢圓形或倒卵狀橢圓形，1.5~3 cm，先端尖，基部圓鈍。花黃色，小至中型，旗瓣不具紅色條紋，葉腋單生；雄蕊 10 枚成一束；授粉後子房柄伸入土中發育成莢果，子房柄綠帶暗紅色。莢果卵狀橢圓形，1.4~1.8 cm。種子卵圓形，單粒，淡黃色，1.2~1.4 cm，百粒重 13.7~15.9 g，含油分 49.0 %，蛋白質 29.8 %。半地上發芽型，初生葉 4 小葉，互生。

用途　當綠肥、飼料、牧草及覆蓋用。

2n=20，染色體組 AA。

14a 長毛花生

● *Arachis villosa* Benth.

分布　原產地阿根廷。臺灣引進，試驗栽培種原保存 (No. 05, PI. 331196)。

形態　多年生草本。主莖直立，具多分枝，分枝匍匐，長可達 2 m，莖棕色。葉偶數羽狀複葉；小葉 2 對，卵圓形，碧綠色，1.5~2 cm，先端鈍尖，基部鈍形。花黃色，單生，中至大型，旗瓣 14 × 12 mm，雄蕊 10 枚成一束；開花後子房柄伸入土中發育成莢果，子房柄綠帶紅色。莢果長橢圓形，1.0~1.4 cm，有長喙。種子單粒，棕色，0.7~1.1 cm，百粒重 12.6- 13.1 g，含油分 47.8%，蛋白質 33.2%。半地上發芽型，初生葉羽狀 4 小葉，互生。

用途　當綠肥、牧草及覆蓋用。具有高油分、高蛋白質、抗病、抗蟲等性。

2n=20，染色體組 AA。

14b 可連提那花生

- ***Arachis villosa*** **Benth. var.** ***correntina*** **Burk.**

  Arachis correntina (Burk.) Krapov. *et* W. C. Greg.

分布　原產阿根廷。臺灣引進，試驗栽培、種原保存 (No. 10, PI. 262808)。

形態　多年生草本。主莖直立，具多匍匐之分枝，莖綠色。葉偶數羽狀複葉；小葉 2 對，卵橢圓形，碧綠色，1.8~2.6 cm，先端鈍尖，基部鈍形，葉緣具白絨毛。花鮮黃色，單生，中大型；開花後子房柄伸入土中發育成莢果，子房柄綠帶紅色。莢果長橢圓形，0.9~1.1 cm，種子單粒，棕色，0.6~1.0 cm，百粒重 6.2~6.8 g，含油分 49.0%，蛋白質 32.4 %。半地上發芽型，初生葉 4 小葉，互生。

用途　當綠肥及覆蓋用。

2n=20, 染色體組 AA

9 博士茶屬（Aspalathus L.）

小灌木或灌木。葉一般三出複葉，或成束或簇，成為葉結節，罕單葉；小葉無柄，全緣，平闊或針形。花黃色，罕白色、紅色或紫色，冠狀頂生總狀花序或穗狀花序，或單一或少數著生於花軸；雄蕊單體，雄蕊管上裂。莢果倒卵形或線狀披針形，扁平或膨脹，1~ 數粒種子。2n=(14), 16, 18。

本屬約 250 種，原產南非之開普頓半島。臺灣引進 1 種。

1 博士茶（瑞寶茶）

- ***Aspalathus linearis*** **(Burm. f.) R. Dahlgren**

  Psoralea linearis Burm. f.

- Rooibos tea

分布　原產南非開普頓半島（The Cape Peninsula）北部至比堤灣（the Betty's Bay）南部。臺灣進口茶包利用。

形態　直立至伸展之灌木或小灌木。幼枝通常紅色。葉三出複葉；小葉針形，綠色，長 15~60 mm。無葉柄和托葉，密而叢生。花黃色，單花或叢生，著生於分枝的頂端。春天至初夏開花。莢果小，矛形，有 1 或 2 粒硬種子。

用途　乾燥葉當茶包利用，稱為 Rooibos tea。無咖啡因，低單寧，富高抗氧化能力，當健康補充劑。當化妝品和茶包的原料，有「南非的紅寶石」之美譽。

10 紫雲英屬（Astragalus L.）

草本或灌木。葉奇數羽狀複葉，罕三出複葉或單葉；小葉全緣。花小，紫色、白色或灰黃色，總狀花序或繖房花序，聚集於花軸頂端或單花；雄蕊二體 (9+1)。莢果膨大，無柄或有柄，膜質至革質，開裂或不開裂，少至多粒種子。種子腎形。2n=16, 22, 24, 26, 28, 44, 48, 64。

本屬約 200 種，分布北溫帶，中、西亞、北美西部、南印度和熱帶非洲。臺灣特有 2 種，歸化 1 種，引進 3 種。

1 華黃耆（華黃芪、沙苑子、中國黃耆）

- ***Astragalus chinensis*** **L.**

分布　原產中國內蒙、華北、河南。臺灣自日本引進當中藥栽培之。

形態　多年生草本。莖直立有條稜。葉奇數羽狀複葉；小葉 21~31 枚，線狀橢圓形或長橢圓形，1.2~2.5 cm，先端圓，有小尖頭，基部圓，上表面近無毛，下表面被白柔毛。花黃色，總狀花序，腋生，花數多，子房有長柄。莢果堅果狀，倒卵形或橢圓球形，1~1.5 cm，膨脹，革質，有密橫紋，具短柔毛，成熟後開裂。種子腎形。地上發芽型，初生葉單葉、3 小葉，互生。

用途　種子稱「沙苑子」入藥。生長快速，當水田之綠肥及牧草用。

2n=16

2 膜莢黃耆（膜莢黃芪、綿芪、黃耆、東北黃耆、黃芪戴糝）

- ***Astragalus membranaceus*** **(Fischer *ex* Link) Bunge**

  Phaca membranaceus Fischer *ex* Link

  Astragalus shinanensis Ohwi

  Astragalus membranaceus Moench var. *obtusus* Makino

- キバナオウギ, タイツリオウギ
- Astragali, Membranous milkvetch

分布　原產中國東北、華北、甘肅、四川、西藏、韓國、俄羅斯。臺灣引進中藥栽培之。

形態　多年生高大草本。株高 50~150 cm，具長柔毛。主根長 0.3~1 m，圓柱形，淡棕黃色至深棕色。葉奇數羽狀複葉，具披針形或三角形托葉；小葉 13~27 枚，長卵形或長橢圓形，0.7~3 cm，全緣，先端圓鈍，基部鈍形，兩面具長白毛。花黃色至淺黃色，呈總狀花序，腋生，花下有條形苞片；雄蕊 10 枚，二體，有子房柄。莢果膜質，膨脹，卵狀橢圓形，具長柄，有黑色短柔毛。種子腎形，黑色。

用途　根供藥用，含有香豆素、葉酸、多醣、膽鹼及黃耆皂苷等，為黃耆之正品，味甘，性微溫。強壯滋補、補氣之上品中藥。嫩葉煮而料理食用，救荒用。

2n=16

3 蒙古黃耆（蒙古黃芪、內蒙黃耆、內蒙黃芪）

- ***Astragalus mongholicus*** **Bunge**

  Astragalus membranacea (Fischer *ex* Link) Bunge var. *mongholicus* (Bunge) Hsiao

  Astragalus borealimongolicus Y. Z. Zhao

- マングルオウギ
- Mongol milkvetch

分布　原產中國北部、蒙古、俄羅斯。臺灣引進當中藥栽培之。

形態　多年生之草本植物。主根肥大強壯。莖直立，株高 50~60 cm。葉奇數羽狀複葉；小葉 23~37 枚，廣橢圓形、橢圓形或長橢圓形；托葉三角狀卵形。花黃色，多數，總狀花序，腋生，總花梗較葉長。莢果下垂，膜質，膨脹，網狀脈明顯，無毛。

用途　乾燥根藥材名為「黃耆」，為黃耆之正品，功能同膜莢黃耆。黃耆味甘、性微溫、有補氣固表、利尿生肌之效。長久以來與膜莢黃耆作為補氣上品中藥。蜜炙黃耆益氣補中，用於氣虛乏力，食少便溏。觀賞用。

4　南湖大山紫雲英（南湖大山黃耆、南湖雲英）

- ***Astragalus nankotaizanensis* Sasaki**
- ナンコゥウギ
- Nanhutashan milkvetch

分布　臺灣特有種，僅生長於臺灣北部、南湖大山高海拔山區。

形態　多年生草本。植株常具叢生性，形成小面積之集團。莖柔細而伸長，基部匍匐，先端直立或斜上升，具多數分枝，密被柔毛。葉奇數羽狀複葉；小葉 13~19 枚，橢圓形或橢圓狀披針形，7~12 mm，先端鈍或圓，有一尖突，小葉兩面有絨毛，尤以背部為多；托葉卵形，或橢圓形，對生，先端鈍或少數銳尖。花黃色，4~6 朵頂生呈繖形的頭狀花序。莢果狹長橢圓形，長 1.5~2 cm，被白絨毛，先端尖喙不明顯，種子處稍膨大。

用途　當藥用。

5　能高紫雲英（能高大山紫雲英、能高雲英）

- ***Astragalus nokoensis* Sasaki**
- キバナレンゲソウ
- Nengkao milkvetch

分布　臺灣特有種，生長於中央山脈中、高海拔之山地、路旁、森林下或蔭濕地，思源埡口、塔塔加鞍部、阿里山、能高山均有之。

形態　一年生或二年生細長匍匐性草本。莖細長，光滑無毛，偃伏狀，先端斜上升，具多分枝，長 30~60 cm。葉奇數羽狀複葉；小葉 7~15 枚，卵圓形或圓形，5~15 mm，先端圓鈍，但不凹入，基部圓，上表面光滑無毛，下表面有絨毛；托葉卵形，先端鈍。花白色帶有粉紅色暈，5~8 朵生長於花莖先端，呈繖形的頭狀花序。莢果略呈圓柱形，長 1.5~2 cm，成熟時黑色，披密毛，先端有細長約 7~10 mm 的尖喙。

用途　乾燥根當藥用。

6 紫雲英（翹搖、鐵馬豆、紅花豆、紅花菜、小巢菜、野雲英）

- ***Astragalus sinicus* L.**
- ケンゲ, ケンゲソウ, ケンゲバナ, レンゲソウ, レンゲ
- Chinese milkvetch, Chinese clover

分布　原產日本及中國。臺灣早期移民時引進作為綠肥，中、北部農田廣植為綠肥，已歸化生長。

形態　一年或二年生草本。莖直立或匍匐，具多數分枝，疏生絨毛。葉奇數羽狀複葉；小葉 7~13 枚，倒卵形或倒卵狀長橢圓形，5~20 mm，先端凹或淺裂，基部楔圓，兩面被白長毛；托葉卵狀三角形，對生，先端銳尖。花紫紅色或粉紅色，7~10 朵頂生於花梗上，成一頭狀叢生花序；雄蕊 10 枚。莢果圓柱狀，2~2.5 cm，先端具細長尖喙，光滑無毛，種子 5~10 粒，熟黑。種子扁平，腎形，黃綠色，有光澤。地上發芽型，初生葉單葉，3 小葉，互生。

用途　根部有根瘤為優良之綠肥及飼料，亦適宜做乾草、牧草。全草含葫蘆巴鹼、膽鹼等，種子及全草藥用。花期一片紫紅色，極為壯觀、美麗，觀賞用。冬季蜜源植物。幼芽、嫩葉、莖、花可食用。2n=16, 32

11 劍木豆屬（Baphia Afzel. & Lodd.）

灌木或喬木。葉單葉，大，橢圓形或披針形。花白色、黃色或紫粉紅色，單花或腋生短總狀花序；雄蕊 10 枚，離生。莢果線狀長橢圓形或披針形，扁平，革質或木質，二瓣裂。種子少至數粒，略圓形，平，棕色。2n=22, 24。

本屬約 100 種，分布熱帶西非和東非。臺灣引進 1 種。

1 劍木豆

- ***Baphia nitida* Lodd.**
  Baphia haematoxylon (Schum. *et* Thonn.) Hook.
  Carpolobia versicolor G. Don
  Podalyria haematoxylon Schum. *et* Thonn.
- カムウッド
- African sandwood, Camwood, Camwood plant

分布　原產熱帶非洲。臺灣 1998 年由馬來西亞引進，園藝零星栽培。

形態　常綠灌木。近基部常有分枝，枝幹細直，小枝平滑。葉單葉，互生，長橢圓形或卵狀長橢圓形，10~15 cm，先端漸尖，有短尾，基部銳形。花白色，中央部黃色，有芳香，一般 1~4 朵，呈總狀花序，腋生。莢果倒披針形，扁平。地上發芽型，初生葉單葉，對生。

用途　木材市場上稱為 Camwood，當樑材、柱材、杖材等使用。為赤紅色或褐色 Kamdye 染料之原料。當木材之著色染料。樹皮當皮膚病之藥。葉含粗蛋白質約 21 %。幼芽當家畜飼料。當生籬或垣籬、景觀樹，觀賞用。

2n=22

12 帆瓣花屬（Bobgunnia J. K. Kirkbr. & Wiersema）

無刺喬木。葉奇數羽狀複葉；小葉多數，側生小葉互生，長橢圓形。花單生或少數成短總狀花序；花瓣 1 枚，旗瓣寬而緊縮，其他各瓣退化；雄蕊多數，離生。莢果圓柱形，革質，果皮間有膠質。種子卵狀腎形，具假種皮。2n=16。

本屬約 2 種，原產熱帶非洲及馬達加斯加。臺灣引進 1 種。

1 帆瓣花

- ***Bobgunnia madagascariensis* (Desv.) Kirkbr. & Wiersema**

  Swartzia madagascariensis Desv.
- Snake bean tree, Iron-heart tree

分布　原產馬達加斯加及熱帶非洲。臺灣 1967 年由非洲引進，栽植墾丁國家公園內。

形態　喬木。葉奇數羽狀複葉；小葉 9~11 枚，互生，長橢圓形，5~8 cm，先端鈍，基部鈍或漸狹。花單生或少數呈不規則總狀花序；花瓣僅 1 枚，圓形；雄蕊不定數。莢果圓柱形，15~30 cm，略有溝紋，革質，果皮具有膠質，莢果有毒。

用途　材硬而重，有耐久性，濃赤色，當製造家具、鋼琴等用材。原住民莢果當毒劑，葉可毒魚。樹皮、根及葉當藥用。當庭園樹，觀賞用。

2n=16

13 樹紫藤屬（Bolusanthus Harms）

落葉喬木。葉奇數羽狀複葉，具長柄；子葉 7~15 枚，對生或互生，基部歪斜，披針形或長橢圓狀披針形，幼時被絹毛。花藍紫色，數至多花，頂生總狀花序；花瓣有爪；雄蕊 10 枚，離生。莢果長圓形，線形，短柄，有網紋，無翅，遲開裂。種子可達 5 粒。2n=16, 18。

本屬僅 1 種，原產南非。臺灣引進 1 種。

1 樹紫藤（羅德西亞紫藤、南非樹紫藤）

- ***Bolusanthus speciosus* (Bolus) Harms**

  Lonchocarpus speciosus Bolus
- Tree wisteria, Rhodesian wisteria, Wild wisteria

分布　原產南非及羅德西亞。臺灣 1970 年代由羅德西亞引進，栽植於臺北植物園內。園藝零星栽培。

形態　落葉喬木。莖有多數分枝，枝光滑無毛。葉奇數羽狀複葉，於開花後長出；小葉 9~15 枚，披針形或長橢圓狀披針形，9~12 cm，先端漸尖，基部歪斜。花藍色或淡藍色，大或中型，10~30 枚，呈頂生的下垂總狀花序，長可達 20~25 cm；雄蕊 10 枚，離生，長短不一。莢果扁平，長橢圓狀線形，6~7 cm，暗灰色。地上發芽型，初生葉單葉，互生。

用途　花極為美觀，類似紫藤，觀賞用，為優良的庭園樹。材堅硬，當車輪、器柄等。當地原住民煎煮液當藥用。

2n=16,18

14 膠蟲樹屬（Butea Roxb. *ex* Willd.）

喬木或攀緣灌木。葉羽狀三出複葉，幼時軟，被絹毛，成熟革質。花豔麗，黃色、橙色或紅色，密生成總狀或圓錐狀花序；旗瓣卵形，反卷；雄蕊 10 枚，二體。莢果長橢圓形或闊線形，幼時多毛，熟時黃褐色，長約 10cm，二瓣裂，先端具 1 種子。種子倒卵形。2n=18。

本屬約 3 種，原產印度、斯里蘭卡、緬甸和馬來西亞。臺灣引進 1 種。

1 膠蟲樹（銀桃、柳鉚、紫鉚）

- ***Butea monosperma*** **(Lam.) Taub.**
  Erylhrina monosperma Lam.
  Butea frondosa Roxb.
- ハナモツヤクノキ, ブテア
- Bastard teak, Flame of the forest, Forest flame, Bengal kino

分布　原產印度、馬來西亞、斯里蘭卡。臺灣 1930 年代引進，中興大學、臺北植物園栽培，園藝零星栽植。

形態　高大喬木。小枝條具褐色絨毛。葉羽狀三出複葉；頂小葉闊倒卵形或倒卵菱形，10~25 cm，側小葉歪卵形，先端鈍或凹入，基部狹或鈍，表面鮮綠色。花大而顯著，鮮豔橙黃色，頂生或腋生的總狀花序；雄蕊 10 枚，二體。莢果條狀，10~15 cm，僅在頂端部分種子 1 粒。地下發芽型，初生葉單葉，對生。園藝栽培品種**黃花膠蟲樹**（cv. Yellow），花黃色。

用途　材極耐水，為木炭的原料。做火藥。樹皮採纖維稱 pala fiber，用以編織帆布。根可食用。膠蟲的食料。膠當 bengal kino 及 butea gum 的原料。花及葉當藥用。花可製二級黃色染料。當觀賞庭園樹，鹽分地之綠化樹。

2n=18

15 樹豆屬（Cajanus DC.）

直立灌木或亞灌木，或為木質或草質藤本。葉羽狀或有時掌狀三出複葉；小葉背面有腺點。花黃色，呈腋生或頂生總狀花序；雄蕊二體 (9+1)。莢果線狀長橢圓形，扁平，具斜縊痕，開裂，種子 3~7 粒。種子橢圓形至近圓形，種阜無或明顯。2n=22。

本屬約 35 種，分布亞洲、澳洲及非洲。臺灣自生 1 種，栽培種 1 種，2 變種。

1 樹豆（木豆、柳豆、鴿豆、白樹豆、山豆根、花螺樹豆、埔姜豆、勇士豆、馬太鞍、豆蓉、杻豆）

- ***Cajanus cajan*** **(L.) Millsp.**
  Cytisus cajan L.
  Cajanus indicus Spr.
- キマメ, リュウキュウマナ
- Pigeon pea, Puerto rican bean, Angola pea, No-eye pea, Cango pea, Gungo pea, Red gram, Dhal, Cajan, Catjang, Catjang pea, Tree bean

分布　原產印度，熱帶及亞熱帶廣泛栽培。臺灣各地均有零星栽培，原住民部落普遍種植，為一栽培種食用豆類作物。

形態　一至數年生灌木。小枝具灰色短柔毛。葉羽狀三出複葉；小葉長橢圓狀披針形至披針形，2~10 cm，先端漸尖或銳尖，基部鈍形，密被絨毛。花黃色、橙黃色或紅色，呈腋生的總狀花序；雄蕊二體 (9+1)。莢果線形，呈鐮刀狀，種子間縊縮，具長喙，被柔毛。4~7 cm，2~7 粒種子。種子顏色變異大，有灰白、赤褐、黑色、黃色或斑紋等。分為兩個變種：**黃花樹豆**（var. *flavus* DC.）及**雙色花樹豆**（var. *bicolor* DC.）。育成品種很多，變化很大。地下發芽型，初生葉單葉，長披針形，對生。

用途　種子煮熟可直接食用，亦可製作豆粉、豆腐、豆漿、豆芽等，鮮種子及嫩莢當蔬菜，印度人的主要糧食，為臺灣原住民的傳統食用作物，也可當飼料。葉當野蠶的飼料。當綠肥、覆蓋作物、蜜源作物。根稱「廣豆根」，葉及種子當藥用。

2n=22, 44, 66

1a 黃花樹豆（白樹豆）

- ***Cajanus cajan* (L.) Millsp. var. *flavus* DC.**
- Tur of India

分布　印度半島地區廣泛栽培。臺灣栽培之。
形態　植株半矮性，一年生，早熟。花黃色，旗瓣兩面黃色，莢果淺綠色，每莢有 2~5 粒種子。種子灰白或黃色。育成品種有樹豆臺東 1 號。
用途　同樹豆。

1b 雙色花樹豆（花螺樹豆、紫紋樹豆）

- ***Cajanus cajan* (L.) Millsp. var. *bicolor* DC.**

  Cajanus bicolor DC.
- Arhar of India

分布　印度北部地區廣泛栽培。臺灣廣泛栽培之。
形態　多年生灌木。植株較高，較晚熟。花黃色，但旗瓣正面黃色，背面帶紫紅色條紋或全紅。莢果顏色較深，有斑紋，每莢有 4~7 粒種子。種子較大，赤褐色、黑色或有斑點或斑紋。如樹豆臺東 2 號、臺東 3 號。
用途　同樹豆。

分布　臺灣自生種，廣泛分布亞洲熱帶地區，華南、印度、菲律賓、澳洲及非洲的馬達加斯加。臺灣生長於全島平地原野及低海拔山地，開闊地及路旁。

形態　蔓生或纏繞狀草質藤本。莖柔弱，具紅褐色絨毛。葉羽狀三出複葉；小葉倒卵形至長橢圓形，1.5~3 cm，先端鈍，表裡兩面被絨毛，背面散生腺點。花黃色，1~3 對生長於腋生的總狀花序上；雄蕊 10 枚，二體。莢果長橢圓形，革質，被褐色絨毛，種子間有橫溝。種子 3~6 粒，橢圓形，1.5~2.5 cm，黑褐色。地上發芽型，初生葉單葉，心形，對生。

用途　具有根瘤，可作為覆蓋、綠肥及牧草。葉及根當藥用。

2n=22

2 蔓蟲豆（蟲豆、山豆根、蔓草蟲豆）

- ***Cajanus scarabaeoides* (L.) Thouars**
  Dolichos scarabaeoides L.
  Atylosia scarabaeoides (L.) Benth.
- ヒロハヒメクズ, ビロードヒメクズ
- Scarab-like cajanus

16 雞血藤屬（Callerya Endl.）

大藤本，蔓性灌木，罕為喬木；莖光滑。葉奇數羽狀複葉；小葉對生。花紫色、暗紅色、淡紅色，呈頂生或腋生總狀花序，有時成頂生或腋生圓錐花序；雄蕊二體 (9+1)。莢果帶狀長橢圓形，密被絨毛，薄至厚木質，扁平或膨脹，不開裂或遲開裂，縫線無翅。種子 1~9 粒，圓形。2n=32, 48。

本屬約 20 種，分布亞洲。臺灣自生 2 種，引進 2 種。

1 大莢藤

- ***Callerya nieuwenhuisii* (J. J. Sm.) Schot**
  Whitfordiodendron nieuwenhuisii (J. J. Sm.) Merr.
  Millettia nieuwenhuisii J. J. Sm.
- Giant peanut vine

分布　原產馬來西亞、婆羅洲。臺灣引進栽培。
形態　攀緣的藤本植物。葉奇數羽狀複葉。花紅色。開花後在莖的低部位或森林的上層結成串的莢果。莢果大，形狀類似花生，每串可產生約 20 個莢，每莢有 1~3 粒大種子。種子非常硬，成熟種子粒重 80~160 g。在濕度土壤可快速發芽。地下發芽型，初生葉鱗片葉，互生。
用途　當地原住民採集未成熟的莢，取軟、幼嫩種子，煮後換三次水洗去毒當蔬菜食用。當觀賞用。

2　亮葉雞血藤（光葉刈藤、光葉魚藤、亮葉崖豆藤）

- ***Callerya nitida*** **(Benth.) R. Greesink**
  Millettia nitida Benth.
  Canavalia taiwaniana S. S. Ying
- シマダフジ
- Shining-leaf millettia, Glittering-leaved millettia

分布　臺灣自生種，分布華南。臺灣生長於中部及北部低海拔之叢林。
形態　木質大藤本。幼枝具褐色短絨毛。葉奇數羽狀複葉；小葉 3~5 枚，常為 5 枚；小葉卵形至卵狀長橢圓形，5~7.5 cm，先端鈍或銳尖，基部圓形，背面被白軟毛。花大形，淡紅色或淡紫色，呈密集生長的圓錐花序；花萼鐘形，密生絨毛；雄蕊 10 枚，二體。莢果帶狀長橢圓形，扁平，7~10 cm，有絨毛，成熟時不開裂，4~5 粒種子，種子間緊縮狀。種子扁圓形，栗褐色，光亮。地下發芽型，初生葉鱗片葉，互生。本種與雞血藤最大區別在於小葉 5 枚，萼被密絨毛；而後者小葉常 7 枚，萼光滑無毛。
用途　莖纖維製繩和造紙利用之。莖當藥用，活血、舒筋、治腰膝酸痛等。
2n=32

3 雞血藤（老荊藤、紫藤、蟾蜍藤、過山龍、紫夏藤、昆明雞血藤、紅口藤、網絡雞血藤）

- ***Callerya reticulata*** **(Benth.) Schot**
  Millettia reticulata Benth.
- ムラサキナツフジ, サッコウフジ
- Leather-leaf millettia

分布　臺灣自生種，分布華南。臺灣廣泛生長於全島中、低海拔之山地及原野，及金門太武山區。

形態　木質大藤本，常攀緣樹幹生長。葉奇數羽狀複葉；小葉5~9枚，常7枚，卵形或橢圓狀卵形，3~9 cm，先端鈍，基部圓鈍。花紫紅色或粉紅色，呈頂生的圓錐花序；花萼5裂，下部鑷合成鐘形，平滑無毛；雄蕊10枚，二體。莢果帶狀，扁平，10~15 cm，成熟時黑褐色，不開裂，3~6粒種子。種子扁圓形。地下發芽型，初生葉鱗片葉，互生。

用途　根、莖當藥用。根及莖有小毒，亦可當殺蟲劑。花開時壯觀美麗，可供觀賞用。

2n=48

4 美麗雞血藤（美麗崖豆藤、牛大力藤、山蓮藕）

- ***Callerya speciosa*** **(Champion *ex* Benth.) Schot**
  Millettia speciosa Champion *ex* Benth.
- Showy millettia

分布　原產越南、香港及中國大陸湖南、雲南、貴州、福建、廣東、廣西及海南等地。臺灣引進栽培。

形態　蔓性灌木。幼枝被褐色絨毛。塊根細，清涼有甜味。葉奇數羽狀複葉；小葉7~17枚，長橢圓形或長橢圓狀披針形，3~8 cm，先端鈍形或銳形，基部圓形，表面有光澤，兩面密被白色絨毛；葉柄和葉軸有短軟毛。花白色，大型，呈總狀花序，頂生或腋生，長30 cm，花序軸上每節著生1花，花序軸和花柄密被絨毛。莢果帶狀，10~15 cm，密被褐色絨毛。種子3~6粒，卵形。

用途　塊根含澱粉，當釀酒利用。藥用。花美麗當觀賞用。

17 擬大豆屬（Calopogonium Desv.）

多年生高攀繞性草本，有時為蔓性藤本。葉羽狀三出複葉，大；小葉有時裂片。花小至中等，藍色或紫色，腋生總狀花序；雄蕊二體 (9+1)。莢果線形，膨大，平，密被絨毛，種子間具橫條，沿二縫線彈性開裂。種子 5~10 粒，長橢圓形，扁平。2n=36。

本屬約 12 種，分布熱帶美洲、西印度群島，從墨西哥至阿根廷。臺灣歸化 1 種。

1 擬大豆（南美葛豆、卡羅波豆、毛蔓豆、米蘭豆、壓草藤）

- ***Calopogonium mucunoides* Desv.**
  Calopogonium orthocarpum Urban
- クズモドキ
- Calopo, Falsooro, Frisolilla

分布　原產熱帶美洲，熱帶廣泛栽培。臺灣引進栽培，如今已歸化生長在中、南部及東部原野。

形態　多年生的蔓性草本。莖細弱，匍匐，多分枝，全株被棕色毛。葉羽狀三出複葉，類似熱帶葛藤，但較小，頂小葉廣卵形至卵菱形，4~10 cm，側小葉歪廣卵形。花藍色帶黃綠，腋生總狀花序。莢果線形，2.5~4 cm，密被絨毛，4~8 粒種子。種子橢圓形至方形，褐色，2.5~4 mm。地上發芽型，初生葉單葉，對生。

用途　因生育旺盛，熱帶廣泛栽培為綠肥、覆蓋及飼料作物。土壤保育防止流失。在東加群島葉當藥用。

2n=36

18 金尾花屬（Calpurnia E. Mey.）

直立灌木或小喬木。葉奇數羽狀複葉；小葉 3~多枚，對生或互生。花黃色，少至多數，呈腋生和頂生的總狀花序；雄蕊 10 枚，離生或基部聯合。莢果具柄，平，闊線形，膜質，上縫線具狹翅，不開裂，2~6 粒種子。種子卵狀長橢圓形，扁平。2n=18。

本屬約 8 種，原產熱帶非洲、南非和印度。臺灣引進 1 種。

1 金尾花（東非金鏈樹）

- ***Calpurnia aurea* (Aiton) Benth.**
  Sophora aurea Aiton
  Calpurnia subdecandra (L'Her.) Schweick
  Robinia subdecandra L'Her.
  Calpurnia lasiogyne E. Mey.
- East African laburnum

分布　原產熱帶非洲。臺灣引進栽培。

形態　常綠大喬木。無毛。葉奇數羽狀複葉，長約 20 cm；小葉 7~25 枚，橢圓形或長橢圓形，厚革質，被毛。花鮮黃色或金黃色，總狀花序，長約 25 cm，子房密被絹毛。莢果線形，5~8 cm，扁平，膜質，不開裂。種子卵狀長橢圓形。

用途　成長快速，幼小時就可開花，當庭園樹栽培，觀賞用。栽培當咖啡的遮蔭樹。

2n=18

19 彎龍骨屬（Campylotropis Bunge）

灌木或矮灌木。莖多毛。葉三出複葉，罕單葉；小葉橢圓形至卵形。花淡紅色或紫色，少，腋生或頂生總狀花序；花常單獨著生於脫落性苞腋；雄蕊二體 (9+1)。莢果小，扁壓狀，彎曲，表面具網紋，具喙，邊緣有毛，種子 1 粒。2n=22。

本屬約 65 種，原產東亞和臺灣。臺灣自生 1 種。

1 彎龍骨（臺灣杭子梢、大果胡枝子、蜻蛉胡枝子）

- ***Campylotropis giraldii* (Schindler) Schindler**
  Lespedeza giraldii Schindler
  Lespedeza pseudomacrocarpa Hayata
- トンボハギ
- Chinese clover shrub

分布　臺灣自生種，分布中國大陸。臺灣生長於中部及東部中、低海拔山地、路旁、叢林內。

形態　落葉小灌木。多枝條，具有短絨毛。葉三出複葉；小葉長橢圓形或長橢圓狀倒卵形，2~3.5 cm，先端圓鈍或微凹入，中間有一尖突，基部鈍；托葉小，卵形，對生，先端尾尖。花紫紅色，偶亦有粉紅色，頂生或側生的總狀花序，組合為一圓錐花序；雄蕊 10 枚，二體。莢果長橢圓形，1~1.5 cm，被軟毛，兩面具明顯網紋，1 粒種子。種子腎形。

用途　花可供觀賞。根或莖枝當藥用。

2n=22

20 刀豆屬（Canavalia DC.）

一年生或多年生草本。莖纏繞，平臥或近直立。葉羽狀三出複葉。花紫色或淡紫色、白色，腋生總狀花序，花單生或 2~6 朵簇生於花序軸之隆起的節上；雄蕊 10 枚，單體。莢果闊線形，平，有時膨脹，近腹縫線的兩側有隆起的狹翅或縱脊，二瓣裂，裂瓣革質，種子 4~15 粒。種子大，卵形或圓形，長橢圓形至橢圓形，種臍線形。2n=22。

本屬約有 50 種，分布熱帶和亞熱帶地區。臺灣自生 3 種，栽培種 2 種。

1 小果刀豆（小實刀豆、小刀豆、假刀豆、肥豬仔豆）

- ***Canavalia cathartica* Thouars**
  Canavalia microcarpa (DC.) Piper
- タカナタマメ

（邱輝龍　攝）

分布　臺灣自生種，分布印度、馬來西亞、華南。臺灣生長於靠近海邊之叢林，而不見於海濱。

形態　多年生蔓性草本。莖蔓延性偃臥伸長。葉羽狀三出複葉；小葉卵形，頂小葉最大，7~16 cm，先端鈍或銳尖，基部圓或鈍，全緣，厚紙質。花粉紅或紫紅色，9~15 枚呈總狀花序；雄蕊 10 枚，單體。莢果近似圓柱形，厚而寬，10~15 cm。種子卵形，黃褐色，1~1.5 cm。地上發芽型，初生葉單葉，對生。

用途　具有根瘤。當覆蓋、綠肥，土壤改良用。種子有毒不可食用。根或全草當藥用。

2n=22

2 立刀豆（白鳳豆、洋刀豆、菜刀豆、刀板仁豆、矮性刀豆）

- ***Canavalia ensiformis* (L.) DC.**
  Dolichos ensiformis L.
  Canavalia gladiata (Jacq.) DC. var. *ensiformis* DC.
- タチナタマメ, ツルナシナタマメ
- Jack bean, Chickasaw lima, Horse bean, Gotani bean, Overlook bean

分布　原產熱帶美洲、西印度群島一帶，熱帶廣泛栽培。臺灣 1920 年代引進，已歸化生長，平地原野偶有栽培，為一栽培食用豆類作物。

形態　一年生草本。莖直立或直立而枝條下垂。葉羽狀三出複葉；小葉卵形或橢圓形，先端漸尖或銳尖，有時微凹頭。花紫色，呈腋生的總狀花序，花序軸長 30~45 cm，結節 10~20 枚，其上花梗 3~5 枚叢生；雄蕊 10 枚，單體。莢果帶狀或闊線形，20~35 cm，扁平，稍彎曲，內有種子 12~20 枚。種子白色，橢圓形，長 2~2.5 cm。地上發芽型，初生葉單葉，心形，對生。

用途　種子可食用，當咖啡的代用品。新鮮未熟的種子有毒，但去種皮後毒性降低，具抗癌細胞作用。莢、根及種子供藥用。種子煎汁有鎮咳、去痰等功效。可供家畜飼料，當綠肥、覆蓋作物、觀賞植物栽植。

2n=22, 24

3 刀豆（紅鳳豆、關刀豆、挾劍豆、大刀豆、野刀板藤、刀鞘豆、刀鋏豆、皂莢豆）

- ***Canavalia gladiata*** **(Jacq.) DC.**
  Dolichos gladiatus Jacq.
- ナタマメ, タテハキ
- Sword bean, Jack bean, Horse bean

分布　原產熱帶舊大陸。臺灣引進栽培，在中、南部已歸化生長，為一栽培種食用豆類作物。

形態　蔓性一年生草質藤本。葉羽狀三出複葉，頂小葉廣卵形，側小葉歪斜，8~20 cm，先端漸尖，基部近圓形。花淡紅色、淡紫色或白色，總狀花序，腋生；雄蕊 10 枚，單體。莢果帶狀呈關刀形，25~30 × 4~5 cm。種子腎形或長橢圓形，紅色或褐色，種臍為種子全長的 3/4。地下發芽型，初生葉單葉，對生。白刀豆（var. *alba* Makino）花白色。

用途　幼莢食用，特別當「福神漬」之原料。成熟種子有毒，但以鹽水或水換煮數日可去毒，煮食之，炒而磨粉可作咖啡代用品；根、莢果及種子當藥用。種子含有尿素酶、刀豆氨酸等。主要當綠肥、飼料或覆蓋作物栽培。當刀豆茶之原料。白刀豆種子食用。

2n=22, 24

4 肥豬豆（肥豆仔、狹刀豆）

- ***Canavalia lineata*** **(Thunb. *ex* Murr.) DC.**
  Dolichos lineatus Thunb. *ex* Murr.
- ナガミハマナタマメ, ハミハマナタマメ

分布 臺灣自生種，分布印尼、越南、華南、菲律賓、日本、韓國。臺灣生長於全島各地的海濱沙地，並延至開闊之沙質草原，林緣。

形態 多年生匍匐性蔓藤草本。葉羽狀三出複葉；小葉圓形或倒卵形，5~10 cm，先端凹陷或具短突出，基部楔形或漸狹；托葉卵形，先端銳尖。花粉紅色至紫紅色，數枚，呈疏生的總狀花序，花序軸長，15~25 cm；雄蕊 10 枚，單體；花萼之下裂片不與上裂片重疊。莢果長橢圓形，常彎曲，肥厚而略腫脹。種子橢圓形，濃褐色或棕褐色。地上發芽型，初生葉單葉，對生。

用途 具有根瘤。可供覆蓋、土壤改良、防沙定土之用。根、莖、葉、殼及種子當藥用。

2n=22

5 濱刀豆（海刀豆、水流豆、小肥豬豆）

- ***Canavalia rosea* (Sw.) DC.**
  - *Dolichos roseus* Sw.
  - *Canavalia maritima* (Aubl.) Piper
  - *Dolichos maritimus* Aubl.
  - *Canavalia obtusifolia* (Lam.) DC.
  - *Dolichos obtusifolia* Lam.
- ハマナタマメ
- Wild Jack bean, Sea sword bean

分布 臺灣自生種，分布熱帶亞洲濱海地區。臺灣生長於全島海濱沙地地帶。

形態 多年生蔓性藤狀，稍帶肉質草本。葉羽狀三出複葉；小葉倒卵形或闊卵形，3~15 cm，先端圓，截斷狀，或凹頭。花紫紅色，呈腋生總狀花序排列；雄蕊 10 枚，單體；花萼之下裂片與上裂片重疊。莢果長線形，5~6 cm，內果皮膜質。種子橢圓形，2~10 粒，成熟時黑色，有光澤。地上發芽型，初生葉單葉，對生。

用途 幼莢可食用。植物體當飼料、綠肥、覆蓋作物。花添加在食物上美飾。嫩莖泡鹽水一整夜，再行炒煮食用。全株及種子當藥用。當海濱之定沙植物。

2n=22

21 錦雞兒屬（Caragana Fabr.）

落葉性灌木或小喬木。葉偶數羽狀複葉，葉軸先端常呈刺針或剛毛；小葉小，2~18 對，全緣，對生。花黃色，少為白色或粉紅色，單花或簇生於幼枝條葉軸基部；雄蕊二體。莢果線形，圓柱形，扁平，先端常彎曲呈尖狀，二瓣裂，裂瓣卷曲。種子橢圓形或亞球形，無種阜。2n=16, 32。

本屬約 80 種，分布東歐及亞洲。臺灣引進 1 種。

1 錦雞兒（金雀花、江南金鳳）

- ***Caragana sinica* (Buc'hoz) Rehd.**
  Robinia sinica Buc'hoz
  Caragana chamlagu (L.) Lam.
  Robinia chamlagu L.
- ムレスズメ
- Chinese pea tree, Chinese pea shrub, Pea tree

分布　原產中國華北。臺灣引進園藝栽培。
形態　灌木。多分枝，小枝有稜，無毛。葉偶數羽狀複葉；小葉 2 對，倒卵形或長橢圓狀倒卵形，1~3.5 cm，表面暗綠色，有光澤；托葉三角形，後變硬成刺狀。花黃色，帶有紅暈，單生，長 2.5~3.0 cm；旗瓣狹倒卵形。花柄長約 1 cm，中間部位有關節。莢果扁平圓柱形，3~3.5 cm，無毛。
用途　花部分華人食用之。種子味甜，炒熟可食。花及根之皮部當藥用。花大而醒目，栽培當觀賞用。當水土保持樹種。

22 栗豆樹屬（Castanospermum A. Cunn.）

常綠大喬木。葉大，奇數羽狀複葉；小葉 9~15 枚，短柄，革質，長橢圓形。花大型，橙色到紅黃色，總狀花序著生於老枝條之葉腋；雄蕊 10 枚，離生。莢果長鐮刀形，腫脹，革質至木質，二瓣裂，縫線厚而硬，2~5 粒種子。種子大，核果狀，有光澤，深褐色。2n=26。

本屬有 2 種，原產澳洲東北部和昆士蘭。臺灣引進 1 種。

1 栗豆樹（綠元寶）

- ***Castanospermum australe* A. Cunn. & C. Fraser**
- Black bean, Moreton bay chestnut

分布　原產澳洲、南太平洋諸島熱帶地區。臺灣 1965 年由新加坡引進，如今普遍當盆栽、園藝栽培。
形態　常綠中喬木。葉奇數羽狀複葉；小葉 11~15 枚，互生，披針狀長橢圓形，長 8~13 cm，全緣，革質。花橙紅色，腋生。莢果長約 20 cm，2~4 粒種子。種子橢圓形，徑 4~4.5 cm，深褐色，有光澤。半地上發芽型，子葉綠色，狀如金元寶。
用途　種子可烘烤食用，或磨成粉利用之。材黑色，耐腐，中硬有光澤，當裝飾材、雕刻品、建具等，為貴重材之一。小盆栽當室內觀賞植物，成株可當行道樹和園景樹，為優良之庇蔭樹。
2n=26

23 山珠豆屬（Centrosema (DC.) Benth.）

灌木或蔓性草本。葉羽狀三出複葉，罕單葉或5~7出複葉或掌狀3~5出複葉；小葉全緣，卵形至長橢圓形。花美麗，白色、紫色或粉紅色，總狀花序；雄蕊二體(9+1)。莢果線形，扁平，二縫線厚，具縱脊，開裂。種子長橢圓形，球形，厚或平，假種皮短，種臍卵形。2n=18, 20, 22, 24。

本屬約45種，原產熱帶和亞熱帶美洲，引進至世界各地，歸化生長。臺灣歸化2種。

1 白花山珠豆

- ***Centrosema plumieri*** **(Pers.) Benth.**
  Clitoria plumieri Pers.
- シロチョウマメモドキ

分布 原產熱帶美洲。臺灣引進栽培，歸化生長於中部南投埔里及南部屏東滿州一帶。

形態 多年生纏繞性草本。莖細長。葉羽狀三出複葉；小葉卵形或卵狀長橢圓形，6~12 cm，先端漸尖或呈短尾狀，基部圓形或近心形；托葉卵形，8~15 mm，先端鈍，小托葉披針形。花大形，白色，而旗瓣有2紅色大斑塊，呈腋生聚繖花序；花萼上位裂片幾完全合生不分裂。莢果帶形，8~15 cm，略彎曲。種子橢圓形，5~10 mm，褐色有斑點。地上發芽型，初生葉單葉，披針形，對生。

用途 當咖啡園、果園之綠肥、覆蓋作物，並可當飼料、牧草用。花大而美，觀賞用。

2n=20

2 山珠豆（蝴蝶豆、距瓣豆）

- ***Centrosema pubescens*** **Benth.**
- ムラサキチョウマメモドキ
- Butterfly pea, Centro, Jatirana, Campanilla

分布　原產熱帶美洲，熱帶廣泛栽培。臺灣 1955 年由馬來西亞引進，歸化生長於中、南部一帶及花蓮、臺東原野。

形態　多年生纏繞性藤狀草本。反時針方向卷曲。葉羽狀三出複葉；小葉卵形或橢圓形，3~10 cm，先端尖銳或漸尖，基部鈍或圓，表裡兩面均具顯著的短毛。花粉紅色、紫色、淡紫色或白色，大形，集成總狀花序；花萼上位裂片為卵狀三角形；雄蕊 10 枚，二體。莢果線形，10~17 cm，扁平，直或扭曲，兩縫線加厚，熟時開裂。種子 12~20 粒，橢圓形，褐色，有斑紋。地上發芽型，初生葉單葉，披針形，對生。

用途　咖啡園、果園當綠肥、覆蓋作物，並可當飼料、牧草用。花大而美，觀賞用。

2n=20

24 柊豆屬（Chorizema Labill.）

灌木或小灌木，直立。葉單葉，互生。花橙色或紅色，頂生或罕腋生總狀花序；雄蕊 10 枚，離生。莢果卵形，膨脹或扁平，無橫隔。種子多粒，光亮。2n=16, (32)。

本屬約 16 種，分布西澳洲和昆士蘭。臺灣引進 1 種。

1 柊豆

- ***Chorizema cordatum* Lindl.**
- ヒイラギマメ, マルバヒトイラギマメ, コリゼマ
- Australian flame pea, Flowering oak

分布　原產澳洲西部。臺灣 1983 年引進於高海拔地區栽培，園藝零星栽培。

形態　常綠小灌木，叢生狀。葉單葉，互生，革質，卵狀心形或橢圓形，長約 2.5 cm，葉緣有刺狀鋸齒，先端有刺狀突頭。花小，橙紅色或桃紅色，龍骨瓣帶紫色，頂生總狀花序，下垂狀，花姿嬌豔動人。花期春至夏季，性喜冷涼，平地高溫不易栽培。

用途　適合庭園美化花木，盆栽或切花，觀賞用。

2n=16

25 蝙蝠草屬（Christia Moench）

匍匐性草本或直立小灌木。葉羽狀三出複葉或單葉；小葉寬度常大於長度。花白色或紫色，稀疏頂生總狀花序或圓錐花序，少數腋生；雄蕊二體 (9+1)。莢果由數枚具 1 粒種子的節莢組成，莢節彼此重疊，具脈紋，藏於宿存之大花萼內，不開裂。種子球形。2n=18, 22。

本屬約 12 種，分布中南半島、馬來西亞和澳洲。臺灣自生 2 種，引進 1 種。

1 蝙蝠草（東埔羅瑞草、臺灣蝙蝠草）

- ***Christia campanulata* (Benth.) Thoth.**
  Lourea campanulata Benth.
  Uraria formosana (Hayata) Hayata
  Desmodium formosanum Hayata
  Uraria latisepala Hayata
- トンボフジバグサ, タイワンフジバグサ
- Christia

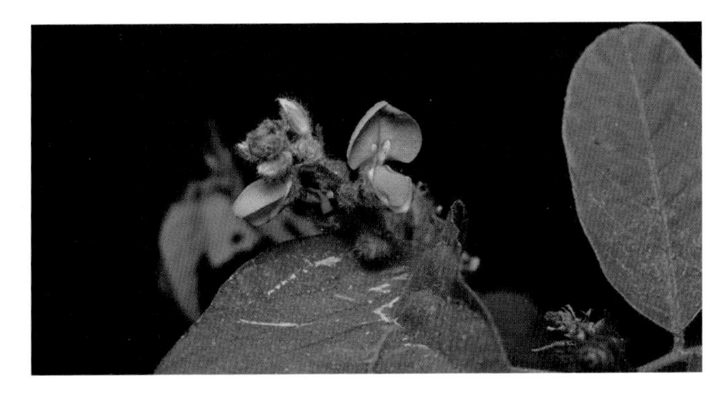

分布　臺灣自生種，分布印度、泰國、緬甸、華南。臺灣生長於南部及東部低海拔原野、荒廢地，不常見。

形態　灌木。具有多數分枝，小枝密被絨毛。葉羽狀三出複葉；小葉長橢圓形，5~7 cm，先端圓鈍而有一尾狀尖突，基部圓或鈍，二面具絨毛。花紫色，多數，頂生，大而疏生的圓錐花序；雄蕊 10 枚，二體；花萼鐘形，長約 5~6 mm，密生絨毛，先端 5 裂。莢果 2~3 節，扭曲，每節長 2 mm，完全包埋於殘存的花萼內。地上發芽型，初生葉單葉，互生。

用途　當綠肥，觀賞用。

2 舖地蝙蝠草（羅瑞草、羅藟草、馬蹄香、腰子草、腰只草）

- ***Christia obcordata* (Poir.) Bakh. f.**
  Hedysarum obcordatum Poir.
- オオズキハギ
- Obcordate christia

分布　臺灣自生種，分布澳洲、爪哇、馬來西亞及華南。臺灣生長於中南部、花蓮、臺東低海拔山地、荒廢地及澎湖、金門的原野。

形態　多年生匍匐性草本。莖平臥，纖細有短絨毛。葉羽狀三出複葉；頂小葉倒卵形或倒腎形，7~15 mm，先端截形或微凹，側生小葉小，卵形或倒卵形，兩面疏生短毛。花青紫色或淡紅色，數枚呈頂生或少數腋生的總狀花序或圓錐花序；雄蕊 10 枚，二體；花萼鐘形，膜質，有明顯網脈。莢果 2~5 節，均藏於花萼內。種子扁圓形。地上發芽型，初生葉單葉，互生。

用途　供覆蓋用、觀賞用。全草當藥用。

3 飛機草（蝙蝠草、蝴蝶豆木、蝴蝶草、雞子草）

- ***Christia vespertilionis* (L. f.) Bakh. f.**
  Hedysarum vespertilionis L. f.
- ヒコキソウ
- Red butterfly wing

分布　原產熱帶亞洲，中國、印度、馬來西亞。臺灣引進園藝栽培。

形態　直立草本。莖纖細，上部稍有微柔毛。葉羽狀三出複葉，但有時單葉；頂小葉菱形或長菱形，寬為長的 4~6 倍，呈蝴蝶狀，先端闊凹狀，基部闊楔形，側小葉倒心形，兩側不對稱，0.8~1.5 cm。花淡黃色，旗瓣基部有紫色斑塊，總狀花序頂生或腋生，有時呈圓錐花序。莢果 2~6 節，光滑無毛或疏生絨毛，各節有種子 1 粒。地上發芽型，初生葉單生，互生。

用途　全株當藥用。庭園栽植，觀賞用。

2n=18

26 鷹嘴豆屬（Cicer L.）

一年生或多年生草本，直立。常具腺毛。葉奇數羽狀複葉，罕偶數羽狀複葉，或三出複葉；小葉小，5~17 枚，卵形或橢圓形，葉緣有鋸齒。花小，白色、紫色或雜色，單生或少數組成腋生總狀花序；雄蕊二體 (9+1)。莢果卵形或長橢圓形，無柄，腫脹，二瓣裂。種子 1~4 粒，不規則倒卵形，種臍小。2n=14, 16, 32。

本屬約有 40 種，分布土耳其至以色列，中亞和地中海地區。臺灣栽培種 1 種。

1 鷹嘴豆（回鶻豆、雞豆、回回豆、埃及豆、雛豆、雞兒豆、鷹咀豆、豆香子、山黎豆、排豆、雞豌豆、桃豆）

- ***Cicer arietinum* L.**
  Cicer album Hort.
- ヒヨコマメ, キカルマメ, エジプトマメ, コーヒーマメ, ガルバンゾ
- Chick pea, Bengal gram, Dhal, Gram, Garbanzo bean, Common gram, Indian gram, Egyptian pea, Garvance

分布 原產地中海區域、印度。臺灣 1910 年代引入栽培，惟栽植不廣，為一栽培種食用豆類作物。

形態 直立一年生草本。株高 0.2~0.5 m，全株被絨毛，莖基部略粗壯，先端具有分枝。葉奇數羽狀複葉；小葉 9~15 枚，卵形或橢圓形，5~20 mm，先端尖銳，基部鈍，葉緣有鋸齒。花白色或紫紅色，單一腋生，莢果淡黃色，卵狀圓形，下垂。種子 1~2 粒，白色、淡紅色、紅色、褐色或黑色，球形有短尖突，似鷹之嘴。地下發芽型，初生葉鱗片狀，互生。栽培種因長期隔離，種子大小與顏色產生許多變異，可分為 4 個種型（race）：地中海種型（meditter aneum）、歐亞種型（eurasiaticum）、東方種型（orientale）及亞洲種型（asiatieum）。前 2 種型種子較大，種皮白色，後 2 種型種子較小，東方種型皮黑色或淺紅色，亞洲種型皮紅色或褐色。

用途 成熟的種子可煮食、炒食，也可作湯食用，印度人的主要豆類。當咖啡代用品。豆芽及嫩葉可當蔬菜或藥用，豆芽可預防壞血病。種子、莢當飼料，而總苞有毒，不適宜當飼料。

2n=14, 16, 24, 32

27 沙漠豆屬（Clianthus Sol. *ex* Lindl.）

半蔓性草本或矮灌木。光滑或密生絨毛。葉奇數羽狀複葉；小葉多數，全緣，卵形。花大，紅色或白色，腋生或頂生繖房狀總狀花序；花瓣短爪，近等長；雄蕊 10 枚，二體。莢果線形，長橢圓形，膨脹，先端尖。種子小，多粒，腎形。2n=32。

本屬約 8 種，原產澳洲和紐西蘭。臺灣引進 1 種。

1 沙漠豆（斯特爾特沙漠豆）

- ***Clianthus formosus* (G. Don) Ford & Vick.**
  Swainsona formosa (G. Don) Joy Thomps.
  Donia formosa G. Don
- デザート・ピー
- Sturt's desert pea

分布　原產澳洲西部、南部，新南威爾士和昆士蘭。臺灣引進栽培。

形態　多年生草本植物。水平伸展或斜升，被長、白色絲狀毛。莖微有角，帶紅色。葉奇數羽狀複葉；小葉約 15 枚，葉柄基部有一對大的葉狀托葉。花鮮紅色，但在野外，有紅色至粉紅或黃色和白色的紀錄，總狀花序，著生 4~6 朵花，非常大，約 90 mm；花萼基部管狀，先端 5 裂，被毛；雄蕊 10 枚，二體。

用途　澳洲種子煮而食用之，或磨成粉烘焙之。但種子含有胰蛋白酶抑制物，不是理想的營養來源。花大而美麗，觀賞用。

2n=32

28 蝶豆屬（Clitoria L.）

多年生纏繞性草本或亞灌木，罕為喬木。葉奇數羽狀複葉；小葉 3~9 枚，基部歪斜，先端鈍。花大而美麗，白色、藍紫色或紅色，單朵或成雙腋生，或排成總狀花序；雄蕊二體 (9+1) 或多少聯合成一體。莢果線形或線狀長橢圓形，膨脹或扁平，具果頸。種子 2~ 多粒，光滑，扁平，腎形或長橢圓形，種臍卵形或圓形。2n=(14, 16), 24。

本屬約 70 種，分布熱帶和亞熱帶地區。臺灣歸化 2 種，引進 2 種。

1 孟買蝶豆

- ***Clitoria annua* J. Graham**

  Clitoria biflora Dalzell

分布　原產孟買。臺灣引進栽培。

形態　直立草本。莖成角狀，具毛。葉奇數羽狀複葉，葉柄長 9~12 mm，有毛；小葉 5 枚，膜質，5~8 cm，頂小葉最大，最下位側小葉比其他小葉小，形狀多樣，寬橢圓狀長橢圓形，近鈍形至披針形，銳形，表面剛毛明亮，背面更濃密。花藍色，腋生，2 朵花之總狀花序；花梗和小花梗很短；花苞線狀披針形，苞片長 6~8 mm，卵形或披針形。莢果長 2.5~5 cm，扁平，具網狀脈紋，無毛。種子 5~6 粒，黑色。

用途　當綠肥，觀賞用。

2 仙女蝶豆（巴西木蝶豆、蘭花樹）

- ***Clitoria fairchildiana* R. A. Howard**

  Clitoria racemosa Benth.

  Neurocarpum racemosum Pohl

  Ternatea racemosa (Benth.) Kuntze

  Centrosema spicata Glaz.

- Orchid tree, Butterfly pea tree, Philippine pigeonwings

分布　原產南非。臺灣引進栽培。

形態　常綠或落葉小至中型樹木。低分枝，樹冠濃密，圓形。葉羽狀三出複葉，質粗糙；小葉長橢圓形，先端漸尖。花淡紫色，呈下垂總狀花序，微芳香。莢果長，木質，易開裂，成熟時由綠轉褐色，種子數粒。

用途　根有顯著的固氮作用，可栽培當垣籬樹，創造叢林效果，公園之庇蔭樹、觀賞樹、行道樹。花可食用，當藥用。花含花青素當染料用。

3 鐮刀莢蝶豆

- ***Clitoria falcata*** **Lam.**

  Clitoria cearensis Huber

  Martia brasiliensis Steud.

分布　原產中、南美洲、西印度及熱帶非洲。臺灣已歸化生長於墾丁國家公園龍鑾潭一帶。

形態　蔓性藤狀草本。葉為羽狀三出複葉；小葉橢圓或卵形，4~6 cm，先端鈍形，基部圓，全緣；托葉呈三角形。花白色，旗瓣基部具紫色斑紋，單生微彎曲，萼筒長 3~4 cm。莢果圓腫，長約 3 cm，表面被毛，兩側突起而呈四稜狀，微彎曲，呈鐮刀形，先端具尾尖，4~10 粒種子。種子橢圓形，微扁，長 3 mm。

用途　可當綠肥，覆蓋作物用。

4 蝶豆（蝴蝶花豆、羊豆、豆碧）

- ***Clitoria ternatea*** **L.**

  Clitoria albiflora Mattei

  Clitoria parviflora Raf.

- チョウマメ
- Butterfly pea, Kordofan pea, Blue pea, Cordofan pea, Winged-leaved clitoria

分布　原產新舊世界的熱帶地區。臺灣 1920 年代引進，已在全島歸化生長，中、南、東部生育良好。
形態　二年生或多年生宿根性蔓性草本。莖纖細多毛，具多數分枝。葉奇數羽狀複葉；小葉 5~9 枚，卵形或廣橢圓形，2~7 cm，先端鈍而微淺凹。花藍色、紫色或白色，中央有一淡黃色或白色斑塊，單生，大形；花瓣有單瓣及重瓣；雄蕊 10 枚，二體。莢果線形，5~12 cm，扁平，略彎曲，頂端具長喙，成熟時開裂，6~10 粒種子。種子黑色，扁橢圓形。地上發芽型，初生葉單葉，卵披針形，對生。
用途　熱帶地區廣泛栽培，當綠肥、牧草、覆蓋、觀賞等。根、葉及種子當藥用。葉、花及嫩葉可食用，煮湯、油炸等。嫩莢煮熟剝子可食用。花及葉的萃取液當食品、飲料的天然藍色素，及染料用。2n=14, 16

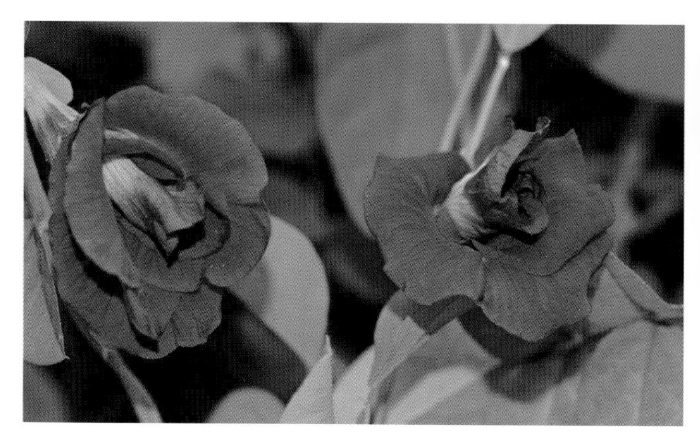

29 蝸牛豆屬（Cochliasanthus Trew）

多年生藤本。葉羽狀三出複葉；小葉卵狀或卵狀披針形。花大而美麗，白色、米黃色或帶紫色，呈總狀花序；花瓣明顯卷曲成蝸牛狀；雄蕊二體 (9+1)。莢果圓柱形，光滑無毛，先端具尖喙，而微彎曲。種子多粒，長橢圓形。2n=22。

本屬有 2 種，原產熱帶南美洲和中美洲。臺灣引進 1 種。

1 蝸牛花（蝸牛豆）

- ***Cochliasanthus caracalla*** **(L.) Trew**
  Vigna caracalla (L.) Verdc.
  Phaseolus caracalla L.
- Snail flower, Snail vine, Snail creeper, Corkscrew vine, Snail bean

分布　原產熱帶中、南美洲。臺灣引進栽培。
形態　攀藤狀的多年生植物。葉羽狀三出複葉，葉柄長；小葉菱狀卵形或卵形，先端漸尖或銳尖，基部漸狹，稍歪斜。花白色，具波狀紫色條紋，被相同顏色，卷曲狀之花蕾包圍，成特殊的蝸牛狀卷曲形，花芳香，密生，呈腋生總狀花序；雄蕊 10 枚，二體。莢果圓柱狀長線形，直，先端尾尖，光滑，10~15 粒種子。種子橢圓形。

用途　觀賞用，被稱之為「世界上最美麗的豆類」。種子和花可食，其他部位可能有毒。

2n=22

30 鐘萼豆屬（Codariocalyx Hassk.）

小灌木或直立灌木。葉三出複葉，稀單葉；頂小葉大，卵狀長橢圓形，側小葉小或近完全退化。花小，初開時粉紅色，後轉為橙黃色，2~4 朵簇生，呈頂生和腋生的總狀花序或圓錐花序；雄蕊二體(9+1)。莢果鐮刀形，殆無柄，扁平，於種子間下凹呈淺波狀，先端具喙，沿一縫線開裂。種子腎形，連結二深裂假種皮。2n=20, 22。

本屬有 2 種，分布東北亞、東南亞和印度、澳洲。臺灣自生 1 種，引進 1 種。

1 圓葉舞草（短萼豆）

- ***Codariocalyx gyroides*** **(Roxb. *ex* Link) Hassk.**

  Hedysarum gyroides Roxb. *ex* Link

  Codariocalyx conicus Hassk.

  Desmodium gyroides (Roxb. *ex* Link) DC.

  Desmodium oxalidifolium H. Leveille
- バハキ
- Round-leaf codariocalyx

分布　原產華南、緬甸、印度、印尼、馬來西亞、尼泊爾、菲律賓、泰國、越南、斯里蘭卡。臺灣引進栽培。

形態　灌木。莖幼時覆蓋軟毛。葉三出複葉，葉柄 2~2.5 cm；頂小葉倒卵形或橢圓形，3.5~5 cm，側小葉 1.5~2 cm，兩面具白色軟毛。花紫色，呈總狀花序，長 6~15 cm，花梗 4~9 mm，密被黃色軟毛；花萼闊鐘形，2~2.5 mm；雄蕊 10 枚。莢果扁平，2.5~5 cm，成熟時沿背縫線開裂。種子 3~4 mm。

用途　當覆蓋、綠肥、牧草利用。

2n=20, 22

2 鐘萼豆（舞草、舞荻、電信草）

- ***Codariocalyx motorius*** **(Houtt.) Ohashi**

  Hedysarum motorius Houtt.

  Desmodium motorium (Houtt.) Merr.

  Codariocalyx gyrans (L. f.) Hassk.

  Desmodium gyrans (L. f.) DC.

  Hedysarum gyrans L. f.
- マイハギ, マイグサ
- Telegraph plant, Moving plant, Long-leaf codariocalyx

分布　臺灣自生種，分布熱帶亞洲和澳洲。臺灣生長在中、南部低海拔地區之林緣、路旁及乾谷地。

形態　小灌木。莖直立有縱溝，無毛。葉三出複葉；頂小葉長橢圓形至披針形，長 5.5~10 cm，先端圓形或鈍，具短尖，側生小葉甚小，橢圓形或線形，有時不存在。花多數，初生時為粉紅色，後轉變為橙黃色，呈頂生或腋生的總狀花序，常組合成圓錐花序；雄蕊 10 枚，二體。莢果稍鐮刀形或直，2.5~4 cm，有 5~9 節，成熟時沿背縫線開裂。種子歪橢圓形。地上發芽型，初生葉單葉，對生。

用途　當覆蓋、綠肥、牧草利用之。全株當藥用。

2n=22

31 野百合屬（Crotalaria L.）

草本，亞灌木或灌木。莖枝圓柱狀或四稜形。葉單葉或掌狀三出複葉，罕 5 或 7 出複葉。花黃色或深紫藍色，總狀花序頂生，腋生或與葉對生，或密集枝頂；雄蕊合生成鞘，單體。莢果長橢圓形或球形，稀四稜形，腫脹或膨大，二瓣裂。種子 2 至多粒，長橢圓形或腎形。2n=14, 16, (32)。

本屬約 550 種，分布熱帶和亞熱帶地區。臺灣特有 2 種，自生 12 種、1 亞種，歸化 10 種，引進 1 種。

1 圓葉野百合（針狀葉鈴豆、針狀豬屎豆）

- ***Crotalaria acicularis*** **Buch.-Ham.** ***ex*** **Benth.**
- ヒメタヌキマメ

分布　臺灣自生種，分布印尼、印度、菲律賓、華南。臺灣生長於南部中、低海拔草生地或原野，稀有。

形態　一年生草本。基部略呈匍匐狀或偃臥狀，先端斜立，多分枝，密被絨毛。葉單葉，卵形或長橢圓形，5~20 mm，先端鈍，基部圓而略歪，表面綠色，背面粉白綠色，表裡兩面皆被絨毛；托葉線形，反卷。花黃色，5~30 朵的總狀花序，腋生或頂生，花序長 3~8 cm，密被長絨毛。莢果圓柱形，5~6 mm，基部花萼殘存，6~20 粒種子。地上發芽型，初生葉單葉，互生。

用途　具有根瘤，可供綠肥用。

（楊曆縣　攝）

（楊曆縣　攝）

2 翼柄野百合（翼莖野百合、翅托葉野百合、翅托葉豬屎豆）

- ***Crotalaria alata*** **Buch.-Ham.** ***ex*** **D. Don**
  Crotalaria bialata Schrank
- ヤハズマナ

分布　原產舊世界熱帶，現廣泛分布熱帶地區。臺灣引進栽培，已歸化生長於新竹、苗栗卓蘭、南投縣埔里、惠蓀林場。

形態　多年生直立草本。莖低處就開始分枝。葉單葉，互生，近似無柄，長橢圓形，3.5~5.5 cm，先端鈍或銳尖，基部鈍形或楔形，有油腺點，兩面具毛茸；托葉呈明顯翅狀，附著葉下部之枝條上，2~5 cm，殘存性。花黃色，2~4 朵，呈頂生或腋生的總狀花序。莢果長橢圓形，3~4.5 cm，光滑無毛，成熟時黑色，20~25 粒種子。種子深黑褐色，具光澤，略腎形，2.5~3 mm。

用途　綠肥或生籬，觀賞用，耐陰性強當覆蓋作物。全草當藥用。

2n=16

3 響鈴豆（狗響鈴、黃花地丁）

- ***Crotalaria albida* Heyne *ex* Roth**

  Crotalaria formosana Matsumura

  Crotalaria montana Roxb.

  Crotalaria albida Heyne var. *gracilis* Hosekawa

  Crotalaria albida Heyne f. *membranacea* Hosekawa
- ホザキタヌキマメ, シロタヌキマメ

分布　臺灣自生種，分布華南、中南半島、馬來西亞、菲律賓、印度。臺灣廣泛生長於全島中、低海拔之原野、開闊地及草生地。

形態　灌木狀草本。莖直立或斜上升，具多數分枝，被白色絨毛。葉單葉，倒披針形或倒卵狀披針形，2~5 cm，先端鈍圓有尖突，基部楔形，表面綠色光滑，背面顏色較淡，疏生柔毛。花黃色，5~20 朵，頂生或枝條先端腋生的總狀花序，長 30 cm；雄蕊 10 枚。莢果圓柱形，7~15 mm，光滑，藏於宿存之萼內，頂端具喙，6~12 粒種子。地上發芽型，初生葉單葉，互生。

用途　全植物當藥用。有根瘤可當綠肥，觀賞用。

2n=16

4 大豬屎豆（大野百合、自消容、通心草、大豬屎青）

- ***Crotalaria assamica* Benth.**
- コガネタヌキマメ
- Showy crotalaria

（陳侯賓　攝）

分布　臺灣自生種，分布印度、泰國、緬甸、越南、馬來西亞、菲律賓、華南。臺灣生長於平地原野。

形態　多年生直立亞灌木狀草本。莖、枝具絨毛，多分枝，小枝細長，有稜角。葉單葉，倒披針形或長橢圓形，7~16 cm，先端有小突尖，基部楔形，背面被柔絹毛。花鮮黃色，大形， 20~30 朵頂生總狀花序；雄蕊 10 枚，單體，合生成一組。莢果長橢圓形，長 4~7 cm，上部寬，下部漸狹，無毛，頂端具彎曲針狀之喙，背具明顯暗紫色條紋，多數種子。種子黑色，有光澤，腎形。地上發芽型，初生葉單葉，互生。

用途　具根瘤，為優良之綠肥。全草含野百合鹼當藥用。

（陳侯賓　攝）

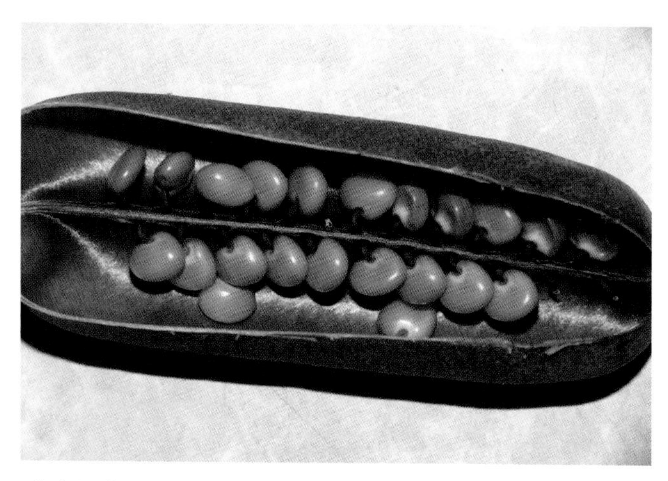

（陳侯賓　攝）

5 長萼野百合（長萼豬屎豆、狗鈴豆）

- ***Crotalaria calycina*** **Schrank**
- ガクタヌキマメ
- Long-calyx rattlebox

分布　臺灣自生種，分布熱帶亞洲、非洲、澳洲北部、臺灣生長於全島低海拔之原野、開闊地及河床沙礫地。

形態　一年生直立草本。莖、枝被粗糙褐色硬毛。葉單葉，披針形或線狀披針形，4~16 cm，先端銳尖，有一束毛，密生硬毛。花黃色或淡黃色，頂生或腋生的總狀花序；花冠通常不伸出於花萼外；雄蕊 10 枚，單體；苞片葉狀，長 1~2 cm，有硬粗毛。莢果長橢圓形，藏於花萼內，長 1~2 cm，光滑無毛，20~30粒種子。種子略小，黃色，心形。地上發芽型，初生葉單葉，互生。

用途　具根瘤，可作綠肥。全草當藥用。

2n=16

6 紅花假地藍（紅花野百合）

- ***Crotalaria chiayiana* Liu & Lu**

  Crotalaria ferruginea Grah. *et* Benth. var. *chiayiana* (Liu & Lu) Ying

（歐辰雄　攝）

分布　臺灣特有種，生長於嘉義瑞里地區中海拔山地。路旁或崩壞地，稀少。

形態　多年生草本。莖直立，圓柱形，具褐毛茸，多分枝。葉單葉，互生，鐮刀狀線狀披針形，2~4 cm，先端漸尖，兩面密被毛；葉柄長 1~2 cm；托葉披針形，反卷，殘存。花粉紅色，2~4 朵，腋生或頂生總狀花序，花序長 4~9 cm，具褐粗毛；雄蕊 10 枚，單體；花冠與花萼等長。莢果橢圓形，2.5~3 cm，無毛。

用途　為特有種，可供綠肥參考。

7 華野百合（中國豬屎豆、臺灣野百合、臺灣豬屎豆）

- ***Crotalaria chinensis* L.**

  Crotalaria sinensis J. F. Gmelin

  Crotalaria kawakamii Hayata

  Crotalaria akoensis Hayata

- タイワンタヌキマメ

分布　臺灣自生種，分布印度、馬來西亞、菲律賓、華南。臺灣生長於中、南部低海拔空曠、乾燥之草原、荒地。

形態　一年生直立草本。莖基部稍木質化，細長，密被伏毛，多分枝，小枝散生絨毛。葉單葉，長橢圓形或長橢圓狀倒卵形，1.5~7 cm，先端銳尖，基部鈍，上表面無毛，背面密被絨毛，短柄或近無柄。花淡黃色或白色，2~5 朵生於枝條先端，總狀花序，但排列略呈頭狀；雄蕊 10 枚，單體。莢果長橢圓形，12~18 mm，15~20 粒種子，光滑無毛，基部有花萼殘存。種子扁圓形。地上發芽型，初生葉單葉，互生。

用途　可供綠肥用。全草當藥用。

8 假地藍（野花生、荷豬草、偽地藍）

- ***Crotalaria ferruginea* Grab. *et* Benth.**

  Crotalaria bodinieri H. Le'vieille

  Crotalaria pillosissima Miq.

- ナンバンタヌキマメ, スズナリア

分布　臺灣自生種，分布印度、中國、馬來西亞、菲律賓。臺灣生長於全島低、中海拔山地、開闊地或草生地。

形態　匍臥或直立性多年生草本。具多數分枝，小枝條細長，全株被白色長粗毛。葉單葉，卵狀長橢圓形、橢圓狀倒卵形、披針形，3~9 cm，先端鈍或微尖，基部狹或呈楔形；托葉卵狀披針形，5~10 mm，先端銳尖，密被絨毛。花黃色或淡黃色，僅稍露於花萼外，1~6 朵呈頂生或腋生的總狀花序；雄蕊 10 枚，單體。莢果長橢圓形，2~3 cm，無毛，頂端具長喙，20~30 粒種子。種子腎形，1.5~2 mm。地上發芽型，初生葉單葉，互生。

用途　全株可供牧草或綠肥及藥用。

2n=16, 42, 48

9 甘比亞野百合（西非豬屎豆）

- ***Crotalaria goreensis*** **Guill. & Perr.**
- ガンビアタヌキマメ
- Gambia pea

（楊曆縣　攝）

分布　原產熱帶非洲，歸化於澳洲。臺灣引進栽培，新歸化生長於恆春半島。

形態　直立一年生或多年生草本。多分枝，被絨毛。葉掌狀三出複葉；小葉倒卵形至橢圓形，2.5~8 cm，先端凸尖或圓形，表面無毛，背面被絨毛。花黃色，但常帶有橙色或紅棕色，長為花萼的 2 倍，12~20 朵，呈總狀花序，頂生，長及 25 cm；花萼 4~5 mm，多毛，莢果長橢圓形，1.5~2 cm，幼時密被絲狀毛，10~12 粒種子。種子橙色，腎形，長 2.5~4 mm。

用途　當綠肥、覆蓋植物，觀賞用。

2n=16, 32

（楊曆縣　攝）

（呂碧鳳　攝）

10 恆春野百合（橢圓葉野百合、圓葉豬屎豆）

- ***Crotalaria incana* L.**
  Crotalaria affinis DC.
  Crotalaria cubensis DC.
- コウシュンタヌキマメ
- Woolly rattlepod, Hairy rattle-box

分布　原產熱帶美洲，已歸化於所有熱帶地區。臺灣引進栽培，已歸化生長於臺東、屏東之平地、原野及荒廢地。

形態　直立多枝的亞灌木或大草本。莖基部木質化，有多數小枝條，莖及小枝條密被灰色絨毛。葉掌狀三出複葉；小葉卵形、倒卵形或橢圓形，4~6 cm，先端圓鈍，有尖突，基部漸狹，表面近光滑，背面密被絨毛，近無柄。花黃色，10~20 朵呈頂生的總狀花序；雄蕊 10 枚，單體。莢果圓柱形，3~4 cm，20~30 粒種子。種子橢圓形。地上發芽型，初生葉單葉，對生。

用途　可供作綠肥、覆蓋及飼料作物。全草含安那豬屎豆鹼及全緣千里光鹼，當藥用。

2n=14, 16

11 太陽麻（菽麻、印度麻、桱麻）

- ***Crotalaria juncea* L.**
  Crotalaria benghalensis Lam.
- サンヘンプ
- Sunn hemp, San hemp, Japan hemp, Brown hemp, Indian hemp, Rush-like rattle-box

分布　原產印度，現在熱帶各地栽培，並野生化。臺灣 1930 年代引進栽培，已歸化生長。

形態　直立一年生草本。莖、枝有小溝紋，密被絹質短柔毛。葉單葉，互生，披針形或線狀披針形，枝先端有時為線形，5~10 cm，兩端漸狹，先端鈍或銳尖。花金黃色，大形，顯著帶有香味，多數排列成頂生的總狀花序；雄蕊 10 枚，單體。莢果橢圓形，長 3~4 cm，密被絹質短柔毛，6~15 粒種子。種子腎形，深褐色、褐色或綠色，具光澤，6~7 mm。地上發芽型，初生葉單葉，互生。

用途　莖之韌皮部可採纖維，供紡織用。可供作飼料、綠肥與覆蓋，地力保持作物等。種子當藥用。花姿美觀，觀賞用。臺灣主當綠肥作物栽培。

2n=16

12 披針葉豬屎豆（長葉豬屎豆、披針葉野百合、長果豬屎豆）

- ***Crotalaria lanceolata* E. Mey.**
  Crotalaria mossambicensis Klotzsch
- Lanceolate rattle-box

分布 原產熱帶非洲。臺灣於 1920 年代引進栽培，已歸化生長於中、北部地區。

形態 多年生亞灌木或大草本。莖木質，具有多數分枝，小枝直立或斜上升，上部枝條有毛。葉掌狀三出複葉；小葉披針形或線形，4~8 cm，先端漸尖，銳尖或鈍，基部漸尖，表面光滑，背面疏生絨毛，小葉柄甚短，近似無柄。花黃色，內常具橙紅色條斑，頂生總狀花序；花萼 5~7 mm，外面密生短柔毛；雄蕊 10 枚，單體。莢果膨脹，圓柱形，長 3~4.5 cm，黑色，具光澤。種子多數，腎形。

用途 供作綠肥、覆蓋作物栽培之。全草當藥用。

2n=16

13 線葉野百合（密葉豬屎豆、線葉豬屎豆、條葉豬屎豆）

- ***Crotalaria linifolia* L. f.**
  Crotalaria linifolia L. f. var. *pygmaea* Yamamoto
- ホソバタヌキマメ

（楊曆縣　攝）

分布 臺灣自生種，分布印度、中國、馬來西亞、印尼、菲律賓及澳洲。臺灣生長於中、南部之平地、原野、開闊地，澎湖、綠島等亦有之。

形態 多年生直立草本。莖木質化，有絲光質短毛，具多數分枝，枝多呈斜上升，密生短柔毛。葉單葉，線形、披針形或長橢圓狀披針形，2~6 cm，先端尖銳或鈍，基部漸狹，近似無柄。花黃色、多數，小至中型，呈頂生或枝條先端腋生的總狀花序；花冠與萼等長；雄蕊 10 枚，單體。莢果長卵形或長橢圓形，8~12 mm，較萼短，光滑，花萼殘存，2 粒種子。種子橢圓形，種臍內凹。地上發芽型，初生葉單葉，互生。

用途 可供作綠肥。根或全草當藥用。

2n=16

（楊曆縣　攝）

（楊曆縣　攝）

14 假苜蓿（三葉野百合）

- ***Crotalaria medicaginea* Lam.**

  Crotalaria foliosa Willd.

  Crotalaria zollingeriana Miq.
- ミツバタヌキマメ

分布　臺灣自生種，分布中國、越南、緬甸、馬來西亞、印度、菲律賓、澳洲。臺灣生長於恆春、卑南之原野。

形態　一年生直立草本。分枝多而細弱，有平伏短柔毛。葉掌狀三出複葉；小葉卵形、長橢圓形或倒卵形，1~3 cm，先端鈍而微凹入，基部楔形，背面具短絨毛，幾無小葉柄。花黃色，但帶有紅色線條，5~10 朵，呈頂生或腋生總狀花序；雄蕊 10 枚，單體；萼具白色短絨毛，萼齒等長，上面之萼齒稍寬。莢果長橢圓形或近球形，3~5 mm，被短柔毛，1~2 粒種子。種子橢圓形。

用途　具根瘤可供綠肥用。印度植株當藥用。

2n=16

15 黃豬屎豆（三尖葉野百合、美洲三尖葉豬屎豆、三尖葉豬屎豆）

- ***Crotalaria micans* Link**

  Crotalaria anagyroides Kunth
- クロネジタヌキマメ, キタヌキマメ
- Three-shape-leaf rattle-box

分布　原產熱帶美洲、委內瑞拉，已廣泛分布於熱帶地區。臺灣 1910 年代引進栽培，已歸化，廣泛生長於全島中、低海拔之空曠地。

形態　直立灌木。被絨毛。葉掌狀三出複葉；頂小葉長橢圓形或長橢圓狀披針形，先端漸尖，3~6 cm。花黃色有濃色線條，大形，10~30 朵，呈頂生的總狀花序。莢果長橢圓形，長 2~3 cm，不下垂，熟時黑褐色，頂端具彎曲針狀之喙。種子橢圓形，4~5 mm，淺褐色，具光澤。地上發芽型，初生葉單葉，對生。

用途　當綠肥及覆蓋作物。花美麗，觀賞用。全草含安那豬屎豆鹼當藥用。

2n=16

16 黃野百合（豬屎豆、野黃豆、野苦豆、豬屎青、白馬屎）

- ***Crotalaria pallida*** **Aiton**
  Crotalaria pallida Aiton var. *obovata* (G. Don) Polhill
  Crotalaria mucronata Desv.
  Crotalaria striata DC.
- キバナハキ, オオミツバタヌキマメ
- Pallida rattle-box, Smooth crotalaria

分布　原產熱帶亞洲、非洲，廣泛分布。臺灣引進栽培，已歸化生長於全島低海拔開闊之平地、原野、河床上。

形態　直立亞灌木。莖枝具溝紋，具柔毛。葉為掌狀三出複葉；頂小葉卵形或倒卵狀長橢圓形，1~3 cm，先端鈍而微凹，側小葉較小。花黃色，常帶紅色條斑，20~50 朵，呈頂生的總狀花序；花萼 5 裂，裂齒披針形；雄蕊 10 枚，單體。莢果長圓柱形，4~5 cm，近無毛，20~30 粒種子。種子橢圓形，淺褐色，具光澤。地上發芽型，初生葉單葉、3 小葉，互生。

用途　具根瘤，可改良土壤及當綠肥，觀賞用。莖韌皮部當纖維用。成熟種子當咖啡代用品，半成熟種子調理後可食用。全株及種子當藥用。

2n=16

17 掌葉野百合（五葉野百合）

- ***Crotalaria quinquefolia*** **L.**
  Crotalaria heterophylla L. f.
- ゴヨウタヌキマメ

（楊明彰　攝）

分布　原產熱帶亞洲和澳洲，引進至西印度、南美地區和印度洋諸島。臺灣引進栽培。

形態　一年生或越年生的草本。莖直立。莖有稜，中空，最幼嫩部位初有絲狀絨毛，後無毛。葉掌狀 (3~)5(~7) 出複葉，葉柄長 (1~)3~10 cm；小葉狹橢圓形至微倒披針狀橢圓形，先端狹或微漸尖，基部圓或微凹狀楔形。花黃色，有紅棕色至紫色條紋，多數，總狀花序，頂生或腋生，長 10~30 cm。莢果闊長橢圓狀棍棒形，4.6~6 cm，30~50 粒種子。種子褐灰色至黑色，歪斜心形，4.5~5 mm。地上發芽型，初生葉單葉，互生。

用途　當綠肥和覆蓋作物栽培，觀賞用。

2n=16, 22

（呂碧鳳　攝）

（呂碧鳳　攝）

18 凹葉野百合（吊裙草、羊角豆）

- ***Crotalaria retusa* L.**
  Lupinus cochinchinensis Loureiro
  Dolichos cuneifolius Forssk.
- コガネタヌキマメ
- Wedge leaf rattlepod, Rattle-box, Short rattle wort, Retuse-leaved crotalaria, Hangskirt rattle-box

分布　臺灣自生種，分布熱帶亞洲各地區。臺灣生長於南部平地原野、河床地及荒廢地。

形態　直立的多年生草本。莖粗厚，中空，具多數分枝，小枝條直立或斜上升。葉單葉，長橢圓狀倒卵形，3~12 cm，被白色伏毛，先端鈍而凹入，基部略呈楔形。花鮮黃色，帶有紫色條紋或斑塊，12~25 朵，頂生總狀花序，長 7~25 cm。莢果長橢圓形，4~5 cm，近似光滑，10~25 枚種子。種子橢圓形，棕色，1.5~2 mm。地上發芽型，初生葉單葉，互生。

用途　栽植當觀賞用，可當纖維料，製繩索，當綠肥及覆蓋作物。種子據云有毒性，不易消化，僅少食用之。葉液汁當藥用。

2n=16

19 野百合（金鳳花、佛指甲、農吉利、龍吉利、蘭山野百合）

- ***Crotalaria sessiliflora* L.**
  Crotalaria brevipes Champion *ex* Benth.
  Crotalaria anthylloides Lam.
- タヌキマメ

分布　臺灣自生種，分布日本、韓國、華南、越南、緬甸、印尼、菲律賓。臺灣生長於全島平地原野或低海拔山地。

形態　細長而直立的多年生或一年生草本。莖具平伏長柔毛。葉單葉，線形或披針形，3~8 cm，兩端狹尖，背面有平伏柔毛；托葉剛毛狀，小形。花紫紅藍色或淡紫色，2~20 朵，頂生或枝條先端腋生的總狀花序；雄蕊 10 枚，單體。莢果圓筒形，與萼片等長，10~15 粒種子。種子腎形。地上發芽型，初生葉單葉，互生。

用途　具有根瘤，可供綠肥用。花美麗觀賞。幼種子煮之可食用。根及全草當藥用。

2n=16

20　鵝鑾鼻野百合（屏東豬屎豆、小葉野百合、細葉野百合、細葉豬屎豆）

- ***Crotalaria similis*** **Hemsl.**
- ガランビタヌキマメ
- Oluanpi crotalaria

分布　臺灣特有種，僅生長於恆春半島墾丁國家公園內鵝鑾鼻至風吹沙一帶，空曠、乾燥、沙質之草原、沙地。

形態　小而匍匐性的草本。多數分枝，小枝條細長，密被絨毛。葉單葉，互生，卵形或長橢圓形，3~8 mm，先端銳尖有尖突，基部圓或鈍，密生緣毛，表面光滑無絨毛，背面密被絨毛，近似無柄。花黃色，頂生，2~4 朵，呈總狀花序；雄蕊 10 枚，單體。莢果長橢圓形，7~9 mm，基部有花萼殘存，10~22 粒種子。種子腎形。地上發芽型，初生葉單葉，互生。

用途　可供綠肥之參考，防沙定土。臺灣稀有之保育植物。全草當藥用。

2n=16

21 大托葉豬屎豆（絹毛莢野百合、紫花野百合、美麗豬屎豆）

- ***Crotalaria spectabilis*** **Roth.**
  Crotalaria leschenaultii DC.
- スミレタヌキマメ
- Showy crotalaria, Rattlebox, Showy rettlepod

分布　原產熱帶舊世界。臺灣 1920 年代引進栽培，已歸化生長，零星當藥用栽培。

形態　直立一年生或二年生草本。莖基部略木質化，多分枝。葉單葉，互生，倒卵形或倒卵狀披針形，10~15 cm，先端圓鈍，基部漸尖；托葉 2 枚對生，廣卵形，明顯，長 2~4 mm，先端銳尖。花黃色，旗瓣有紫色線條，多數，呈頂生或枝條先端腋生的總狀花序；雄蕊 10 枚，單體。莢果長橢圓形，5~6 cm，20~30 粒種子。種子黑色，有光澤，腎形，種臍內凹。地上發芽型，初生葉單葉，互生。

用途　廣泛栽培當綠肥及覆蓋作物用。適於沙漠生長，有防侵蝕作用。花期長，觀賞用。全草含野百合鹼等當藥用。

2n=16

22 南美豬屎豆（大野百合、桑島豬屎豆、光萼豬屎豆、苦羅豆）

- ***Crotalaria trichotoma*** **Bojer**
  Crotalaria zanzibarica Benth.
  Crotalaria usaramoensis Bak. f.
- ウスラモタヌキマメ
- Usuramo crotalaria, Curara pea, Zanzibar rattle-box

分布　原產南美。臺灣引進栽培，現已歸化生長在荒地、河床、原野。

形態　直立多年生半灌木狀草本，有時呈灌木狀。

葉掌狀三出複葉，互生；小葉長橢圓狀披針形，5~10 cm，先端漸尖或銳尖，基部漸狹；托葉剛毛狀，小，早落性。花鮮黃色，旗瓣基部具紫紅條斑，多數，呈頂生總狀花序；雄蕊 10 枚，單體。莢果長橢圓形，3~4 cm，膨大，40~50 粒種子。種子腎形，淺褐色，具光澤，2~3 mm。地上發芽型，初生葉單葉、3 小葉，互生。

用途　當綠肥、覆蓋作物，繁殖力強，有改良土壤之功效。適於各種土壤生長，莖採纖維。觀賞用。全草當藥用。

2n=16

23 沙地野百合（三角莖野百合）

● ***Crotalaria triquetra* Dalzell**

Crotalaria triquetra Dalzell var. *tetragona* Back.

Crotalaria triquetra Dalzell var. *garambiensis* Liu & Lu

分布　臺灣自生種，分布熱帶亞洲。臺灣主要生長於恆春半島大尖山、鵝鑾鼻一帶沙地及原野。

形態　斜立或偃臥狀草本。莖三角形，被毛，多分枝，小枝直立或斜上升，細長，呈銳四角形。葉單葉，互生，長橢圓形，2~4 cm，先端鈍，基部圓鈍，全緣，表面有腺點，光滑無毛，背面無毛或散生絨毛；托葉長 1~6 mm，反卷，殘存。花黃色，1~3 朵，呈總狀花序；雄蕊 10 枚，單體，花柱有毛。莢果橢圓狀圓柱形，1.5~2 cm，密被絨毛，8~15 粒種子。種子間不分節，呈橢圓形，有光澤。地上發芽型，初生葉單葉，互生。

用途　可供作綠肥參考。

24 雙子野百合（橢圓葉野百合、球果豬屎豆）

- ***Crotalaria uncinella* Lamarch ssp. *elliptica* (Roxb.) Polhill**

  Crotalaria elliptica Roxb.
- ダエンタヌキマメ
- Hooked rattle-box

分布 臺灣自生種，分布華南、越南。臺灣生長於屏東恆春、臺東一帶開闊的原野及草生地。

形態 直立多年生草本。莖基部稍木質化，具多分枝，小枝細長，斜上升，密生絨毛。葉掌狀三出複葉；頂小葉長橢圓形或倒卵形，1.5~3 cm，先端鈍或微凹，基部漸狹，表面光滑，背面密生短絨毛，側小葉相似但較小；葉柄明顯被毛；托葉小，線形，反卷。花黃色或淡黃色，頂生或腋生的總狀花序；雄蕊 10 枚，單體。莢果圓形，先端有一彎曲的尾尖，被毛，1~2 粒種子。種子腎形，朱紅色，有光澤。

用途 可供綠肥用。

25 大葉野百合（大野百合、大號玲瓏草、多疣豬屎豆、大葉豬屎豆）

- ***Crotalaria verrucosa* L.**

  Crotalaria accuminata G. Don

  Crotalaria angulosa Lam.

  Crotalaria mollis Weinmann
- オオバタヌキマメ
- Blue flower rattlepod

分布 臺灣自生種，廣泛分布於熱帶亞洲、美洲及非洲。臺灣生長於中、南部及臺東的原野、荒地，零星藥用種植。

形態 直立一年生草本。莖基部多少木質化，具多數分枝，小枝條四稜，Z 字形生長，散生柔毛。葉單葉，卵形、橢圓形或長橢圓形，5~12 cm，先端尖銳、鈍圓或凹入，基部漸尖，或近似楔形，葉緣多少呈波浪狀，表裡密被絨毛；托葉呈葉狀，卵披針形，先端銳尖。花紫紅或藍紫色，常帶有白色，多數，大形，呈頂生總狀花序；雄蕊 10 枚，單體。莢果長橢圓形，2.5~3.5 cm，密被細毛，10~20 粒種子。種子腎形，4~4.5 mm，種臍凹入，淺褐色，具光澤。地上發芽型，初生葉單葉，互生。

用途 植株當綠肥及藥用、觀賞用。根或全草當藥用。

2n=16

26 絨毛野百合

● ***Crotalaria vestita*** **Baker**

分布　原產印度，分布印度半島西半部。臺灣引進，現歸化生長於雲林縣古坑鄉草嶺地區之草生地。

形態　直立或匍匐一年生草本。密被絨毛。葉單葉，互生，卵形或橢圓形，先端鈍，基部微心形，1.2~2 × 0.7~1.1 cm，兩面密被長絨毛。花淺黃色或黃色，2~12 朵呈總狀花序，頂生或腋生，苞片披針形，4~5 mm，小花梗長 2~3 mm，花萼密被長絨毛。莢果橢圓形，8 × 3 mm，先端具短喙，基部花萼殘存。種子褐色，略腎形，1.2 mm。為一新發現的歸化種。

用途　具有根瘤，可供作綠肥用。

32 補骨脂屬（Cullen Medik.）

一年生或多年生草本。基部有時灌木狀，全株具白色軟毛和黑褐色腺點。葉單葉或羽狀三出複葉；小葉廣卵形，葉緣粗鋸齒狀。花總狀花序集成頭狀，葉腋側生。花小，淡紫色或白色；雄蕊二體 (9+1)。莢果卵形，直，多腺疣，短喙，果皮薄，不開裂。種子 1 粒，腎形，有芳香。2n=22。

本屬有 2 種，分布從阿拉伯至印度和緬甸。臺灣歸化 1 種。

1 補骨脂

● ***Cullen corylifolium*** **(L.) Medik.**

Psoralea corylifolia L.

Trifolium unifolium Forsk.

● オランダビユ

● Indian bread root, Malaysian scurfpea

分布 原產印度、馬來半島、印尼、中國。臺灣引進栽培，已歸化生長於臺北、南部荒地，但少見。

形態 一年生草本。全株有白色軟毛和黑褐色腺點。葉單葉，但有時有長約 1 cm 之側小葉，葉廣卵形，4.5~9 cm，葉緣不規則粗鋸齒狀；葉柄長 2~4.5 cm，兩面密生毛茸與腺點。花淡紫色或白色，呈總狀花序集成頭狀，葉腋側生，花小，長約 3~5 mm。莢果卵形，長約 5 mm，不開裂，黑色。種子 1 粒，腎形，有芳香。

用途 食用或當綠肥用。種子含有補骨脂素（psoraern）等，芳香，苦味，當藥用。

2n=22

33 穗豆屬（Cyamopsis DC.）

一年生草本。莖有稜角，被毛。葉奇數羽狀複葉；小葉 3~7 枚，線形或倒卵形，緣有鋸齒。花，少而小，紫色或淡紫色，腋生繖房花序或總狀花序；雄蕊單體。莢果線形，多毛，具四稜，先端尖突，種子間具膜質隔膜。種子多粒，扁平，四方形或橢圓形。2n=14。

本屬約 5 種，原產熱帶亞洲和非洲。臺灣歸化 1 種。

1 穗豆（瓜爾豆、瓜兒豆、叢生豆、印度稨豆）

- ***Cyamopsis tetragonoloba* (L.) Taub.**
  Psoralea tetragonoloba L.
  Dolichos fabaeformis Willd.
- クラスタマメ, グワビーン,グアル
- Guar bean, Calcutta lucerne, Cluster bean, Siambean, Guar gum

分布 原產巴基斯坦、印度。臺灣 1957 年引進，屏東種畜繁殖場曾栽植，歸化生長於中部低海拔空曠地。

形態 一年生低木狀草本。莖有稜角，側面有溝，被毛。葉羽狀三出複葉，互生；小葉卵形，5~10 cm，邊緣有鋸齒，先端鈍尖。花淡紫色，小，腋生，呈總狀花序。莢果長 4~12 cm，先端尖突，5~15 粒種子。種子橢圓形，白色、灰色或黑色，3~5 mm。地上發芽型，初生葉單葉，互生。

用途 種子含爪爾膠，當原油工業之凝固劑及過濾油用。膠濃度低但非常黏，當黏著劑或糊料。食慾抑制劑、化妝品製造等。適於炎熱乾燥氣候，耐鹽性強。當綠肥、飼料作物。嫩葉、幼莢當蔬菜食用之，種子可食用。當天然起雲劑。

2n=14

34 金雀花屬（Cytisus Desf.）

落葉或常綠灌木或小喬木。葉掌狀三出複葉或退化成單葉或無葉片。花美麗，鮮黃色、白色，少紫色，單花或腋生或頂生總狀花序或簇生；雄蕊單體。莢果線狀長橢圓形，扁平，二瓣裂。2n=(22, 24, 46), 48, (92, 96)。

本屬約 50 種，有野生和雜交種。分布地中海地區、北非和西亞。臺灣引進 6 種。

1 長雀花

- ***Cytisus* ×*beanii* Nichols**

  Cytisus ardoninii ×*Cytisus purgans*
- Long broom

分布 溫帶栽培植物。臺灣引進園藝栽培。

形態 為一雜交種，小灌木。莖圓筒形，近地面平臥，擴展時高約 40 cm，呈圓形。葉單葉，線形，長約 1.3 cm，幼時有毛。花深金黃色，花序在前年生長之枝條節上著生 1~3 朵花，枝條成放射狀，長約 30 cm。

用途 樹姿優雅、花美麗，栽培觀賞用。

2 白雀花

- ***Cytisus multiflorus* (L'Her.) Sweet**

  Spartium multiflorum L'Her.

  Cytisus alba (Lam.) Link

  Genista alba Lam.
- シロエンシダ
- White broom, White Spanish broom, Portugal broom

（陳運造　攝）

分布 原產西班牙、葡萄牙、非洲西北部。臺灣引進園藝栽培。

形態 耐寒性落葉小灌木。枝條細而直伸，多分枝，初有軟毛。葉枝條基部為掌狀三出複葉，上部為單葉，有短柄；小葉倒卵狀長橢圓形至線狀長橢圓形，長 0.7~1.5 cm，稍具絨毛。花白色，有時帶粉紅色，頂生頭狀花序，長 1~1.5 cm；萼鐘形。莢果長 3 cm，扁平，被倒伏狀軟毛，一般有 2 粒種子。栽培品種**白雀花** (cv. Albus)。

用途 栽培當觀賞用。

2n=46, 48, 50

3 黃雀花

- ***Cytisus ×praecox* Bean**
  Genista praecox Hort.
  Cytisus multiflorus ×Cytisus purgans
- キロエンシダ
- Warminster broom, Yellow broom

分布 溫帶栽培植物。臺灣引進園藝栽培。

形態 灌木。莖密生。葉一般單葉，倒披針形至線狀匙形，長約 2 cm，二面被絲狀軟毛。花黃白色，多數，小，有不愉悅的臭味，單一或成對腋生，晚春開花。栽培品種**白花黃雀** cv. Pallida (var. *albus* T. Sm.)，植物體較小，枝較下垂，花白色；品種**矮黃雀花** cv. Luteus (var. *luteus* T. Sm.) ，矮生，花黃色。

用途 栽培觀賞用。

4 紫雀花

- ***Cytisus purpureus* Scop.**
  Chamaecytisus purpureus (Scop.) Link
- Purple broom

分布 原產澳洲南部。臺灣引進園藝栽培。

形態 落葉灌木。枝平滑，斜立，殆無毛。葉掌狀三出複葉；小葉倒卵形至卵形，長 0.8~2.5 cm。花紫色、粉紅色等，1~3 朵腋生；雄蕊 10 枚，密集合生為筒狀，僅先端略有分裂。莢果黑色，長 2.5~4 cm。晚春開花。栽培品種**白花紫雀** cv. Albus (= f. *albus* Kirchn.) 花白色；栽培品種**玫瑰紫雀** cv. Roseus (= f. *albocarneus* Kirchn.) 花淡粉紅色。

用途 栽培觀賞用。

2n=50

（陳運造　攝）

5 小金雀花

- ***Cytisus racemosus* Hort. *ex* Marnock.**
  Cytisus canariensis ×Cytisus maderensis var. *magnifoliosus*
  Cytisus spachianus Kuntze
  Genista racemosa Hort.
- Florist's genista

分布　原產亞熱帶加拿利島。臺灣 1991 年由荷蘭引進，園藝零星栽培。

形態　小灌木。植株外形近似金雀花（*Cytisus scoparius*）。葉掌狀三出複葉；小葉卵狀披針形，小葉比較小，濃綠色，多少有銀白色軟毛。花濃黃色，密生，多數呈總狀花序頂生，長約 6 cm。

用途　園藝栽培觀賞用，花期比金雀花長。

6 金雀花（金雀兒、卷豆、金雀枝）

- ***Cytisus scoparius* (L.) Link**

  Spartium scoparium L.

  Sarothamnus scoparius (L.) Wim. *ex* Koch.
- エニシダ
- Windiesham ruby, Scotch broom, English broom

分布　原產中、南歐，美國已歸化生長。臺灣 1911 年首由日本引進，阿里山區廣泛栽植，其他零星觀賞栽培。

形態　常綠灌木。具多數分枝，小枝斜上升或直立，常具有稜角。葉單葉或掌狀三出複葉；小葉倒卵形至倒披針形，6~13 mm，先端尖銳，基部鈍。花鮮黃色，美麗，單生或2~3 枚叢生於葉腋；雄蕊 10 枚，合生為雄蕊筒。莢果狹長橢圓形，5~6 cm，光澤無毛，僅縫線邊緣有絨毛。種子橢圓形，具有圓瘤狀種臍。地上發芽型，初生葉 3 小葉，互生。栽培品種有：**紅金雀花**（cv. Hollandia），花淡粉紅色；**錦雀兒**（cv. Andreanus），花黃色而翼瓣暗紅色；**緋雀花**（cv. Burkwoodii），花粉紅色，翼瓣紅色黃邊等。

用途　羊之飼料。枝供製掃帚。種子及根當藥用。種子炒而當咖啡、忽布（Hop）的代用品。幼嫩花芽供醃漬物用。觀賞用。

2n=46, 48

35 黃檀屬（Dalbergia L. f.）

喬木、灌木或木質藤本。葉奇數羽狀複葉，罕單葉；小葉互生，小或大，長橢圓形，闊橢圓形或倒卵形，少至多枚。花小而多，紫色或白色至淺黃色，腋生和頂生總狀花序或圓錐花序；雄蕊 10 枚，稀 9 枚，單體或二體。莢果長圓形或線形，翅果狀，不開裂。種子 1~4 粒，亞腎形，平或扁平。2n=20。

本屬約 120 種，分布熱帶和亞熱帶地區。臺灣自生 1 種，歸化 1 種，引進 9 種。

1 南嶺黃檀（水相思、秧青）

- ***Dalbergia assamica* Benth.**
  Dalbergia balansae Prain
  Dalbergia lanceolata L. f.
- ヤワラバシタン

分布　原產中國南部、中南半島。臺灣 2009 年由海南引進，園藝零星栽培。

形態　常綠高大喬木。樹皮褐黑色。葉奇數羽狀複葉；小葉 13~15 枚，長橢圓形或倒卵狀橢圓形，1.8~4.5 cm，先端圓或微凹，背面微有軟毛，葉軸及葉柄疏生毛。花白色，圓錐花序，腋生。莢果濶舌狀長圓至帶狀，長 5~9cm，頂部急尖，基部漸狹，楔形，果瓣革質，1~2（~4）粒種子。種子腎形，扁平，長約 6mm。

用途　木材有用，當庭園景觀樹用。

2n=20

2 蔓黃檀（兩粵黃檀、藤黃檀）

- ***Dalbergia benthamii* Prain**
- ハネノミカズラ
- Indian rosewood

分布　臺灣自生種，分布華南、香港。臺灣生長於北部、中部低海拔山地、叢林內。

形態　蔓性木質藤本。莖粗狀，樹皮茶色，具多數分枝，小樹枝光滑無毛。葉奇數羽狀複葉；小葉 5~7 枚，大多數為 5 枚，長橢圓形，3~6.5 cm，先端鈍或銳尖，近似革質。花白色，小形，數枚，呈腋生總狀花序，但有時組合為一圓錐花序；雄蕊 9 枚，單體。莢果扁平，長橢圓形，4~8 cm，沿腹縫線有狹翅，1~2 粒種子。種子近似圓柱狀，9~10 mm，先端有尖突。

用途　樹皮含單寧。莖之纖維可供編織，混紡、製紙原料。莖當藥用。觀賞用。

3 交趾黃檀（越南黃花梨、紫檀）

- ***Dalbergia cochinchinensis*** **Pierre *ex* Laness**
- シタン

分布　原產東南亞、東埔寨、寮國、泰國、越南。臺灣引進栽培。

形態　高大喬木。葉奇數羽狀複葉；小葉 7~9 枚，先端漸尖。花白色，小，頂生的圓錐花序。莢果橢圓形，1~2 粒種子。

用途　有固氮作用，可作為農、林業改善土壤利用。心材暗赤色、硬，為「西安玫瑰木」之原木，做高級裝飾材、家具、樂器、建築、車輪材等。當園景樹、行道樹，觀賞用。

2n=20

4 藤黃檀

- ***Dalbergia hancei*** **Benth.**
- Scandent rosewood, Bentham's rosewood

分布　原產中國長江以南各省。臺灣引進栽培。

形態　蔓性木本植物。幼時枝密被白色軟毛，小枝有時呈鉤狀或螺旋狀。葉奇數羽狀複葉；小葉 7~13 枚，長橢圓形或倒卵狀長橢圓形，1~2 cm，背面密被倒伏狀軟毛。花綠白色，圓錐花序，腋生；花梗、花萼及小苞片同被鏽色短柔毛；雄蕊 9 枚，單體，有時 10 枚，二體 (9+1)。莢果長橢圓形或帶狀，3~7 cm，扁平，無毛，有柄。種子 1~4 粒，腎形，極扁平。

用途　樹皮含單寧。根、莖及樹脂藥用。纖維當編物利用。

2n=20

5 黃檀

- ***Dalbergia hupeana* Hance**

分布 原產中國。臺灣引進栽培。

形態 喬木。樹皮灰色。葉奇數羽狀複葉；小葉 9~11 枚，長橢圓形或廣橢圓形，3~5.5 cm，葉柄及小葉柄疏生白色絨毛，托葉早落。花淡紫色或白色，呈圓錐花序，頂生或枝之上部腋生；雌蕊 10 枚，二體 (5+5)；花柄被褐色毛。莢果長橢圓形，扁平，長 3~7 cm，1~3 粒種子。

用途 木材強韌而緻密，適合做各種耐重力之器具及機材、工具柄、車輪軸、滑車之材料。行道樹、庭園樹，觀賞用。

6 闊葉黃檀（廣葉黃檀、孟買烏木、玫瑰木）

- ***Dalbergia latifolia* Roxb.**

  Dalbergia emarginata Roxb.
- マルバシタン, ローズウツド, ヒロハノハネミノキ
- Rosewood of Southern India, East Indian rosewood, Black rosewood, Malabar rosewood, Rosette rosewood, Javanese palissander, Black wood

分布 原產東南亞、印度。臺灣 1930 年代引進，在南部地區略可見，墾丁國家公園內有之，園藝零星栽培。

形態 常綠高大喬木。葉奇數羽狀複葉；小葉 7~11 枚，倒卵形至橢圓狀長橢圓形，5~10 cm，先端鈍或凹頭。花白色或近似淡紅色，多數，呈頂生的圓錐花序，小花有明顯的花柄。莢果披針形，硬質，長 4.5~12.5 cm，1~4 粒種子。地上發芽型，初生葉 3 小葉，互生。

用途 木材輕，紅色或濃紫色，有金黃色或黑色的線條，強韌而緻密，稱之為「玫瑰木」，為珍貴木材，作高級裝飾材、家具、樂器、船材、車輪材等。樹皮含有單寧。葉當家畜飼料。枝葉四季綠蔭蒼翠，為觀賞用之園景樹、行道樹高級樹種。

2n=20

7 東非黑黃檀

- ***Dalbergia melanoxylon*** **Guill. & Perr.**
  Dalbergia stocksii Benth.
- アフリカブラツクウツド
- African blackwood, African ebony wood, Sengal ebony, Mozambique ebony, Unyoro ebony, African ironwood, Javanese palisander, Blackwood

分布　原產熱帶非洲。臺灣引進栽培。

形態　小喬木。樹皮暗淡灰色至灰棕色，紙質，光滑。葉奇數羽狀複葉；小葉 7~15 枚，互生，卵狀長橢圓形，3~8.5 cm，基部近圓形，先端銳尖。花白色；雄蕊一般 9 枚。莢果橢圓狀長橢圓形，或不規則狀長橢圓形，3~7 cm，1~2 粒種子。地上發芽型，初生葉 5 小葉，互生。

用途　材硬而重，當「黑檀」的代用品，用於製作家具、雕刻及樂器。莢果和葉當動物飼料。當薪材。蜜源植物用。

2n=20

8 巴西黑黃檀（巴西玫瑰木）

- ***Dalbergia nigra* (Vell.) Benth.**
  Pterocarpus nigra Vell.
- バラジルアンローズウッド
- Brazilian rosewood, Rio rosewood, Bahia rosewood, White rosewood

分布　原產巴西。臺灣引進栽培。

形態　高大喬木。葉奇數羽狀複葉；小葉 9~25 枚。花黃色。木材的顏色變化幅度大，從褐色至黑褐色，具有黑色線條，有玫瑰的芳香味。強韌而緻密，非常容易加工。

用途　材硬，耐久性強，當裝飾品、鋼琴、高級家具、精密器具、細木工等製作用材。當庭園樹觀賞用。

9 降香黃檀（花梨、降香）

- ***Dalbergia odorifera* T. C. Chen**
- Fragrant rosewood

分布　原產中國大陸廣東與海南。臺灣 2009 年由海南引進，園藝零星栽培。

形態　半落葉性喬木。葉奇數羽狀複葉；小葉 9~13 枚，卵形或橢圓形，先端鈍或漸尖，近革質。花淡黃色或乳白色，小，多數，圓錐花序，腋生；苞片闊卵形，花萼鐘形，5 齒裂，下面 1 齒裂較長；雄蕊 9 枚，單體。莢果長橢圓形，舌狀，扁平。

用途　木材堅韌密緻，稱為「花梨木」，可製高級家具、器具、雕刻品等。木材可萃取降香油，根部的心材藥用，稱為「降香」，含揮發油等。當庭園景觀樹、行道樹。

10 奧氏黃檀（緬甸玫瑰木）

- ***Dalbergia oliveri* Prain**

  Dalbergia laccifera Laness.

  Dalbergia prazeri Prain

- Burmese rosewood, Laos rosewood, Asian rosewood, Tamalan

分布　原產緬甸、泰國、越南、寮國、高棉與中國雲南。臺灣引進栽植於臺北植物園。

形態　中至大喬木。樹冠擴展，有低板根。葉奇數羽狀複葉；小葉 13~17 枚，橢圓形。1.8~3 cm，互生。花淡紫色，隨時間推移變成粉紅色，最後變成白色，花小，7~10 mm，總狀花序。莢果薄而扁平，5~9 cm，成熟時棕色，2~3 粒種子。

用途　木材具光澤、強度高、硬度大，抗蟲性強，耐腐蝕強，結構細，略均勻，精加工後木材表面光滑。做高級紅木家具、工藝雕刻、裝飾單板、運動器材等。當庭園景觀樹，觀賞用。

11 微凹黃檀（尼加拉瓜玫瑰木、可可波羅）

- ***Dalbergia retusa* Hemsl.**

  Amerimnon lineatum (Pittier) Standl.

  Dalbergia hypoleuca Pitter

- Cocobolo, Nicarragua rosewood, Palo negro

分布　原產中美洲墨西哥、貝里斯、哥斯大黎加、薩爾瓦多、宏都拉斯、尼加拉瓜及巴拿馬。臺灣引進栽培。

形態　中型喬木。從基部產生直立，圓柱狀樹幹分枝。葉奇數羽狀複葉；小葉 9~15 枚。花白色至黃色。2009 年被列為瀕臨滅絕（Endangered）IUCN 物種保育等級。

用途　木材稱之為可可波羅，顏色變化幅度大，呈橙色至紅褐色，有深色不規則的紋理，被砍伐後，心材會變色，比重超過 1.0，即會沉在水中。心材表面及質感呈油性，可重複處理及耐水，當製作手槍、刀、刃及工具之把柄，當樂器、器具、珠寶箱、拐杖等製作用。為保育等級植物。

2n=20

12 印度黃檀（茶檀、印度檀）

- ***Dalbergia sissoo*** **Roxb.**
- シッソノキ, シッソーシタン, シッソ
- Sissoo tree, Sissoo of India, Sissoo

分布　原產印度、巴基斯坦。臺灣1911年引進，已歸化生長，現廣泛的栽植於各庭園或校園。

形態　落葉大喬木。葉奇數羽狀複葉；小葉互生，3~5枚，闊卵形或菱狀倒卵形，革質，3~7 cm，先端尖銳。花淡黃色或淺黃色，多數，呈腋生圓錐花序；小花無柄或近似無柄；雄蕊9枚，單體。莢果扁平，近披針形，硬革質，3~8 cm，具翅，1~3粒種子。種子含油9~10 %。地上發芽型，初生葉單葉，3小葉，互生。

用途　木材強韌，硬而耐久性，為印度重要的木材料。根部心材含黃檀素等，有理氣、止血、行瘀、定痛之效。樹姿輕盈，枝葉茂密，耐旱、耐瘠，為優良之園景樹、行道樹之高級樹種，觀賞用。

2n=20

36 彎豆屬（Daviesia Sm.）

灌木或小灌木。光滑或有毛。葉單葉，互生，全緣，革質，有時退化或偶針狀。花美麗，小而少，黃色到橙黃或紅色，腋生或側生總狀花序或單生；雄蕊10枚，離生，其中5枚花絲寬平，罕基部合生。莢果三角形，稍扁平，腹縫線近直，背縫線彎曲。種子1~2粒，橢圓形，具假種皮。2n=18。

本屬約60種，原產澳洲。臺灣引進1種。

1 闊葉彎豆（廣葉達比西亞）

- ***Daviesia latifolia*** **R. Br.**
- Hot bitter pea

分布　原產澳洲，分布北及西威爾斯、維多利亞及塔斯馬尼亞。臺灣1970 ~ 1980年代引進，北部地區零星栽培，罕見。

形態　小灌木。光滑。葉單葉，互生，卵狀橢圓形或卵狀披針形，5~8 cm，先端有一塊狀尖突，少數幾呈針刺狀或呈鈍形，基部漸狹延伸至葉柄，網狀脈很明顯。花橙黃色，小，多數呈總狀花序排列，花序長2.5~5 cm；苞片卵形或長橢圓形，長2~4 mm，花開前呈密集覆瓦狀排列；旗瓣黃色，而中間有暗色的斑塊，為花萼的二倍長，下位花瓣約同長；雄蕊10枚，離生，外圍5枚花絲，基部扁平。莢果三角形，8~12 mm，扁平。種子1粒，種阜大。地上發芽型，初生葉單葉，互生。

用途　觀賞用，葉如忽布（Hop）般當釀造用。

37 木山螞蝗屬（Dendrolobium (Wight & Arn.) Benth.）

小喬木或灌木。幼枝常具絹毛。葉羽狀三出複葉或僅單葉；小葉全緣或淺波狀，側小葉基部常歪斜。花白色，腋生繖形至短總狀花序，具短梗；雄蕊10枚，單體。莢果鐮刀形，莢節略方形，不開裂，具1~8節，多少成念珠狀。種子寬長橢圓形或近方形。2n=22。

本屬約17種，分布亞洲熱帶地區。臺灣特有1種，自生2種。

1 雙節山螞蝗（雙節木蘇花、雙節木山螞蝗、雙節假木豆）

- ***Dendrolobium dispermum* (Hayata) Schindler**
  Desmodium dispermum Hayata
- フタツミハギ
- Two-seed tickclover

分布　臺灣特有種，生長於臺南以南，沿著溪岸或開闊原野、平地或低海拔山地。

形態　灌木。樹枝圓柱形，光滑無毛，老枝上有顯著皮孔。葉羽狀三出複葉；小葉橢圓形或卵狀橢圓形，2~3 cm，先端圓而略凹頭，基部楔形或漸狹，有絨毛，頂小葉較大。花白色，2~6 朵，呈疏生、腋生的繖形總狀花序；雄蕊 10 枚，單體，柱頭長條狀。莢果長 1.5~2 cm，1~2 節，被白絹毛，每節種子 1 粒。種子心形，臍內凹。地上發芽型，初生葉單葉，對生。本種與白木蘇花主要區別在於前者莢果多為 2 莢節，而後者莢果多為 3~5 莢節。

用途　可供薪材，觀賞用。

2 假木豆（山豆根、假土豆、木莢豆、野螞蝗、千金不損藤）

- ***Dendrolobium triangulare* (Retz.) Schindler**
  Hedysarum triangulare Retz.
  Desmodium triangulare (Retz.) Merr.
  Dendrolobium cephalotes (Roxb.) Wall.
- シラゲマメハギ
- Triangulare dendrolobium, Trigonous-branch tickclover

分布　臺灣自生種，分布熱帶亞洲、馬來西亞、泰國、緬甸、印度、華南。臺灣生長於臺南以南地區，半遮蔭或開闊之草原、灌叢邊緣。

形態　灌木。枝三稜形，密被絹毛。葉羽狀三出複葉；小葉長橢圓形或倒卵形，5~7 cm，先端尖銳，幼葉兩面密被白絨毛。花白色或淺黃色，20~30 朵，呈密生的繖形花序，腋生；雄蕊 10 枚，單體，柱頭長條狀。莢果長 1~2.5 cm，3~6 節，種子處膨大，密被絹質白絨毛，背腹縫線呈波狀。種子橢圓形，2~2.5 mm，黃褐色。地上發芽型，初生葉單葉，互生。本種與其他 2 種自生木山螞蝗主要區別在於本種枝三稜形，而其他種則為圓柱形。

用途　全株當藥用。可作為改良土壤之植物。觀賞用。

2n=22

3 白木蘇花（白古蘇花、蝴蠅翅、傘花假木豆）

- ***Dendrolobium umbellatum* (L.) Benth.**
  Hedysarum umbellatum L.
  Desmodium umbellatum (L.) DC.
- オオキハギ, ショウヨウヌスビトハギ
- Taiwan trickclover, Horse bush, Bush tick-trifoil, Sea vetch tree

分布　臺灣自生種，廣泛分布於熱帶，非洲、亞洲、太平洋島嶼。臺灣生長於恆春半島、蘭嶼、綠島沿海地區，向陽山坡地。

形態　灌木。枝圓柱形，細枝密被細柔毛。葉羽狀三出複葉；小葉卵狀長橢圓形、卵形或長橢圓形，4~8 cm，先端鈍或圓，背面密被絨毛，頂小葉較大。花白色，10~20 朵，腋生的繖形花序。莢果長 2~4 cm，3~5 節，種子間呈緊縮狀，密生毛茸，具網狀脈紋。種子橢圓形，4~5.5 mm，米黃色。地上發芽型，初生葉單葉，互生。

用途　幼葉可當蔬菜利用。為優良的飼料。沙質土生育良好，有定沙作用。木材可當薪材。當綠籬、觀賞用。

38 魚藤屬（Derris Lour.）

木質藤本，稀直立灌木或喬木。葉奇數羽狀複葉；小葉 3 至多枚。花白色、粉紅色或紫紅色，呈腋生或頂生的總狀花序或圓錐花序，花簇生於短縮的分枝上；雄蕊 10 枚，常合生成單體，有時 1 枚分離成二體。莢果矩形，薄而硬，不開裂，扁平，二縫線具明顯緣翅，種子 1~6 粒。種子腎形或圓形，扁平。2n=22。

本屬約 80 種，原產熱帶南亞、東亞和東印度。臺灣特有 1 種，自生 2 種，歸化 1 種，引進 4 種。

1 毛魚藤（魚藤、蔓生魚藤）

- ***Derris elliptica* (Wall.) Benth.**
  Pongamia elliptica Wall.
  Paraderris elliptica (Wall.) Adema
- ハイトバ, デリス, トバ, シロトバ
- Derris, Tuba root, Tuba plant, Tuba

分布　原產印度、印尼、馬來西亞及泰國。臺灣多次引進，已歸化生長，中、南部地區常有之。

形態　木質的常綠大藤本。莖粗狀，近似光滑無毛。嫩枝、葉柄及花序均密被褐色絨毛。葉奇數羽狀複葉；小葉 7~15 枚，通常 9~13 枚，長橢圓形，披針形或倒卵形，15~24 cm，先端銳尖或鈍，幼葉淡紫色，背面銀白色，老葉綠色，而背面灰綠色或稍帶白粉狀，具濃密絨毛。花桃紅色，數枚，呈腋生或簇生的總狀花序；雄蕊 10 枚，單體。莢果卵形或橢圓形，兩側具狹翅。種子 1~4 粒，扁平，褐色，圓腎形。

用途　含魚藤酮（rotenone），3~12 %，作天然殺蟲劑，沒有公害，可當果菜之殺蟲劑，當毒魚或毒箭之毒劑。生性強健，適合攀籬、蔭棚或綠廊美化

栽培。對人類無毒。

2n=22, 24, 36

2 七葉魚藤

- ***Derris heptaphylla* (L.) Merr.**

  Sophora heptaphylla L.

  Derris diadepha Merr.

  Derris sinuata Thwaites

  Derris thysiflora F.-Vill.

  Derris floribunda Naves

  Aganope heptaphylla (L.) Polhill

分布　原產東南亞、印度。臺灣 1933 年引進栽培於臺北植物園。

形態　木質大藤本。葉奇數羽狀複葉；小葉 5~7 枚，卵形、闊卵形或橢圓形，5~10 cm，先端漸尖，光滑無毛。花淡粉紅色，多數，多 3 枚從側生的短枝長出，而組合為一腋生大形的圓錐花序。莢果長橢圓狀線形，6~20 cm，沿著腹縫線有一寬 2~2.5 mm 的翅，1~6 粒種子。

用途　幼葉當藥用或添加於食物，可生食或熟食。根、莖作殺蟲劑。樹皮含有單寧。

3 疏花魚藤（水藤）

- ***Derris laxiflora* Benth.**
- ヒロハノシイノキカズラ
- Loose-flowered jewelvine

分布　臺灣特有種，生長於全島各地，低海拔山地及平地，開闊多陽光的原野及叢林邊緣。

形態　木質大藤本。莖粗狀，具有多數分枝。葉奇數羽狀複葉；小葉 5~7 枚，橢圓形，5~10 cm，先端圓鈍，基部鈍，近似無柄。花白色，多數，小形，呈腋生的圓錐花序，花序軸具皮孔，但光滑無毛；雄蕊 10 枚，單體。莢果橢圓形，扁平，長約 8 cm，邊緣具等寬之翅，2 粒種子。種子橢圓形，種臍內凹。

用途　根可作殺蟲劑。莖汁液可當野外求生之飲料。莖可製手杖，藤的代用品。

4 麻六甲魚藤（異翅魚藤）

- ***Derris malaccensis* (Benth.) Prain**
  Derris cuneifolia Benth. var. *malaccensis* Benth.
- タチトバ
- Tuba root, Tuba merah, Tuba rambut

分布 原產麻六甲、馬來西亞等地。臺灣 1938 年引進，南部略有栽培，林試所六龜分所扇平工作站栽植之。

形態 大藤本。葉奇數羽狀複葉；小葉 7~9 枚，長橢圓形或倒卵形，6~10 cm，先端銳尖，呈尾狀，嫩葉及葉柄略帶淡紅色或玫瑰色為其特點。花紅色、粉紅色或近白色，多數，呈腋生的總狀花序。莢果長橢圓形，1~4 粒種子。

用途 根含魚藤酮 4.0 %，作殺蟲劑原料。莖採纖維，當粗之編織物。可供土地改良及觀賞用。本種為毛魚藤（*D. elliptica*）之優良代用品及製造魚藤酮之原料。

2n=22, 24

5 樹魚藤（小葉魚藤）

- ***Derris microphylla* (Miq.) Valeton *et* Backer**
  Bradypterum microphyllum Miq.
  Derris dalbergioides Bak.
- Tree jewelvine

（黃春珠　攝）

分布 原產蘇門答臘、印度、馬來半島、印尼等地。臺灣 1935 年由南洋引進，種植於美濃雙溪熱帶樹木園。

形態 常綠喬木。小枝尖端多少曲折，密被褐色絨毛。葉奇數羽狀複葉；小葉 19~43 枚，卵形或長橢圓形，先端圓或淺凹頭，基部鈍，兩面密被絨毛。花桃紅色，多數，多生於花軸上的粗大結節上，呈腋生的總狀花序排列。莢果橢圓形或線狀披針形，種子 1~3 粒，綠褐色。

用途 東南亞當茶或咖啡園之庇蔭樹、綠肥等，生長快速，耐強風。馬來西亞人以樹皮和根之粉，以濕布包之，當止癢劑。現今園藝觀賞栽培之。

2n=22

（黃春珠　攝）

6 蘭嶼魚藤（矩葉魚藤、直立魚藤）

- ***Derris oblonga* Benth.**
  Derris canarensis (Dalzell) Bak.
  Pongamia canarensis Dalzell
  Derris liansides Elm.
- コウトウフジ
- Lanyu jewelvine

（黃昀柔　攝）

分布 臺灣自生種，分布印度、斯里蘭卡、東南亞。臺灣僅生長於蘭嶼之叢林、海岸邊緣。

形態 木質大藤本。莖粗狀，具多數分枝，近光滑無毛。葉奇數羽狀複葉；小葉 9~15 枚，長橢圓形或披針狀長橢圓形，3~6 cm，先端鈍或銳尖，基部鈍，表面光滑無毛，背面粉白色。花粉紅色，多數，呈腋生總狀花序或圓錐花序；雄蕊 10 枚，單體。莢果長橢圓形，光滑無毛，長約 3 cm，種子 1 粒。

用途　根當為殺蟲劑之原料，毒魚劑。雅美人取其蔓莖，編織成圓環，掛在枝條上，豎立於旱田中，用以詛咒老鼠。嫩葉及萼片均呈似銅之粉紅色，極為美觀。觀賞用。

（黃昀柔　攝）

（黃昀柔　攝）

（黃昀柔　攝）

7 澳洲魚藤（攀登魚藤、截耳瓣魚藤）

- ***Derris scandens* (Roxb.) Benth.**
  Dalbergia scandens Roxb.
- シダレトバ
- Malay jewelvine, Hogcreeper

分布　原產於熱帶東南亞洲及澳洲。臺灣引進栽培。

形態　粗大藤本。莖粗狀，徑 3~5 cm，具多數分枝，幼枝條密被絨毛。葉奇數羽狀複葉；小葉 7~19 枚，卵形，長橢圓形或倒卵形，3~8 cm，先端鈍或略凹入，基部鈍或漸狹。花白色或淡紫色，多數，呈下垂腋生的總狀花序；花萼紫紅色，薄，外面具褐色絨毛，先端有微小齒裂；雄蕊 10 枚，單體。莢果長橢圓形或線狀披針形，3~8 cm，周圍具翅，1~4 粒種子。

用途　根部可提煉殺蟲劑，毒魚用。

2n=22

8 三葉魚藤（毒魚藤、臺灣魚藤、魚藤）

- ***Derris trifoliata* Lour.**
  Derris uliginosa (Willd.) Benth.
  Robinia uliginosa Willd.
- イシノキカズラ, シヒノキカツラ
- Trifoliate jewelvine, Marshy jewelvine, Derris

分布　臺灣自生種，分布印度、馬來西亞、華南及澳洲北部、非洲、馬達加斯加。臺灣生長於南部及東部海岸低海拔之山地，恆春半島尤多。

形態　木質藤本，蔓生。葉奇數羽狀複葉；小葉 3~5 枚，通常多為 5 枚，長橢圓形，5~10 cm，先端漸尖或略呈尾狀，基部圓鈍，無托葉。花白色或近似粉紅色，多數，腋生總狀花序，有時呈圓錐花序；雄蕊 10 枚，單體，花柱具毛。莢果橢圓形，2.5~4 cm，扁平，上縫線寬大如翅狀，1~2 粒種子。種子扁平，徑 2 cm。

用途 根、莖當藥用，含有魚藤酮，當殺蟲劑及毒魚劑，浸汁作毒箭之用。在印度此植物當興奮劑、鎮痙劑及刺激劑。莖採纖維製繩類，植株可護岸防潮。樹皮含單寧 9.3 %。

2n=20, 22, 24

39 山螞蝗屬（Desmodium Desv.）

一年生或多年生草本，亞灌木或灌木。葉羽狀三出複葉，或退化為單葉或罕 5 出複葉；小葉全緣或淺波狀。花白色、綠白色、黃白色、紅色或紫色等，呈頂生或腋生的總狀花序，少數單生或成對生於葉腋；雄蕊 10 枚，二體或少為單體。莢果扁平，不開裂，二縫線稍縊縮，或腹縫線勁直，有數莢節，成熟時斷裂成 1 節 1 粒種子之莢節。種子圓腎形，扁平，無種阜。2n=20, 22。

本屬約 350 種，分布熱帶和亞熱帶地區。臺灣特有 1 種，自生 12 種、1 變種，歸化 5 種，引進 1 種。

1 散花山螞蝗（單序山螞蝗）

● ***Desmodium diffusum* DC.**

Desmodium laxiflorum DC. var. *formosana* Ohwi

Desmodium laxiflorum DC. var. *parvifolium* Ohashi & Chen

分布 臺灣自生種，分布熱帶亞洲。臺灣廣泛生長在中、低海拔之潮濕和半開闊之原野、路旁或林緣。

形態 平伏的多年生草本。枝條匍匐，木質莖有密短毛。葉羽狀三出複葉；小葉膜質，卵形至廣橢圓形，4~7 cm，先端銳尖或鈍，表面密被毛茸，背面被黃色絹毛。花白紫色，偽總狀花序腋生或頂生，長達 25 cm，具纖細的銳突；花萼密被絨毛。莢果約 3 cm，4~12 節，長橢圓形，被直毛，兩縫線緊縮。種子橢圓形，黃棕色。

用途 當民間草藥用。

2n=22

2 大葉山螞蝗（球花山螞蝗、黏人草）

- ***Desmodium gangeticum*** **(L.) DC.**
  Hedysarum gangeticum L.
  Meibomia gangeticum (L.) Kuntze
- タマツナギ
- Acute oblong unifoliate ticktrefoil, Big-leaved desmodium, Large-leaf tickclover

分布　臺灣自生種，分布熱帶非洲、亞洲、澳洲，引進至西印度群島。臺灣生長於中、南及東部低至中海拔山地、叢林內。

形態　直立的多年生亞灌木。小枝條散生絨毛。葉單葉，互生，長橢圓形，7~15 cm，先端漸尖或銳尖而有尖突，基部鈍或圓。花淡紅色，多數，呈頂生的圓錐花序或腋生的總狀花序；花萼具褐色絨毛；雄蕊 10 枚，二體。莢果略鐮刀形，長 1.2~2 cm，5~8 節，節間短（約 2~3 mm），下縫線收縮，表面有細鉤毛，易附於人畜。種子腎形，褐色。

用途　全植株當藥用。爪哇當綠肥。熱帶地區當為牧草用，地被植物用。

2n=22

3 細葉山螞蝗（三角葉山螞蝗）

- ***Desmodium gracillimum*** **Hemsl.**
- ヒメコハギ

分布　臺灣特有種，生長於南部高雄、屏東一帶平地原野。

形態　匍匐性多年生草本。莖細長，多分枝，被白色短絨毛。葉單葉，偶於葉基部具三出複葉，互生，呈圓形、卵形或略心形，2~3 cm，先端鈍漸尖，基部楔形或淺心形。花淡紫色或黃白色，小，單生或 2~5 朵的頂生總狀花序；花萼具絨毛；雄蕊 10 枚，二體。莢果線形，長 2.5~3.5 cm，3~6 節，兩縫線收縮，每節 1 粒種子。種子腎形。地上發芽型，初生葉單葉，對生。

用途　全株當藥用。

4a 假地豆（小槐花、大本山土豆、白釣竿）

- ***Desmodium heterocarpon*** **(L.) DC. var. *heterocarpon***
  Hedysarum heterocarpon L.
  Desmodium japonicum Mia.

- ムラサキヌスビトハギ, シバヒギ
- False groundnut

分布 臺灣自生種，分布熱帶非洲、亞洲、澳洲、南太平洋島嶼。臺灣廣泛生長於全島低至中海拔山區，開闊之荒地、林緣、草地、路旁。

形態 直立或斜上升的亞灌木。嫩枝具疏長柔毛。葉羽狀三出複葉；小葉卵形、長橢圓形、倒卵形或卵狀披針形，9~25 mm，先端圓鈍或微凹，頂小葉較大有柄，側小葉較小無柄。花紫色，多數，稀疏排列，呈總狀花序，頂生或腋生，或組合成大形的圓錐花序，花梗具鉤毛；雄蕊 10 枚，單體。莢果直立，1.2~2.5 cm，殘存於花萼內，下縫線收縮至寬的 1/4 處，邊緣密生鉤毛，4~7 節，沿下縫線開裂。種子腎形，褐黃色。

用途 全株當藥用。具有根瘤可當綠肥、牧草。庭園美化、大型盆栽，觀賞用。

2n=22

4b 直毛假地豆（柏氏小槐花、直立假地豆、粗糙毛假地豆）

- ***Desmodium heterocarpon*** **(L.) DC. var. *strigosum* Meeuwen**

Desmodium heterocarpon (L.) DC. var. *buergeri* (Miq.) Hosokawa

Desmodium buergeri Miq.

分布 臺灣自生種，分布熱帶非洲和亞洲。臺灣生長於全島低至中海拔山地，多陽光裸露地、路旁、林緣。

形態 直立亞灌木。枝被直毛。葉羽狀三出複葉；小葉倒卵形或長橢圓形，2~3.5 cm，全緣，先端鈍，基部亦鈍，托葉披針形。花粉紅色，多數，密集排列呈圓錐花序，花梗具直毛；花萼 4 裂；雄蕊 10 枚，二體。莢果長 1.5~2 cm，4~5 節，下縫線收縮至寬的 1/4 處，有網狀脈紋，被直毛。種子橢圓形，褐黃色。

用途 具根瘤，可當綠肥。觀賞用。

5 變葉山螞蝗（異葉山螞蝗、月兔耳）

- ***Desmodium heterophyllum* (Willd.) DC.**

  Hedysarum heterophyllum Willd.
- カワリバマキエハギ
- Desmodium, Wakutu, Hetero, Senivakacegu

分布　臺灣自生種，廣泛分布亞洲、澳洲。臺灣生長於全島低、中海拔多陽光草生地。

形態　一年或多年生草本。莖匍匐，被長毛。葉羽狀三出複葉或莖基部為單葉狀；小葉倒卵形，卵形或長橢圓形，0.5~3 cm，先端圓或凹頭，基部鈍，葉緣多毛。花紫粉紅色，小，1~6 朵叢生狀的總狀花序或伸長的總狀花序；花萼 4 裂，鑷合成鐘形；雄蕊 10 枚，二體。莢果長 0.5~2 cm，下縫線收縮至寬的 1/3 處，4~6 節，沿下縫線開裂，種子橢圓形。

用途　可當飼料或綠肥。藥用。

2n=22

6 西班牙三葉草

- ***Desmodium incanum* DC.**

  Aeschynomene incana (S. W.) G. Mey.

  Hedysarum incana S. W.

  Meibomia incana (S. W.) Vail

  Desmodium canum (Geml.) Schinz & Thell.
- Creeping beggerweed, Spanish clover, Beggar's lice, Kaimi-clover, Tick trefoil, Wild peanut

分布　原產熱帶南美洲及中美洲。臺灣 1960、1962 年引進栽培，已歸化生長於中、南部低海拔山地。

形態　直立、斜立或平臥的亞灌木或灌木。莖從木質化的基部長出多分枝。葉羽狀三出複葉，互生，葉柄 0.7~3 cm 長，具絨毛；小葉橢圓形、長橢圓形、卵形、披針形或圓形，3~9 cm，表面暗綠色，密生絨毛，背面灰綠色，有明顯脈紋，小葉柄長 1.5~3 mm。花粉紅色或粉紫色，呈頂生總狀花序，長 10~18 cm。莢果 2~4 cm，5~8 節。種子長橢圓狀橢圓形，淺棕色，長 2.5~3.5 cm。

用途　當牧草、飼料或綠肥及覆蓋作物。藥用。

2n=22

7 營多藤（南投山螞蝗、扭曲山螞蝗、營多山螞蝗、綠葉山螞蝗、綠葉山綠豆）

- ***Desmodium intortum* (Mill.) Urban**
  Hedysarum intortum Mill.
  Desmodium nantoensis Liu & Lu
  Desmodium trigonum DC.
- Greenleaf desmodium, Beggarlice, Intortum clover

分布　原產熱帶美洲，現廣泛分布熱帶及亞熱帶。臺灣 1958 年、1962 年引進栽培，已歸化生長於中、南部及東部低海拔之山地。

形態　多年生亞灌木。莖具多分枝，幼時密布淡黃色鉤毛。葉羽狀三出複葉；小葉菱狀卵形或闊卵形，頂小葉較大，3~5 cm，先端漸尖，基部楔形，表面具柔毛，裡面被絨毛，有柄，側小葉近似無柄。花粉紅色、白色或黃色，多數，頂生或腋生的總狀花序；花萼 4 裂；雄蕊 10 枚，二體。莢果線形，2~3 cm，扁平，被柔毛，6~10 節，下縫線收縮至寬的

1/2 處，不顯著的網狀脈紋。種子腎形，2~3 mm。

用途　當牧草或綠肥，藥用。

2n=22, 24

8 疏花山螞蝗（大葉拿身草）

- ***Desmodium laxiflorum* DC.**

  Desmodium macrophyllum Desv.

  Desmodium recurvatum (Roxb.) Grah.

  Hedysarum recurvatum Roxb.

  Meibomia laxiflora (DC.) Kuntze
- ホソミハギ
- Ovate trifoliate, Tick trefoil, Lax-flower tickclover

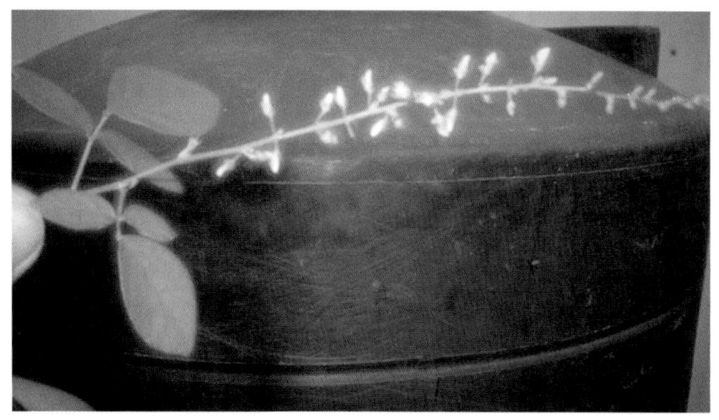

分布　臺灣自生種，分布熱帶非洲、亞洲地區。臺灣生長於南部平地、原野、低山地、林緣或山野，稀少。

形態　直立性亞灌木。枝條匍匐，密被平伏短柔毛。葉單葉或羽狀三出複葉，膜質或稍革質；頂小葉卵形或闊長橢圓形，4~7 cm，先端銳尖或鈍，基部楔形、圓形或心形，表面疏生毛，背面密被平貼短柔毛。花淡紫色或白色，呈頂生或腋生的總狀花序，或組合為圓錐花序，長可達 28 cm，花疏生；萼齒披針形，密被長柔毛；雄蕊 10 枚，二體，莢果線形，長約 3 cm，下縫線收縮，3~7 節，密生小鉤毛，容易黏附於人畜。種子圓形。

用途　當綠肥、牧草、飼料及藥用。

2n=22

9 小葉山螞蝗（小葉山綠豆、小葉三點金草、碎米柴、羊屎柴、八字草、小葉三點金）

- ***Desmodium microphyllum* (Thunb. *ex* Murr.) DC.**

  Hedysarum microphyllum Thunb. *ex* Murr.

  Desmodium parvifolium DC.
- コバノハギ, ヒメノハギ

分布　臺灣自生種，分布東南亞及日本、琉球、華南、澳洲。臺灣生長於中、南部中、低海拔山地、路旁或草地。

形態　直立小灌木。分枝纖細，無毛。葉羽狀三出複葉，但有時側小葉易脫落而形成單葉；小葉長橢圓形或倒卵形，3~15 mm，先端鈍有尖突，基部圓形，表面無毛，裡面具白長柔毛，側小葉較小。花淡紫色，小形，頂生於小枝條尖端，6~10 朵花的總狀花序，每分枝大多均能長出花序，因而形成一大形圓錐花序；花萼淺鐘形，萼齒披針形；雄蕊 10 枚，二體。莢果長 5~13 mm，2~4 節，下縫線收縮至寬度的 1/3 處，沿下縫線開裂。

用途　全草當藥用。

2n=22

10 多花山螞蝗（紫藤小槐花、野黃豆、餓螞蝗）

- ***Desmodium multiflorum* DC.**
  Desmodium floribundum (D. Don) G. Don
- フジバナマメ
- Many-flower tickclover

分布　臺灣自生種，分布印度、尼泊爾、不丹、緬甸、泰國、寮國、中國。臺灣生長於中、南部中至低海拔山地、路旁、林緣。

形態　直立灌木或亞灌木。具多分枝，小枝條有稜角，密被倒伏狀絨毛。葉羽狀三出複葉，革質，頂小葉倒卵形，長橢圓形或倒卵狀長橢圓形，7~10 cm，先端圓鈍或近似銳尖，基部鈍或漸狹，表面綠色，有少許倒伏性絨毛，背面密被倒伏性灰色絲狀絨毛，網狀脈。花粉紅色或近似紫紅色，呈頂生或腋生總狀花序，有時亦組合為圓錐花序；雄蕊 10 枚，二體。莢果長 1.5~2.5 cm，6~8 節，上、下縫線收縮，密被倒伏性絲狀絨毛。

用途　具根瘤當綠肥之參考。原住民取果實烤後食之。治腹痛，或以其根煎服，樹幹切斷流出之汁塗患部，治創傷。

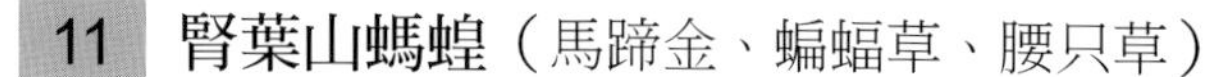

11 腎葉山螞蝗（馬蹄金、蝙蝠草、腰只草）

- ***Desmodium renifolium*** **(L.) Schindler**

  Hedysarum renifolium L.

  Desmodium reniforme (L.) DC.

  Hedysarum reniforme L.

- ジンヨウマキエハギ

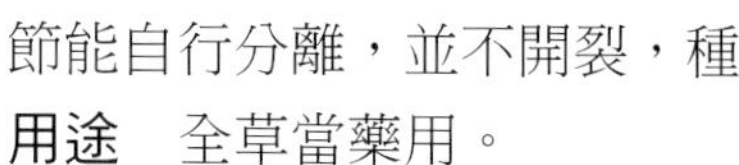

分布　臺灣自生種，廣泛分布熱帶亞洲。臺灣僅生長於南部地區，半開闊之草地。

形態　匍匐性多年生草本。莖長 30 cm，無毛。葉單葉，互生，橫向的腎形或扁菱形，2~3 cm，先端鈍圓、平截、中凹，基部圓，無毛。花白色，頂生或腋生，頂生有時呈伸長的總狀花序，腋生則多呈叢生狀；花萼鑷合成鐘形；雄蕊 10 枚，二體。莢果略彎曲，1~3 cm，3~6節，網狀脈紋，下縫線收縮，節能自行分離，並不開裂，種子橢圓形。

用途　全草當藥用。

12 蝦尾葉山螞蝗（阿猴舞草、蝎尾葉山螞蝗）

- ***Desmodium scorpiurus*** **(Sw.) Desv.**

  Hedysarum scorpiurus Sw.

  Desmodium akoense Hayata

- アコウマイハギ

分布　原產美洲熱帶。臺灣 1900 年代引入，已歸化廣泛生長於平地原野，所以有人視為自生種。

形態　斜立或匍匐性的草本。具鉤毛。葉羽狀三出複葉；小葉橢圓形、長橢圓形或卵狀橢圓形，1~4 cm，先端鈍圓或略凹頭，基部圓鈍，二面被絨毛。花紅紫色，呈頂生或腋生總狀花序；花萼 4 裂，呈披針形；雄蕊 10 枚，二體。莢果線形，3~8 節，密被鉤毛，上、下縫線收縮。種子橢圓形，棕黃至紅褐色。

用途　常與地毯草混植，當綠肥、飼料用。

13 波葉山螞蝗（山毛豆花、烏山黃檀草、滿鼎糊草、長波葉山螞蝗）

- ***Desmodium sequax* Wall.**
  - *Desmodium dasylobum* Miq.
  - *Desmodium sinuatum* (Miq.) Blume *ex* Bak.
  - *Desmodium sequax* Wall. var. *sinuatum* (Miq.) Hosokawa
- オオバマイハギ
- Sinuate-leaf tickclover

分布　臺灣自生種，廣泛分布於亞洲熱帶地區。臺灣生長全島中海拔以下之山地、裸露地、路旁、原野。

形態　直立亞灌木。枝具淡黃色鉤毛。葉羽狀三出複葉，大形；頂小葉卵形、菱狀卵形、長橢圓形，3~10 cm，先端銳尖或漸尖，基部寬楔形，葉緣呈明顯的波浪形。花紫紅色或粉紅色，頂生或腋生的總狀花序，常組合為一大型圓錐花序；花萼闊鐘狀，萼齒三角形；雄蕊 10 枚，二體。莢果線形，4~5 cm，暗褐色，上縫線較淺收縮，下縫線收縮至寬的 1/4 左右處，6~12 節，密被鉤毛，易黏於人畜身上，節易斷落，但不開裂。

用途　根、莢果及全株當藥用。

2n=22

14 廣東金錢草（廣金錢草、金錢草、落地金錢、銅錢草、銀蹄草）

● ***Desmodium styracifolium* (Osbeck) Merr.**

Hedysarum styracifolium Osbeck

Desmodium capitatum (N. L. Burm.) DC.

分布　原產華南、廣東、廣西、福建、湖南、中南半島及印度等。臺灣以藥草引進栽培。

形態　灌木狀草本。莖斜升或平臥，被黃褐色毛。葉單葉或三出複葉，互生，柄長 1~2 cm；小葉圓形或闊倒卵形，2.5~4.5 cm，基部心形，先端圓形或微凹，全緣，上面無毛，背面密被伏絨毛。花外面粉紅色，內面紫紅色，總狀花序頂生或腋生，小花多數密集；苞片卵形，被毛；花萼鐘形，萼齒披針形；雄蕊 10 枚，二體。莢果線狀長橢圓形，被短毛，長 1~1.5 cm，上縫線平直，下縫線波狀，3~6 節，被短毛及鉤狀毛。

用途　全草當藥用。

2n=22

15 紫花山螞蝗（南美山螞蝗）

● ***Desmodium tortuosum* (Sw.) DC.**

Hedysarum tortuosum Sw.

Desmodium purpureum (Mill.) Fawc. & Rendle

Hedysarum purpurea Mill.

Meibomia purpurea (Mill.) Vall.

● Tall tick clover, Florida beggar weed, Beggarweed

分布　原產熱帶及亞熱帶南美洲。臺灣於 1950 年代引進栽培，已歸化生長。

型態　直立一年生草本。莖多少為菱形，初時被糙伏毛，後無毛，多分枝，枝被絨毛。葉羽狀三出複葉；小葉披針形或闊披針形，4~10 cm，先端漸尖，基部楔形，表面光滑，背面疏生長毛，頂小葉較大，小葉柄長 6~9 mm。花紫紅色，頂生或腋生的總狀花序，有時亦能組合為圓錐花序；雄蕊 10 枚，二體。莢果長 0.8~3 cm，上下縫線均被鉤狀毛，均等地收縮至寬的 1/4 至 1/3 處，3~7 節，節長 3.5~5 mm，看似一串念珠狀。種子橢圓形。

用途　當綠肥、覆蓋、牧草、乾草用，耐放牧，家畜喜愛。各種土壤均可生育，第二年不需播種，可自然更新。

2n=22

16 蠅翼草（三點金草、珠仔草、蠅翅草、蝴蠅翅、四季春、三耳草、蔦蓄、三點金）

- ***Desmodium triflorum* (L.) DC.**
  Hedysarum triflorum L.
- ハイマキハギ
- Creeping tick-trifoil, Amor do Campo, Three flower beggarweed

分布　臺灣自生種，分布熱帶亞洲地區。臺灣生長於全島平地原野。

形態　纖細匍匐性一年或多年生草本。被柔毛。葉羽狀三出複葉；小葉倒卵形，2~10 mm，先端截斷而內凹，基部尖。花紫紅色或粉紅色，單生或2~5朵叢生；花萼5裂，萼齒三角形；雄蕊10枚，二體。莢果1~2.2 cm，2~5節，下縫線收縮至寬度的1/3~1/4處，不斷落，不開裂。種子圓形。地上發芽型，初生葉單葉，互生。

用途　全草當藥用。當植被及綠肥植物。

2n=22

17 銀葉藤（銀葉西班牙三葉草、銀葉山綠豆、銀葉山螞蝗、具鉤山綠豆）

- ***Desmodium uncinatum* (Jacq.) DC.**
  Hedysarum uncinatum Jacq.
  Meibomia uncinata (Jacq.) Kuntze
- Silverleaf desmodium, Silverleaf Spanish clover, Silverleaf Spanish tick clover

分布　原產中、南美洲，在熱帶和亞熱帶的非洲、東南亞及澳洲已歸化生長。臺灣1950年代引進栽培，頗適應，已歸化生長，南投境內尤多。

形態　蔓生多年生草本。長可及數公尺，根系大而淺，莖圓柱形或有角，密被絨毛。葉羽狀三出複葉，葉柄長2~4 cm；小葉卵披針形，3~6 cm，表面深綠色，中肋兩側有白色大斑塊或斑點，背面密被白色絨毛。花粉紅色至淺藍色，呈頂生總狀花序。莢果鐮刀狀，4~8節，具淺棕色毛，易黏著於動物和衣物上。種子棕綠色，三角形或卵形，2~3 mm。

用途　主要當飼料，能當放牧、青刈和乾草等飼料。當綠肥和覆蓋作物。

2n=22

18 絨毛葉山螞蝗（白柏香、絨毛山螞蝗）

- ***Desmodium velutinum* (Willd.) DC.**
  Hedysarum velutinum Willd.
  Desmodium latifolium DC.
  Desmodium lasiocarpum (Beauv.) DC.
  Hedysarum lasiocarpum Beauv.
- オオバハギ
- Velvet-hair tickclover

分布　臺灣自生種，分布熱帶亞洲。臺灣生長於南部低海拔山地及平地、原野。

形態　直立亞灌木。葉單葉，互生，卵形、闊卵形或卵狀長橢圓形，長 5~6 cm，先端漸尖，基部圓，表面密被倒伏性硬毛，背面密生柔毛。花紫色或粉紅色，較小，密集排列成總狀花序或圓錐花序，形成花柱狀；花萼 4 裂，合成筒狀；雄蕊 10 枚，單體。莢果長 2 cm，略彎曲，密被鉤毛，4~5 節，下縫線收縮至寬的 1/4~1/3 處。種子橢圓形。

用途　全草當綠肥及藥用。

19 單葉拿身草

- ***Desmodium zonatum* Miq.**
  Desmodium shimadai Hayata
- シマダハギ
- Simple-leaf tickclover

分布　臺灣自生種，分布印度、斯里蘭卡、中南半島、東南亞、新幾內亞、華南。臺灣生長於花蓮及北部中海拔之林緣。

形態　直立或斜上升的亞灌木。多分枝，枝條常具褐色絨毛。葉單葉，互生，長橢圓形或長橢圓狀披針形，4~6 cm，先端漸尖，基部圓、鈍或心形，表面光滑無毛，常有淡顏色斑塊，背面被倒伏絨毛。花白色，1~2 朵疏生於頂生的總狀花序；花萼密被絨毛，萼齒三角形，先端尖；雄蕊 10 枚，二體。莢果長 4~6 cm，上縫線淺裂，下縫線則較深裂，4~8 節，各節長 1.5~2 cm。種子長橢圓形。

用途　可當綠肥的參考。

40 絨毛葉豆屬（Dioclea Kunth）

攀緣藤本。葉羽狀三出複葉。花大而多，紫色、藍色或白色，簇生於葉腋之短梗或梗節上，組成長總狀花序；雄蕊 10 枚，偽單體，與旗瓣對生之雄蕊僅基部離生。莢果線狀長橢圓形，厚，扁平或膨脹，革質，二縫線具狹翅，開裂或不開裂。種子球形，種臍線形。2n=22。

本屬約 40 種，分布於熱帶地區，主產於南美洲。臺灣引進 2 種。

1 絨毛葉豆

- ***Dioclea sericea* Kunth**

分布　原產熱帶美洲。臺灣 1984 年引進栽培。

形態　蔓生多年生草木。全株密被白色絨毛。葉羽狀三出複葉；小葉橢圓形或卵橢圓形，5.5~7.5 cm，先端圓，基部鈍圓，表面碧綠，而背面綠色，密被白色絹毛，葉脈極明顯。花紫紅色，極美，20~50 朵頂生呈總狀花序；花萼 4 裂，成鐘形，紅紫色；雄蕊 10 枚，單體。莢果扁平，帶狀，7~10 cm，尾端尖突，密被白絨毛。種子長橢圓形，光澤；種臍線形，約為種子長之 1/2。地下發芽型，初生葉 3 小葉，對生。

用途　花期長，美麗可供觀賞用。有根瘤可當覆蓋或綠肥之用。

2n=22

2 花木魚果

● ***Dioclea wilsonii* Standley**

Dioclea altissima Rock

Dioclea atropurpurea Pittier

Dioclea pilifera Tul.

分布　原產熱帶美洲，南美洲北部、西印度至中美洲墨西哥、夏威夷和太平洋諸島。臺灣引進栽培。

形態　蔓生多年生草本。莖無毛至密被紅褐色軟毛。葉羽狀三出複葉；小葉闊橢圓形至倒卵形，7~16 cm，先端尖銳，基部鈍形。花紫紅色，花序長 45 cm；雄蕊 10 枚，旗瓣內部互生的雄蕊之花藥不完全。莢果扁平，長橢圓形，6~10 cm，種子 2~4(~5) 粒。種子半圓形至長橢圓形，長 2.5~3 cm，硬，暗褐色；種臍包圍約 3/4 的種皮。

用途　花美麗，花期長供觀賞用。可當覆蓋或綠肥用。

41 雙膨果豆屬（Diphysa Jacq.）

灌木或小喬木。葉奇數羽狀複葉；小葉 5~25 枚，全緣，互生。花黃色，一般大而美麗，腋生總狀花序或圓錐花序；雄蕊 10 枚，二體。莢果扁平，長橢圓形，有柄，紙質，薄而不平，二面膨脹，不開裂。種子長橢圓形。2n=16。

本屬約 20 種，分布從墨西哥至南美洲北部。臺灣引進 1 種。

1 美洲雙膨果豆

● ***Diphysa americana* (Mill.) M. Sousa**

Colutea americana Mill.

Diphysa robinioides Benth. *et* Oent.

分布　原產墨西哥，中美洲、墨西哥至巴拿馬。臺灣引進栽培。

形態　落葉灌木至喬木。樹皮有裂隙，灰色，枝無毛。葉奇數羽狀複葉；小葉 11~21 枚，膜質，長橢圓形或卵形，無毛。花深黃色，6~7 朵花，呈腋生總狀花序；雄蕊 10 枚，二體。莢果長橢圓形，5~8 cm，灰棕色，兩面膨脹形成膨大的果皮，不開裂。種子扁平，腎形，淺棕色或稍白色。

用途　當觀賞植物用。

2n=16

42 扁豆屬（Dolichos L.）

一年生或多年生纏繞性草本。葉羽狀三出複葉，罕掌狀；小葉卵形、橢圓形，一般下半基部最寬，有時漸尖或 3 裂。花紫色、粉紅色、藍色或乳白色，單花或簇生於葉腋，或組成腋生或頂生總狀花序；雄蕊二體 (9+1)。莢果線狀長橢圓形，扁平，有毛或光滑，具喙。種子扁平，橢圓形或菱形，種臍長橢圓形或線形。2n=20, 22。

本屬約 60 種，分布非洲至東亞、南亞。臺灣特有 1 變種。

1 恆春扁豆（三裂葉扁豆、鐮莢扁豆）

● ***Dolichos trilobus* L. var. *kosyunensis* (Hosokawa) Ohashi & Tateishi**

Dolichos kosyunensis Hosokawa

Dolichos falcatus Klein *ex* Willd.

● コウシュンフジマメ

● Hengchun dolichos

分布　臺灣特有變種，僅自生於恆春半島，開闊多陽光的平地原野。

形態　多年生之蔓性草本。莖細長，達 2~4 m，具多數分枝，光滑。葉羽狀三出複葉；小葉卵形或長橢圓狀卵形，2~3 cm，先端鈍而銳尖，基部尖。花紅色或紫紅色，2~5 朵腋生的總狀花序；雄蕊 10 枚，二體。莢果闊線形或鐮刀形，5~7 cm，光滑無毛，具喙，6~8 粒種子，種子橢圓形。地上發芽型，初生葉單葉，心形，對生。

用途　具根瘤可作為牧草、綠肥、覆蓋用。

43 金絲雀三葉草屬（Dorycnium Vill.）

多年生草本或灌木。無毛或有毛。無柄或短柄，葉 5~4 小葉；小葉全緣，1~2 最下位小葉托葉狀。花粉紅色或白色，龍骨瓣暗紅或黑色，腋生繖房和頭狀花序，或頂生的小束狀；雄蕊二體。莢果長橢圓形或線形，圓柱狀或膨脹，開裂，種子間有或無隔膜，1~ 多粒種子。種子平，光滑。2n=14。

本屬約 12 種，分布地中海地區。臺灣引進 3 種。

1 毛金絲雀三葉草

- ***Dorycnium hirsutum* (L.) Ser.**

  Lotus hirsutus L.
- Hairy canary clover

（林正斌　攝）

分布　原產地中海地區，延伸至南葡萄牙。臺灣 2002 年由澳洲引進試驗栽培之。

形態　多年生草本，半匍匐狀或直立成小灌木狀。莖及葉柄密被銀色絨毛。葉 5~4 小葉；小葉細長橢圓形，全緣，最下 1~2 小葉托葉狀。花白色或粉紅色，腋生頭狀花序。莢果 6~12 mm，約 4 粒種子。種子圓形，黑色。

用途　在歐洲主要當觀賞用栽培之。在澳洲當牧草栽培。可生長於高溫及乾旱環境，供作農作再生栽培系統的一部分。開花數量多具有作為蜜源植物之潛力，也可作為裝飾花卉或花園種植，觀賞用。

2n=14, 28

2　五葉金絲雀三葉草

- ***Dorycnium pentaphyllum*** **Scop.**

  Dorycnium hispanicum Samp.

  Dorycnium suffruticosum Vill.

（林正斌　攝）

（林正斌　攝）

分布　原產歐洲中部及南部。臺灣 2002 年由澳洲引進試驗栽培之。

形態　多年生直立型草本，有時成小灌木。多分枝，全株光滑無毛。葉 5(~4) 小葉，無柄或極短；小葉線形或卵狀長橢圓形，最下 1~2 小葉托葉狀。花白色，龍骨瓣先端濃青色或紫色，5~20 朵呈頭狀花序。莢果卵狀球形，長 2~4 mm，1 粒種子。種子黑色或黑褐色。

用途　當觀賞用栽培。具深根性，適合生長於乾燥地區，具宿根性，作為牧草栽培，當水土保持及蜜源作物。

2n=14

3　直立金絲雀三葉草

- ***Dorycnium rectum*** **(L.) Ser.**

  Lotus rectum L.

- Erect canary clover

分布　原產於北非、澳洲、亞洲溫帶地區及南歐等地。2002 年由澳洲引進當牧草試驗栽培之。

形態　多年生亞灌木。分枝密、無毛。葉 5~4 小葉；小葉倒卵形或橢圓形，無毛，最下 1~2 小葉托葉狀。種子黑色或黑褐色。

用途　主根系發達，適合種植於貧瘠乾燥地區，具有良好的根瘤共生，可作為豆科芻料作物，餵嗜性良好。為高產、高品質及消化率均佳之牧草。

44 山黑扁豆屬（Dumasia DC.）

纏繞性草本。莖纖細，基部微木質。葉羽狀三出複葉；小葉卵形。花黃色或紫色，單花或成對著生於長梗上，呈腋生總狀花序；雄蕊二體 (9+1)。莢果短柄，狹而小，扁平，長橢圓形，成念珠狀，成熟時黑色。種子黑色或藍色，1~3 粒，亞球形。2n=20, 22。

本屬約 10 種，分布印度、馬來西亞、東非和中國、臺灣。臺灣特有 1 種、1 亞種、1 變種，自生 1 種。

1 山黑扁豆（苗栗野豇豆、野豇豆、山黑豆）

- ***Dumasia truncata* Sieb. & Zucc.**
  Dumasia miaoliensis Liu & Lu
- ノササゲ

分布　臺灣自生種，分布日本、華南。臺灣生長於苗栗中海拔之森林邊緣。

形態　蔓性多年生草本。莖細長而光滑。葉羽狀三出複葉，多毛茸；頂小葉卵形，先端截平，3~4.5 cm，托葉針狀，長 2~2.5 mm。花黃色，腋生總狀花序；花萼管狀，長 2~6 mm；雌蕊長，花柱長。莢果扁平，鐮刀形，光滑無毛，長 2.5~3 cm，成熟時變黑色，內部黑色。種子橢圓形，黑色。

用途　可作為綠肥用。莢果和種子料理可食用。

2 雜種苗栗野豇豆

- ***Dumasia truncata* ×*Dumasia villosa* ssp. *bicolor***

分布　臺灣特有的雜交種，生長於苗栗大湖一帶。

形態　蔓性草本。葉羽狀三出複葉，多絨毛。小葉卵形或長橢圓狀卵形。花黃色，總狀花序，腋生，下垂，花萼管狀；雄蕊 10 枚，二體，子房柄短。莢果圓筒形，黑色。種子 1 粒，卵圓形，黑色。本種為山黑扁豆與臺灣山黑扁豆的天然雜交種。形態與母本山黑扁豆相似，不同在於子房柄短，和莢果圓筒形。

用途　可供作綠肥之參考。

3 臺灣山黑扁豆（臺灣野豇豆、二色葉山黑豆、臺灣山黑豆）

- ***Dumasia villosa* DC. ssp. *bicolor* (Hayata) Ohashi & Tateishi**
  Dumasia bicolor Hayata
- タイワンノササゲ
- Taiwan dumasia

分布　臺灣特有亞種，生長於全島低至中海拔山地、路旁、叢林邊緣。

形態　多年生藤本狀草本。莖細長，具絨毛。葉羽狀三出複葉，有長葉柄；小葉卵形、卵圓形或長卵形，3~6 cm，先端鈍圓而微尖突，基部截斷或銳尖，兩面具絨毛。花鮮黃色至淡黃色，呈腋生下垂的總狀花序；花萼 5 裂；雄蕊 10 枚，二體。莢果念珠狀，近似無柄，密被棕色絨毛，長 2~3 cm，1~2 粒種子。

種子紫黑色，橢圓形。地下發芽型，初生葉單葉，卵形，對生。變種**黃褐毛臺灣山黑扁豆**（*Dumasia bicolor* Hayata var. *fulvescens* Hayata），為臺灣特有變種。

用途　莢果當藥用。當綠肥，觀賞用。

2n=20

45 野扁豆屬（Dunbaria Wight & Arn.）

攀緣性草本。葉羽狀三出複葉；小葉全緣，背面具多數橙紅色脂腺點。花黃色，單生，或少數成腋生總狀花序；雄蕊 10 枚，二體，合生成管狀。莢果線形，直或鐮刀狀，扁平，縫線薄，種子間有隔膜，成熟時開裂，裂瓣卷繞。種子 4~11 粒，腎形，光滑，種臍卵形。2n=22。

本屬約 15 種，原產南印度、日本、臺灣和澳洲。臺灣自生 2 種，引進 1 種。

1 麥氏野扁豆

- ***Dunbaria merrillii* Elmer**

  Dunbaria cumingiana Benth.

  Dunbaria discolor Harms & K. Schum.

（楊曆縣　攝）

（楊曆縣　攝）

分布　臺灣自生種，分布菲律賓及臺灣，僅生長於蘭嶼島上海邊與海岸林緣。

形態　多年生蔓性藤本。莖細長，具白絨毛。葉羽狀三出複葉；小葉菱狀卵形至菱形，4~6 cm，先端銳尖或漸尖，基部或鈍或截斷狀，表面綠色，背面有明顯紅色腺體及白柔毛，側小葉較小。花黃色，花心具紅暈，6~15 朵，呈腋生的總狀花序；花冠挺出於花萼外；花萼鐘形；雄蕊 10 枚，二體，子房具毛茸及腺點。莢果扁平，10~12 cm，成熟時黑色。

用途　可當綠肥的參考。

2 圓葉野扁豆（臺灣野扁豆、臺灣野赤小豆）

- ***Dunbaria rotundifolia* (Lour.) Merr.**

  Indigofera rotundifolia Lour.

- タカサゴノアズキ
- Round leaf dunbaria

分布　臺灣自生種，分布亞洲及澳洲。臺灣生長於中部及南部低海拔之空地原野、叢林或路旁。

形態　多年生蔓性草本，攀緣，具絨毛。葉羽狀三出複葉，葉柄 2~3 cm 長；小葉卵形或菱狀卵形，先端鈍，有時有凹頭，基部鈍，側小葉較小，近似無柄，密生絨毛，背面有紅色腺點。花黃色，單生或3~4朵腋生，花梗短，有絨毛；花萼闊鐘形，4裂、1大3小；雄蕊10枚，二體。莢果無梗，線形，長3~5 cm，扁平，略彎曲，成熟時開裂，6~11粒種子。種子菱形，種臍橢圓形，內凹，褐色。地下發芽型，初生葉單葉，卵形，對生。

用途 可當覆蓋綠肥植物用。

2n=22

3 野扁豆（毛野扁豆、野毛扁豆）

- ***Dunbaria villosa*** **(Thunb.) Makino**

  Glycine villosa Thunb.

- ノアズキ, ヒメクズ

分布 原產中國、日本。臺灣引進栽培。

形態 多年生蔓性草本。植物體具褐色腺體，莖柔弱，密被短軟毛。葉羽狀三出複葉，微有毛；頂小葉較大，近菱形， 2~3 cm。花黃色，2~7朵，呈總狀花序，葉腋側生，長約6 cm。莢果帶狀，扁平，長約4 cm。種子6~7粒，腎形，含油分14 %。地下發芽型，初生葉單葉，心形，對生。

用途 種子當咖啡的代用品，或當救荒用植物。油工業用及藥用。

2n=22

46 毛豇豆屬（Dysolobium (Benth.) Prain）

纏繞性草本，常木質化。莖密生棕色絨毛。葉羽狀三出複葉；小葉卵狀菱形或長橢圓狀披針形。花多數，綠白色，腋生總狀花序；雄蕊10枚，二體。莢果圓柱狀，厚而硬，木質，長橢圓形，密被絨毛，種子間具雙隔膜。種子圓柱形。

本屬有4種，原產東印度、馬來西亞、爪哇和臺灣。臺灣自生1種。

1 毛豇豆（毛扁豆、毛藊豆、菱葉扁豆）

- ***Dysolobium pilosum*** **(Willd.) Marechal**

  Dolichovigna pilosum (Willd.) Niyomdham

  Vigna pilosa (Willd.) Baker

  Dolichos pilosus Willd.

  Dolichos rhombifolius (Hayata) Hosokawa

  Dolichovigna rhombifolius Hayata

  Dolichos formosana Hayata

  Dolichovigna formosana Hayata

- ケハマササゲ, タイワンフジマメ, コバノフジマメ

分布　臺灣自生種，分布馬來西亞、印度、菲律賓。臺灣生長於南部低海拔山地、多陽光的平地原野。

形態　多年生蔓性草本。散生褐色柔毛。葉羽狀三出複葉；頂小葉菱狀卵形或長橢圓形，8~9 cm，先端漸鈍，基部鈍。花淡紫色至紫白色，呈腋生的總狀花序，花序密生絨毛；花萼 5 裂，被長毛；雄蕊 10 枚，二體；龍骨瓣卷曲。莢果線形，長 7~8 cm，密被褐色硬毛，先端銳尖。種子圓柱形，黑褐色，4~5 mm。地下發芽型，初生葉單葉，長卵形，對生。

用途　種子可食用。可當綠肥或覆蓋植物、飼料用。

47 豬仔笠屬（Eriosema (DC.) Desv.）

直立或近直立草本或亞灌木。塊根常肥大。葉羽狀三出複葉，或單葉，罕 5 出複葉；小葉橢圓形或橢圓狀披針形，兩面多毛，具腺點。花黃色，1~2 朵簇生於葉腋或排列成總狀花序；雄蕊二體 (9+1)。莢果長橢圓形或菱狀橢圓形，膨脹或平，無隔膜，二瓣裂。種子 2 粒，罕 1 粒，橢圓形，棕色，偏斜，種臍線形。2n=22。

本屬約 140 種，分布熱帶非洲、美洲、亞洲和澳洲。臺灣自生 1 種。

1 豬仔笠（省琍珠、雞頭薯）

- ***Eriosema chinense* Vogel**
  Eriosema himalaicum Ohashi
- Soh-pen, Chinese eriosema

（楊曆縣　攝）

分布　臺灣自生種，分布華南、南洋、印度、澳洲及臺灣。臺灣僅生長於墾丁國家公園出風鼻及佳洛水之草地，稀有。

形態　多年生直立草本。塊根肉質，呈紡錘形或球形。莖常不分枝，密被茶色長軟毛並雜以同色短柔毛。葉單葉，互生，披針形至長橢圓形，2.5~6 cm，先端鈍形，基部圓形。花黃色，單一或2~3朵，呈總狀花序，葉腋側生；花萼5裂，鋸齒狀，有絨毛；雄蕊10枚，二體。莢果菱狀橢圓形，0.8~1.2 cm，具茶色長剛毛。種子1~2粒，腎形，小而黑，種臍長線形，長約占種子的全長。地上發芽型，初生葉單葉，互生。

用途　塊根可食用、取澱粉，澱粉可供釀造用。當藥用。

2n=22

（楊曆縣　攝）

（楊曆縣　攝）

（楊曆縣　攝）

48 刺桐屬（Erythrina L.）

灌木或喬木。小枝常有刺。葉羽狀三出複葉；小葉闊卵形、橢圓形，常成三角狀或菱狀。花大而美麗，紅色、粉紅色、橙色或黃色等，頂生或腋生總狀花序，2至多朵簇生於花序軸上；雄蕊10枚，二體或單體。莢果線形，常彎曲，具果頸，膨脹，種子間縊縮，成念珠狀，二瓣裂或沿腹縫線開裂。種子卵形、橢圓形、腎形，光亮，紅色、深紅色或紅橙色，有時有黑斑點。2n=42。

本屬約110種，分布熱帶南美洲、非洲、亞洲和澳洲。臺灣自生1種，引進16種、1變種。

1 毛刺桐（闊葉刺桐）

- ***Erythrina abyssinica* Lam. *ex* DC.**

  Erythrina tomentosa R. Br.

  Erythrina pelligera Fenze.

  Erythrina latissima E. Mey.

  Erythrina sandersoni Harv.

- Lucky bean tree, Red hot poker tree

（董景生　攝）

分布　原產熱帶非洲。臺灣 1966 及 1970 年分別引進，栽培於臺北植物園及墾丁國家公園內。

形態　落葉中喬木。有木質刺針，小枝條密被絨毛。葉羽狀三出複葉；小葉圓形或闊卵形，厚革質，10~16 cm，先端鈍，基部心形或闊圓形，兩面密被絨毛。花豔紅色，呈密生的總狀花序；花萼呈佛焰苞狀；翼瓣甚短，不伸長於花萼外。莢果木質，有軟毛，長 10~12 cm，種子間緊密，節近球形。種子紅色，種臍黑色。

用途　木材軟，灰色或白色，供細工、玩具、椅子、大鼓、臼等製作。當庇蔭樹、庭園樹，觀賞用。

2n=42

（董景生　攝）

（董景生　攝）

2　非洲刺桐（南非刺桐）

- ***Erythrina acanthocarpa*** **E. Mey.**
- アフリカデイコ
- Tambuki thorn, Africa erythrina

分布　原產南非及西南非。臺灣 1960 年代引進，南部地區略有栽培。

形態　落葉小喬木。根部呈大而肉質的地下根。葉羽狀三出複葉；小葉三角形，先端銳尖，基部楔形或漸尖，常 3 裂狀，頂小葉較大，長約 9.5 cm，側小葉較小，葉脈兩面均有鉤刺。花橙紅色或鮮紅色，呈腋生的總狀花序，花序 30~50 花密生；花萼鐘形，有針狀裂片，5 枚，淡紅色；旗瓣重疊，呈長管狀。莢果木質，10~25 cm，有刺，種子間緊縮狀，種子褐色。

用途　庭園樹，觀賞用。

2n=84

3 大葉刺桐（鸚哥花、刺木通）

● ***Erythrina arborescens*** **Roxb.**

分布　原產華南及印度。臺灣 1935 年引進栽培，北部、南部偶有栽培之。

形態　落葉小喬木。樹皮具刺。葉羽狀三出複葉；小葉卵形或腎狀扁圓形，30~35 cm，先端極尖，基部近截形，膜質，綠色，光滑無毛。花紅色，密集生長於總狀花序上；花萼二唇形，無毛；雄蕊 10 枚，5 長 5 短。莢果彎曲，15~30 cm，兩端尖，先端具喙，4~6 粒種子。種子黑色、有光澤，腎形，長約 2 cm。

用途　花大形美麗，當庭園樹、行道樹栽培，觀賞用。木材輕而軟，白色，造紙用。樹皮當藥用。

2n=42

4 馬提羅亞刺桐

● ***Erythrina berteroana*** **Urban**

Erythrina neglecta Krukoff *et* Moldenke

● Bucare, Pito coral tree

分布　原產墨西哥南部至哥倫比亞及西印度群島。臺灣 1960 年代引進，栽培於墾丁國家公園內。

形態　喬木。光滑無毛或稍有毛。葉羽狀三出複葉；小葉菱狀卵形，長約 15 cm，先端銳尖或漸尖，基部鈍圓，膜質，開花期先落葉。花紅色，呈頂生或腋生總狀花序；花萼筒狀或管狀，先端 5 裂，不明顯。莢果幾為木質，20~27 cm，成熟時開裂，呈扭曲狀。種子濃赤色，種臍有極短的黑線。

用途　花蕾與花可當蔬菜，與肉及蛋混煮之料理用，幼芽及葉亦可食用。觀賞用。

2n=42

5 龍牙花（佛羅里達刺桐）

● ***Erythrina ×bidwillii*** **Lindl.**

● ヒシバデイ, フロりダデイコ

● Florida coral-bean

分布　美國園藝雜交種。臺灣引進栽培。

形態　為 *Erythrina crista-galli*（雞冠刺桐）與 *Erythrina herbacea*（小刺桐）的雜交改良種。灌木。光滑但有疏刺。葉羽狀三出複葉；小葉菱狀卵形至略三角形，無毛。花朱紅色，呈總狀花序，著生於新枝先端，或葉腋側生，直立；旗瓣長約 5 cm，內曲但略為張開，花冠略曲翹。種子赤紅色，有茶褐色之細斑點。
用途　植姿、花美麗，當庭園樹栽培觀賞用。

6 火炬刺桐

- ***Erythrina caffra* Thunb.**
  Erythrina constantiana P. Micheli.
  Erythrina insignis Tod.
- サイハイデイコ
- Coral tree, Lucky bean tree, Kaffirboom coral tree, Coast coral tree, Kuskoraalboom

分布　原產非洲東部及南部。臺灣 1965 年及 1970 年由澳洲引進，全島各地零星栽植。
形態　半落葉喬木。葉羽狀三出複葉；小葉闊卵形或圓形，徑 7~10 cm，先端銳尖，基部鈍或圓形，薄革質，表面綠色有光澤，裡面較淡。花朱紅色，少為淡黃色，頂生密集的總狀花序；花萼不規則裂開，紙質。莢果近似木質，10~12 cm。種子長橢圓形，暗褐色，具有黑色的種臍，有毒。
用途　種子做項鍊。木材當魚網浮木或木板。當庭園樹，觀賞用。
2n=42

7 掐帕沙那刺桐（紅刺桐）

- ***Erythrina chiapasana* Krukoff**

分布　原產墨西哥、瓜地馬拉。臺灣引進栽培。
形態　小喬木。葉羽狀三出複葉。花深紅色，呈圓錐狀的長串總狀花序；花瓣成筒狀，長 7.6 cm 以上。冬季開花，一直開到晚春長新葉，甚至重疊。耐乾旱及耐寒。種子橢圓形，鮮紅色，有光澤，種臍橢圓形，黑灰色。
用途　花鮮紅美麗，花期長，當庭園樹栽培觀賞。

8 珊瑚刺桐（象牙紅、珊瑚樹、鳥仔花）

- ***Erythrina corallodendron* L.**
  Erythrina corallifera Salisb.
  Erythrina inermis Mill.
  Erythrina spinosa Mill.
- サンゴシドウ
- Coral-bean tree, Common coral bean, Coral tree

分布　原產西印度。臺灣 1910 年自新加坡引進，全島廣泛栽植。
形態　落葉或半落葉性灌木或小喬木。葉羽狀三出複葉；小葉闊卵狀菱形或菱狀卵形，11~12 cm，頂小葉最大，先端漸尖而鈍，基部寬楔形，兩面無毛；葉柄有刺。花鮮紅色，排列於伸長的總狀花序上；萼鐘形，萼齒不明顯；雄蕊 10 枚，二體，不整齊。莢果長約 8~10 cm，種子間呈緊縮狀，有數粒種子。種子深紅色，有黑色斑點。地下發芽型，初生葉單葉，心形，對生。
用途　樹皮含有龍牙花素（Erythrocoralloidin）可當麻醉劑及鎮靜劑藥用。花極美麗、鮮豔，花期長，當庭園樹栽培，觀賞用。
2n=42

9 雞冠刺桐（海紅豆）

- ***Erythrina crista-galli* L.**

  Erythrina laurifolia Jacq.
- カイコウズ, アメリカデイコ, ホソバデイコ
- Coral tree, Cockspur coral tree, Cry-baby tree, Cockscomb coral tree

分布　原產南美。臺灣 1910 年由新加坡引進，後來又多次引進，現在全島各地栽植。

形態　落葉小喬木。多分枝，小枝條有或無針刺。葉羽狀三出複葉；小葉卵形或長橢圓形，5~17 cm，先端銳尖，基部漸狹；小葉柄基部有一對腺體，突出。花磚紅色或血紅色，呈直立或水平擴展的總狀花序。莢果長 10~30 cm，木質，3~6 粒種子，種子間縊縮。種子黑色而帶有褐色斑紋，光亮。栽培品種**白雞公花**（cv. Leucoflora）花白色。**美國刺桐**（var. *compacta*）為一矮性變種。地下發芽型，初生葉單葉，心形，對生。

用途　成長快速，熱帶咖啡園栽植為庇蔭樹。當庭園樹、盆栽樹栽培觀賞用。

2n=40, 42, 44

10 小刺桐

- ***Erythrina herbacea* L.**

  Erythrina arborea (Chapm.) Small

  Erythrina herbacea L. var. *arborea* Chapm.
- Eastern coral bean, Cardinal-spear, Cherokee bean, Coral bean, Red cardinal

分布　原產北美、墨西哥及西印度諸島。臺灣引進栽培。

形態　多年生亞灌木。枝開展，細長。葉羽狀三出複葉；小葉薄，三角形至狹卵形，頂小葉戟狀 3 裂，長 5~10 cm，光滑。花鮮紅色，長 5 cm 以下，總狀花序，長約 60 cm。莢果幾木質，長約 15 cm。種子紅色，具黑斑，種臍有黑色之線條。

用途　栽培當觀賞用。種子在墨西哥當毒藥殺老鼠用。根原住民當發汗劑利用。

2n=42

11 矮刺桐（南非刺桐）

- ***Erythrina humeana* Spr.**

  Erythrina princeps A. Dietr.
- Natal coral tree, Dwarf erythrina

分布　原產南非，分布亞熱帶。臺灣引進栽培。

形態　灌木，罕小喬木，枝具刺。葉羽狀三出複葉；小葉明顯戟形，3 裂，9~13 cm，先端漸尖，基部截形；中肋及主脈，葉柄及小葉柄均有刺。花鮮紅色，長約 10 cm，總狀花序下垂呈弓形。莢果幾木質化，念珠狀，長約 15 cm。種子紅色。

用途　觀賞用。

12 南非象牙紅（念珠刺桐）

- ***Erythrina lysistemon* Hutch.**

  Erythrina caffra Thunb. var. *mossambicensis* Baker. f.
- Kaffirboom

分布　原產於非洲東南部及羅德西亞北部及南部。臺灣 1960 年代引進，園藝栽培。

形態　落葉小喬木。莖灰褐色，無針刺。葉羽狀三出複葉；小葉菱狀卵形或闊卵形，9~10 cm，先端銳尖，基部圓或鈍，薄革質，開花後葉展開；小葉柄基部有一對腺體，突出。花鮮紅色，呈稀疏的總狀花序；花萼筒狀，先端 5 裂，淺紅色。

用途　樹皮的浸出液可當洗滌劑。葉及種子當牛的飼料。觀賞用。

2n=42

13 小翅刺桐（山鼠麴刺桐）

- ***Erythrina poeppigiana* (Walp.) O. F. Cook**

  Micropteryx poeppigiana Walp.

  Erythrina micropteryx Poepp. *ex* Urban
- Mountain immortelle

分布　原產熱帶南美洲的濕地。臺灣引進園藝栽培。

形態　高大喬木。樹幹有刺。葉羽狀三出複葉；頂小葉菱狀卵形，或近圓形，長約 20 cm。花橙色，總狀花序；花萼鐘狀，長與寬幾乎等長；旗瓣長約 6.3 cm，龍骨瓣癒合幾與旗瓣等長。莢果紙質，種子間無緊縮。種子褐色，無斑紋。地下發芽型，初生葉鱗片葉，互生。

用途　花非常鮮豔美麗，觀賞用。當庭園樹、行道樹。當可可園及咖啡園的庇蔭樹。

2n=42

14 史密斯刺桐

- ***Erythrina smithiana*** **Krukoff**
- Porotillo, Bucare, Cachimbo

分布 原產厄瓜多爾、哥倫比亞、南美與熱帶地區普遍栽培。臺灣引進園藝栽培。

形態 小喬木。葉羽狀三出複葉。花鮮紅色，枝先端長串開花。種子鮮紅色，橢圓形。

用途 花美觀賞用，當庭園樹、景觀樹、綠籬用。當咖啡和可可園之遮蔭樹。當牧草、飼料和薪材用。

15 美麗刺桐（象牙花）

- ***Erythrina speciosa*** **Andr.**

  Erythrina polianthes Brot.

  Erythrina reticulata K. Presl.

分布 原產巴西南部。臺灣引進栽培。

形態 小喬木。葉羽狀三出複葉；小葉菱形或略三角形，一般葉寬長於葉長，徑約 2.3 cm，先端長銳尖形。花鮮紅色，總狀花序；花萼薄，鐘狀；旗瓣長約 7 cm，折疊，直立或微彎曲；龍骨瓣癒合。莢果微木質，長約 30 cm，種子間無縊縮。種子黑色帶黃褐色斑紋。

用途　栽培當庭園樹，觀賞用。

2n=42

16a 刺桐（梯枯、雞公樹、象牙紅、海桐）

- ***Erythrina variegata* L. var. *variegata***
  Erythrina corallodendron L. var. *orientalis* L.
  Erythrina indica Lam.
  Erythrina carnea Blanco
  Erythrina orientalis (L.) Merr.
- デイコ
- India coral tree, Tiger's claw, Coral-tree

分布　臺灣自生種，分布喜馬拉雅山、斯里蘭卡、印度、爪哇、麻六甲、澳洲、菲律賓。臺灣生長於東部、南部海濱地帶，但各地均有栽植。

形態　落葉大喬木。幹有瘤狀刺。葉羽狀三出複葉；小葉卵狀三角形或卵狀菱形，10~11 cm，先端漸尖，膜質。花鮮紅色，大而豔麗，先端開放，頂生或腋生的總狀花序，密集排列；花萼呈佛燄苞狀；雄蕊 10 枚，單體。莢果念珠狀，種子 1~8 粒，10~45 cm，種子間呈緊縮狀。種子大，橢圓形或圓形，鮮紅色。地上發芽型，初生葉單葉，心形，對生。

用途　木材白色，泰國磨成粉化妝用。葉為牛羊等之優良飼料。斯里蘭卡幼芽放入咖哩而食用之。種子煮或炒後可食，生者有毒，可做項鍊。葉、樹皮及根當藥用。花極美當觀賞用，庭園樹、行道樹、庇蔭樹。

2n=42

16b 黃脈刺桐（刻脈刺桐、斑葉刺桐、花葉刺桐）

- ***Erythrina variegata* L. var. *orientalis* (L.) Merr.**
  Erythrina variegata L. f. *picta* (L.) Ying
  Erythrina indica Lam. var. *picta* (L.) Graf.
  Erythrina picta L.
- フイリバデイコ
- Variegated India coral tree, Variegated leaf coral tree

分布 原產熱帶及亞熱帶廣泛栽植。臺灣 1930 年代引入栽植，現各地偶有栽植。

形態 落葉性小喬木。葉羽狀三出複葉；小葉卵狀三角形，11~12 cm，通常頂小葉較為寬大，其他性狀與刺桐相同，惟葉面脈處呈金黃色的條斑，為園藝上的變種。地上發芽型，初生葉單葉，對生。

用途 當觀葉植物，行道樹、庭園樹，觀賞用。

17 蝙蝠刺桐（澳洲刺桐）

- ***Erythrina vespertilio* Benth.**

  Erythrina biloba F. Muell.

- Gray corkwood, Bat's wing coral tree

分布 原產澳洲。臺灣 1960 年代引進，栽植於臺北植物園，現園藝零星栽培。

形態 落葉性喬木。葉羽狀三出複葉；頂小葉倒三角形或倒三角狀披針形，5~10 cm，常呈 3 裂，先端銳尖。花鮮紅色，葉腋倒生，呈直立性的總狀花序；花萼全緣或不明顯齒裂；旗瓣先端反卷。莢果梭形，長 5~10 cm，兩端細，種子間呈緊縮狀。種子數粒，大，紅色或黃色。地下發芽型，初生葉單葉，腎形，互生。

用途 當庇蔭樹、行道樹、庭園樹，觀賞用。木材 Wilparri 族製盾用。根可生食。

2n=42

49 山豆根屬（Euchresta Benn.）

灌木或小灌木。葉奇數羽狀複葉；小葉 3~7 枚，長橢圓形，全緣。花白色，總狀花序；雄蕊 10 枚，二體，合生成管狀。莢果核果狀卵球形，革質，不開裂。種子 1 粒，橢圓形，懸垂。2n=18。

本屬約 5 種，原產日本、臺灣、馬來西亞和喜馬拉雅地區。臺灣特有 1 變種，引進 1 種。

1a 山豆根（伏毛山豆根）

- ***Euchresta horsfieldii* (Lesch.) Benn. var. *horsfieldii***

  Andira horsfieldii Lesch.

  Euchresta strigillosa C. Y. Wu

- Horsfield euchresta, Palakija, Pranajiwa

分布 原產喜馬拉雅地區、馬來半島、菲律賓。臺灣引進栽培。

形態 灌木。枝及小枝無毛，有縱細紋。葉奇數羽狀複葉，葉柄長 8~12 cm；小葉 3~5 枚，厚紙質，上面無毛，下面密生貼伏絨毛；頂小葉寬橢圓形或倒卵狀橢圓形，11~17.5 cm，先端突短漸尖，基部楔形；側小葉對生，橢圓形，9~15 cm，先端突短漸尖，基部楔形至近圓形。花乳白色，總狀花序，長達 13~21 cm，密生細短貼伏毛。莢果橢圓形，長約 2 cm，亮黑色，不開裂。種子有苦味，有毒。地下發芽型，初生葉單葉，3 小葉，互生。

用途　種子原住民當藥用。種子含有 cytisine 有毒，須注意。

1b 臺灣山豆根（山豆根、七葉蓮、青根）

- ***Euchresta horsfieldii*** **(Lesch.) Benn. var. *formosana* Hayata**

  Euchresta formosana (Hayata) Ohwi
- タイワンミヤマトベラ, リュウキュウミヤマトベラ
- Taiwan euchresta

分布　臺灣特有變種，分布於全島低、中海拔之山地、叢林內。

形態　灌木。莖直立，光滑。葉奇數羽狀複葉；小葉 5~9 枚，葉背光滑無毛，長橢圓形或長橢圓狀披針形，8~10 cm，先端銳尖或漸尖，基部漸尖。花淡紫色、淡黃色或乳白色，呈頂生的總狀花序，散生褐色短絨毛；花萼鐮合成鐘形；雄蕊 10 枚，二體。莢果核果狀卵球形，長約 2 cm，初綠熟黑，種子 1 粒，不開裂。種子橢圓形。地下發芽型，初生葉單葉，2 小葉，互生。本變種與原生種（山豆根）主要區別為前者小葉葉背密生貼伏絨毛，後者光滑無毛。

用途　根、莖、葉和種子當藥用。

2n=18

50 佛來明豆屬（Flemingia Roxb. *ex* W. T. Aiton）

灌木或亞灌木，罕為草本。莖直立或蔓生。葉掌狀三出複葉或單葉，罕 4~5 出複葉；小葉卵形至披針形，下表面常具紅色或黃色腺點。花粉紅色、紅色或紫色，常混雜綠色或黃色，呈腋生或頂生總狀花序，或小聚繖花序包藏於貝狀苞片內；雄蕊二體 (9+1)。莢果長橢圓形，膨脹，果瓣內無隔膜，有些具腺毛，不開裂。種子 2 粒。種子近圓形，無種阜。2n=22。

本屬約 30 種，分布亞洲至澳洲和非洲熱帶地區。臺灣自生 4 種，引進 1 種。

1 線葉佛來明豆（屏東千斤拔、屏東千金拔、一條根、線葉千斤拔、細葉千斤拔）

- ***Flemingia lineata*** **(L.) Aiton**

  Hedysarum lineatum L.

  Flemingia macrophylla (Willd.) Merr. var. *nara* Sasaki

  Moghania lineata (L.) Kuntze
- イヌタヌキマメ
- Linear-leaf wurrus

分布　臺灣自生種，分布南亞、喜馬拉雅山區、馬來西亞至澳洲北部。臺灣生長於南部低海拔之開闊草原。

形態　直立小灌木。莖具絨毛。葉掌狀三出複葉；頂小葉較大形，倒披針形或長圓狀倒卵形，5~6 cm，先端鈍形，托葉宿存。幼時密被倒伏性毛茸，後漸脫落。花紫紅、白色，頂生或腋生總狀花序；花萼5裂，披針形；雄蕊10枚，二體。莢果長橢圓形，5~12 mm，密被腺毛，大多2粒種子。種子圓形。地下發芽型，初生葉單葉，對生。

用途　具根瘤可當綠肥。根當藥用稱「一條根」。

2 大葉佛來明豆（大葉千斤拔、大葉千金拔、千觔拔、一條根、千斤拔、千金拔、臭空仔、木本白馬屎）

- ***Flemingia macrophylla* (Willd.) Kuntze *ex* Prain**
  - *Crotalaria macrophylla* Willd.
  - *Flemingia latifolia* Benth.
  - *Flemingia congesta* Roxb. *ex* W.T. Aiton
  - *Moghania macrophylla* (Willd.) Kuntze
- エノキマメ
- Long-leaf wurrus, Baras alpan, Crowded spiked flemingia

分布　臺灣自生種，分布印度、馬來西亞、華南、臺灣。臺灣生長於全島低海拔山地灌叢及原野。

形態　直立灌木。小枝密被絨毛。葉掌狀三出複葉；葉柄具狹翅，小葉卵形、卵狀長橢圓形或長橢圓形，10~22 cm，先端漸尖，基部鈍、闊圓或楔形，托葉早落。花紫紅色，頂生或腋生的總狀花序。莢果橢圓形，膨脹狀，長約1.5 cm，褐色。種子1~2粒，球形，黑色，徑約3 mm。地下發芽型，初生葉單葉，對生。

用途　根當一條根藥用。根可食用。乾燥莢果可取紫色或橙色之粉，可當絲絹橙色之染料。可與禾本科混植當綠肥，蔓性豆科之支架，並可固定氮素。觀賞用。

2n=20, 22

3 菲島佛來明豆（菲律賓千斤拔、菲律賓千金拔、蔓性千斤拔、蔓性千金拔、一條根、土黃耆、千斤拔）

- ***Flemingia prostrata* Roxb.**
  Flemingia philippinensis Merr. & Rolfe
  Flemingia macrophylla (Willd.) Kuntze *ex* Prain var. *philippinensis* (Merr. & Rolfe) Ohashi
  Moghania philippinensis (Merr. & Rolfe) Li
- ビロードエノキマメ
- Philippine wurrus, Philippine flemingia

分布　臺灣自生種，分布菲律賓、華南。臺灣生長於全島低海拔開闊草地。

形態　蔓性斜立小灌木。全株密被絨毛。葉掌狀三出複葉；頂小葉較大，長橢圓形，3~8 cm，先端鈍或銳尖，基部鈍，背面具腺點，托葉早落。花粉紅色至紫白色，短總狀花序，腋生；花萼 5 裂，與花瓣等長；雄蕊 10 枚，二體。莢果膨脹狀長橢圓形，長 8~10 mm，具黃色腺點，2 粒種子。種子球形，黑色。地下發芽型，初生葉單葉，對生。

用途　全草含酚類、香豆精、氨基酸等成分。根稱「一條根」當藥用。

4 翼柄佛來明豆（翼柄千斤拔、翼柄千金拔）

- ***Flemingia semialata* Roxb. *ex* W.T. Aiton**
  Flemingia macrophylla (Willd.) Kuntze *ex* Prain var. *semialata* (Roxb. *ex* W.T. Aiton) Hosokawa
  Flemingia congesta Roxb. *ex* W.T. Aiton var. *semialata* (Roxb. *ex* W.T. Aiton) Baker
  Moghania semialata (Roxb. *ex* W.T. Aiton) Muk.
- Winged-stalk flemingia, Bala-salpan

分布　原產尼泊爾、巴基斯坦、印度、不丹。臺灣引進栽培。

形態　直立亞灌木或灌木。幼分枝密被毛。葉掌狀三出複葉，葉柄長 2.5~7.5 cm，具明顯狹翅；小葉長約 15 cm，闊披針形，先端漸尖形，背面有微小的腺點，側小葉歪斜；小葉柄長約 5 mm；托葉約長 12.5 mm，早落。花總狀花序，腋生或頂生；苞片卵形，易落，花萼 6~6.5 mm。莢果長 12~13 mm，被絨毛。種子 2 粒。地下發芽型，初生葉單葉，對生。

用途　根當藥用。有根瘤可固定氮素，當綠肥用。幼莢食用。觀賞用。

5 佛來明豆（球穗花千斤拔、球穗花千金拔、千斤拔、球穗千金拔、千金拔）

- ***Flemingia strobilifera* (L.) R. Br. *ex* Aiton**
  Hedysarum strobilifera L.
  Moghania strobilifera (L.) J. St. Hilaire *et* Jacks
- ソロフジ
- Taiwan wurrus, Beech leaved flemingia

分布　臺灣自生種，分布印度、馬來西亞、中國大陸。臺灣生長於南部地區，低海拔之路旁、叢林或草生地。

形態　直立灌木。莖光滑。葉單葉，卵形或長橢圓形，7~16 cm，先端鈍或略尖，基部平截，托葉宿存。花黃色，先由數枚排列成聚繖花序，此花序常包藏於一葉狀大形對摺的苞葉內，再由此一苞葉的聚繖花序排列呈總狀花序；花萼 5 裂，披針形至線形；雄蕊 10 枚，二體。莢果橢圓形，長約 2 cm，被細毛，隱藏在大苞內，開裂，種子 2 粒。種子近球形，深褐色，徑約 3~3.5 mm。地下發芽型，初生葉單葉，對生。

用途　根及全株當藥用。當果園之覆蓋、綠肥作物栽培之。

2n=22

51 乳豆屬（Galactia P. Browne）

匍匐或纏繞性草本或直立灌木。葉羽狀三出複葉，罕單葉或 5~7 出複葉。花小，紅紫色或白色，腋生總狀花序；花單生或簇生於花序軸略腫脹的節上；雄蕊二體 (9+1)。莢果線形，直或彎曲，扁平，二瓣裂，種子間常有隔膜。種子小，腎形，兩側扁，無附屬物。2n=20。

本屬約 50 種，分布於熱帶、亞熱帶美洲、亞洲地區。臺灣特有 1 變種，自生 2 種。

1 田代氏乳豆（琉球乳豆、土豆葉仔）

- ***Galactia tashiroi*** **Maxim.**
- ハギカズラ

分布　臺灣自生種，分布琉球。臺灣生長於恆春半島、北部和平島及東部之綠島、蘭嶼之海邊。

形態　多年生藤本狀草本。纏繞或匍匐性，莖有絨毛。葉羽狀三出或五出複葉；小葉圓形或橢圓形，1.5~3 cm，先端圓而凹頭，基部漸尖。花紫紅色，6~8 朵，呈腋生的總狀花序，花軸具節瘤；花萼 4 裂；雄蕊 10 枚，二體。莢果線形，長 4~5 cm，扁平，5~8 粒種子。種子橢圓形，褐色。地上發芽型，初生葉單葉，心形，對生。

用途　當覆蓋、牧草用，可防止土壤侵蝕，花觀賞。2n=20

2a 細花乳豆（小花乳豆、乳豆）

- ***Galactia tenuiflora*** **(Klein *ex* Willd.) Wight & Arn. var. *tenuiflora***

  Glycine tenuiflora Klein *ex* Willd.

  Galactia lanceolata Hayata
- コバナハキカズラ

分布　臺灣自生種，分布印度、馬來西亞、華南、澳洲、臺灣。臺灣生長於全島低海拔之開闊路旁及灌叢林緣。

形態　多年生蔓性草本。攀緣或匍匐性，莖被毛。葉羽狀三出複葉；小葉披針狀長橢圓形，長 2~3 cm，先端鈍而微凹，基部漸尖，上表面近無毛，下表面被疏毛。花淡紫色，4~8 朵，呈腋生總狀花序，花梗細；花萼 4 裂，披針形；雄蕊 10 枚，二體。莢果線形，散生絨毛，7~8 粒種子。種子橢圓形，種臍內凹。地上發芽型，初生葉單葉，對生。

用途　當覆蓋、牧草用、防止土壤侵蝕，花觀賞用。2n=20

2b 毛細花乳豆（臺灣乳豆）

- ***Galactia tenuiflora*** **(Klein *ex* Willd.) Wight & Arn. var. *villosa* (Wight & Arn.) Baker**

  Galactia villosa Wight & Arn.

  Galactia formosana Matsumura

  Galactia elliptifoliola Merr.
- ウスバハギカズラ
- Taiwan milk-pea

分布　臺灣特有變種，生長全島低海拔開闊路旁及灌叢林緣，南部較常見。

形態　多年生攀繞或匍匐性草本。莖多分枝，近光滑無毛。葉羽狀三出複葉；小葉長橢圓形或披針形，2~4 cm，先端鈍或漸尖，基部鈍或圓鈍，上表面被絨毛。花紅色或紫紅色，8~20 朵呈腋生總狀花序，花梗較粗；花萼 4 裂；雄蕊 10 枚，二體。莢果線形，扁平，5~5.5 cm，7~8 粒種子。種子橢圓形，褐色。地上發芽型，初生葉單葉，對生。

用途　具根瘤可供綠肥之用。

2n=20

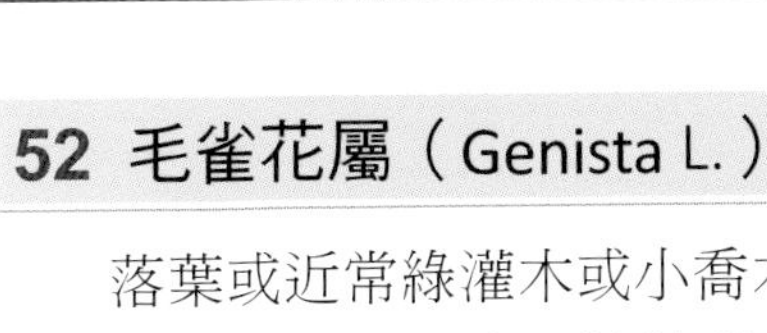

52 毛雀花屬（Genista L.）

落葉或近常綠灌木或小喬木。葉單葉，少掌狀三出複葉或無葉，小，披針形。花黃色，罕白色，總狀花序或頭狀花序，集生枝端；雄蕊 10 枚，單體。莢果線狀長橢圓形或卵形，突出或膨脹，無隔膜，開裂或不開裂。種子 1 至多粒，腎形。2n=18, 20, 22, 24, 26, 28, 32, 36, 40, 42, 44, 46, 48, 50, 52, 56, 72, 80, 96。

本屬約 80 種，原產溫帶歐洲、北非、地中海地區和西亞。臺灣引進 2 種。

1 毛雀花

- ***Genista nigricans*** **(L.) Scheele *ex* Briq.**

  Cytisus nigricans L.

- Hairy broom

分布　原產歐洲中部及東南部。臺灣引進栽培。

形態　落葉灌木。小枝圓柱形，密被毛茸。葉單葉，倒卵形，長約 2.5 cm，先端銳形，背面被毛，葉柄長 0.6~2 cm。花黃色，長約 1 cm，總狀花序，頂生，細長，長達 30 cm，萼被毛。莢果扁平，長約 2.5 cm 以上，被軟毛，花期夏天。

用途　栽培觀賞用。

2n=48, 96

2 染料木

- ***Genista tinctoria*** **L.**

  Genista depressa Bieb.

  Genista hungarica A. Kern.

  Genista polygalaefolia Hort.

  Spartium tinctorium Roth.

- ヒトツバエニシダ
- Dyer's broom, Dyer's greenwood, Woodwaxen, Woadwaxwn, Dyer's greenweed

分布　原產歐洲、小亞細亞、西伯利亞西南部。臺灣引進栽培。

形態　落葉小灌木。直立或基部匍匐，小枝具稜。葉單葉，常成橢圓狀披針形或披針形，長約 2.5 cm。花鮮黃色，多數，呈總狀花序，集生枝端；小苞 2，細小；翼瓣基部膨大，龍骨瓣先端圓鈍。莢果扁平，線形，近光滑，長 1.2~2 cm，無翅，開裂，裂瓣革質，旋卷。種子 5~10 粒，無種阜。

用途　枝葉及花為黃色染料之原料，染棉花及羊毛。植物煎煮汁為民間藥。幼芽可煮湯用。當庭園木栽培觀賞用。

53 傑弗來豆屬（Geoffroea Jacq.）

喬木或灌木。葉大，奇數羽狀複葉；小葉 5~15 枚，小葉柄短，互生或近對生，長橢圓形。花大多黃色，具臭味，呈簡單的腋生總狀花序或近小分枝先端呈束狀；雄蕊 10 枚，一般二體，有時聯合成分裂的鞘。莢果核果狀卵形，內果皮木質，不開裂，1 粒種子。2n=20, 60。

本屬有 3 種，分布熱帶和溫帶南美洲，從哥倫比亞和委內瑞拉至北巴塔哥尼亞。臺灣引進 1 種。

1 剝皮傑弗來豆（全納果）

- ***Geoffroea decorticans* (Gill.) Burkart**
  Gouliea decorticans Gill. *ex* Hook.
  Gouliea chilensis Clos
  Gouliea spinosa (Mol.) Skeels
- Chanal, Chanar

分布　原產溫帶南美洲，智利、玻利維亞及阿根廷。臺灣引進栽培。

形態　灌木或小喬木，高低於 8 m。葉腋和分枝先端具刺，上部樹皮剝落。葉奇數羽狀複葉，一般在節處成對或成叢著生；小葉近似對生或互生，2~10 對，長卵形；無托葉。花金黃色，在老節腋生呈總狀花序；雄蕊 10 枚，分離或基部連合。莢果卵形或球形，核果狀，類似梅（李），內果皮多肉質，外果皮木質化，不開裂。種子 1 粒，腎形，厚。

用途　莢果（果實）稱全納果（Chanal, Chanar），多肉質，可食用，稍具酸味，為原住民重要食物；當家畜飼料。葉料理也可食用。當觀賞植物栽培，十分美麗。木材當柄材或薪材用。

2n=20

54 南美櫻屬（Gliricidia Kunth）

灌木或小喬木。葉奇數羽狀複葉；小葉 7~21 枚，全緣，革質，長橢圓形，羽狀網狀脈。花淡紅色，大而美麗；總狀花序腋生或簇生小枝老節上；雄蕊二體。莢果短柄，線形，扁壓狀，無翅，遲開裂，裂瓣革質，螺旋狀卷旋，無隔膜。種子扁平，亞圓形，無種阜。2n=20, 22。

本屬約 9 種，原產熱帶美洲。臺灣引進 1 種。

1 南美櫻（南洋櫻）

- ***Gliricidia sepium* (Jacq.) Walp.**
  Robinia sepium Jacq.
  Gliricidia maculata (Kunth) Walp.
  Lonchocarpus maculatus (Kunth) DC.
  Robinia maculata Kunth
- マドルライラック
- Mexican lilac, Glircidia, Mata-raton, Madre, Mother of cacao

分布 原產中美洲至哥倫比亞。臺灣 1910、1963 年引進，各地園藝零星栽培。

形態 常綠灌木或小喬木。葉奇數羽狀複葉；小葉 5~15 枚，卵形或卵狀長橢圓形，3~9 cm，先端鈍漸尖，基部鈍或圓。花淺粉紅色，呈腋生總狀花序；雄蕊 10 枚，二體。莢果 7~22 cm，2~9 粒種子。種子方橢圓形。地上發芽型，初生葉單葉，互生。

用途 為有名的庭園樹及綠蔭樹，在中美洲常用為咖啡園、可可園、茶園的遮蔭及防風樹，又可作為行道樹。新梢可當飼料或水田堆肥用。種子和樹皮粉可當老鼠毒餌。觀賞用。

2n=20, 22

55 大豆屬（Glycine Willd.）

多年生或一年生草本。莖粗壯或纖弱，纏繞、匍匐或直立。葉羽狀三出複葉，罕 5 出複葉。花總狀花序單生或簇生於葉腋內；花兩型，在植株下部為閉鎖花；開放花紫紅色、淡紫色或白色；雄蕊 10 枚，單體或對旗瓣的 1 枚離生而成二體 (9+1)。莢果線形或長橢圓形，稍膨脹或扁平，直或彎曲，呈鐮刀狀，種子間有隔膜，開裂，裂瓣扭曲。種子球形或長橢圓形，1~5 粒；種臍橢圓形側生。2n=40, 80。

本屬約 19 種，原產亞洲和澳洲，分布於東半球熱帶、亞熱帶和溫帶地區。臺灣特有 1 種、1 亞種，自生 2 種，栽培種 1 種，引進 7 種、1 亞種。

1 灰白葉大豆

● ***Glycine canescens*** **F. J. Herm.**

分布 原產澳洲。臺灣 1960 年由美國引進試驗栽培，種原保存之。

形態 多年生的蔓性草本，長約 1 m。莖綠色，密被絨毛。葉羽狀三出複葉；小葉線形，2.5~4 cm，先端銳尖，基部漸狹。花為二型：開放花紫色，單生或 3~5 枚呈總狀花序，開花授粉，雄蕊 10 枚，二體，少開花；閉鎖花腋生，綠色小而不明顯，終年可結莢。莢果鉤形，尾端有尖喙，2~2.5 cm，淺棕色，有短絨毛，4~5 粒種子。種子長方形，2.8~3.1 mm，黑色，表面凹凸不平，無光澤。地上發芽型，初生葉單葉，披針形，對生。

用途 具有根瘤可當綠肥，為大豆育種之資源植物。

2n=40

2 隱花大豆

- ***Glycine clandestina*** **Wendl.**

分布　原產澳洲、南太平洋諸島。臺灣 1960 年代引進試驗栽培，種原保存之。

形態　多年生的蔓生草本。莖綠色或棕綠色，極纖細，密被短毛。葉羽狀三出複葉；小葉線形或披針形，1~2.5 cm，先端鈍尖，而基部鈍。花有兩型。花紫色，不易結莢；閉鎖花極不明顯，腋生極小。莢果線形，2.6~3 cm，棕色，5~7 粒種子。種子寬橢圓形或圓形。2.0~2.4 mm，棕色或黑色，表面凹凸不平，無光澤。地上發芽型，初生單葉，倒心形，對生。

用途　可當綠肥作物，為大豆育種之資源種。

2n=40

3 彎淺裂片大豆

- ***Glycine cyrtoloba*** **Tind.**

分布　原產澳洲。臺灣引進，試驗栽培，種原保存之。

形態　多年生蔓生草本。莖纖細，具絨毛。葉羽狀三出複葉；小葉披針形或卵狀橢圓形，長橢圓形，1~4.7 cm，長約為寬的 3 倍，頂小葉大，具短小葉柄，側小葉無柄，先端細尖或圓，有小尖突，基部漸狹，微歪斜，葉脈明顯。花淡紫色，腋生或頂生的總狀花序；雄蕊 10 枚，二體。莢果彎鐮刀形，2.0~4.5 cm，被白色絨毛，5~9 粒種子。種子方橢圓形，2~4 mm，黑色。地上發芽型，初生葉單葉，對生。

用途　可作為綠肥之參考，大豆育種之資源種。

2n=40

4 扁豆莢大豆（臺東野大豆、臺東一條根）

- ***Glycine dolichocarpa*** **Tateishi & Ohashi**
- ナガミツルマメ
- Taitung wild soya bean

分布　臺灣特有種，生長在臺東卑南至東河海邊。

形態　攀緣或蔓性草本。莖密被長絨毛。葉羽狀三出複葉；頂小葉披針形至卵形，3~6 cm，表裡二面均具毛茸。花紫紅色，呈總狀花序，花 7~8 mm，小花梗 1 mm 長；花萼 4 裂，上二萼片相連約 2/3 以上。莢果直線形，密被絨毛，長 1.5~3.5 cm，5~9 粒種子。種子橢圓形，2.0~2.6 mm，黑褐色。地上發芽型，初生葉單葉，對生。

用途 根肥大稱「一條根」藥用。可當綠肥、土地改良用，臺灣重要之大豆資源植物。

2n=40

5 鐮莢大豆

● ***Glycine falcata*** **Benth.**

分布 原產澳洲。臺灣引進試驗栽培，種原保存之。

形態 一年生草本，稍直立性或橫臥。葉羽狀三出複葉；小葉長橢圓狀披針形，2~8 cm，深綠色，多粗毛，先端鈍圓形，基部漸尖，稍歪斜。花淡紫色或白色，呈總狀花序，開花授粉；雄蕊 10 枚；閉鎖花一般地上授粉而地下結果。莢果呈鉤狀鐮刀形，淺棕色，大多 2 粒種子，被絨毛。種子方橢圓形，4~4.3 mm，棕黑色，平滑有光澤，有假種皮環。地上發芽型，初生葉單葉，卵狀橢圓形，對生。

用途 可當綠肥之參考，大豆育種之資源種。

2n=40

6 勞豆（寬葉蔓豆）

● ***Glycine gracilis*** **Skov.**

Glycine max (L.) Merr. f. *gracilis* (Skov.) Tateish & Ohashi

Glycine soja Sieb. *et* Zucc. var. *gracilis* (Skov.) L. Z. Wang

分布 原產中國東北。臺灣引進試驗栽植。

形態 一年生草本，直立或半蔓性。為介於栽培種大豆（*G. max*）與野生大豆（*G. soja*）之間的半栽培種。其形態較類似栽培種大豆。葉羽狀三出複葉；小葉橢圓形或長橢圓形。花紫色，呈短總狀花序。莢果帶狀，略彎曲。種子較大豆為小，棕色或黑棕色。地上發芽型，初生葉單葉，卵形，對生。有人認為其為栽培大豆之一型，或為一變種。

用途 類似大豆可食用。為一重要之資源植物，植株可當綠肥、牧草。

2n=40

7 廣葉野大豆

- ***Glycine latifolia*** **(Benth.) Newell & Hymowitz**

  Leptocyamus latifolius Benth.

分布　原產昆士蘭、澳洲。臺灣引進，種原保存，試驗栽培之。

形態　多年生蔓性的草本。莖纖細，棕綠或棕色。葉羽狀三出複葉；小葉倒卵形，綠色或黃綠色，1~3 cm，先端圓鈍，而有尖突，基部歪斜，圓鈍。花有兩型，開放花紫色或深紫色，花呈總狀花序，每花序有 10~12 朵花，閉鎖花不明顯。莢果線形，1.5~2.5 cm，深棕色，2~4 粒種子，被長絨毛。種子橢圓形，2.7~3.1 mm，棕黑色，有假種皮環。地上發芽型，初生葉單葉，腎形，對生。

用途　可當牧草、綠肥、資源植物。

2n=40

8 拉冈北那大豆

- ***Glycine latrobeana*** **(Meissn.) Benth.**

  Zichya latrobeana Meissn.

  Leptocyamus tasmanicus Benth.

分布　原產澳洲。臺灣引進種原保存，試驗栽培之。

形態　多年生蔓性草本。莖纖細，綠色或棕色，多短毛。葉羽狀三出複葉；小葉為倒卵形或倒心形，短柄。花兩型，淺紫色（在臺灣不易開花結實）。種子橢圓形或近似圓形，2.1~2.7 mm，大小變異大，棕黑色，種臍淺棕色，有假種皮環。地上發芽型，初生葉單葉，倒心形，對生。

用途　資源植物。

2n=40

9a 大豆（黃豆、毛豆、黑豆、烏豆、白豆、青皮豆、菽）

- ***Glycine max*** **(L.) Merr.**

  Phaseolus max L.

  Glycine hispida Maxim.

  Glycine sericea (F. Muell.) Benth.

  Soja hispida Moench

- タイズ, ミソマメ, エタマメ
- Soyabean, Soybean, Vegetable soybean, Soya bean, Coffee berry, Green soybean, Japan pea, White gram, Soy, Soya

分布　原產中國，長久以來溫帶、熱帶均有栽培。臺灣早期引進栽培，當綠肥者零星逸出歸化生長，為一栽培種食用豆類作物。

形態　一年生直立或半蔓性草本。葉羽狀三或五出複葉；小葉卵形、橢圓形或披針形。花白色或紫色，呈叢生或很短的總狀花序；雄蕊 10 枚，二體。莢果帶狀，微彎曲下垂，被絨毛，種子 1~4(6) 粒。種子卵形或球形，有黃、白、黑、綠、褐或雜色等，育成的品種很多，變異很大。地上發芽型，初生葉單葉，橢圓形，對生。

用途　為最重要的食用豆類，大豆種子富含蛋白質及脂肪，營養價值極高。製造豆芽、豆漿、豆腐、醬油、豆鼓及各種發酵品。鮮莢毛豆可作蔬菜。新鮮莖葉可製成乾草、青貯及青刈草，為優良飼料，亦可當作綠肥。大豆油為重要的植物油，可製人造奶油，工業上大豆油可供製肥皂、甘油、油漆、油粕、印刷油墨等。大豆餅為精飼料，油粕為飼料及肥料。黑大豆可當藥用。

2n=40

9b 臺灣大豆（臺灣野大豆、臺灣野生大豆）

- ***Glycine max* (L.) Merr. ssp. *formosana* (Hosokawa) Tateish & Ohashi**

  Glycine formosana Hosokawa

  Glycine soja Sieb. & Zucc.
- タイワンツルマメ, タイワンヤセイダズ
- Taiwan wild soya, Taiwan wild soya bean

分布　臺灣特有亞種，臺灣生於北部平地原野。

形態　一年生蔓性草本。葉羽狀三出複葉；小葉披針形，3~5 cm，先端銳尖，基部鈍圓。花紫色，腋生的總狀花序。莢果線形，1.5~3 cm，密被絨毛，成熟時開裂。種子長橢圓形，4.5~4.9 mm，黑褐色。地上發芽型，初生葉單葉，橢圓形，對生。

用途　種實含高蛋白質，為臺灣重要的大豆資源植物。植株可當綠肥、牧草、飼料。種子可食用。

2n=40

9c 野生大豆（野大豆、蔓豆、山青豆）

- ***Glycine max*** **(L.) Merr. ssp. *soja* (Sieb. & Zucc.) Ohashi**

  Glycine soja Sieb. & Zucc.

  Glycine ussuriensis Regal & Maack
- ツルマメ, ノマメ, ヤセイダズ
- Wild soya bean, Soja

分布　中國、日本、西伯利亞。臺灣引進試驗栽培。

形態　一年生蔓生草本。莖被鉤狀絨毛。葉羽狀三出複葉；小葉卵形，長卵形或卵狀披針形，長 3~8 cm，先端銳尖或尖，基部圓鈍。花淡紫色、紫色或紅紫色（極少白色），腋生的總狀花序；雄蕊二體 (9+1)。莢果狹橢圓形、線狀鐮刀形或線形，1.5~3 × 0.5 cm，密被絨毛，2~4 粒種子，成熟時 2 瓣裂。種子長橢圓形或橢圓形，褐色、黑褐色或黑色。地上發芽型，初生葉單葉，卵形或長橢圓形，對生。

用途　植株可當綠肥、覆蓋作物，當牧草、飼料用。種子含高蛋白質，可食用。當大豆改良育種的材料，為重要的大豆屬資源植物，被認為是栽培種大豆的祖先種。

2n=40

10 澎湖大豆（澎湖一條根、煙豆、一條根）

- ***Glycine tabacina*** **(Labill.) Benth.**

  Kennedia tabacina Labill.

  Glycine pescadrensis Hayata

  Glycine koidzumii Ohwi
- ボウコヤブマメ, タバコノマメ, ミヤコジマツルマメ
- Penghu wild soja, Penghu wild soya bean

分布　臺灣自生種，分布澳洲、南中國、琉球群島、南太平洋諸島。臺灣生長於澎湖群島、金門、馬祖之原野、草地及路旁。

形態　蔓生草本。莖細長，具倒伏性絨毛。葉羽狀三出複葉；頂小葉長橢圓形或披針形，1~4 cm，先端鈍而基部圓或鈍，表面近似光滑，背面具倒伏性絨毛。花紫色，呈腋生的總狀花序；花萼筒狀鐘形；雄蕊 10 枚，二體，花葯橢圓形；而花序下方的葉腋有不完全或完全沒有花瓣的閉鎖花，大多單生。莢果線形，長 2~2.5 cm。種子橢圓形，2.3~2.7 mm，黑褐色。地上發芽型，初生葉單葉，心形，對生。

用途　可當綠肥、牧草、資源植物。根藥用稱為「一條根」，治風濕、關節炎。乾燥植體當一條根茶包用。

2n=80

11 闊葉大豆（絨毛大豆、金門一條根、一條根）

- ***Glycine tomentella* Hayata**

  Glycine tomentosa Benth.
- ヒロハヤブマメ

分布　臺灣自生種，分布澳洲、巴布亞新幾內亞、菲律賓、華南。臺灣生長於屏東恆春沿岸、臺中成功嶺、金門、小金門之原野。

形態　蔓性草本。莖密被褐色絨毛。葉羽狀三出複葉；小葉橢圓形，2~4 cm，先端鈍或圓並有一尖突，基部漸尖，表裡兩面被絨毛。花有兩型，一為生於頂部葉腋的開放花，花紫色，呈總狀花序；花萼 4 裂，下部鑷合成鐘形；雄蕊 10 枚，二體；下部葉腋單生之閉鎖花，為不完全花。莢果直線形，種子間不分節，橫縮，長 2 cm 左右，被絨毛。種子橢圓形，2.1~2.5 mm，黑褐色。地上發芽型，初生葉單葉，倒心形，對生。

用途　土地改良用，可當綠肥，資源植物，根稱為「一條根」藥用，治風濕、關節炎。乾燥植體當一條根茶包用。

2n=(38, 40, 78) 80

56 甘草屬（Glycyrrhiza L.）

草本或低灌木，多年生。莖直立，具腺點，根常肥大，甘甜。葉奇數羽狀複葉，小葉對生，多數，罕 3 枚，披針形，鱗片或腺點。花白色、藍色或黃色，呈總狀花序，腋生或葉腋側生；雄蕊二體或單體。莢果長橢圓形，卵形或短線形，直或彎曲，扁平或膨脹，不開裂或遲開裂。種子 1~8 粒，腎形或球形。2n=16。

本屬約 30 種，分布溫帶或溫暖地區，主產於地中海地區或西亞。臺灣引進 3 種。

1 光果甘草（洋甘草、歐洲甘草、歐甘草、腺葉甘草、甘草）

- ***Glycyrrhiza glabra* L.**
  Glycyrrhiza glabra L. var. *glandulifera* (Waldst. & Kit.) Regal & Heder
  Glycyrrhiza glandulifera Waldst. & Kit.
- ツルカンゾウ, スペニカンゾウ, カンゾウ
- Common licorice, Liquorice, Sweetwood

分布　原產中亞、歐洲，分布中國新疆、甘肅、中亞、俄羅斯、阿富汗、伊朗、德國、法國、西班牙、地中海沿岸、北非。臺灣 1940 年代引進當藥用作物栽培。

形態　多年生草本。植株密被淡黃褐色腺點和鱗片狀腺體。葉奇數羽狀複葉；小葉 7~19 枚，橢圓形或圓狀窄卵形，2~4 cm，先端鈍，有時有尖突，常帶有黏質。花淡紫色，或粉紅色，稀疏，呈總狀花序，腋生。莢果線狀長橢圓形，長 2~3 cm，扁而直，無毛，亦無腺毛，但有時有少許不明顯的腺瘤。種子 3~5 粒。

用途　根莖曬乾稱為「甘草」，主要成分為甘草甜素及甘草素，加水分解有特異的甘味，有補胃脾、清熱解毒、潤肺止咳、調和諸藥之功效。種子含有胰蛋白酶的抑制物質。藥用當矯味劑。廣泛作為甘味料利用。

2n=16

2 刺果甘草（頭序甘草）

- ***Glycyrrhiza pallidiflora* Maxim.**

分布　原產中國及舊蘇聯。臺灣引進栽培。

形態　多年生草本。莖直立，有稜，具鱗片狀腺體。葉奇數羽狀複葉；小葉 5~13 枚，披針形或廣披針形，2~5 cm，先端漸尖，基部楔形，兩面均具鱗片狀腺體。花藍紫色或青色，呈總狀花序，葉腋側生，花密生；花萼鐘形，有鱗片狀腺體和短毛。莢果密集似卵形，幼果黃綠色，成熟時呈褐色，1~1.5 cm，褐色，密生刺，刺長約 5 mm。種子黑色，2 粒。

用途　根部當甘草代用品；莖部纖維做草袋或編織用；種子可榨油。莖葉可做青飼料、乾草，亦可與禾本科作物混合當青貯飼料。

2n=16

3 **甘草**（烏拉爾甘草、甜草、甜根子、甜甘草、粉甘草、蜜草、國老）

- ***Glycyrrhiza uralensis* Fischer**
- ウラルカンゾウ
- Chinese liquorice

分布　原產華北、東北一帶，分布蒙古、西伯利亞、巴基斯坦、阿富汗。臺灣早年引進栽植。

形態　多年生草本。具粗狀的根莖，帶有甜味，皮紅棕色。葉奇數羽狀複葉；小葉 7~17 枚，倒卵圓形或卵圓形，2~5 cm，先端急尖或鈍，基部圓，兩面具短毛和腺體。花藍紫色，呈腋生的總狀花序；花萼鐘形，外被短毛和刺毛狀腺體；雄蕊 10 枚，二體。莢果鐮刀形，密被刺狀腺毛，6~8 粒種子。種子腎形或扁圓形，黑色。地上發芽型，初生葉單葉，3 小葉，互生。

用途　本草綱目：曬乾之根和根莖稱為「甘草」，具補脾胃、潤肺止咳、清熱解毒、調和諸藥之功效，為去痰劑及矯味劑。食品工業當啤酒的泡沫劑，或醬油、蜜餞果品的香料劑。當滅火器的泡沫劑及紙菸之香料。

2n=16

57 圓蝶藤屬（Hardenbergia Benth.）

匍匐或纏繞性草本，根長似紅蘿蔔。葉單葉、三出或 5 出複葉；小葉全緣，披針形。花多而小，灰紫色或粉紅色，而旗瓣有綠黃色斑點，成對或 3~4 朵呈腋生總狀花序或穗狀花序；雄蕊 10 枚，二體。莢果線狀長橢圓形，扁平或膨脹，硬，種子間有或無果肉。種子卵形或長橢圓形。2n=22。

本屬有 2 種，原產澳洲。臺灣引進 1 種。

1 **圓蝶藤**（紫珊瑚豆）

- ***Hardenbergia monophylla* (Vent.) Benth.**
  Kennedia monophylla Vent.
  Hardenbergia violacea (Scheev.) Stern
- ヒトツバマメ
- Vine lilac, Lilac vine, Coral pea, False saroparilla, Purple core pea, Happy wanderer, Native lilac, Waraburra

分布　原產澳洲，從昆士蘭到塔斯馬尼亞及南澳。臺灣引進園藝栽培。

形態　常綠的蔓性藤本，偶為亞灌木。葉單葉，濃綠色有光澤，硬，革質，長 7.5~10 cm，葉脈明顯。花紫色、粉紅色、白色及其他顏色，蝶形花，由旗瓣 1 枚，龍骨瓣 1 枚及翼瓣 2 枚等 4 枚組成。莢果膨脹，長約 4 cm。種子可保持多年活性。地上發芽型，初生葉單葉，對生。

用途　花色多樣，美麗，庭園栽培觀賞用。

2n=22

58 岩黃耆屬（Hedysarum L.）

一年生或多年生草本。稀近灌木，莖直立。葉奇數羽狀複葉；小葉全緣，7~21 枚，時具透明腺點。花大而美麗，粉紅色、紅色、紫色、白色，少黃色，腋生直立總狀花序；雄蕊二體。莢果節莢狀，扁平，沿二邊緣深裂，莢及 8 節，節卵形，圓形或方形，不開裂。種子扁平，腎形。2n=14, 16。

本屬約 100 種，分布溫暖歐洲、地中海地區、北非、亞洲和北美。臺灣引進 3 種。

1　卡諾遜岩黃耆

- ***Hedysarum carnosum* Desf.**

（林正斌　攝）

分布　原產歐洲、澳洲。臺灣 2002 年由澳洲引進，當飼料牧草評估栽培之。

形態　多年生之草本。半直立或直立，多分枝。葉奇數羽狀複葉；小葉橢圓形，11~25 枚，無托葉，無絨毛。花桃紅色或粉紅色，多數（20~25 朵），呈腋生，直立總狀花序，花期 2~3 月。莢果扁平，褐色，密生絨毛，3~6 粒種子。種子橢圓形，黃色。

用途　當牧草、綠肥。觀賞用。

2　西班牙紅豆草（紅花岩黃耆、蘇拉豆）

- ***Hedysarum coronarium* L.**
- アカバナオウギ
- French honeysuckle, Sulla clover, Spanish or Italian sainfoin, Spanish esparcet, Sulla, Sulla sweetvetch

（林正斌　攝）

分布 原產歐洲地中海地區、北美、澳洲、印度，澳洲當牧草栽培。臺灣 1957 年曾由美國引進，2002 年再由澳洲引進當牧草試驗栽培之。

形態 多年生之草本。匍匐、半匍匐或直立狀。葉奇數羽狀複葉，小葉 7~15 枚；小葉橢圓形，密被絨毛。花鮮紅色、桃紅色或粉紅色，多數，腋生，呈總狀花序。莢果扁平，褐色，密被絨毛，4~5 粒種子。種子橢圓形，黃色。

用途 當土壤改良、飼料（乾牧草）、蜜源作物栽培。花鮮麗，當觀賞作物，觀賞用。

2n=16

3 多序巖黃耆（多序岩黃耆、紅耆、紅芪）

● ***Hedysarum polybotrys*** **Hand.-Mazz.**

分布 原產中國西北。臺灣引進藥草栽培。

形態 直立草本。根長柱形，灰紅棕色，具皮孔；莖多分枝，細瘦。葉奇數羽狀複葉，互生；小葉 7~25 枚，紙質，卵狀矩圓形或橢圓形，0.5~3.5 cm，先端近平截或微凹，有小刺尖。花淡紫色，總狀花序，腋生，具 20 多朵花，花梗具長柔毛；花萼鐘形，花冠蝶形。莢果 3~6 節，莢節斜倒卵形或近圓形，邊緣有狹翅，扁平，表面有稀疏網紋及柔毛。

用途 乾燥根稱「紅耆」，性甘溫，有補氣固表、利尿排毒功能。適口性佳，營養價值高，為優質的豆科飼料、牧草。

59 澳洲槐屬（Hovea R. Br. *ex* W. T. Aiton）

常綠直立小灌木。分枝有時多毛，罕有刺。葉單葉，全緣，表面光滑，背面多毛。花藍色或紫色，葉腋叢生，罕單生或呈總狀花序；雄蕊單體。莢果無柄或有柄，倒卵形，膨脹，光滑或多毛，無隔膜，革質，開裂，2 粒種子。種子腎形。2n=18。

本屬約 12 種，分布澳洲、昆士蘭。臺灣引進 1 種。

1 長葉澳洲槐（長葉荷具亞樹）

● ***Hovea longifolia*** **R. Br.**

Hovea purpurea Sweet

分布 原產澳洲東部。臺灣 1960~1970 年間由澳洲引進，栽植於南部，但不常見。

形態 多年生直立灌木，具柔毛。葉單葉，長橢圓狀披針形或線形，2~5 cm，先端鈍，厚革質，邊緣反卷，上表面光滑無毛，背面有褐色絨毛。花紫紅色，腋生而成叢生狀，但有少數呈總狀或穗狀花序，極少數為單生；花萼長 4~6 mm，有毛茸，裂片很短；旗瓣為花萼的 2 倍長；雄蕊筒僅在先端裂開。莢果無柄，近球形，革質，0.8~1.5 cm，柔軟而帶褐色絨毛。

用途 觀賞用。

2n=18

60 長柄山螞蝗屬（Hylodesmum Ohashi & Mill.）

多年生草本或草本狀亞灌木。葉羽狀複葉；小葉 3~7 枚，全緣或微波狀，無托葉和小托葉。花總狀花序，頂生或腋生和頂生，稀散開圓錐花序，每節著生 2 或 3 朵花；花萼闊鐘形，4 或 5 裂；雄蕊 10 枚，單體。莢果 2~5 莢節，下縫線深縊縮，上縫線直或淺波狀，莢節呈歪斜三角形或略闊亞倒卵形，1 節 1 粒種子。種子橢圓形或卵狀三角形，無假種皮。地下發芽型。

本屬有 14 種，分布東亞和北美洲。臺灣自生 4 種、1 亞種。

1 菱葉山螞蝗（密毛長柄山螞蝗）

● ***Hylodesmum densum*** **(C. Chen & X. J. Cui) Ohashi & Mill.**

Desmodium densum (C. Chen & X. J. Cui) Ohashi

Podocarpium densum (C. Chen & X. J. Cui) P. H. Huang

Podocarpium fallax (Schindler) C. Chen & X. J. Cui var. *densum* C. Chen & X. J. Cui

分布　臺灣自生種，分布中國雲南、廣西。臺灣生長於新北三峽及臺東都蘭地區。

形態　小灌木。莖有稜，疏被伸展的短柔毛。葉羽狀三出複葉，互生；側小葉較小，頂小葉圓狀菱形，4~7 mm，先端急尖或鈍，基部闊楔形，全緣，兩面散生柔毛；托葉線狀披針形。花白、紫紅色，花序頂生者成圓錐狀，長達 30 cm，腋生者成總狀；萼小，鐘狀，淺裂。莢果斜窄三角形，2~3 節，背部彎，被小鉤毛，節深裂達腹縫線。

用途　供土壤改良參考，林內之綠肥用。

2 琉球山螞蝗（草本白馬屎、側序長柄山螞蝗）

- ***Hylodesmum laterale*** **(Schindler) Ohashi & Mill.**

  Desmodium laxum DC. ssp. *laterale* (Schindler) Ohashi

  Desmodium laterale Schindler

  Desmodium hainanense Isely
- リュウキュウヌスビトハギ

分布　臺灣自生種，分布日本、琉球、中國大陸。臺灣生長於全島中至低海拔山地。

形態　多年生草本。莖斜立，被毛。葉羽狀三出複葉；小葉披針形、闊披針形，或狹卵形，4~7 cm，先端漸尖，基部鈍，頂小葉較大，側小葉較小，為頂小葉的 1/2~3/4。花粉紅色或紫紅色，常 1~3 朵叢生一處，排列於頂生的長總狀花序或圓錐花序上；花萼淺 4 裂，鑷合成筒狀；雄蕊 10 枚，二體。莢果長 1~2 cm， 2~4 節，下縫線深收縮近上縫線處，各節呈半菱形，散生鉤毛。種子卵狀三角形，4~5 mm，米色。地下發芽型，初生葉單葉，對生。

用途　具根瘤可作土壤改良之用，林內之綠肥及覆蓋植物。

3 細梗山螞蝗（田代氏山螞蝗、細長柄山螞蝗）

- ***Hylodesmum leptopus*** **(A. Gray *ex* Benth.) Ohashi & Mill.**

  Desmodium laxum DC. ssp. *leptopus* (A. Gray *ex* Benth.) Ohashi

  Desmodium leptopus A. Gray *ex* Benth.

  Desmodium tashiroi Matsum.
- トキワヤブハギ
- Tashiro’s tickclover

分布　臺灣自生種，分布中南半島、東南亞、華南、日本南部、琉球。臺灣生長於全島、蘭嶼等平地及低海拔山地、草地或叢林內。

形態　斜立多年生草本。葉羽狀三出複葉；小葉卵形或闊卵形，6~10 cm，先端銳尖或漸尖，基部尖，側小葉較小，葉背具白斑點或小斑塊。花粉紅或白色，小形，呈疏生頂生的總狀花序；花萼 4 裂，鑷合成鐘形；雄蕊 10 枚，二體。莢果長 2~5 cm，2~3 節，下縫線深收縮近上縫線處，各節呈半菱形，不開裂。種子橢圓形。地下發芽型，初生葉單葉，對生。

用途　具根瘤，可供土壤改良參考，林內之綠肥。

分布　臺灣自生種，分布亞洲中國、日本、印度。臺灣生長在中部地區中海拔之乾燥、開闊路旁。

形態　亞灌木。葉羽狀三出複葉；頂小葉廣菱形，3~6 cm，先端及基部鈍形。花粉紅色，多數，較小，頂生或腋生的總狀花序，常組合成大的圓錐花序，稍帶毛茸；花冠長 3~3.5 mm。莢果在殘存花萼上有果梗長 6~7 mm，莢果 1~2 節，5~8 mm，下縫線收縮至上縫線處，有絨毛。

用途　具根瘤當綠肥之參考。

4a 圓菱葉山螞蝗（卵葉山螞蝗、長柄山螞蝗）

- ***Hylodesmum podocarpum* (DC.) Ohashi & Mill. ssp. *podcarpum***

  Desmodium podocarpum DC. ssp. *podcarpum*
- マルバヌスビトハギ

4b 小山螞蝗（小螞蝗、山螞蝗、尖葉長柄山螞蝗）

- ***Hylodesmum podocarpum* (DC.) Ohashi & Mill. ssp. *oxyphyllum* (DC.) Ohashi & Mill.**

  Desmodium podocarpum DC. ssp. *oxyphyllum* (DC.) Ohashi

  Desmodium oxyphyllum DC.

  Desmodium racemosum (Thunb.) DC.
- ヒメヌスビトハギ, ヌスビトハギ
- Dwarf tickclover

分布　臺灣自生亞種，廣泛分布熱帶亞洲。臺灣生長於北部低海拔山地、原野、路旁。

形態　多年生草本。具多枝條，小枝條細長，光滑無毛。葉羽狀三出複葉；頂小葉卵形或闊卵形，4~8 cm，側小葉較頂小葉為小，小葉先端漸尖而有短尾狀，基部漸狹或楔形，膜質，表面光滑無毛，背面散生灰絨毛。花粉紅色，常 3~4 朵叢生於頂生及腋生的總狀花序；雄蕊 10 枚，單體。莢果長 2~8 mm，1~3 節，大多數為 2 節，下縫線深縮至近上縫線，各節半菱形，兩面有微細柔毛。種子橢圓形。地下發芽型，初生葉單葉，對生。

用途　幼嫩莢可食用，種子也可食，全植株供藥用。

61 木藍屬（Indigofera L.）

一年生或多年生草本，灌木或小喬木。被貼伏丁字毛。葉奇數羽狀複葉，偶為掌狀複葉，三出複葉或單葉；小葉全緣，長線形，無柄或短柄。花紅色至紫色，有時白色或黃色，呈腋生總狀花序，少數為頭狀、穗狀或圓錐花序；雄蕊二體。莢果線形或長橢圓形，或具四稜，被毛或無毛，開裂，無隔膜。種子球形、長橢圓形或近方形。2n=14, 16, 32, 48。

本屬約 700 種，分布熱帶和亞熱帶地區。臺灣特有 5 種，自生 12 種，歸化 1 種，引進 3 種。

1 馬棘（河北木藍、鐵掃帚）

- ***Indigofera bungeana* Walp.**

  Indigofera pseudotinctoria Matsumura
- コマツナギ

分布　原產日本及華中至華南。臺灣引進栽培，已歸化生長於中海拔山區，但稀少。

形態　小灌木。莖多分枝，枝條有丁字毛。葉奇數羽狀複葉；小葉 5~11 枚，長橢圓形或倒卵狀長橢圓形，5~15 cm，先端圓或微凹，基部圓形，兩面被白色丁字毛。花紫色或紫紅色，長 5~6 mm，密生呈總狀花序，葉腋側生，長 3~10 cm。莢果圓柱形，褐色，長 1.5~3 cm，被白毛。種子腎形或橢圓形，5~9 粒。地上發芽型，初生葉單葉，對生。

用途　全草曬乾當藥用，或外用貼傷口。根有清血解熱作用。觀賞用。

2n=16

2 貓鼻頭木藍（恆春木藍、屏東木藍）

- ***Indigofera byobiensis* Hosokawa**
- ハイコマツナギ
- Maopitou indigo, Hengchun indigo

分布　臺灣特有種，僅生長於恆春半島濱海地帶空曠、乾燥之珊瑚礁岩上。

形態　亞灌木。匍匐性或斜立，被白色倒伏毛。葉奇數羽狀複葉，小葉5~7枚，長橢圓形或卵形，0.7~1 cm，先端鈍而有尖突，或微凹頭而有尖突，基部鈍，有緣毛。花粉紅色，呈腋生的總狀花序；花萼5裂，萼片披針形；雄蕊10枚，二體。莢果線形，長2~2.5 cm，有四稜，略彎曲狀，被毛，5~7粒種子。種子四角形，長1.5 mm左右。

用途　可當綠肥之參考。

2n=16

3 庭藤（中華木藍、高雄木藍）

- ***Indigofera decora* Lindl.**
  Indigofera incarnata (Willd.) Nakai
- ニワフジ
- Chinese indigo, Summer wisteria

分布　原產日本、中國。臺灣引進園藝栽培。

形態　小灌木。枝無毛。葉奇數羽狀複葉，葉柄和葉軸之表面有溝；小葉7~11枚，卵狀披針形，或長橢圓狀披針形，2~5.5 cm，先端銳尖形，有短突頭，裡面白色，具丁字狀毛，小葉柄長約2 mm，幾無毛。花粉紅色或淡紫色，長約1.5~1.8 cm，呈總狀花序，葉腋側生，長約15 cm，直立。莢果圓柱狀，長2.5~5.5 cm，寬約4 mm，光滑，褐黑色。種子7~8粒。白花品種 cv. Alba 栽培之。

用途　樹皮含單寧。當觀賞植物用。種子煮而料理食用之。

4 華東木藍

- ***Indigofera fortunei* Craib**
  Indigofera alba A. Gouault
  Indigofera subnuda Craib

分布　原產中國大陸華東地區。臺灣民間藥用植物園引進栽培。

形態　小灌木。莖直立，無毛。葉奇數羽狀複葉；小葉7~15枚，對生，卵形、卵狀橢圓形或披針形，1.5~4.5 cm，葉尖有2 mm之突頭，托葉針形。花紫色，長約1 cm，有軟毛，呈總狀花序，葉腋側生，長10~18 cm。莢果細長，約3~5 cm，褐色無毛，成熟時開裂。

用途　根當藥用。當觀賞用。

5 灰色木藍

- ***Indigofera franchetii* X. F. Gao & Schrire**
  Indigofera cinerascens Franchet

分布　原產中國大陸四川、雲南。臺灣引進栽培。

形態　小灌木。莖密被白毛茸。葉奇數羽狀複葉，長約9 cm；小葉(11~) 17~27枚，狹橢圓形或卵狀橢圓形，5~9 (~14) mm，兩面密被毛茸，表面綠色，背面灰色，先端圓形至銳尖和突尖，基部闊楔形至圓形。花紫紅色，總狀花序，長5.5~11 cm，花梗0.7~3 cm，密被褐色毛茸。莢果線形，3~4 cm，密被白毛茸。

用途　當染料。觀賞用。

6 假大青藍

- ***Indigofera galegoides* DC.**
  Indigofera mansuensis Hayata
  Indigofera uncinata Roxb.
- マンスコマツナギ
- Long-fruit indigo

分布　臺灣自生種，分布中國大陸。臺灣生長於南部平地原野、開闊地及草生地。

形態　小灌木或亞灌木。莖被毛。葉奇數羽狀複葉；小葉 19~25 枚，長橢圓形，對生，1.5~3.5 cm，先端鈍或銳尖，基部鈍，兩面密被倒伏性絨毛。花紫紅色或粉紅色，花密集生長，呈腋生總狀花序；花萼鐘形 5 裂；雄蕊 10 枚，二體。莢果圓柱形，5~7 cm，直而下垂，有 15 粒以上的種子。種子圓或近似腎形，褐色。

用途　葉可供取青色染料。當綠肥、牧草等。

7 腺葉木藍（腺毛木藍）

- ***Indigofera glandulifera* Hayata**
  Indigofera trifoliata L. var. *glandulifera* (Hayata) Ying
- Gland-dotted indigo

分布　臺灣特有種，生長於南部恆春半島及臺東紅葉之平地原野。

形態　多年蔓生或斜立灌木。葉掌狀三出複葉；小葉長橢圓形或倒披針形，8~22 mm，先端漸尖或鈍，基部狹，葉背面密生腺點。花紅色，呈腋生總狀花序，10~15 枚花，比葉短；雌蕊密生毛茸和腺點。莢果直，被絨毛，四稜，2~5 粒種子。種子方形。

用途　可作為防沙、綠肥之參考植物。

8 十一葉馬棘（穗序木藍）

- ***Indigofera hendecaphylla* Jacq.**

  Indigofera anceps Poir.

  Indigofera bolusii N. E. Br.

  Indigofera endecaphylla Jacq.

- Creeping indigo

分布　臺灣自生種，分布廣東、廣西、雲南、中南半島、東南亞、印度和琉球。臺灣全島廣泛生長於多陽光開闊地、路旁等。

形態　多年生草本。莖紅色，匍匐，末端常斜生，20~100 cm，分枝之節長根。葉奇數羽狀複葉，2.5~7.5 cm；小葉 5~9(11) 枚，互生，倒卵形、狹倒卵形或倒卵狀長橢圓，0.5~2.2 cm。花紅色，較大，腋生總狀花序，長 5~16 cm；雄蕊二體 (9+1)，雄蕊筒遠長於萼筒，萼筒長 0.5~1 mm，此與穗花木藍（*I. spicata*）之雄蕊筒僅略長於萼筒可區別之。莢果線形，長 1~2.5 cm，具四稜，先端具約 2 mm 之喙，胚乳無斑點，7~9 粒種子。種子暗棕色，光滑，1.5~2 mm。

用途　當飼料及牧草。為優良之覆蓋作物，當綠肥，改良土壤。

9 毛木藍（毛馬棘、紅腳蹄仔、硬毛木藍、剛毛木藍）

- ***Indigofera hirsuta* L.**

  Indigofera ferruginea Schum. & Thonn.

- タヌキコマツナギ
- Hairy indigo

分布　臺灣自生種，分布熱帶亞洲、非洲、美洲、澳洲等地。臺灣普遍生長於全島中、低海拔之原野或荒地。

形態　一年生或二年生草本。近直立或斜上升狀，密被棕色絨毛。葉奇數羽狀複葉；小葉 5~11 枚，對生，倒卵形，3~3.5 cm，先端鈍或圓，基部漸尖。

花粉紅至紫紅色，密集生長，腋生的總狀花序；花萼 5 裂，線形；雄蕊 10 枚，二體。莢果線形，密被粗毛，長 1~2 cm，6~8 粒種子。種子四角形，棕黃色。地上發芽型，初生葉單葉，互生。

用途　可作為水土保持植物或綠肥，也可作為牧草、乾草及飼料。根當藥用。

2n=16, 48

10　蘭嶼木藍（紅頭馬棘、蘭嶼胡豆）

- ***Indigofera kotoensis* Hayata**
- コウトウコマツナギ
- Lanyu indigo

分布　臺灣特有種，生長於蘭嶼、綠島、臺東及恆春半島海濱沿岸地帶。

形態　直立灌木，高 10~50 cm。葉奇數羽狀複葉，長 11~18 cm；小葉 9 或 11 枚，卵形或長橢圓形，長 3~4.5 cm，先端鈍或圓形，兩面被毛。花紅色，密集排列，呈頂生或腋生總狀花序，長 8~10 cm；雄蕊二體 (9+1)。莢果線形或圓柱形，長 3~4 cm，10~20 粒種子。種子腎形，黑色。本種原屬於尖葉木藍（*Indigofera zollingeriana* Miq.）之同物異名，但尖葉木藍小葉卵狀披針形，先端漸尖，極易區別。

用途　原住民以根或葉煎服治頭痛，根可治創痛及毒蛇咬傷。當牧草、綠肥及觀賞用。

2n=16

11　細葉木藍（單葉木藍、線葉馬棘）

- ***Indigofera linifolia* (L. f.) Retz.**
- *Hedysarum linifolium* L. f.
  Sphaeridiophorum linifolium (L. f.) Desv.
- ヒメコマツナギ
- Torki

分布　臺灣自生種，分布印度、華南、斯里蘭卡、馬來西亞、澳洲、菲律賓。臺灣生長於南部、東部

的平地原野、乾生的岩礫或草生地。

形態　一年生草本。直立，全植物密被銀白色絨毛。葉單葉，互生，線形，2~3 cm，先端鈍而有尖突，基部漸尖。花小，紅色，6~12 枚，呈短而密集的總狀花序；花萼 5 裂，披針形；雄蕊 10 枚，二體。莢果球形，長 2~3 mm，單節，先端有尖突，密被銀白色絨毛。種子 1 粒，圓形。

用途　種子可當救荒用，但味道不佳。種子磨成粉單獨或與其他粉混用，做糕餅用。可當羊的飼料、驅蟲劑、殺蟲劑等。

2n=16

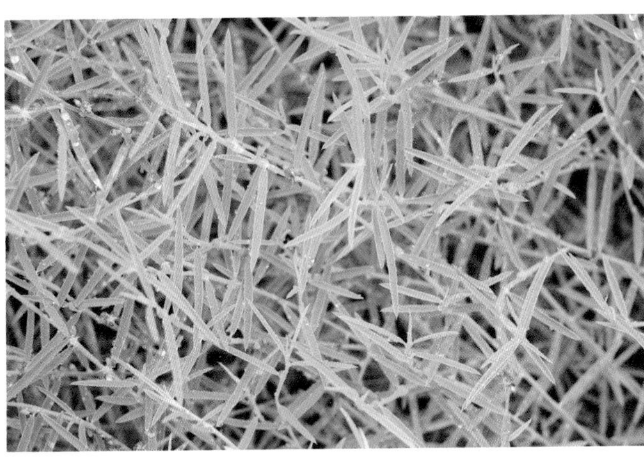

12 黑木藍（黑葉木藍）

- ***Indigofera nigrescens* Kurz ex Prain**

  Indigofera formosana Matsumura

- ヤンバルコマツナギ

分布　臺灣自生種，分布印度、爪哇、馬來西亞、菲律賓、華南。臺灣生長於南部及東部平地原野多陽光的草生地。

形態　直立灌木。多分枝，小枝直立或斜上升，被伏毛。葉奇數羽狀複葉；小葉 15~17 枚，長橢圓形或倒卵形，1.2~3 cm，先端鈍或圓，基部漸狹，兩面被褐色絨毛。花紅色，密生，背面被黑毛，呈腋生總狀花序。莢果直線形，長 1.5~3 cm，被黑毛，5~8 粒種子。種子長方形，深褐色。

用途　可作為綠肥的參考植物。

13 長梗木藍

- ***Indigofera pedicellata* Wight & Arn.**

  Indigofera liukiuensis Makino

分布　臺灣自生種，分布印度及臺灣。臺灣僅生長於墾丁國家公園內，由鵝鑾鼻至佳洛水，長於空曠、

珊瑚礁或沙質土之海濱或山坡草地。

形態　多年生的草本。匍匐，有卷毛。葉掌狀三出複葉；小葉倒卵形，0.7~1 cm，全緣，先端凹，圓鈍，基部漸狹，背面有腺點。花紅色，呈總狀花序；花萼 5 裂，披針形；雄蕊 10 枚，二體。莢果線狀四稜角形，2~5 粒種子。種子橢圓形。地上發芽型，初生葉 3 小葉，互生。

用途　可作為防沙定土之用。觀賞用。

14 太魯閣木藍（多枝木藍）

- ***Indigofera ramulosissima* Hosokawa**
- タルココマツナギ
- Taroko indigo

（呂碧鳳　攝）

分布　臺灣特有種，生長於東部花蓮太魯閣地區，多陽光的岩石石礫地，稀有。

形態　小灌木。莖直立或斜立，上半部具白色絨毛。葉奇數羽狀複葉，5~7 枚，大多為 7 枚；小葉倒卵形，3~8 mm，先端尖突，基部鈍，兩面皆被白色絨毛。花紅色，呈腋生的總狀花序，長 1.3~2.5 cm，花 6~12 枚；花萼 5 裂，裂片三角形，有絨毛；雄蕊 10 枚，二體。莢果直線形，近似木質，長 1.5~2 cm，先端有尖突。種子腎形，4~6 粒，1.5~2 mm。

用途　可作為綠肥的參考植物。

（呂碧鳳　攝）

15 穗花木藍（爬靛藍、鋪地木藍、地藍、九葉木藍）

- ***Indigofera spicata* Forssk.**

  Indigofera endecaphylla sensu auct.

  Indigofera hendecaphylla sensu auct.

  Indigofera neglecta N. E. Br.

  Indigofera parkeri Baker
- ハイコマツナギ
- Trailing indigo, Creeping indigo, Spicate indigo

分布　臺灣自生種，分布印度、華南、非洲南部。臺灣生長於中、南部平地原野開闊地、路旁、荒地。

形態　一年生草本，少數為二年生。莖常綠，幾乎完全貼伏地面，匍匐或蔓性，被灰色二叉伏毛。葉奇數羽狀複葉；小葉 5~9 枚，9 枚居多，互生，倒披針形、倒卵形，1~2 cm，先端鈍，具芒狀突尖，表面無毛，背面被毛。花紫紅色或紫羅蘭色，密生，60~80 朵，呈腋生的總狀花序；花萼 5 裂，披針形；雄蕊二體 (9+1)，雄蕊筒僅略長於萼筒。莢果線形，長 2~2.5 cm，具四稜，略彎曲，8~10 粒種子。種子長方形至菱形。

用途　優良的覆蓋作物，改良土壤，也可當綠肥。與禾本科混作，當飼料及牧草用。觀賞用。

2n=32, 36

16 野木藍（野青樹、番菁、大菁、山菁）

- ***Indigofera suffruticosa* Mill.**
  Indigofera anil L.
  Indigofera comezuelo DC.
- ナンバンコマツナギ
- Indigo plant, American indigo, Anil indigo

分布　臺灣自生種，分布中國大陸、菲律賓，熱帶廣泛栽培。臺灣生長於全島平地原野、開闊地、荒廢地。

形態　直立灌木。密生灰色伏毛。葉奇數羽狀複葉；小葉 7~17 枚，對生，長橢圓形或長橢圓狀倒卵形，1.5~3 cm，先端鈍而有尖突，基部近圓形，表面無毛，背面被絨毛。花紅色，呈密集的總狀花序；花萼鐘形 5 裂；雄蕊 10 枚，二體。莢果線形或圓柱形，赤褐色，1~3 cm，鐮刀狀彎曲，3~6 粒種子。種子菱形或略四方形，褐色至黑褐色。

用途　葉為重要的靛青染料之原料。可作為綠肥、覆蓋及改良土壤用。全植株當藥用。

2n=12

17 臺灣木藍

- ***Indigofera taiwaniana* Huang & Wu**
- タイワンコマツナギ
- Taiwan indigo

分布　臺灣特有種，生長於南部屏東恆春貓鼻頭乾燥、開闊之珊瑚礁草坪，稀有。

形態　匍匐多分枝一年生或多年生草本。葉為不均等之羽狀複葉；小葉 4~6 枚，互生，倒披針形、橢圓形至倒卵形，0.8~1.8 cm，先端鈍形，基部楔形或尖銳形，全緣，膜質狀，上表面有雙褶毛茸。花血紅色，呈腋生總狀花序，長 1.8~4.5 cm，花 20~30 朵，長 5~6 mm；花萼 5 裂。莢果方三角形，直，2.1~3.3

cm，7~10 粒種子。種子黃色，方形，1~2 mm。

用途　當防沙植物，具根瘤可改良土壤用。

（陳丁祥　攝）

18 木藍（槐藍、木菁、本菁、小菁、菁仔、木本靛青、藍靛）

- ***Indigofera tinctoria* L.**
  Indigofera indica Lam.
  Indigofera sumatrana Gaertn.
- キアイ, インドアイ, インデイゴ, シマコマツナギ, モクラン
- Common indigo, Indian indigo, True indigo plant

分布　臺灣自生種，分布熱帶地區。臺灣生長於中、南部的平地原野，多陽光的開闊地或荒廢地，各地也有栽培。

形態　灌木。小枝條銀白色，疏被絹毛。葉羽狀複葉；小葉 7~13 枚，對生，倒卵狀長橢圓形，2~3.5 cm，先端鈍或微凹，有短尖，基部近圓形。花黃紅色，密集排列，呈腋生總狀花序；雄蕊 10 枚，二體。莢果線形，長 1.5~3.5 cm，略彎曲或直，被褐黑色毛，3~12 粒種子。種子小，大致為正方形。地上發芽型，初生葉單葉，對生。

用途　莖葉含靛藍 5 % 以上為靛青之材料。可當綠肥、覆蓋作物。全草、根及莖當藥用。

2n=16

19 三葉木藍（土豆葉仔）

- ***Indigofera trifoliata*** **L.**
- ミツバコマツナキ
- Threeleaf indigo

分布　臺灣自生種，分布中國、印度、印尼、菲律賓、澳洲。臺灣生長於南部及綠島、蘭嶼海濱原野草地。

形態　多年生小灌木。具多數匍匐或偃臥狀的枝條，初被毛茸，後漸變光滑無毛。葉掌狀三出複葉；小葉倒卵形或倒披針形，8~12 mm，先端鈍或微凹頭，具小尖，基部楔形，兩面密被絨毛，背面粉白色而帶有黑色腺點。花鮮紅色，呈腋生總狀花序；花萼鐘形，裂片剛毛狀；雄蕊 10 枚，二體。莢果圓柱形，1~1.5 cm，直而內曲，6~8 粒種子，背腹面縫合線顯著的隆起。種子橢圓形。地上發芽型，初生葉 3 小葉，互生。

用途　當綠肥及牧草用。種子與其他黏質物合用，作恢復劑。

2n=16

20 脈葉木藍

- ***Indigofera venulosa*** **Champ. *ex* Benth.**

  Indigofera venulosa Champ. *ex* Benth. var. *glauca* Hayata
- タイワンクサハギ
- Veined indigo

分布　臺灣自生種，分布中國大陸。臺灣生長於南部及中部平地原野及低海拔山地、叢林內。

形態　小灌木或亞灌木。多分枝，光滑無毛。葉奇數羽狀複葉；小葉 9~15 枚，長橢圓形，對生，長 1.5~2 cm，先端鈍或銳尖，基部鈍，兩面密被倒伏絨毛。

花紫紅色或粉紅色，呈腋生總狀花序；花萼尖端不整齊 3 裂，有絨毛。莢果圓柱形，長 5~7 cm，直而下垂，10~15 粒種子。種子近似圓形或腎形，黑色，長約 1.3 mm。

用途　根具根瘤菌，固定氮素，改良土壤地力，當綠肥植物用。葉當藥用。

21 尖葉木藍

- ***Indigofera zollingeriana* Miq.**
  Indigofera benthamiana Hance
  Indigofera okinawae Ohwi
  Indigofera teysmannii Miq.
- リュウキュウコマツナギ
- Zollinger's indigo, Large indigo, Assam shade, Tasmania

分布　臺灣自生種，分布華南、印尼、日本、寮國、馬來西亞、菲律賓、泰國、越南。臺灣分布於南部高屏地區。

形態　直立灌木或小喬木，高 2~3(~12) m。葉奇數羽狀複葉，互生 20~25 cm；小葉對生，11~19 枚，卵狀披針形，長 3~6 cm，紙質，先端漸尖，基部圓形至闊楔形，兩面皆被絨毛。花紅色，密集排列，呈腋生總狀花序，直立，7~13 cm；雄蕊 5~6.5 mm。莢果圓柱形，長 2.5~4.5 cm，寬 5.5~6 mm，稀疏絨毛。種子 10~16 粒，圓盤形，直徑約 2 mm，排列類似一堆硬幣。

用途　當牧草、綠肥利用。觀賞用。

2n=16

62 太平洋栗屬（Inocarpus J. R. Forst. & G. Forst.）

中至大喬木。葉單葉，全緣，大，長橢圓狀披針形，短柄，羽狀脈，革質。花白色、乳白或黃色，芳香，腋生總狀花序；雄蕊 10 枚。莢果短柄，歪倒卵形，扁平，革質，不開裂。種子 1 粒，極大，先端略歪，成熟時黃色。2n=20。

本屬約 3 種，分布馬來西亞和太平洋諸島。臺灣引進 1 種。

1 太平洋栗（太平洋胡桃）

- ***Inocarpus fagifer* (Parkinson) Fosberg**
  Aniotum fagiferum Parkinson
  Inocarpus edulis Forst.
  Bocoa edulis Baill.
- タイヘイヨウクルミ, タヒチグリ, トロマメノキ
- Tahiti chestnut, Polynesian chestnut, Otaheite chestnut, Tahiti nut, South sea chestnut, Fiji chestnut

分布　原產太平洋諸島、馬來西亞、爪哇及菲律賓。臺灣 1922 年引進栽植於農試所嘉義分所，現高雄內門地區也引進栽培。

形態　喬木。有板根，樹幹筆直，枝微下垂。葉單葉，全緣，橢圓形，革質，25~30 cm，濃綠色，有光澤，先端銳尖、鈍、圓，或微凹入，基部歪、鈍或心形。花初為白色，後轉變為淡黃色，有香味，呈穗狀花序，腋生。莢果闊圓形，外緣凸出。種子 1 粒，大型，7~10 cm，先端略歪，成熟時黃色。

用途　種子有栗之風味，煮而食之，含澱粉約 40 %，營養價值高，為斐濟等原住民重要之糧食，也可生食。葉當飼料，材製家具，樹皮藥用。有些地區當果樹栽培。

2n=20

63 黑珊瑚豆屬（Kennedia Vent.）

多年生草本。匍匐或攀緣，有些木本。常具毛。葉羽狀三出複葉，罕單葉或 5 出複葉；小葉全緣。花紅色、紫色至黑色，呈總狀花序、繖房花序，成對或單花；雄蕊二體。莢果線形，扁平，平或膨脹。種子卵形或長橢圓形。2n=22。

本屬約 15 種，原產澳洲。臺灣引進 1 種。

1 黑珊瑚豆

- ***Kennedia nigricans* Lindl.**
- Black coral pea, Black kennedia

分布　特產於澳洲西部，生長於沙質土壤，海濱沙丘、小溪邊緣。臺灣引進栽培。

形態　蔓性的灌木或攀緣。葉單葉，暗綠色，長橢圓形，先端為凹，基部鈍形，互生，約長 15 cm。花黑色和黃色或橙色，呈總狀花序，腋生。莢果大，暗綠色。扦插繁殖。地上發芽型，初生葉單葉，卵

圓形，對生。栽培品種（cv. Minstrel）花白色。

用途　生長特別茂盛，適合做堤防、路基等之覆蓋、庇蔭植物。當飼料、觀賞用。

2n=22

64 雞眼草屬（Kummerowia Schindler）

一年生草本。匍匐性，多分枝，常被逆向毛。葉掌狀三出複葉；小葉倒卵狀長橢圓形，先端中肋突出，葉脈明顯。花有兩型，具閉鎖花及開放花；蝶形花粉紅色或暗紫色，1~3 朵葉腋簇生；雄蕊二體。莢果無柄，比花萼長 2~3 倍，扁平，球形或長橢圓形，先端圓或鈍形，不開裂；種子 1 粒。橢圓形。2n=20, 22。

本屬有 2 種，分布亞洲和北美洲地區。臺灣自生 2 種。

1 圓葉雞眼草（長萼雞眼草、長瓣雞眼草）

- ***Kummerowia stipulacea*** **(Maxim.) Makino**
  Lespedeza stipulacea Maxim.
- マルバヤハズソウ
- Korean lespedeza

分布　臺灣自生種，分布華北及東北、韓國、日本。臺灣僅生長於北部及中部之山地。

形態　直立一年生草本。莖細長，多分枝，被毛。葉掌狀三出複葉；頂小葉橢圓形，基部小葉倒卵形，7~14 mm，先端鈍而凹頭，基部鈍，邊緣有細剛毛；托葉大，2 枚，卵圓形，宿存。花粉紅色，1~2 朵腋生；雄蕊 10 枚，二體。莢果卵圓形，不開裂，具短喙。種子 1 粒，黑色，平滑。地上發芽型，初生葉單葉，對生。

用途　當牧草，土壤改良及保全、綠肥、藥用。

2n=22

2 雞眼草（公母草、蝴蠅翼草、山土豆）

- ***Kummerowia striata*** **(Thunb. *ex* Murr.) Schindler**
  Hedysarum striatum Thunb. *ex* Murr.
  Lespedeza striata (Thunb. *ex* Murr.) Hook. & Arn.
- ヤハズソウ
- Japanese clover, Japanese lespedeza, Common lespedeza

分布 臺灣自生種，分布日本、韓國、中國、西伯利亞、琉球。臺灣生長於北部平地或低海拔山地。

形態 直立一年生草本。莖平臥或斜升，多分枝，枝纖細，具鉤狀絨毛。葉掌狀三出複葉；小葉長橢圓形，5~15 mm，先端圓鈍，有時銳尖，基部鈍；托葉長卵形，宿存。花紅紫色，1~3 朵，腋生；花萼鐘形 5 裂，粉紅色。莢果卵狀長橢圓形，3~4 mm，具網紋及短絨毛。地上發芽型，初生葉單葉，對生。

用途 植株當藥用。可當飼料及綠肥用。嫩葉煮湯，種子磨粉做湯圓食用。

2n=22

65 肉豆屬（Lablab Adans.）

多年生或一年生草本。攀緣性或直立，莖紫色。葉羽狀三出複葉；小葉卵形，全緣，歪斜。花紫色或白色，頂生或腋生總狀花序；雄蕊二體。莢果大小和顏色多樣，扁平，歪長橢圓狀鐮刀形，具長喙，開裂。種子 2~6 粒，扁平，橢圓形，黑色、棕色或淺黃色；種臍長而明顯突起，部分被白色假種皮包被。2n=22。

本屬僅 1 種，分布熱帶地區。臺灣栽培種 1 種、1 變種。

1a 紅肉豆（肉豆、鵲豆、紫扁豆、蛾眉豆、紫藊豆、鳥仔豆、花眉豆、扁豆）

- ***Lablab purpureus* (L.) Sweet var. *purpureus***
  Dolichos purpureus L.
  Lablab niger Med.
  Lablab vulgaris Savi.
  Dolichos lablab L.
- フジマメ, センゴクマメ, アジマメ, テンジクマメ
- Hyacinth bean, Purple hyacinth bean, Lablab, Indian bean, Bonavist bean, Egyptian bean, Field beans, Papaya bean

分布 原產熱帶亞洲，熱帶及亞熱帶地區廣泛栽植。臺灣可能在荷蘭時期引進，已歸化在各地。普遍種植，有時亦已呈野生化生長。為一栽培種食用豆類作物。

形態 多年生藤本狀草本，亦有矮性無蔓品種。葉羽狀三出複葉；頂小葉卵形或菱形，先端銳尖及漸尖，側小葉較小，歪卵形。花淡紫紅色或淡紫色，呈腋生的總狀花序。莢果扁平，長 5~15 cm，綠色、紫綠色、紫紅色等。種子扁圓形，淡黃色、茶色、赤褐色、褐色、黑色等，臍線形明顯而隆起。地上發芽型，初生葉單葉，耳形，對生。臺灣紫花者稱紅肉豆，白花者稱白肉豆。

用途 嫩莢或肥大鮮仁食用之。莖葉可當青貯，青刈飼料，當綠肥或覆蓋作物。成熟種子也可當飼料。種子及全株可當藥用。

2n=20, 22, 24

1b 白肉豆（肉豆、白扁豆、白藊豆、扁豆）

- ***Lablab purpureus* (L.) Sweet var. *albiflorus* Yen *et al.***

  Dolichos lablab L. var. *albiflorus* DC.
- シロ フジマメ
- White hyacinth bean

分布　原產熱帶亞洲，熱帶地區廣泛栽培。臺灣早期引進廣泛栽培，為一栽培變種食用豆類作物。

形態　一年生或越年生蔓性作物。葉羽狀三出複葉；頂小葉廣三角狀卵形，側小葉較小，歪卵形，淡綠色。花白色，呈總狀花序，葉腋側生，長 15~25 cm，直立，2~ 數朵花節上叢生。莢果倒卵狀長橢圓形，扁平，淡綠色，微彎曲，4~6 粒種子。種子長橢圓形，白色或黃褐色；種臍線形，白色，明顯隆起。育有矮生品種，株高 60~90 cm。

用途　為早期臺灣栽培相當普遍的蔬菜豆類。嫩莢或鮮仁當蔬菜食用之。成熟乾種子含澱粉 54~58%，在中南半島製成素麵（Vermicelli）煮而食用之。種子及全株當飼料、綠肥、覆蓋作物用，亦可當藥用。

2n=22

66 金鏈樹屬（Laburnum Fabr.）

落葉灌木或喬木，所有種均具毒性。葉掌狀三出複葉，互生或簇生；小葉橢圓形，近無柄。花金黃色，多數，呈腋生或頂生總狀花序；雄蕊 10 枚，單體。莢果具長柄，狹線形，扁平，縫線厚或微翅狀，種子間稍縊縮，遲開裂。種子數粒，腎形。2n=48(50)。

本屬約 4 種，分布西歐、北非和西亞。臺灣引進 3 種。

1 蘇格蘭金鏈樹

- ***Laburnum alpinum* (Mill.) Bercht. & J. Presl.**

  Cytisus alpinus Mill.
- Scotch laburnum

分布　原產歐洲中部。臺灣引進栽培。

形態　落葉高灌木至小喬木。樹皮光滑，分枝深綠色，小枝多毛。葉掌狀三出複葉，長葉柄，小葉橢圓形，近無柄，深綠色，表面光滑，背面被毛。花濃黃色，呈總狀花序，長及 25~37 cm，下垂；雄蕊單體，子房有柄。莢果扁平，線形，邊緣具薄翅，2 裂，有數粒種子。種子無種阜。

用途　觀賞用。

2n=48, 50

2 金鏈樹

- ***Laburnum anagyroides* Med.**

  Laburnum vulgare Griseb.

  Cytisus laburnum L.
- キングサリ, キバナフジ, ツュツテセス, ゴールデン・チェーン
- Golden chain tree, Golden rain, Common laburnum, Golden chain

分布 原產歐洲中部和南部。臺灣引進栽培。
形態 喬木。樹皮光滑，小枝多毛。葉掌狀三出複葉，長約 8 cm；小葉卵形，表面光滑，背面被絨毛。花金黃色，有芳香味，長約 2 cm，呈總狀花序，長 10~25 cm。莢果線形，5~7.5 cm，種子多數，種子黑色。有 10 多種變種。地上發芽型，初生葉 3 小葉，互生。
用途 材非常硬，黃色或棕色，當器具和弓形物之細工利用。葉當香菸的代用品。但全植物體有毒，尤其是種子毒性強，對人類、山羊、馬有害。當庭園樹，觀賞用。
2n=48, 50

3 雜交種金鏈樹

- ***Laburnum* ×*watereri* (Wettst.) Dippel**
  Laburnum alpinum ×*Laburnum anagyroides*
- Hybrid golden chain tree

分布 原產歐洲南部。臺灣引進園藝栽培。
形態 落葉小喬木。葉掌狀三出複葉，有柄，背面有毛；小葉橢圓形，長達 3.5 cm。花黃色，多數，呈總狀花序頂生，長而下垂，長約 40 cm，非常醒目，植株有毒。莢果扁平，長約 6 cm，種子甚少。栽培品種**大金鏈樹**（cv. Vossii）花序可長達 50 cm 以上，偶亦可見。
用途 當庭園、公園景觀樹栽培，觀賞用。

67 草豌豆屬（Lathyrus L.）

一年生或多年生草本，常卷鬚攀緣。莖翅狀或稜形。葉偶數羽狀複葉；小葉全緣，少，常 2 對，罕多對，先端小葉退化為卷鬚；托葉呈葉狀。花紫色、紅色、粉紅色、白色或黃色，單花或腋生總狀花序；雄蕊 10 枚，二體。莢果扁平，長橢圓形，二瓣裂。種子近球形，具稜角，稍扁平。2n=(12), 14。

本屬約 130 種，廣泛分布溫帶地區。臺灣栽培種 1 種，引進 2 種。

1 黃花香豌豆

- ***Lathyrus aphaca* L.**
- タクヨウレンリソウ
- Yellow flowered pea, Yellow vetchling

（鄭元春　攝）

分布 原產歐洲及亞洲西部，北非、地中海地區常栽培。臺灣引進栽培。
形態 一年生草本，藉卷鬚攀爬。莖無翅，光滑。葉偶數羽狀複葉；托葉大，呈葉狀，長 5~30 mm，闊卵形、戟形；其他小葉退化變為卷鬚。花鮮黃至灰黃色，呈總狀花序，1~2 朵花，腋生。莢果長橢圓形，18~35 mm，光滑，種子 4~6 粒。

用途　未熟種子可食用，但成熟種子有毒性，多吃會麻醉，嚴重時引起頭痛。當觀賞用。

2n=14

（鄭元春　攝）

（鄭元春　攝）

2 香豌豆（麝香豌豆、麝香連理草、花豌豆）

- ***Lathyrus odoratus* L.**
- スイートピー, ジャコウエンドウ, ジャコウレンリソウ
- Sweet pea

分布　原產於義大利南部及西西里島。臺灣 1930 年代引進栽培之。

形態　一年生草本，常藉卷鬚附著其他物體上，極類似草豌豆。葉偶數羽狀葉；小葉通常僅一對，卵形、長橢圓形或橢圓形，2~6 cm，先端鈍或圓，基部鈍，兩面疏生絨毛。花紅色、紫紅色、粉紅色、青色、白色等各種顏色，花 1~3(4) 朵，大形豔麗，帶有香味，呈腋生總狀花序。果莢長橢圓形，扁平，5~7 cm，被長硬毛。種子近球形，平滑，灰褐色。地上發芽型，初生葉鱗片葉，互生。園藝品種甚多。

用途　花芳香為香花植物，當精油的原料，可做香水原料。豔麗可供觀賞，庭園花卉。當家畜飼料。種子及根可食用。

2n=14, 28

3 草豌豆（普通山黧豆、馬牙豆、牙齒豆、扁平山黧豆）

- ***Lathyrus sativus* L.**
- グラスピー, ガラスマメ
- Grass pea, Chickling pea, Chickling vetch

分布　原產於南歐至西亞地區。自古在北非、地中海沿岸就已栽培，西亞及印度亦有栽培。臺灣 1960 年引進栽培，現歸化野生於雲林濱海地區，但不常見。為一栽培種食用豆類作物。

形態　為一年生半匍匐狀草本。莖四稜，二稜成翼狀，長約 50~150 cm。葉偶數羽狀複葉，互生，先端有 1~3 條細的卷鬚；托葉大，呈葉狀；小葉 1~2 對。花青色、白色或藍紫色，腋生，單花；龍骨瓣白色；雄蕊二體 (9+1)。莢果橢圓形，2.5~4 cm，莢背面有 2 翅，3~5 粒種子，大多為 2~3 粒。種子呈楔形、齒形，白色、茶色、灰色或有斑點。地下發芽型，初生葉鱗片葉，互生。變種**白花草豌豆**（var. *albus*），花白色，變種**青花草豌豆**（var. *azulens* hort），花青色。

用途　種子多少有毒性，浸水 24 小時去毒可食用；印度當救荒作物栽培，幼莢可食用。當飼料或綠肥利用。

2n=14

68 利貝克豆屬（Lebeckia Thunb.）

灌木或亞灌木，有時近草本。莖直立，棒狀，無分枝或多分枝。葉單葉或掌狀三出複葉；小葉線形，罕橢圓形或倒卵形；托葉小或無。花小或大型，黃色至橙紅色，少或多數，頂生，常傾向軸側之總狀花序；雄蕊單體，聯合成管狀裂開至基部。莢果線狀長橢圓形，罕披針形，平或膨脹，有時膜狀，二瓣，先端裂開。種子少至多數。2n=18。

本屬約 46 種，分布馬達加斯加、那米比亞和南非。臺灣引進 1 種。

1 密葉利貝克豆（橄納豆）

- ***Lebeckia sepiaria*** **(L.) Thunb.**
- Ganna

分布　原產南非。臺灣引進。

形態　亞灌木。直立或平臥，高及 1 m；多分枝，分枝綠色。葉單葉，針形，螺旋狀排列，無毛或罕有毛；托葉無或罕有小托葉。花鮮黃色，多花，呈總狀花序；雄蕊 10 枚，5 長 5 短。莢果線形或卵形，直或鐮刀形，膨脹至扁平，多種子。種子腎形，多色，表面有皺紋。

用途　當庭園花卉栽培，觀賞用。

2n=18

69 金麥豌屬（Lens Mill.）

一年生草本。直立或纏繞。葉羽狀複葉，小葉橢圓形或倒卵形，全緣，2~8 對，頂端小葉變成卷鬚或剛毛。花小，白色、淡藍色或灰藍色，少，1~3 朵，單生或總狀花序；二體雄蕊。莢果扁平，1~2 粒種子。種子扁平，圓球。2n=(12), 14。

本屬約 5 種，分布東地中海和西亞地區。臺灣栽培種 1 種。

1 金麥豌（洋扁豆、兵豆、濱豆、雞眼豆、小扁豆、扁豆）

- ***Lens esculenta*** **Moench**
  Lens culinaris Med.
  Ervum lens L.
- レンズマメ, ベントウ, ヒラマメ, アジマメ
- Lentil, Masurdhal, Tillseed gram, Bonavist bean, Jacob's red pottage

分布 原產地中海地區及敘利亞。臺灣 1960、1963 年引進試驗栽植，近逸出生長於雲林縣濱海地區，但不常見。為一栽培種食用豆類作物。

形態 一年生草本。莖高約 0.1~0.4 m，全株被軟毛。葉羽狀複葉，頂小葉變為卷鬚或剛毛狀；小葉 8~14 枚，倒卵狀披針形、倒卵形或倒卵狀長橢圓形，6~20 mm。花白色、粉紅色或淡紫色，總狀花序，葉腋側生，著生 1~3 朵。莢果長橢圓形，黃色，稍膨脹。種子 1~2 粒，赤褐色或橙黃色、紅色帶紫和黑色斑紋或斑點等，呈凸透鏡狀，直徑 4~8 mm。地上發芽型，初生葉鱗片葉，互生。栽培種分為二個亞種：**大粒金麥豌**（ssp. *macrosperma* (Baung) Baruline），花大，白色有紋，少為淺藍色，種皮淺綠或帶斑點；和**小粒金麥豌**（ssp. *microsperma* (Baung) Baruline），花小，白色或粉紅色，種皮淺黃色至黑色，花紋不一。

用途 乾燥種子約含 20 % 的蛋白質，營養價值高，自古以來栽培之。種子食用，磨成粉可製麵包。幼葉印度當蔬菜用。植株等可當飼料、綠肥。

2n=12, 14

70 腺药豇豆屬（Leptospron (Benth. & Hook. f.) A. Delgado）

多年生攀緣性草本。莖光滑，塊根肥大。葉羽狀三出複葉；頂小葉卵形，側小葉較小，先端鈍尖，基部圓形，二面具疏毛。花大，紅紫色或淺紫色，呈總狀花序；雄蕊 10 枚。莢果略彎曲，帶形，扁平，種子間具隔膜，具尖喙。種子多粒，腎形、橢圓形，褐色。2n=22。

本屬約 5 種，分布熱帶亞洲。臺灣自生 1 種。

1 腺药豇豆（菜豆薯）

- ***Leptospron adenanthum* (G. F. Meyer) A. Delgado**

  Vigna adenantha (G. F. Meyer) Marechal

  Phaseolus adenanthus G. F. Meyer

  Phaseolus rostratus Wall.
- コチョウインゲン
- Dau Ma

分布　臺灣自生種，分布熱帶亞洲。臺灣僅生長於屏東縣之滿州南仁灣一帶開闊之路旁、荒地。

形態　多年生攀緣性草本。莖光滑。葉羽狀三出複葉；頂小葉卵形，長 5~8 cm，葉先端鈍尖，基部圓鈍，兩面具疏毛，側小葉較小。花紅紫色，呈總狀花序；花萼 5 裂，2 裂圓鈍，3 裂漸尖；龍骨瓣延伸成喙形；雄蕊 10 枚，二體；柱頭長條線狀扭旋，花柱有毛。莢果略彎曲，扁平，帶形，7~10 cm，種子間具隔膜，具尖喙，4~7 粒種子。種子圓形，褐色，4~7 mm。

用途　具根瘤，可當綠肥、牧草。莖可採纖維。東南亞原住民栽培，利用其塊根料理食用之。豆可食用。

2n=22

71 胡枝子屬（Lespedeza Michx.）

多年生草本、小灌木或灌木，直立或匍匐。葉羽狀三出複葉，罕單葉；小葉全緣，長卵形，羽狀脈。花兩型，閉鎖花位於莖之下部位；開放花美麗，蝶形，紫色、藍紫色、粉紅色、黃色或白色，2 至多朵組成腋生總狀花序或花束；雄蕊二體。莢果卵形或圓形，無柄或短柄，扁平，常有網紋，不開裂。種子 1 粒，平，圓形。2n=18, 20, 22, (36)。

本屬約 140 種，分布亞洲東部、澳洲東北部及美洲。臺灣特有 1 變種，自生 6 種，引進 2 種。

1　胡枝子（隨軍茶、萩、二色胡枝子、山胡枝子）

- ***Lespedeza bicolor* Turcz.**
  Lespedeza bicolor Turcz. var. *japonica* Nakai
  Lespedeza spicata Nakai *et* F. Maekawa
- ヤマハギ, ハギ
- Shrub lespedeza

分布　臺灣自生種，分布中國大陸、日本及韓國。臺灣生長於中央山脈中海拔之山地。

形態　多年生木質草本或亞灌木。分枝繁密。葉羽狀三出複葉；小葉長橢圓形或橢圓形，長 1.5~4 cm，先端銳尖；托葉 2，條形。花紫紅色、粉紅色、白色，呈腋生總狀花序。莢果近球形，略被絨毛，5~7 mm，具網狀脈紋及喙，1 粒種子。種子歪倒卵形，褐色，有紫色斑紋。地上發芽型，初生葉單葉，對生。

用途　莖葉可當家畜之飼料及土壤改良、保全用，耐乾燥可當綠肥。當藥用，作解熱劑、解毒劑或毒蛇咬傷治療劑。嫩莖葉曬乾可代茶。種子用沸水燙 3~5 次後下鍋煮粥或做飯可食用。觀賞用。

2n=18, 22

2 綠葉胡枝子（俄氏胡枝子）

- ***Lespedeza buergeri*** **Miq.**
- キハギ, ノハギ

分布　原產日本、中國。臺灣 1920 年代引進栽培。

形態　多年生灌木。上方多分枝，枝條細長，幼時被長軟毛。葉羽狀三出複葉；小葉卵狀橢圓形，3~7 cm，先端銳尖或漸尖，基部鈍或狹，表面濃綠色，有光澤，背面有軟毛，顏色較淡。花白色或黃色，呈總狀花序，腋生，上部花呈圓錐花序；旗瓣和翼瓣的基部常有紫色。莢果長橢圓狀卵形，10~15 mm，具網狀脈紋及軟毛。

用途　種子含油。根及葉藥用。觀賞用。

3 中華胡枝子（裡白胡枝子、華胡枝子）

- ***Lespedeza chinensis*** **G. Don**
  Lespedeza formosensis Hosokawa
- ウラジロマキエハギ, タママキエハギ
- Chinese clover, Chinese lespedeza

分布　臺灣自生種，分布中國大陸及臺灣。臺灣生長於北部及東部中海拔的山地、路旁、叢林邊緣及河岸。

形態　直立或斜上升的小灌木。幼枝微具軟毛。葉羽狀三出複葉；小葉倒卵狀長橢圓形，1~2 cm，先端截形，圓或凹入，基部寬楔形，表面有軟毛，裡面密被銀色毛。花白色，呈腋生極短總狀花序；花萼 5 裂，披針形；雄蕊 10 枚，二體；閉鎖花長於下位枝條，腋生。莢果卵狀圓形，長 4~5 mm，伸出於殘存的花萼外，被白色軟毛。種子橢圓形。地上發芽型，初生葉單葉，對生。

用途　當飼料、牧草及綠肥用。根藥用治關節炎。觀賞用。

4 鐵掃帚（千里光、截葉鐵掃帚、絹毛胡枝子、蝴蠅翼）

- ***Lespedeza cuneata*** **(Du Mont. & Cours.) G. Don**
  Anthyllis cuneata Du Mont. & Cours.
  Lespedeza sericea (Thunb.) Miq.
- メドハギ
- Perennial lespedeza, Sericea lespedeza, Iron broom, Cuneate lespedeza

分布　臺灣自生種，分布日本、韓國、中國大陸、印度、巴基斯坦、澳洲。臺灣生長於平地至中海拔山地，或荒廢地、原野。

形態　多年生直立草本或亞灌木。小枝具白色軟毛。葉羽狀三出複葉；小葉線狀披針形或長橢圓形披針形，1.5~2 cm，先端鈍或截形，中間微凹，基部漸尖；葉柄短，托葉披針形。花白色或淡黃色，叢生於葉腋，呈總狀花序；花萼 5 裂，披針形；雄蕊 10 枚，二體；閉鎖花數枚葉腋叢生。莢果斜卵形，黃褐色，長 3~3.5 mm，不開裂。種子 1 粒，橢圓形，棕黃色，約 1.6 mm。地上發芽型，初生葉單葉，對生。

用途　根及全植物體當藥用。可當飼料、綠肥、乾草及改良土壤之用。幼苗及嫩葉可食用。觀賞用。

2n=18, 20, 22

5a 大胡枝子（興安胡枝子、達烏里胡枝子）

- ***Lespedeza daurica*** **(Laxm.) Schindler var. *daurica***

  Trifolium dauricum Laxm.
- オオバメトハギ

分布　臺灣自生種，分布東俄羅斯、蒙古、日本、韓國、中國。臺灣生長於馬祖。

形態　亞灌木。具多數分枝，小枝條偃臥狀，具絨毛。葉羽狀三出複葉；小葉長橢圓形或長橢圓狀倒卵形，長 8~16 mm，先端圓而有尖突，基部鈍，表面光滑，裡面密被粗絨毛。花白色，旗瓣中央帶紫色，呈頂生的總狀或圓錐花序；花萼深 5 裂，披針形；雄蕊 10 枚，二體；閉鎖花（無花瓣）腋生。莢果闊卵形，長 3~3.5 mm，被白色軟毛。種子腎形。地上發芽型，初生葉單葉，對生。

用途　當牧草、綠肥用。觀賞用。

2n=36, 44

5b 島田氏胡枝子

- ***Lespedeza daurica*** **(Laxm.) Schindler var. *shimadae*** **(Masamune) Masamune & Hosokawa**

  Lespedeza shimadae Masamune
- ガクハギ
- Shimada lespedeza

分布　臺灣特有變種，生長於新竹、苗栗、臺中濱海地區。

形態　亞灌木。全枝被白色臥伏毛。葉羽狀三出複葉；小葉線狀長橢圓形，長 8~12 mm，先端微凸尖，基部鈍。花黃綠色，基部偶具紫斑，呈總狀或複總狀花序，頂生；雄蕊 10 枚，二體。莢果闊卵形，較萼為短，被白色軟毛。種子腎形。地上發芽型，初生葉單葉，對生。

用途　常生長於海岸沙地，當牧草、綠肥。觀賞用。

6 毛胡枝子（臺灣胡枝子、美麗胡枝子、柔毛胡枝子）

- ***Lespedeza formosa* (Vogel) Koehne**

  Desmodium formosum Vogel

  Lespedeza pubescens Hayata

  Lespedeza formosa (Vogel) Koehne var. *pubescens* (Hayata) Ying

  Lespedeza thunbergii (DC.) Nakai ssp. *formosa* (Vogel) Ohashi
- タイワンハギ
- Pubescent lespedeza, Taiwan lespedeza

分布　臺灣自生種，分布中國。臺灣生長於全島中、低海拔之山坡地，路旁、林緣。

形態　直立灌木。小枝條近似光滑。葉羽狀三出複葉；小葉長橢圓形，2~4.5 cm，先端圓鈍而凹入，基部鈍，表面光滑，裡面被倒伏性軟毛，稍帶有淡粉白色。花紫紅色，呈頂生總狀花序，常組合成一圓錐花序；花萼尖端 5 裂，上位 2 枚裂片合生，下位 3 枚明顯；雄蕊 10 枚，二體。莢果卵形，長約 1 cm，1 粒種子。種子腎形，棕綠色，約 3.6 mm。地上發芽型，初生葉單葉，對生。

用途　可作飼料及綠肥。花姿美麗當庭園美化，花壇、盆栽、花材，觀賞用。

7 垂花胡枝子（日本胡枝子、宮城胡枝子、鄧氏胡枝子）

- ***Lespedeza thunbergii* (DC.) Nakai**
  Desmodium thunbergii DC.
  Lespedeza penduliflora Nakai
  Lespedeza sieboldii Miq.
  Desmodium penduliflorum Oudem
- ミヤギノハギ, ナツハギ
- Thunberg's lespedeza

（陳運造　攝）

分布　原產日本本州、中國大陸。臺灣 1920 年代引進園藝界栽培之。

形態　亞灌木。枝下垂，全株密被偃毛。葉羽狀三出複葉；小葉橢圓形或卵形，3~5 cm，先端銳尖，基部鈍，背面被倒伏性絨毛。花大形，紅紫色，長 1.3~1.5 cm，總狀花序，腋生，下垂。莢果狹倒卵形或長橢圓形，1~1.3 cm，具倒伏性毛茸。栽培品種白垂花胡枝子（cv. Albiflora）花白色。

用途　莖、葉可當飼料用。花期秋天，觀賞用。

（陳運造　攝）

8 細梗胡枝子

- ***Lespedeza virgata* (Thunb.) DC.**
  Hedysarum virgata Thunb.
  Lespedeza swinhoei Hance
- マキエハギ
- Virgate lespedeza

分布　臺灣自生種，分布中國大陸、日本、韓國、琉球。臺灣生長於北、中部中海拔之開闊草生地。

形態　小灌木。分枝無毛或疏生柔毛。葉羽狀三出複葉；小葉長橢圓形或卵狀長橢圓形，1~2.5 cm，先端鈍而有一長尾狀尖突，基部圓，表面無毛，裡面被柔毛。花白色，呈腋生的總狀花序；花萼 5 裂，淺杯狀；雄蕊 10 枚，二體。下部枝條腋生閉鎖花。莢果廣卵形，長 4~4.5 mm，被細毛，具網紋。種子橢圓形。地上發芽型，初生葉單葉，對生。

用途　當飼料、綠肥及觀賞用。

2n=22

（呂碧鳳　攝）

（呂碧鳳　攝）

72 氣球豆屬（Lessertia DC.）

矮灌木或橫臥的草本。一般具灰毛狀絨毛或無毛。葉奇數羽狀複葉；小葉線形或橢圓形，小而全緣，表面光滑；托葉小。花紅色或暗紫色，罕白色，腋生總狀花序，罕單花；二體雄蕊，花葯一致。莢果卵形或細長形，薄膜狀，平或膨脹，近二瓣，僅在先端裂開。種子多數，腎形。2n=16。

本屬約 50 種，分布南非和延伸至熱帶東非。臺灣引進 1 種。

1 氣球豆

- ***Lessertia frutescens* (L.) Goldblatt & J. C. Manning**

  Colutea frutescens L.

  Sutherlandia frutescens (L.) R. Br.
- Ballon pea

分布　原產南非，分布至南非的北部及東部。臺灣引進栽培。

形態　散開伸展的灌木。高及 1.2 m，莖平臥至直立。葉羽狀複葉，長 3~10 cm；小葉長橢圓狀至線狀橢圓形，長約寬的 3 倍，灰綠色至銀色。花鮮豔的橙紅色至緋紅色，3~6 花，頂生呈總狀花序。莢果氣球狀，不平的膜狀莢，長為寬的 1.3~2 倍，具長期朝上型。種子黑色，扁平，直徑約 3 mm。

用途　當庭園花卉栽培，觀賞用。莢當乾燥花用。在南非為重要多用途的藥用植物。

2n=16

73 矛莢木屬（Lonchocarpus Kunth）

小至中喬木，或灌木、藤本。葉奇數羽狀複葉；小葉橢圓形，1~15 對。花多數，白色、紫色或紫紅色，呈總狀花序，罕圓錐狀；雄蕊二體。莢果長橢圓形，線狀披針形，平而薄，膜質或革質，不開裂。種子 1~4 粒，罕多粒，平，腎形或圓形。2n=22。

本屬約 150 種，分布熱帶美洲、西印度群島、非洲、馬達加斯加和澳洲。臺灣引進 3 種。

1 矛莢木（卡巴樹、卡巴薩樹）

- ***Lonchocarpus capassa* Klatt *et* Rolfe**
- Rain tree, Lance tree, Lancepod, Olifanstoor

分布　原產南非。臺灣 1965 年及 1970 年引進，栽植於臺北植物園內。

形態　喬木。葉奇數羽狀複葉，多生於小枝條先端；小葉 5~7 枚，初生時具絲狀絨毛，後逐漸光滑，闊橢圓形或長橢圓形，4~6 cm，先端鈍，背面網狀脈極為明顯。花紫紅色，具有香甜味，呈直立圓錐花序；花萼銀白色。莢果長橢圓狀披針形，7.5~10 cm，扁平，革質，不開裂。種子 1~2 粒。

用途　木材硬而重，當臼、器具柄等，良質的薪材。辛巴威的原住民饑荒時，樹皮稱之為「饑荒帶」（hunger belts）食用之。尚比亞地方，種子磨成粉當救荒時食物。乾燥期放牧而食其幼芽。

2 大葉矛莢木（多氏矛莢木、土名原樹）

- ***Lonchocarpus domingensis* DC.**

  Lonchocarpus macrophyllus H. B. K.

  Robinia violacea Beauv.

  Robinia argentiflora Schum. *et* Thrnn.

分布　原產熱帶非洲。臺灣 1960 年代引進，在中、南部偶有栽培。

形態　多年生木本。莖直立或向上升，莖或幼枝散生絲狀絨毛。葉奇數羽狀複葉；小葉 7~11 枚，長橢圓形或略呈倒卵形，5~7 cm，先端鈍，基部圓，近革質，全緣，有毛。花紫色或粉紅色，多數，總狀花序，腋生或頂生，長 10~15 cm，花梗密生絨毛；花冠長 1.2~2.0 cm，旗瓣圓；雄蕊 9~10 枚，單體。莢果長橢圓形，7.5~10 cm，基部狹而延伸至細長的果梗，上縫線每邊有一突出的稜線，被毛，3~10 粒種子。種子卵形至圓形，表面光滑，棕色、褐色或黑色。

用途　花美麗，觀賞用。

3 紫花矛莢木（紫羅蘭矛莢木）

- ***Lonchocarpus violaceus* (Jacq.) DC.**

  Robinia violacea Jacq.

- West Indian lilac, Filorida lilac, Lancepod, Licac tree, Tropical lilac

分布　原產西印度群島，分布加勒比海和南美北部。臺灣引進栽培。

形態　小喬木。高 5~10(15) m，全植株無毛，樹幹光滑，灰色或灰棕色。葉奇數羽狀複葉，長而呈羽毛狀；小葉 7~11 枚，卵形，長約 9 cm，有透明點，上表面濃綠色。花紫色，花瓣外側紫色，內側粉紅色，有香氣，總狀花序葉腋側生，長約 25 cm。莢果披針形，長約 3 cm，初綠色，成熟時淺棕色，1 粒種子。種子腎形，棕色。

用途　花期長，極美麗，觀賞用。葉含有魚藤酮（rotenone）可當有機殺蟲劑或毒魚用。

2n=22

74 羅頓豆屬（Lotononis (DC.) Eckl. & Zeyh.）

灌木，罕小灌木或草本，具多樣習性，木質或草質，有毛或光滑。葉一般掌狀三出複葉，罕 4~5 出複葉或單葉；小葉線形或倒卵狀線形，光滑或有毛。花小，黃色，單生，繖房狀或總狀腋生或頂生，或有時聚成頭狀；雄蕊單體，不等長。莢果長橢圓形至線形，扁平或膨脹，光滑或有毛。種子多粒。2n=18, 28, 36。

本屬約 120 種，主要分布南非，但延伸至地中海地區和印度。臺灣引進 1 種。

1 羅頓豆（羅特豆）

- ***Lotononis bainesii* Baker**
- Lotononis, Miles lotononis

分布　原產非洲。臺灣 1930 年代引進當牧草栽培。
形態　多年生草本。匍匐、蔓生，有節，節上能長出不定根。葉掌狀三出複葉；小葉線形或長橢圓狀線形，長 2.5~4 cm，先端鈍，有尖突，基部鈍，表面光澤，綠色，背面較淡；托葉卵形或披針形，長 4~6 mm，先端銳尖。花黃色，8~12 朵，密生，呈頭狀繖形花序；花萼 5 裂，其中 1 枚裂片特別突出，披針形，其他 4 枚淺裂狀，呈鈍三角形；雄蕊 10 枚，單體。莢果線形或狹圓柱形，長 1~1.8 cm，內有多粒種子。種子極小。
用途　耐寒及抗旱性強，常與禾本科混植，為一種良好的牧草。
2n=36

75 百脈根屬（Lotus L.）

一年生或多年生草本或低小灌木。直立或匍匐。葉 4-5 出複葉，罕掌狀；小葉一般 5 枚，全緣，先端 3 枚冠狀，基部 2 枚位於葉柄基部，似托葉。花黃色、白色，基部常有紅色、紫色或粉紅色條紋，葉腋單生或繖形花序；雄蕊二體。莢果線形至長橢圓形，直或彎曲，圓柱狀，膨脹或扁平，種子多粒，具隔膜。種子亞圓形或凸透鏡形。2n=(10), 12, 14, 24, 28。

本屬約 120 種，分布北溫帶地區，延伸至非洲、澳洲和北美洲、亞洲。臺灣自生 1 種、1 亞種，歸化 1 種。

1 蘭嶼百脈根（澳洲百脈根）

- ***Lotus australis*** **Andr.**
- ヤンバルエボシグサ, シロバナミヤコグサ

分布　臺灣自生種，分布澳洲、琉球。臺灣生長於蘭嶼及三仙臺之海濱原野。
形態　一年生草本。莖肉質，具分枝，小枝纖細，散生絨毛。葉 5 出複葉；小葉倒披針形，長 1.5~2 cm，先端鈍有尖突，基部楔形或漸尖，基部 2 枚類似托葉。花白色，基部常有紅紋，常 4 朵呈繖形花序；花萼 5 裂，呈鐘形；雄蕊 10 枚，二體。莢果線形，圓柱狀，長 3~5 cm，光滑無毛，具喙狀尖突，成熟時開裂，多粒種子。種子橢圓形。地上發芽型，初生葉 3 小葉，互生。
用途　可作土壤改良之用，當綠肥。牧草用。觀賞用。全草當清熱解毒藥用。
2n=28

2 百脈根（鳥腳擬三葉草、日本百脈根、黃花草、牛角花）

- ***Lotus corniculatus*** **L. ssp.** ***japonicus*** **(Regel) Ohashi**
  Lotus corniculatus L. var. *japonicus* Regel
  Lotus japonicus (Regel) K. Larsen
- ミヤコグサ, エボシグサ
- Bird's-foot trefoil

分布　臺灣自生亞種，分布於日本、琉球。臺灣生長於北部濱海地區。

形態　多年生草本。偃臥狀。莖細長，光滑無毛。葉5出複葉；小葉基部2枚類似托葉，倒卵形，7~15 mm，先端銳尖，基部鈍，兩面無毛至微被毛。花黃色，1~3朵，呈繖形花序；雄蕊10枚，二體；具葉狀的總苞。莢果線形，圓柱狀，長2.5~3 cm，具長喙，成熟時開裂。種子多數，綠色，腎形。地上發芽型，初生葉3小葉，互生。

用途　當家畜之飼料、牧草、乾草等。全草稱「百脈根」可藥用當解熱劑。花豔麗，觀賞用。

2n=12, 24, 26

3 歐洲百脈根

- ***Lotus uliginosus*** **Schkuhr.**

  Lotus major Scop.

  Lotus pedunculatus Cav.

- Greater lotus, Big trefoil, Marsh bird's-foot trefoil

分布　原產西歐和地中海之北非，現在紐西蘭、澳洲東西部、美國西北部和南美廣泛栽培。臺灣1956由美國引進栽培，已歸化生長在福壽山、梨山、北東眼山一帶。

形態　多年生草本。莖直立，但根莖匍匐呈分枝狀，莖中空，光滑至具絨毛。葉5出複葉；小葉基部的2枚類似托葉，暗綠色。花黃色，常微帶紅色，8~14朵花，呈繖形花序。莢果幼時綠色，成熟時變為暗褐色，約20粒種子。種子圓形或球形，綠黃色至暗棕色。地上發芽型，初生葉3小葉，互生。

用途　植株不含氰酸，當牧草或乾草用。當綠化觀賞作物。

2n=12, 24

76 羽扇豆屬（Lupinus L.）

一年生或多年生草本，罕灌木。葉一般掌狀5~15出複葉，極少三出複葉或單葉；小葉全緣，線形或倒披針形，莖和葉柄常被毛。花藍色、紫色、白色，或雜色，罕黃色，大而美麗，頂生總狀花序或穗狀花序；雄蕊10枚，單體。莢長橢圓形，多少扁平，被絹毛，種子間有隔膜，縫線厚，革質，不開裂。種子橢圓形。2n=24, (30, 32, 36, 42), 48, (50, 52), 96。

本屬約有200種，分布地中海地區，南非、紐西蘭、澳洲和美國。臺灣引進13種。

1 白花羽扇豆（白花魯冰、白羽扇豆、白立藤草、白魯冰）

- ***Lupinus albus*** **L.**
  Lupinus graccus Boiss. & Sprun.
  Lupinus sativus Gaertn.
- シロバナルーピン
- White lupine, White giant lupine, Field lupine, Wolf bean

分布　原產於亞洲及歐洲南部。臺灣於 1950 年代引進當茶園之綠肥作物栽培。

形態　一年生直立草本。莖分枝少，粗而直立，全株密被絨毛。葉掌狀複葉，小葉 7~9 枚，小葉較寬，約為長度的 1/3，表面綠色，平滑，背面被軟白毛。花淡青白色，初期較青，後變白色，頂生無限花序，互生，由下節位順次向上節位開花。莢稍扁平，長 5~7 cm，不開裂，4~6 粒種子。種子四角形，扁平，白色或乳白色，為羽扇豆類中最大型者，百粒重 40~50 g。地上發芽型，初生葉掌狀 5 小葉，互生。

用途　當間作作物栽培。種子含有生物鹼有毒，加熱後即無毒。種子食用及咖啡的代用品，種子磨粉與小麥粉混合利用。莖葉當青刈或放牧飼料。當綠肥、觀賞作物用。

2n=30, 40, 50

2 狹葉羽扇豆（細葉羽扇豆、狹葉魯冰）

- ***Lupinus angustifolius*** **L.**
  Lupinus leucospermus Boiss.
  Lupinus linifolius Roth.
  Lupinus reticulatus Desv.
- ホソバルーピン, アオバナルーピン
- Narrow-leafed lupine, Blue lupine, New Zealand blue lupine

分布　原產地中海，廣泛在歐洲、澳洲、紐西蘭、南非、北美栽植。臺灣 1950 年代引進，當綠肥及水土保持植物栽植。

形態　一年生草本。莖直立。葉掌狀複葉；小葉 5~9 枚，線形，2~6 cm，先端鈍，基部鈍尖，兩面均具絨毛；托葉對生，長 5~6 mm，被絨毛。花藍色，大形，呈頂生或腋生總狀花序；雄蕊 10 枚，合生成管狀。莢果長橢圓形，長 5~7 cm，扁平，密被絨毛，5~6 粒種子。地上發芽型，初生葉掌狀 5 小葉，互生。

用途　當飼料及青貯料用外，可作為早春的牧草，良好的蜜源。印度當綠肥與馬鈴薯間作，當水土保持及土壤改良的綠肥植物。觀賞用。

2n=40, 48

3 非洲羽扇豆（非洲魯冰）

- ***Lupinus digitaitus*** **Forsk.**
- アフリカハウチワマナ
- African lupine

分布　原產非洲、埃及。臺灣 1950 年代引進栽植。

形態　一年生草本。莖直立，先端略具分枝，莖散生絨毛。葉掌狀複葉；小葉 5~11 枚，長橢圓形或卵狀長橢圓形，5~12 cm，先端圓鈍而有尖突，基部漸狹或楔形，兩面皆具絨毛。花黃色，輪生於花軸上，總狀花序，花序細長；花萼 5 裂，密被絨毛；雄蕊 10 枚，合生成管狀。莢果長橢圓形，4~6 cm，具長喙。種子多粒，扁橢圓形。地上發芽型，初生葉掌狀 5 小葉，互生。

用途　當綠肥及觀賞用。

4　雙景羽扇豆（雙景立藤草、雙葉羽扇豆）

- ***Lupinus hartwegii*** **Lindl.**
- Hartweg's lupine

（邱垂豐　攝）

分布　原產墨西哥。臺灣 1950 年代引進栽植。

形態　直立一年生草本。莖先端多少具分枝，被長軟毛。葉掌狀複葉；小葉 7~9 枚，長橢圓形至長橢圓狀披針形，長 5~7.5 cm，先端鈍或圓，基部鈍。花藍色，但龍骨瓣白色，旗瓣帶紅色，多數，呈總狀花序，花序軸細長。莢果長約 2.5 cm。種子小，長約 3 mm，白色有光澤。地上發芽型，初生葉掌狀 5 小葉，互生。育有許多變種及品種：var. *albus*，花白色；var. *nanus*，矮生，株高 40~50 cm；var. *roseus*，花桃色。

用途　夏至秋開花，各種改良品種，當綠肥及觀賞植物用。

2n=48, 50

5　羽扇豆（魯冰、扇葉豆、藍花羽扇豆、藍立藤草、毛羽扇豆、毛升藤、傘葉羽扇豆）

- ***Lupinus hirsutus*** **L.**
- カサバルピナス, ケノボリフジ
- Blue lupine, Lupine

分布　原產歐洲南部。臺灣 1950 年代引進栽植。

形態　一年生草本。莖直立。葉掌狀複葉；小葉 7~9 枚，長橢圓形或長橢圓狀卵形，4~7 cm，先端鈍或圓，基部鈍，散生絨毛。花顏色變化多，有藍色、紫紅色、白色、粉紅色、淺黃色等，大形、輪生。莢果大約 7.5 cm，密被絨毛。種子大，長橢圓狀腎形，灰色或褐色。地上發芽型，初生葉掌狀 5 小葉，互生。育有各種不同之變種及品種：var. *albus*，花白色；var. *caeruleus*，花堇色；var. *ruber*，花赤色。

用途　當綠肥及景觀作物栽培，觀賞用。窮人種子食用。

2n=24, 50

6 大葉羽扇豆（大葉團扇豆）

- ***Lupinus incanus*** **R. Grah.**
- オオハウチワマメ

分布　原產阿根廷。臺灣引進栽培。

形態　常綠亞灌木。全植株被絨毛。葉掌狀複葉；小葉 7~9 枚，線狀披針形；葉柄長為葉身的 2 倍。花淡紫色，總狀花序，頂生；旗瓣稍圓形，緣向後卷，基部橙黃色。

用途　當景觀作物栽培，觀賞用。飼料、綠肥用。

7 黃花羽扇豆（黃立藤草、黃花魯冰、魯冰、黃魯冰）

- ***Lupinus luteus*** **L.**
- キバナノハウチワマナ, キバナノボリフジ, キバナルピナス, キバナルーピン
- Yellow lupine, European yellow lupine

分布　原產歐洲南部。臺灣 1910 年代由日本引進栽培。

形態　一年生草本。莖直立，全株密被絨毛。葉掌狀複葉；小葉 7~11 枚，倒披針形或長橢圓形，3~5 cm，先端銳尖或鈍，基部漸狹，兩面皆具絨毛。花

黃色，帶有香味，輪生花軸上6~9層，呈塔形，花梗長15~25 cm；花萼5裂，線形，密生絨毛；雄蕊10枚，合生成管狀。莢果長橢圓形，扁平，長5~7 cm，被絨毛。種子2~5粒，腎形，稍有淡灰色光澤及褐色斑點。地上發芽型，初生葉掌狀5或7小葉，互生。

用途　種子炒之當咖啡的代用品。生種子有毒，煮熟去毒後可食用。種子為利尿、驅蟲藥。茶園綠肥，景觀作物，廣作觀賞栽培。適於貧瘠地之綠肥。當冬季牧草用。

2n=46, 48, 52

8 美國羽扇豆

- ***Lupinus micranthus* Douglass *ex* Lindl.**
- ヒメハウチワマメ, カサバルピナス

分布　原產於北美洲西部，奧立岡州至加利福尼亞州。臺灣1930年代引進，略有栽植，不常見。

形態　一年生草本。莖細長，莖先端具分枝，被絨毛。葉掌狀複葉，葉柄長4~7 cm，具絨毛；小葉9~15枚，線形，10~25 mm，先端鈍有尖突，基部鈍，兩面散生絨毛。花紫色，多數，小形，密生於總狀花序上，有些排列為輪生狀。莢果線形，長約2 cm，散生絨毛。

用途　觀賞、綠肥用。

2n=48, 52

9 珍珠羽扇豆（雜色羽扇豆、雜色升藤）

- ***Lupinus mutabilis* Sweet**
- ザツショクノボリフジ, マダラハウチワマメ, ダルウイルーピン
- Pearl lupine, South American lupine, Tarhui, Tarwi

分布　原產南美哥倫比亞。臺灣1950年代引進栽植。

形態　一年生草本。莖多少木質化，直立，具多數分枝。葉掌狀複葉，葉柄長7~12 cm，具絨毛；小葉7~9枚，披針形或闊披針形，5~9 cm，先端漸尖或鈍，基部漸狹，表面無毛，背面被絨毛，略呈粉白狀。花白色，旗瓣白色，但混雜有藍色，後轉為藍色，在中心有一大黃色斑塊，大形，帶有香味，頂生總狀花序，下位花輪生，上位花互生。莢果5~9 cm，多絨毛， 2~6粒種子。種子大，兩面凸，扁平，徑6~10 mm，黑色、棕黑色或白色。地上發芽型，初生葉掌狀5小葉，互生。育有各種不同顏色之品種。

用途　種子含50 %高蛋白質，但有毒，去毒後可食用。花富觀賞性，當景觀、綠肥作物用。

2n=48

10 小羽扇豆（倭羽扇豆、矮性升藤）

- ***Lupinus nanus* Douglas *ex* Benth.**
- ワイセイノボリフジ
- Common dwarf lupine

分布　原產美國加州一帶。臺灣1950年代引進栽植。

形態　一年生草本。莖基部具分枝，莖及小枝條散生毛茸。葉掌狀複葉，葉柄長5~9 cm，散生絨毛；小葉5~7枚，線形至倒披針形，3~7 cm，先端有尖突，兩面具絨毛。花白色但有明顯的藍色斑塊，而邊緣呈深藍色，翼瓣帶藍色，內藏淡褐色的龍骨瓣，多數，生長於伸長的總狀花序上，多少呈輪生狀。莢果線形或長橢圓形，扁平，被絨毛。種子小而扁平，白色，長約3 mm。品種或變種有不同的花色。

用途　園藝廣為栽植，當觀賞用之花卉。

2n=48

11 宿根羽扇豆（宿根立藤草、多葉魯冰、多葉羽扇豆、華盛頓魯冰）

- ***Lupinus polyphyllus*** **Lindl.**
  Lupinus grandiflorus Lindl.
- ワシントンルピナス, シュツコンルピナス, ハウチワマメ
- Washington lupine

分布　原產北美西部。臺灣 1950 年代引進栽培。

形態　多年生草本。根多少為宿根性。莖直立，具多數分枝，粗狀，小枝條帶有絲狀毛。葉掌狀複葉；小葉 9~17 枚，披針形，長 5~15 cm，先端銳尖，基部漸尖。花深藍色，依品種不同，有紫紅色、紅色或黃色，花多數散生或叢生，排列為總狀花序，花序長 50~60 cm；花萼 5 裂，其中 2 枚較小，具絨毛；雄蕊 10 枚，合生成管狀。莢果圓柱形，3~4 cm。種子長橢圓形，黑褐色，有光澤。育有各種不同的變種及品種。雜交種**大羽扇豆**（*Lupinus polyphyllus* Lindl. hybrid），觀賞作物。

用途　當飼料、牧草及綠肥用，可改良土壤用。種子可食用、藥用。當園藝觀賞植物，觀賞用。

2n=48, 96

12 埃及羽扇豆（埃及魯冰）

- ***Lupinus termis* Forsk.**
- エジプトルーピン
- Egyptian lupine, Termis

分布 原產埃及、非洲、歐洲、亞洲等地區，熱帶地區也有栽培。為被食用羽扇豆中最普遍的栽培種。臺灣引進栽培，為一栽培種食用豆類作物。

形態 一年生草本。莖被短白絨毛，老時成樹木狀，有數分枝。葉掌狀複葉；小葉 5~7 枚，表面平滑，背面被銀白色絨毛，葉柄長。花主為白色，也有帶紅、青、綠色者，美麗，呈頂生總狀花序，花序長，著生多數花，互生，由下位開始往上開花；雄蕊 10 枚，單體，5 枚長，花葯大，而另 5 枚短，花葯小。莢短圓筒形，被銀白色毛，3~7 粒種子。種子微呈四角形，約 0.8~1.2 cm，扁平，乳白色或白色，種臍位在角上，微微凸起，百粒重 30~50 g。地上發芽型，初生葉掌狀 5 小葉，互生。

用途 埃及在 3,000 年前即已栽培，主要種子當食用及咖啡的代用品，惟種子有毒，必須完全煮熟濾毒，才可食用。莖葉當飼料，營養價值高，但餵食太多時會產生魯冰中毒症。當綠肥、覆蓋及景觀作物。

2n=30, 40, 50

13 德州羽扇豆

- ***Lupinus texensis* Hook.**
- Texas bluebonnet, Texas lupine

分布 原產北美德克薩斯州。臺灣引進栽培。

形態 二年生草本。具絨毛。葉掌狀複葉；小葉 5~7 枚，長 3~10 cm，綠色，具模糊的白色邊緣和絨毛，先端銳形。花藍色，但也有白色、粉紅色和栗色等之各種變種。花芽及成熟莢果被白色軟毛。莢果長約 4 cm。種子小。

用途 當景觀植物栽培，觀賞用。為德克薩斯州的州花。

2n=36

77 馬鞍樹屬（Maackia Rupt. & Maxim.）

落葉小或大喬木；冬芽鱗片覆瓦狀。葉奇數羽狀複葉；小葉對生或近對生。花白色，密而直的頂生總狀花序或圓錐花序；雄蕊 10 枚，基部合生。莢果線狀長橢圓形，扁平，膜質，沿腹縫線有狹翅，開裂。種子 1~5 粒，長橢圓形，平。2n=18, 20。

本屬約有 12 種，主分布東亞、日本、韓國至西伯利亞東部和臺灣。臺灣特有 1 種，引進 1 種。

1 毛葉懷槐（朝鮮槐、山槐）

- ***Maackia amurensis*** **Rupr. var.** ***buergeri*** **Schneid.**
- イヌエンジュ
- Hairy-leaved maackia

分布　原產日本、中國東北、韓國。臺灣引進栽培。

形態　落葉喬木。葉奇數羽狀複葉；小葉 5~13 枚，卵形或橢圓形，3.5~8 cm，先端銳形，基部寬楔形或圓形；葉軸、小葉柄及小葉背面均密被柔毛。花黃白色，總狀花序，頂生，花密生，長約 8 mm。莢果線狀長橢圓形，暗褐色，長 3~5 cm，腹縫線上具翅，翅寬約 1 mm。種子 1~6 粒，腎形，黃褐色，長約 8 mm。

用途　樹皮當染料用。邊材黃白色，心材濃灰褐色，紋路美，做西洋建築之板材，亦可當家具，三味線、琴、大鼓用材、農具柄、雕刻材、美工材、土木材等廣為利用。幼葉煮熟可食用。葉可當飼料。種子可榨油。觀賞用。

2n=20

2 臺灣馬鞍樹（臺灣島槐、島槐）

- ***Maackia taiwanensis*** **Hoshi** ***et*** **Ohashi**

  Maackia tashiroi (Yatabe) Makino var. *taiwaniana* Kanehira

  Cadrastis tashiroi Yatabe

  Maackia tashiroi (Yatabe) Makino
- タイワンエンジュ, シマエンジュ, ハネミイヌエンジュ
- Taiwan maackia, Tashiro maackia

分布　臺灣特有種，生長於北部，大屯山、陽明山、竹子湖地區。

形態　灌木或小喬木。葉奇數羽狀複葉；小葉 7~15 枚，橢圓形或卵形，2.4~4.5 cm，先端銳尖或鈍形，基部銳尖、鈍形或圓形，幼時兩面密被短黃白毛，成熟時無毛。花白色，頂生，呈總狀花序；花萼鐘形，先端淺 5 裂；雄蕊 10 枚，單體，離生。莢果廣線形，3~8 cm，扁平，平滑無毛，腹縫線具闊翅，翅寬 2~3

mm，成熟時開裂，扭曲，1~4 粒種子。種子長橢圓形，紅棕色，長 6~8 mm，種臍長橢圓形，種阜不明顯。地上發芽型，初生葉單葉，圓心形，對生。

用途 木材重而緻密，供圍棋、家具、農具之製造用。觀賞用。為臺灣稀有及有滅絕危機的植物，有待保育。

2n=20

78 賽芻豆屬 (Macroptilium (Benth.) Urban)

直立、攀緣或匍匐草本。葉羽狀三出複葉或罕單葉；小葉亞圓形至橢圓形，偶線狀長橢圓形。花紫色、白色、深紅色或黑紫色，花通常成對或數朵生於花序軸上；雄蕊二體 (9+1)。莢果細長，亞圓柱狀或扁平，直或彎曲，成熟時開裂。種子少至多粒，橢圓形，褐色至黑色，種臍卵形。2n=22。

本屬約 20 種，分布熱帶和亞熱美洲和西印度群島。臺灣歸化 3 種。

1 賽芻豆（紫菜豆、紫花大翼豆）

- ***Macroptilium atropurpureum* (DC.) Urban**

  Phaseolus atropurpureum DC.

  Macroptilium atropurpureus (Sessel Moc. *ex* DC.) Urban

- Purple bean, Siratro

分布 原產北美洲、澳洲、太平洋諸島、墨西哥及巴西。臺灣 1964、1966 年由澳洲引進，歸化生長於全島低海拔之空曠荒地、路旁、草原。

形態 攀緣性多年生草本。莖初期直立，後蔓性或攀緣性匍匐生長。葉羽狀三出複葉，兩面被柔毛，葉背更密；頂小葉卵菱形，長 2.5~3.5 cm，側小葉常具小裂片，先端圓尖，基部鈍圓；托葉銳尖。花紅褐色或暗紫色，罕白色，呈腋生總狀花序，長 10~40 cm，有 6~12 花；花萼 4 裂，下部鑷合成鐘形；雄蕊 10 枚，二體。莢果直線形，7~10 cm，種子 15~20 粒。種子扁平，卵形，棕至黑色，具大理石花紋，2.5~4 mm。地上發芽型，初生葉單葉，心形，對生。

用途 當飼料、乾草、牧草等，並可做水土保持，綠肥、覆蓋作物用。

2n=22

2 苞葉賽芻豆

- ***Macroptilium bracteatum* (Nees & Mart.) Murechal & Baudet**

  Phaseolus bracteatus Nees & Mart.

分布　原產南美洲。臺灣引進栽培，已歸化生長於北、中、南部地區。

形態　直立，稍蔓性的多年生草本。莖密被柔毛，高可達約 1 m。葉羽狀三出複葉，托葉長 5 mm，葉柄長 1~4 cm；小葉長 3.5~6 cm，兩面密被絨毛，一般 3 裂，先端鈍。花紫紅色，呈總狀花序，花梗長 10~15 cm，近基部著生輪狀苞葉，基部有小苞片；萼筒多毛，有 5 枚不等長齒。莢果線形，長 4.5~9 cm，密被白色短毛，先端具約 1.5 mm 之短喙，成熟時黑褐至黑色，開裂，10~18 粒種子。種子褐色至黑色，圓柱形，2.5~4 mm，大多具斑點。

用途　當綠肥、覆蓋、飼料作物用。

3 寬翼豆（紫花菜豆、大翼豆）

- ***Macroptilium lathyroides* (L.) Urban**
  Phaseolus lathyroides L.
- Phasey bean, Murray phasey bean, Wild pea bean, One-leaf clover

分布　原產熱帶美洲，今熱帶廣泛栽培。臺灣 1957 年引進栽植，歸化生長於中、南、東部地區，平原空曠、沙質土之荒地、路旁。

形態　斜立的一年生草本。葉羽狀三出複葉；頂小葉卵形，3~3.5 cm，側小葉常全緣，背面被倒伏毛，先端圓尖，基部圓。花棕紅色，腋生總狀花序；花萼 4 裂，基部鑷合成鐘形；雄蕊 10 枚，二體。莢果亞圓柱形，7~10 cm，稍彎曲，約 20 粒種子。種子長橢圓形或菱球形，稍扁平，約 3 mm，暗褐色。地上發芽型，初生葉單葉，心形，對生。

用途　當綠肥、覆蓋作物或牧草用。

2n=22

79 硬皮豆屬（Macrotyloma (Wight & Arn.) Verdc.）

一年生或多年生草本。根部木質化，莖多毛，攀緣，匍匐或直立。葉羽狀三出複葉，罕單葉。花乳白色、黃色、綠色，少紅色，腋生和簇生或偽總狀花序；雄蕊二體。莢果直或彎曲，狹或長橢圓形，扁平，無隔膜，開裂。種子扁平，橢圓狀腎形，種臍小，卵形。2n=20。

本屬約 24 種，原產非洲和亞洲。臺灣自生 1 種，歸化 1 種。

1 腋生硬皮豆（短梗硬皮豆、多年生馬豆）

- ***Macrotyloma axillare* (E. Mey.) Verdc.**
  Dolichos axillare E. Mey.
- タレンセイホースグラム
- Perennial horse gram, Lime-yellow pea, Archer axillaris, Axillaris

分布　原產熱帶非洲及葉門。在澳洲溫暖地區廣泛當牧草栽培，且已馴化生長。臺灣引進，在苗栗卓蘭栽培，歸化中部地區生長。

形態　多年生蔓性的草本。莖圓形密被伏毛。葉羽狀三出複葉；小葉卵形，長 3~5 cm，明綠色，有光澤，稍被軟毛。花綠黃色，一般 3 朵腋生呈總狀花序，花序總梗極短，長 2~3 mm。莢果扁平、長橢圓形，長 3~8 cm，具 3~7 mm 尾尖，有絨毛，3~9 粒種子。種子腎形，紅棕色或棕褐色。

用途　種子為牲畜之重要飼料。莖葉當作飼料、青刈牧草及綠肥。

2n=20

2 長梗硬皮豆（長硬皮豆、黃花扁豆、雙花藊豆、馬豆）

- ***Macrotyloma uniflorum* (Lam.) Verdc.**
  Dolichos uniflorus Lam.
  Dolichos biflorus L.
- キバナフジマメ, ホースグラム, マドラスグラム
- Horse gram, Kulthi bean, Poor-man's pulse, Madras gram

分布　臺灣自生種，分布非洲東部、南部、印度、馬來西亞、澳洲、西印度諸島。臺灣生長於恆春半島開闊而多陽光的原野。

形態　一年生藤本狀草本。直立或纏繞性。葉羽狀三出複葉；小葉卵形、卵狀菱形、倒卵形或橢圓形，1~8 cm，先端圓鈍，基部圓。花黃色或黃綠色，1~5 朵叢生於葉腋，呈總狀花序，總梗多較長，長及 1.5 cm；花萼 4 裂；雄蕊 10 枚，二體。莢果線狀長橢圓形，3~3.5 cm，彎曲。種子長圓形至腎形，褐黑色。地上發芽型，初生葉單葉，心形，對生。

用途　種子為南印度窮人之糧食，煮或炒食之。種

子為牛馬之重要飼料。緬甸種子煮後加粉、鹽使之發酵，作為醬油原料。莖葉當作飼料、綠肥或青刈牧草。

2n=20, 22

80 苜蓿屬（Medicago L.）

一年生或多年生草本，罕灌木。葉羽狀三出複葉；小葉倒卵形，邊緣短齒；托葉部分常與葉柄合生。花小，黃色或紫色，腋生總狀花序，有時單花或呈頭狀；雄蕊二體。莢果比花萼長，螺旋形或卷曲，鐮刀形、腎形或近挺直，背縫線常具稜或刺，一般不開裂。種子 1~ 多粒，腎形，小，平滑，無種阜。2n=(14), 16, 32, (48)。

本屬約 100 種，原產歐亞和非洲，尤在地中海地區，今廣泛分布溫帶地區。臺灣歸化 5 種，引進 1 種。

1 褐斑苜蓿

- ***Medicago arabica* (L.) Huds.**
  Medicago polymorpha L. var. *arabica* L.
  Medicago maculata Sibth.
- モンツキウマゴヤシ
- Spotted bur clover

分布　原產歐洲南部、亞洲。臺灣引進栽培，近新歸化生長於合歡山地區。

形態　一年生或二年生草本。莖多數分枝，長及 70 cm。葉羽狀三出複葉，葉柄 3~6 cm；小葉倒心形，長和寬大致相同，或寬大些，上面有暗赤色的大斑紋；托葉卵狀披針形，邊緣深齒裂或淺裂成狹三角形。花鮮黃色，由 1~5 花集合而成，長約 6 mm。莢果逆時針方向 4~6 回卷成扁球形，徑 5~7 mm，表面軟長刺沿果面平伏。

用途　美國西海岸栽培當牧草，或當乾草用。但種子含有蛋白分解酵素（trypsine）之有害物質。

2n=16, 32, 48

2 天藍苜蓿（斑鳩天藍、天藍、黃花苜蓿）

- ***Medicago lupulina* L.**
- コメツブウマゴヤシ
- Hop clover, Black medic, Yellow trefoil, Nonesuch

分布　原產歐洲、亞洲，非洲北部也有之。臺灣 1929 年由荷蘭人引進，現已歸化生長於中、北、東部平地原野。

形態　一年生或多年生小草本。全株被疏柔毛。葉葉羽狀三出複葉；小葉廣倒卵形或菱形，長 7~15 mm，先端鈍或圓，有尖突，基部寬楔形，兩面被白色絨毛；托葉斜卵形。花黃色，10~20 朵，小形，密集排列成腋生頭狀花序；花萼5裂，鐘形，被絨毛；雄蕊 10 枚。莢果腎形，彎曲，長 1.5~3 mm，成熟時黑色，有縱紋。種子1粒，黃褐色。地上發芽型，初生葉單葉，3 小葉，互生。

用途 世界上廣泛當綠肥、飼料、乾草、觀賞用而栽培。種子為印地安人食物。全草當藥用。

2n=16, 28, 32

3 小苜蓿（小葉苜蓿）

- ***Medicago minima* (L.) Bartal.**

  Medicago polymorpha L. var. *minima* L.
- コウマゴヤシ

分布 原產歐洲、亞洲、非洲及部分新世界。臺灣引進栽培，近新歸化生長於觀霧、合歡山地區。

形態 草本。莖基部開始分枝，匍匐地面，高約 20 cm，被稀疏白絨毛。葉羽狀三出複葉；頂小葉倒卵形，長 5~10 mm，先端圓形或凹缺，緣有鋸齒，兩面被白色絨毛，側小葉較小，小葉柄細，長約 5 mm，有毛；托葉斜卵形，長約 5 mm，先端漸尖。花黃色，叢生成頭狀之總狀花序，葉腋側生；花萼深裂，鐘形，密被絨毛。莢果 3~4 mm，成圓盤狀彎曲呈球形，背稜有刺，刺長而彎曲，3~4 粒種子。種子腎形，黃褐色，長 1.5~2 mm，平滑。

用途 家畜好食之優良牧草、飼料。當綠肥。觀賞用。

2n=16

4 苜蓿（南苜蓿、刺果苜蓿、刺球苜蓿、金花菜、光風草、黃花草子、草頭）

- ***Medicago polymorpha* L.**

  Medicago hispida Gaertn.

  Medicago denticulata Willd.

  Medicago lappacea Desv.

  Medicago nigra (L.) Krocker.
- ウマゴヤシ
- Bur clover, California clover, Toothed bur clover, Burmedick, Sainfoin, Snail clover

分布 原產歐洲及北非。臺灣 1909 年由荷蘭人引進，歸化生長於全島低海拔之荒野，北部較常見。

形態 越年生草本。葉羽狀三出複葉；小葉倒卵形至倒心形，1~2 cm，先端圓而有鋸齒，基部楔形；托葉卵形，有細裂齒。花黃色，1~8 朵，從側枝長出或腋生，呈總狀花序；花萼闊鐘形，先端 5 裂，裂片三角形；雄蕊 10 枚，二體。莢果成螺旋形，通常卷曲 2~3 圈，邊緣有刺。種子 3~7 粒，腎形，黃色或黃褐色。地上發芽型，初生葉單葉，3 小葉，互生。

用途　耐寒力強，適應排水良好之沙質壤土。當綠肥、飼料、牧草、觀賞用。幼葉可食用。全草當藥用。
2n=14, 16

5 紫花苜蓿（紫苜蓿、蓿草、苜蓿、牧蓿、路蒸）

- ***Medicago sativa* L.**
- ムラサキウマゴヤシ, アルファルファ
- Alfalfa, Lucerne, Purple medick, Lucern-grass, Alfalfa of America, King of fodders

分布　原產歐洲、亞洲、非洲北部。臺灣 1931 年引進栽培，已歸化生長，如今當牧草大量栽培。

形態　多年生草本。莖直立或斜立。葉羽狀三出複葉；小葉倒卵形或線形，1.5~2.5 cm，先端鈍或截形，有尖突，基部漸狹；托葉狹披針形。花淡紫紅色或近粉紅色，5~20 多朵，腋生總狀花序；花萼 5 裂，裂片三角形；雄蕊 10 枚，二體。莢果螺旋狀，扭曲，被毛。種子數粒，腎形，黃褐色。地上發芽型，初生葉單葉，3 小葉，互生。

用途　世界廣泛栽培之優良飼料作物，被稱為「牧草之王」，其乾草產量居多種豆科牧草之冠，且營養成分完全，富含蛋白質、微量元素及十多種維生素。可當綠肥、青貯、乾草等。種子約含油 10 %，與飯混煮、釀酒、製芽菜。花可做蜜源。葉及莖可作為葉綠素材料。全草當藥用。觀賞用。芽葉當沙拉蔬菜利用。
2n=16, 32, 64

6 疏花苜蓿

- ***Medicago truncatula* Gaertn.**
  Medicago tribuloides Desr.
- Barrel medicago

分布　原產歐洲地中海，延伸至葡萄牙及法國北部。臺灣 1950 年代引進栽培。

形態　越年生之草本。全株散生絨毛。葉羽狀三出複葉；小葉倒卵形，長 1~2.5　cm，先端圓鈍而有鋸齒，基部楔形，表面具疏毛，背面密被絨毛。花黃色，單生或 3~5 朵呈腋生的總狀花序；雄蕊 10 枚，二體。莢果呈 3~6 回的螺旋狀扭曲，散生絨毛，具刺，刺為莢果直徑的 1/2 長，彎曲或鉤狀。地上發芽型，初生葉單葉，3 小葉，互生。

用途　做綠肥及飼料，家畜好食。對微鹼性土壤生育良好，可改良土壤用。

2n=14, 16

81 草木樨屬（Melilotus Mill.）

一年生或二年生草本。葉羽狀三出複葉；小葉線形至橢圓狀長橢圓形，短柄，葉脈止於齒緣。花小而多，黃色、白色或白色先端藍色，直立腋生總狀花序；雄蕊二體 (9+1)，莢果直，具喙，光滑，倒卵形，有明顯網紋，不開裂或遲裂。種子 1~ 少粒，腎形。2n=16, (32)。

本屬約 20 種，分布歐洲、亞洲和北非之溫帶或亞熱帶地區。臺灣自生 1 種，歸化 3 種。

1 白花草木樨（白香草木樨、白雲陵香、白花甘翹搖）

- ***Melilotus alba* Desr.**
  Melilotus albus Medikus
- シロバナノシナガワハギ, コゴメハギ
- White sweet clover, Bokhara

分布　原產歐洲、亞洲西部。臺灣 1959 年引進栽培，已歸化生長於東北部、觀霧及武陵等地區。

形態　越年生之草本。莖直立，植株有香味。葉羽狀三出複葉；小葉橢圓形或披針狀橢圓形，2~3.5 cm，先端截形微凹入，葉緣微鋸齒；托葉狹三角形，先端成尾狀，長約 8 mm。花白色，小，3~6 mm，約 40~80 朵，呈總狀花序，葉腋側生，長 4~10 cm；花萼鐘形，有軟毛；雄蕊二體 (9+1)。莢果卵球形，灰茶色，表面具網紋，長 3~3.5 mm，光滑無毛，1~2 粒種子。種子黃色或黃褐色，腎形。

用途　世界廣泛栽培當家畜飼料、綠肥、覆蓋、蜜源作物。植株可食用。莖葉含香豆素當香料，有收斂性和鎮痛性，作為消化劑和矯臭藥。觀賞用。

2n=16, 24, (32)

2 印度草木樨（野苜蓿、郎日巴花、酸三葉草）

- ***Melilotus indicus*** **(L.) All.**
  Trifolium indicus L.
  Melilotus parviflora Desf.
  Trifolium melilotus-indica L.
- コシナガワハギ
- Sour clover, Indian sweet clover

分布 原產歐洲、中亞、中國大陸。臺灣 1918 年引進栽培，已歸化生長於北部及東部海岸地帶及蘭嶼。

形態 二年生草本。莖直立或斜上升，中空，光滑無毛，多分枝。葉羽狀三出複葉；小葉倒卵形至倒披針形，1~3 cm，先端截形或微凸，基部尖。花黃色，後轉變為淡黃色，小形，呈腋生總狀花序；花萼鐘形；雄蕊 10 枚。莢果卵狀圓形，2~3 mm，表面有隆起脈紋。種子 1 粒，腎形，黃褐色。地上發芽型，初生葉單葉，3 小葉，互生。

用途 當牧草及土壤改良、綠肥用、蜜源植物、地被植物。莖桿皮纖維色白質軟，可做人造棉的紡織原料。植物含香豆素，全草及種子當藥用。

2n=16

3 黃香草木樨（黃零陵香、黃花甘翹搖、香草木樨）

- ***Melilotus officinalis*** **(L.) Lam.**
  Trifolium officinalis L.
  Melilotus arvensis Walr.
  Melilotus diffusa Gaud.
  Melilotus expansa Hort.
  Melilotus rugosa Gilib.
  Trifolium melilotus-officinalis L.
- セイヨウエビラハギ, シナカワハギ
- Yellow sweet clover

分布 原產歐洲、溫帶亞洲、北非，現今廣泛栽植於溫帶。臺灣 1950 年代引入栽培，已歸化生長在東部及北部海岸地帶。

形態 一年或二年生草本，全草有香味。葉羽狀三出複葉；小葉倒卵形或倒披針形，1.2~2.5 cm，先端鈍，基部漸尖，葉緣有鋸齒；托葉三角形。花黃色，30~60 朵，呈腋生總狀花序；花萼鐘形，5 裂；雄蕊 10 枚。莢果卵狀圓形，略有毛，脈紋明顯。種子 1 粒，長橢圓形，黃色或黃褐色。地上發芽型，初生葉單葉，3 小葉，互生。

用途 耐鹼、耐乾性強，當牧草、綠肥用。全植株有香味，當零陵香豆香料的代用品、驅蚊劑及藥用。根原住民食用之。當蜜源植物。

2n=16

分布　臺灣自生種，分布日本、韓國、中國大陸。臺灣生長於北部淡水、金山、白沙灣一帶濱海地區。

形態　一年或二年生草本。葉羽狀三出複葉；小葉披針或狹披針形，1.5~3 cm。先端截形，葉緣細鋸齒；托葉條形。花黃色，多數呈腋生總狀花序；花萼鐘形；雄蕊 10 枚。莢果卵狀球形，長 3~4 mm，先端突尖，有網脈紋，成熟時黑色。種子 1 粒，卵狀球形，褐色。地上發芽型，初生葉單葉，3 小葉，互生。

用途　溫潤地區較適應，但也有耐乾性及耐寒性，為優良飼料、綠肥、蜜源植物。全草當藥用。具殺蟲、驅蟲功效。

2n=16

4 草木樨（辟汗草、野木樨、黃花草、黃花草木樨、野苜蓿、香草木樨）

- ***Melilotus suaveolens*** **Ledeb.**
  Melilotus graveolens Bunge
  Melilotus bungeana Boiss.
  Melilotus officinalis (L.) Pall. ssp. *suaveolens* (Ledeb.) Ohashi & Tateishi
- シナガワハギ, エビラハギ
- Sweet clover

82 蕗藤屬（Millettia Wight & Arn.）

喬木、灌木或藤本。葉奇數羽狀複葉；小葉少至數枚，長橢圓狀披針形，對生或互生，全緣。花紫色、藍色、粉紅色或白色，美麗，側生或頂生圓錐花序或少成總狀花序；雄蕊單體或偶為二體。莢果線形，長橢圓形或披針形，平或膨脹，革質或木質，遲開裂。種子 1~ 少粒，球形或腎形，種臍周圍常具一圈黃色或白色假種皮。2n=16, 20, 22, 24。

本屬約 100 種，分布熱帶非洲和亞洲。臺灣特有 1 變種，自生 1 種，引進 1 種。

1 夏藤（土用藤）

- ***Millettia japonica*** **(Sieb. & Zucc.) A. Gray**
  Wisteria japonica Sieb. & Zucc.
- ナツフジ, ドヨウフジ

分布　原產日本關東地方以西的本州、四國、九州自生。臺灣引進栽培。

形態　木質的蔓性藤本。葉奇數羽狀複葉，長約 20 cm；小葉 11~17 枚，長卵形或狹卵形，2.5~4 cm，兩面幾無毛；托葉針形。花綠白色，密生，呈下垂總狀花序，長 10~20 cm；旗瓣長約 12 mm。莢果 10~15 cm，無毛，扁平，5~8 粒種子。

用途　庭園栽培，夏天開花，花美麗，當庭園樹、生籬、盆栽栽植，觀賞用。

2n=16

2 蕗藤（臺灣魚藤、魚藤、風藤、毒藤、臺灣蕾藤、蕾藤、厚果崖豆藤）

- ***Millettia pachycarpa* Benth.**
  Millettia taiwaniana (Matsumura) Hayata
  Derris taiwaniana Matsumura
  Pongamia taiwaniana (Matsumura) Hayata
  Whitfordiodendron taiwaniana (Matsumura) Ohwi
- ドクフジ, ギョトウ
- Taiwan millettia

分布　臺灣自生種，分布印度、東南亞、中國和臺灣。臺灣生長於北部、中部及東部中、低海拔山地。

形態　木質大藤本，攀緣性。葉奇數羽狀複葉；小葉 9~13 枚，除頂生小葉外，其他為對生，倒披針形或近似長橢圓形，10~15 cm，先端鈍而突銳尖，基部鈍。花淡紫紅色或粉紅色，呈腋生的總狀花序，但有時呈圓錐花序；花萼 5 裂，基部鑷合成鐘形；雄蕊 10 枚，二體。莢果球形或橢圓狀球形，徑 5~8 cm，木質，1~3 粒種子，1 粒較多。種子腎形，有光澤。

用途　根含有魚藤酮，可當毒魚、殺蟲劑材料。可治疥癬、毒蛇咬傷。全株做蔭棚。觀賞用。

3 小葉木蕗藤（牡丹崖豆藤、小葉魚藤、小葉雷藤、臺灣小葉崖豆藤）

- ***Millettia pulchra*** **Kurz var.** ***microphylla*** **Dunn**
- ボタンフジ
- Little-leaf tree millettia, Taiwan little-leaf tree millettia

分布　臺灣特有變種，僅生長於南部恆春半島半開闊之海邊荒地。園藝界栽培之。

形態　灌木，直立或斜立。葉奇數羽狀複葉，小葉13~21 枚，長橢圓狀橢圓形或卵狀橢圓形，長 2~3 cm，先端鈍，基部圓，漸尖，背面具絨毛。花紫紅色，集成總狀花序；花萼 5 裂，鐘形；雄蕊 10 枚，二體。莢果扁平，4~8 cm，成熟時開裂。種子橢圓形，1~2 粒。地下發芽型，初生葉單葉，心形，對生。

用途　花美麗，可供觀賞用，庭園美化、綠籬、大型盆栽用。

2n=22

83 奇異豆屬（Mirbelia Sm.）

灌木或小灌木。匍匐或直立，莖一般多毛。葉單葉，對生，有時輪生或互生，全緣或具銳圓裂片。花黃色、橙色、紫紅色或藍色，單生或叢生成腋生或頂生總狀花序；雄蕊 10 枚，離生。莢果卵狀長橢圓形，開裂，具縱向假隔膜。種子黑色，明亮。2n=16。

本屬約 25 種，原產澳洲，分布澳洲西部和西南部。臺灣引進 1 種。

1 大花奇異豆（腺毛花米爾貝利豆）

- ***Mirbelia grandiflora*** **Aiton ex Hook.**

分布　原產澳洲、南威爾斯北部。臺灣 1980 年代引進栽培。

形態　灌木或亞灌木。具多數斜上升，擴展之枝條，被絲狀絨毛。葉單葉，互生或對生，卵狀披針形或卵形，長 2~3.5 cm，先端銳尖或鈍，基部鈍或圓，革質，表面光滑且光澤，有明顯的網狀脈，背面具絲狀毛茸或絨毛，邊緣反卷。花鮮黃色或紅色，腋生或頂生、叢生或少數單生；花萼 5 裂，具絲狀絨毛；旗瓣大形，凹缺，翼瓣幾等長，龍骨瓣甚短，先端鈍；雄蕊 10 枚，二體。莢果厚，長橢圓形，腫脹狀，縱裂為 2 室，2~3 cm，灰白色，密被絨毛，先端鈍。種子間有假隔膜。

用途　觀賞用。

84 血藤屬（Mucuna Adans.）

多年生纏繞性藤本。葉羽狀三出複葉；小葉大，歪斜，倒卵形，有毛。花大而美麗，紫色、黃橙色、紅色或淺黃色，總狀花序，少為圓錐花序，腋生或生於老莖上；花常數朵聚生於花序軸上之隆起節上；雄蕊 10 枚，二體。莢果厚，卵形或長橢圓形，常被棕色刺毛，革質或木質，沿縫線常具翅，二瓣裂。種子 1~10 粒，大，圓形或長橢圓形，種臍長線形。2n=22。

本屬約 150 種，分布熱帶和亞熱帶地區。臺灣特有 1 種，自生 2 種，1 亞種，引進 6 種。

1 豔紅血藤（紅玉藤）

- ***Mucuna bennettii* F. Muell.**
- New Guinea creeper

分布　原產新幾內亞。臺灣 1971 年由澳洲引進，在中、南部少量栽培。

形態　木質大藤本。莖具多分枝，小枝條細長，幼時有柔毛，後光滑無毛。葉羽狀三出複葉；小葉長橢圓形，長 5~15 cm，先端鈍，最先端有尖突，基部圓或心形。花橘黃色至朱紅色，大形，鐮刀形，呈下垂或叢生的總狀花序，花序長 15~30 cm，疏生絨毛；花萼闊鐘形，5 裂；雄蕊 10 枚，二體；苞片早落性。莢果木質，被鉤狀剛毛。

用途　花為熱帶蔓性植物中最美者，栽培觀賞用。2n=22

2 白花油麻藤（禾雀豆、禾雀藤）

- ***Mucuna birdwoodiana* Tutcher**
- Birdwood's mucuna, White mucuna

分布　原產中國福建、廣東、廣西、貴州、四川。臺灣引進栽培。

形態　蔓性木質大藤本。幼莖光滑或節間有灰色毛，老莖外皮灰褐色，斷面淡紅褐色。葉羽狀三出複葉；小葉革質，橢圓形或卵狀橢圓形，長 8~13

cm，先端短尾狀銳尖形，基部圓形，兩面無毛，側小葉較頂小葉小，基部歪斜，小葉柄密生硬毛。花白色或帶綠白色，長 7.5~8.5 cm，呈總狀花序，腋生，長 30~38 cm；花萼鐘形；雄蕊 10 枚，二體。莢果木質，長橢圓形，30~45 cm，背、腹縫線邊緣各具 2 條木質狹翅，種子間略緊縮，近念珠狀，密被紅褐色短絨毛，5~13 粒種子。種子腎形，紫黑色，2.8 cm，種臍包圍種子的 1/2~3/4。

用途　蔓藥用。當澱粉料用。當庭園花卉觀賞用。

3 恆春血藤（大血藤、巨黎豆、馬來豆）

- ***Mucuna gigantea* (Willd.) DC. ssp. *tashiroi* (Hayata) Ohashi & Tateishi**

  Dolichos giganteus Willd.

  Mucuna gigantea (Willd.) DC.

  Mucuna tashiroi Hayata
- ワニグチモタマ, タシロズマメ
- Hengchun mucuna, Elephant cowitch, Kaku-valli, Cowitch

分布　臺灣自生種，分布馬來西亞至波里尼西亞。臺灣生長於恆春半島海岸的山地、叢林地，稀有。

形態　木質大藤本。莖具多數分枝，分枝細長，光滑無毛。葉羽狀三出複葉；小葉長橢圓形或卵形，長 9~13 cm，先端漸尖或銳尖，基部圓鈍，近革質，全緣。花黃綠色或淡綠色，大型，12~30 朵，排列成下垂的繖房花序，花序長 10~30 cm；花萼鑷合成鐘形；雄蕊 10 枚，二體。莢果直、黑色，沿二縫線具寬翅，近光滑，無毛，6~14 cm，種子 1~5 粒。種子橢圓形，徑 2.5~3 cm。地下發芽型，初生葉鱗片葉，互生。

用途　種子及樹皮磨粉當藥用。

2n=22

4 間序油麻藤

- ***Mucuna interrupta* Gagnep.**

  Mucuna nigricans (Lour.) Steud. var. *cordata* Craib

分布　原產中國雲南、中南半島、印度東北部和菲律賓。臺灣引進栽培。

形態　木質纏繞性藤本。莖一般具縱稜，無毛。葉羽狀三出複葉，葉柄長 6~9 cm；小葉薄紙質，頂小葉橢圓形，長 9~14 cm，先端短漸尖，具細尖頭，基部圓或多少心形，兩面無毛或具極稀疏之毛，側小葉歪斜，9~12 cm，基部圓或截形。花白色或紅色，腋生，呈下垂的總狀花序，長 8~24 cm；花萼呈杯狀，5 裂，密被長毛；雄蕊 10 枚，二體。莢果卵形，革質，長 5~12 cm，被短毛和紅褐色螫毛，邊緣具翅，寬 4~5 mm，兩面具 10~20 中部斷裂斜生的直立褶片，被白色刺毛，2~3 粒種子。種子腎形；紅褐色，具黑色條紋和斑點，長約 2.5 cm，種臍黑色，長超過種子周長的 1/2。

用途　當庭園花卉觀賞用。

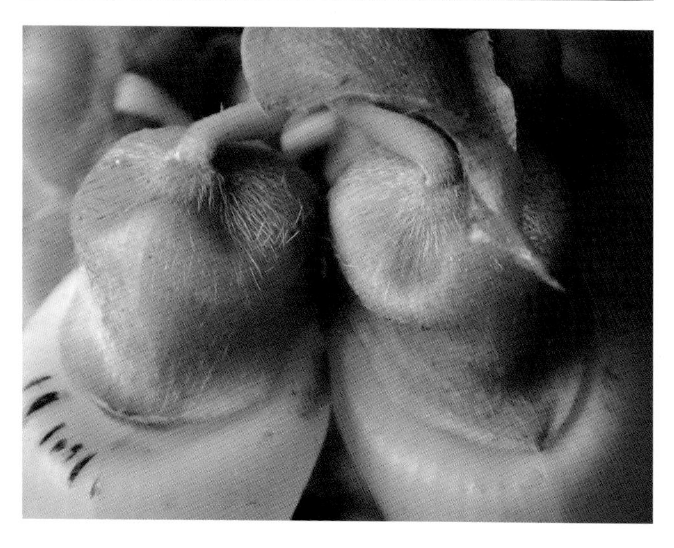

5　褶皮黧豆（褶皮油麻藤）

● ***Mucuna lamellata*** **Wilmot-Dear**

分布　原產中國福建、廣東、廣西、湖北、江蘇、江西、浙江等地。臺灣引進栽培。

形態　稍木質攀爬性藤本，無毛或被稀疏的伸展毛。葉羽狀三出複葉，17~27 cm；頂小葉菱狀倒卵形，長 6~13 cm，側小葉 8~14 cm，基部截形。花大型，藍紫色，腋生，呈下垂的總狀花序，長 7~24 cm。花萼深紫色或紅棕色。莢果狹長橢圓形，種子間緊縮，呈褶皮狀，外型不對稱，微下曲，長 6.5~10

cm，革質，被絨毛，2~5 粒種子。種子深紅褐色或黑色，長 11 mm，扁平，光滑，種臍黑色，長約種子周長的 5/8，無假種皮。

用途　當庭園花卉觀賞用。

6 血藤（青山龍藤、青山龍、大果禾雀豆、葛葉藤、大果油麻藤）

- ***Mucuna macrocarpa* Wall.**
  Mucuna ferruginea Mastumura
  Mucuna subferruginea Hayata
- クズノハカズラ, クズモダマ, ウジルカンダ
- Rusty-leaf mucuna

分布　臺灣自生種，分布印度、中南半島、華南。臺灣生長於全島中、低海拔山地、林內。

形態　木質大藤本。具多數分枝，小枝條具褐色絨毛。葉羽狀三出複葉；頂小葉長橢圓形，12~15 cm，側小葉卵形或卵狀長橢圓形，較小，先端鈍，圓或凹入，基部圓鈍。花大形，紫紅色或暗紫紅色，呈圓錐或繖房花序，花序長 8~30 cm，具褐色絨毛；花萼鑷合成鐘形；雄蕊 10 枚，二體。莢果劍形，扁平，沿二縫線無翅，30~50 cm，種子間緊縮，被褐色絨毛。種子卵圓形，黑褐色。地下發芽型，初生葉鱗片葉，互生。

用途　可做飼料，莖煎煮當風濕病藥用。薪材。

2n=22

7 蘭嶼血藤（紅頭血藤、薄葉血藤、野黎豆）

- ***Mucuna membranacea* Hayata**
  Mucuna nigricans (Lour.) Steud.
- コウトウクズマメ, カショウクズマメ, ハネミノモダマ
- Membranous-leaf mucuna, Nipal

分布　臺灣自生種，分布琉球。臺灣生長於蘭嶼、綠島和屏東滿州之海岸叢林，稀有。

形態　木質藤本。莖粗狀，光滑無毛，折斷後有紅色汁液流出，具多分枝，小枝細長，光滑無毛。葉羽狀三出複葉；小葉倒卵狀橢圓形至橢圓形，或菱狀卵形，長 2~9 cm，膜質，頂小葉最大，側小葉基部歪斜。花紫紅色，少，大型，呈腋生下垂的總狀花序；花萼闊鐘形，5 裂；雄蕊 10 枚，二體。莢果長橢圓形或卵狀長橢圓形，10~18 cm，表面有許多摺折突起，突起處有許多刺毛。種子橢圓形，黑褐色。地下發芽型，初生葉鱗片葉，互生。

用途　莖切斷流出之汁液，治多種發燒。雅美族人遇荒年收穫不佳時，以此種子煮熟食用，種子用來磨光陶坏表面。小朋友以種子磨擦地面生熱後玩燙人的惡作劇。

2n=22

8　長春油麻藤

- ***Mucuna sempervirens*** **Hemsley**
  Mucuna japonica Nakai
- アイラトビカズラ, トビカズラ

分布　原產中國、日本。臺灣引進栽培。

形態　高大木質藤本。莖粗壯。葉羽狀三出複葉；小葉卵狀橢圓形或長橢圓形，長 7~12 cm，硬紙質，先端銳尖形，基部楔形，側小葉基部歪斜，無毛。花濃紫色，長約 6.5 cm，呈總狀花序，著生於老莖上。花萼闊鐘形，5 裂，上 2 枚癒合；雄蕊 10 枚，二體。莢果帶狀，木質，長約 60 cm，緣呈翅狀，種子間緊縮，10 餘粒種子。種子長橢圓形，扁平，長約 2.2 cm，褐色，種臍長約種子周長的 1/2。

用途　莖韌皮部纖維可編織草袋或造紙用。塊根可採澱粉。種子可榨油。植物體當藥用，有活血、強筋骨、疏經絡作用。觀賞用。在日本熊本縣之老長春油麻藤被指定為國家特別天然紀念物。

9 黃花血藤（史隆血藤）

- ***Mucuna sloanei* Fawc. & Rendle**
- Yellow jadevine, Horse eye, Brown hamburger bean, Ojo de buey, True sea-bean

分布　原產中、南美洲熱帶雨林，分布熱帶美洲、阿根廷至墨西哥、佛羅里達、加勒比海、非洲，奈及利亞栽培之。臺灣引進栽培。

形態　高大的攀緣木質藤本。葉羽狀三出複葉；小葉不對稱，歪卵形。花黃色，呈下垂的總狀花序，腋生。莢果密被黃色有刺激性毛，數粒種子。種子棕色，美麗看起來類似小漢堡，因此被稱為「棕漢堡豆」。種子極易隨海水漂流至他處生長，被稱之為海豆。

用途　嫩莢煮而當蔬菜食用，成熟種子煮湯或搗成粉食用之。在奈及利亞有時栽培當食用作物。原住民以葉汁治腹瀉。種子當項鍊、手鐲、手工藝品之材料。乾種子含 3 % 之左旋多巴，有毒，當藥用。種子含油萃取當樹脂、油漆、假漆、皮膚乳液、肥皂原料。植物體當黑色染料，可染纖維和皮革。

10 臺灣血藤

- ***Mucuna taiwaniana* Y. C. Liu *et* C. H. Ou**
- Taiwan mucuna

分布　臺灣特有種，生長於南部地區。

形態　藤本。幼枝被褐色毛。葉羽狀三出複葉；小葉膜質，卵狀長橢圓形，長 8~12 cm，先端銳形，短突尖，基部楔形，表面殆平滑，背面被毛。花紫色，呈下垂總狀花序；旗瓣邊緣平滑無毛，花柱下方被長毛。莢果劍形，略彎曲，種子間緊縮。種子橢圓形。

用途　葉當飼料，種子磨粉當藥用。

85 栓皮豆屬（Mundulea (DC.) Benth.）

灌木或小喬木。具絹毛。葉奇數羽狀複葉；小葉全緣，披針形或橢圓形，上表面光滑，下表面被毛。花粉紅色或紫色，叢生於葉腋或枝端，呈與葉對生之總狀花序；雄蕊 10 枚，單體。莢果線形，平，縫線厚，遲開裂。種子 1~8 粒，腎形。2n=20, 22。

本屬約 15 種，產於馬達加斯加、非洲和印度。臺灣引進 1 種。

1 栓皮豆（紫豆花軟木）

- ***Mundulea sericea*** **(Willd.) A. Chev.**

  Cytisus sericeus Willd.

  Mundulea suberosa Benth.

  Tephrosia suberosa DC.

- Corky barked wild indigo, Cork bush, Silver bush, Rhodesia silver-leaf

分布　原產印度、斯里蘭卡、熱帶非洲。臺灣引進栽培。

形態　灌木。樹皮厚而栓皮質。小花梗及葉背及莢果密被絲狀柔毛。葉奇數羽狀複葉；小葉 11~21 枚，長橢圓形或披針形。花淡紅色，密生，呈總狀花序，頂生。莢果長 7.5~10 cm。種子 6~8 粒。種子及樹皮含淡綠黃色之樹脂。

用途　種子、樹皮、根可毒魚，莖、種子及莢果可殺蟲。當庭園樹，觀賞用。

2n=22

86 香膠樹屬（Myroxylon L. f.）

常綠喬木。葉奇數羽狀複葉；小葉少，3~11 枚，互生，卵狀披針形，全緣，具腺油點或線。花白色，單腋生總狀花序或簇生穗狀花序；雄蕊 10 枚，等長，離生，或基部短連合。莢果翼狀，長柄，扁平，不開裂，二縫線具翅，基部具長隔膜，先端 1 粒種子。種子近腎形。2n=28。

本屬約 6 種，原產熱帶南美洲、南墨西哥和中美洲。臺灣引進 2 種。

1 托魯膠樹（吐魯膠樹、吐魯香膠樹、吐魯香脂樹、托路膠樹）

- ***Myroxylon balsamum*** **(L.) Harms**

  Toluifera balsamum L.

  Myroxylon toluiferum Humb. & Kunth

- トルーバルサム, トールバルサムノキ
- Balsam of Tolu, Tolu balsam, Tolu balsam tree

分布　原產南美洲、委內瑞拉、哥倫比亞及秘魯。臺灣 1930 年引進栽植於墾丁國家公園及臺北植物園內。

形態　喬木。葉奇數羽狀複葉；小葉 7~11 枚，互生，長橢圓形或卵狀長橢圓形，5~10 cm，先端漸尖，基部鈍。花黃色或淡黃色，有時白色，下垂，呈總狀花序。莢果長 8~10 cm，具翅，種子 1 粒。地下發芽型，初生葉 3 小葉、5 小葉，對生。

用途　樹皮割傷流出樹脂，富有檸檬般香味，為托魯膠之原料。有彈性，可製造軟膏、去痰劑、防腐劑，當香水的固定劑。材赤褐色，有光澤，重而硬，強韌、耐久，當橋樑、家具、工具柄等用材。當庭園樹，觀賞用。

2 秘魯膠樹（秘魯香膠樹、秘魯香脂樹）

- ***Myroxylon pereirae*** **(Royle) Klotz.**

  Myrospermum pereirae Royle

  Myroxylon balsamum (L.) Harms var. *pereirae* (Royle) Harms

  Toluifera pereirae (Royle) Baill.

- ペルーバルサムノキ, メッカバルサムノキ
- Balsam of Peru, Peru balsam tree, Quina, Balsam tree

分布　原產中美洲太平洋沿岸，薩爾瓦多、秘魯海岸及山中。臺灣 1910 年引進栽植於臺北植物園。

形態　常綠高大喬木。葉奇數羽狀複葉；小葉 7~11 枚，長橢圓形，長 5~7.5 cm，葉面具透明之油腺。花白色，總狀花序，頂生，花序直立。莢果長約 10

cm，翅果，黃色，在殘存的花萼的上部有梗，基部扁平，在腹面有一廣闊的翅，在背面有一狹而縱裂的翅，先端膨大，富含樹脂，僅1粒種子。地上發芽型，初生葉5小葉，對生。

用途　莖可採秘魯香膠（香脂）當消毒劑、殺寄生蟲藥，外用藥及內服藥用。又可製秘魯香膠油，當香料、香料保留劑、教會的聖油。當咖啡的庇蔭樹、庭園樹，觀賞用。

2n=28

87 爪哇大豆屬（Neonotonia J. A. Lackey）

多年生纏繞性藤本。全株密被褐粗毛。葉羽狀三出複葉；小葉卵形。花白色，2~3朵叢生，呈腋生總狀花序；雄蕊10枚，二體。莢果線形，直，被粗毛，4~5粒種子。種子長橢圓形或方橢圓形，黑褐色或棕黑色。2n=22。

本屬僅1種，產於爪哇、印度、斯里蘭卡、熱帶非洲。臺灣歸化1種。

1 爪哇大豆（野生大豆）

- ***Neonotonia wightii* (Wight & Arn.) J.A. Lackey**

  Johnia wightii Wight & Arn.

  Glycine wightii (Wight & Arn.) Verdc.

  Glycine javanica L.
- ロテシアクズ
- Perennial soybean, Rhodesian kudzu

分布　原產爪哇、印度、斯里蘭卡、熱帶非洲。臺灣1920年代引進，如今在中、南部及花蓮、臺東已歸化生長，馬祖亦有之。

形態　多年生纏繞性藤本。全株密被褐色粗毛。葉羽狀三出複葉；小葉卵形，3~5 cm，先端銳尖，基部圓鈍，膜質，表面具少許倒伏性毛，背面灰色被絨毛。花白色，2~3朵叢生，呈腋生的總狀花序；花萼4裂，披針形；雄蕊10枚，二體。莢果直線形，2~3 cm，4~5粒種子，被粗毛。種子方橢圓形或長橢圓形，2.5~3 mm，黑褐色或棕黑色。地上發芽型，初生葉單葉，橢圓狀心形，對生。

用途　可當綠肥、覆蓋、牧草、乾草、飼料等，馬拉威葉當山菜料理食用之。

2n=22, 44

88 小槐花屬（Ohwia Ohashi）

灌木。葉羽狀三出複葉，具托葉，小托葉翅狀。花綠或黃白色或灰黃色，頂生或腋生的偽總狀花序或圓錐花序；花萼狹鐘形，4裂；雄蕊二體。莢果線形，扁平，長橢圓形，4~8莢節，每節1粒種子。種子扁平，橢圓形，棕黃色。2n=22。

本屬有2種，分布東亞和東南亞。臺灣自生1種。

1 小槐花（銳葉小槐花、味噌草、拿身草、魔草、魔仔草、金腰帶、尖葉小槐花）

- ***Ohwia caudata* (Thunb.) Ohashi**

  Desmodium caudatum (Thunb.) DC.

  Hedysarum caudatum Thunb.

  Catenaria caudatum (Thunb.) Sch.

  Desmodium laburnifolia (Poir.) DC.

  Hedysarum laburnifolium Poir.

  Catenaria laburnifolia (Poir.) Benth.
- ミソナオシ, ウジクサ
- Caudate tickclover

分布　臺灣自生種，分布韓國、日本、印度、中國、斯里蘭卡、馬來西亞等。臺灣生長於全島低海拔山地，向陽地、林地邊緣或原野，民間常栽植。

形態　直立灌木或亞灌木。具多數分枝。葉羽狀三出複葉；葉柄長具極狹翅；小葉卵形、長橢圓形或卵狀披針形，3~10 cm，先端漸尖，托葉針形。花綠白色或黃白色，多數呈頂生或腋生的總狀花序，常組合為一圓錐花序，長 5~30 cm。莢果線形，下垂，有 4~8 個莢節，節間略呈緊縮狀，密被短棕色鉤狀毛。種子橢圓形，5~6.5 mm，棕黃色。地上發芽型，初生葉單葉，對生。

用途　葉片可做味噌的原料，有防腐作用。莖和葉當藥用、殺蟲等。具根瘤，可做綠肥及牧草。民間常栽培當驅邪避凶植物。

2n=22

89 沙漠鐵木屬（Olneya A. Gray）

常綠灌木或小喬木。枝條具托葉狀刺。葉偶數或奇數羽狀複葉；小葉 5~8 對，小，全緣，具灰色至藍色絨毛。花粉紅色、白色至紫白色，短總狀花序；雄蕊 10 枚，二體。莢果具腺毛，縫線厚，革質。種子 1~2 粒，闊橢圓形。2n=18。

本屬僅 1 種，原產美國西南部沙漠，即亞利桑那州、加利福尼亞州南部、墨西哥東北部。臺灣引進 1 種。

1 沙漠鐵木

- ***Olneya tesota*** **A. Gray**
- Desert ironwood, Sonora ironwood, Ironwood tree, Tesota, Olneya

分布　原產北美及墨西哥。臺灣引進栽培。

形態　常綠灌木或小喬木。單一或多分枝，枝具尖刺，樹冠廣闊。葉偶數或奇數羽狀複葉；小葉 5~8 對，卵狀，灰綠色，質厚，長約 **2 cm**，具灰色軟毛。花粉紅色、紫白色至白色，長約 1 cm，總狀花序，長約 5 cm，旗瓣有凹陷。莢果長 3~6 cm，具腺毛。種子黑色，1~2 粒，闊橢圓形。

用途　當地原住民冬季儲藏種子，供食用。幼莢和花亦可食用。木材當薪材，當飼料。花美麗可供觀賞。

2n=18

90 濱槐屬（Ormocarpum P. Beauv.）

灌木或小喬木，常具腺毛。葉奇數羽狀複葉，罕單葉，一般互生；小葉長橢圓狀橢圓形，葉數多而小或少而大。花黃色、淡紫色或白色，偶具紫色條紋，腋生或頂生總狀花序；雄蕊 10 枚。莢果線形，扁平，莢節狹長橢圓形，不開裂。種子淺棕色，橢圓形，扁平。2n=24, 26。

本屬約 30 種，分布熱帶和亞熱帶舊世界。臺灣自生 1 種。

1 濱槐（鏈莢木）

- ***Ormocarpum cochinchinensis* (Lour.) Merr.**
  - *Diphaca cochinchinensis* Lour.
  - *Ormocarpum sennoides* DC.
  - *Ormocarpum glabrum* Teijsm & Biun.
- ハマセンナ
- Cochin-China ormocarpum, Common ormocarpum

分布　臺灣自生種，分布熱帶非洲、印度、華南、馬來西亞。臺灣生長於基隆、蘭嶼、綠島海邊及北部和平島灌叢中。

形態　常綠小灌木。樹枝呈匍匐性。葉奇數羽狀複葉；小葉 9~17 枚，互生，長橢圓形或橢圓形，2~3 cm，先端鈍，基部鈍。花黃白色帶紫色條紋，單生或成對生長，腋生總狀花序；花萼 5 裂，披針形；雄蕊初單體，後很快分裂成 5 枚一束。莢果線形，5~12 cm，2~5 節，平滑，不開裂。地上發芽型，初生葉奇數羽狀複葉，互生。

用途　植物體有毒，但可以當綠肥、遮蔭樹及藥用。2n=24

（楊淑聆　攝）

（呂碧鳳　攝）

91 紅豆樹屬（Ormosia Jacks.）

常綠喬木。葉奇數羽狀複葉，罕單葉或三出複葉；小葉 5~19 枚，頂小葉最大。花粉紅色、紫色、綠白色，呈頂生或腋生圓錐花序或稀總狀花序；雄蕊 10 枚，離生。莢果短柄，木質或革質，基部有宿存花萼，圓形或長橢圓形，二瓣裂，少不開裂。種子 1~6 粒，橢圓狀球形，光滑，硬，紅色至黑色，或具有紅、黑兩色圍繞種臍。2n=16。

本屬約 120 種，分布熱帶美洲、亞洲和馬達加斯加。臺灣特有 2 種，引進 5 種。

1 凹葉紅豆樹（凹葉紅豆）

- ***Ormosia emarginata* (Hook. *et* Arn.) Benth.**
  Layia emarginata Hook. *et* Arn.
- Emarginate ormosia, Emarginate-leaved ormosia

分布　原產廣東、香港、海南、越南、南洋諸島。臺灣引進栽培。

形態　小喬木。莖幼時綠色，老則灰綠色，小枝淡綠色，平滑無毛。葉奇數羽狀複葉；小葉 3~5 枚，偶亦有 7 枚，長倒卵形至長橢圓形，3~7 cm，革質，全緣，先端鈍且常凹入或淺二裂，基部銳尖或略楔形。花白色至粉紅色，近頂生圓錐花序；雄蕊 10 枚，單體。莢果扁平，木質，黑褐色，具橫隔膜，1~3 粒種子。種子紅色，卵圓形或橢圓形，成熟後種子久懸於莢上。

用途　種子供做項鍊，當裝飾品。當庭園樹，觀賞用。

2 臺灣紅豆樹（青猴公樹、臺灣紅豆、九江）

- ***Ormosia formosana* Kaneh.**
- タイワンベニマメノキ
- Formosan ormosia

分布　臺灣特有種，生長於中部低海拔山區之闊葉林中。

形態　常綠喬木。葉奇數羽狀複葉；小葉 3~9 枚，一般 5 枚，對生或近對生，披針形或闊披針形，7~11 cm，革質，全緣，先端漸尖而略呈短尾狀，基部鈍或略圓，兩面灰白色。花白色或黃白色，呈頂生的總狀花序；花萼鐘形，先端 5 裂，裂齒三角形；雄蕊 10 枚，單體。莢果木質，扁平，成熟時開裂，1~4 粒種子。種子鮮紅色，球形，有光澤，6~7 mm。地下發芽型，初生葉 3 小葉，對生。

用途　木材及種子做項鍊等裝飾品。邊心材區別明顯，材質粗而質重，有光澤，常當為器具材及裝飾材。當庭園樹，觀賞用。

2n=16

3 恆春紅豆樹（恆春紅豆）

- ***Ormosia hengchuniana*** **T. C. Huang, K. C. Yang *et* S. F. Huang**
- コウシュンベニマメノキ
- Hengchun ormosia

分布　臺灣特有種，臺灣生長於屏東恆春半島一帶，墾丁國家公園、南仁山及鹿子寮山區。

形態　直立小喬木。全株幼嫩被金黃色毛。葉奇數羽狀複葉；小葉 3~9 枚，一般為 7 枚，卵橢圓形至倒卵形，4~12 cm，先端圓鈍或尖凹，基部圓鈍。花深紅色，旗瓣基部綠色，呈頂生或少腋生的總狀花序；花萼 5 裂，裂齒三角形；雄蕊 10 枚，單體。莢果扁圓形，長 2~3 cm，厚革質，先端尾狀。種子扁圓形，粉紅色。地下發芽型，初生葉 3 小葉，對生。

用途　種子可當裝飾品，木材供建材。當庭園觀賞樹用。

4 中國紅豆樹（紅豆樹、鄂西紅豆）

- ***Ormosia hosiei*** **Hemsl. *et* Wils.**

分布　原產中國陝西、甘肅、江蘇、安徽、浙江、江西、福建、湖北、四川、貴州。臺灣引進栽培。

形態　常綠或落葉喬木。樹皮灰綠色，平滑，小枝綠色。葉奇數羽狀複葉；小葉 3~9 枚，薄革質，卵形或卵狀橢圓形，稀近圓形，3~11 cm，先端急尖或漸尖，基部圓形或闊楔形，表面深綠色，背面淡綠色。花白色或淡紫色，呈頂生或腋生的圓錐花序，長 15~20 cm，下垂，花疏，有香氣；雄蕊 10 枚。莢果近圓形，扁平，3~5 cm，先端有短喙，1~2 粒種子。種子近圓形，徑約 2 cm，紅色，種臍長約 9~10 mm。

用途　木材堅硬細緻，紋理美麗，有光澤，耐腐朽，為優良木雕工藝及家具等用材。種子與根入藥。樹姿優雅，為很好的庭園樹種，觀賞用。

5 單子紅豆樹（紐千紅豆樹、單子紅豆、單實紅豆樹）

- ***Ormosia monosperma*** **(Sw.) Urban**
  Sophora monosperma Sw.
  Ormosia dacycarpa Jacks
- Beadtree ormosia, Caconier

分布　原產西印度群島。臺灣 1923 年首度引進，後又多次引進，栽植於臺北植物園、六龜分所扇平工作站、嘉義樹木園。

形態　高大喬木。具多數分枝，小枝條略具絨毛。葉奇數羽狀複葉；小葉 5~11 枚，長橢圓形或倒卵狀長橢圓形，7~12 cm，先端銳尖或漸尖，基部鈍圓，表面綠色有光澤，背面顏色較淡，中肋有微毛。花淡紫色，小形，呈腋生的圓錐花序，花序軸長 15~25 cm，具褐色絨毛；花萼 5 裂；雄蕊 10 枚，單體。莢果卵圓形，3~4 cm，1 粒種子。種子卵形或闊卵形，鮮紅色，徑 1.5 cm，有一大黑斑塊。

用途　材緻密而硬，可當屋樑板，及一般建築用。當庭園觀賞樹用。種子供手工藝品用。

2n=16

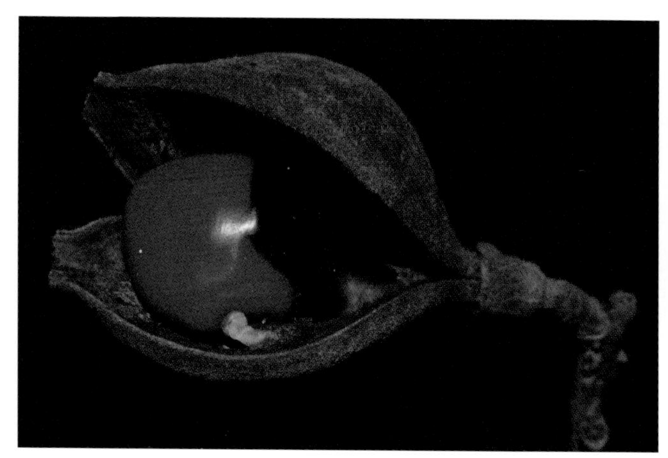

6 海南紅豆

- ***Ormosia pinnata*** **(Lour.) Merr.**
  Cynometra pinnata Lour.
- Hainan ormosia

分布　原產華南、越南、泰國。臺灣引進園藝栽培。
形態　喬木或灌木。小枝幼時被淡褐色短柔毛，後無毛。葉奇數羽狀複葉；小葉 7~9 枚，披針形，小葉柄具凹槽。花粉紅而帶黃白色，呈頂生圓錐花序；旗瓣基部具 2 枚角質耳狀體；雄蕊 10 枚。莢果單種子時呈鐮刀狀，基部有明顯的果頸，數粒種子時則腫脹而為彎曲，呈圓柱形，厚木質，內具橫隔膜，3~7 cm，熟時橙紅色，乾時褐色。種子 1~4 粒，鮮紅色，長 1.5~2 cm。種臍小。
用途　當行道樹、庭園綠化樹，觀賞樹用。

7 軟莢紅豆（紅豆樹、相思木、相思子、紅豆）

- ***Ormosia semicastrata* Hance**
- Softlegume ormosia, Soft-fruited ormosia

分布　原產廣東、海南、香港。臺灣 1970 年代由香港引進，栽植於墾丁國家公園內。
形態　常綠高大喬木。樹皮褐色，常有瘤狀突起或裂痕，小枝疏生黃色絨毛。葉奇數羽狀複葉；小葉 3~9 枚，長橢圓形或披針形，4~14 cm，先端銳尖或漸尖，鈍或微凹，基部圓或寬楔形，表面綠色有光澤，背面較淡，中肋具絨毛。花白色，圓錐花序生於上部葉腋；雄蕊 5 枚發育，5 枚退化。莢果圓形或橢圓形，平滑，革質，光澤而無毛，乾燥時呈黑褐色，頂端具短喙，僅 1 粒種子，無隔膜。種子鮮紅色，斜卵形，8~10 mm，種臍長約 2 mm。
用途　本種之種子與孔雀豆（*Adenanthera pavonina* L.）的種子很類似，做項鍊等裝飾品用。當行道樹、庭園樹，觀賞用。

92 歐小豆屬（Ornithopus L.）

一年生草本。莖多分枝，纖細，細長，伸展或直立。葉奇數羽狀複葉；小葉小，3~18 枚。花黃色、白色或粉紅色，呈小頭狀或繖形花序；雄蕊 10 枚，二體。莢果常彎曲，圓柱狀或扁平，具喙和多毛，3~8 節，節間縊縮，莢節卵形或長橢圓形，1 粒種子，不開裂。種子長橢圓形、卵形或近球形。2n=14。

本屬約 15 種，分布歐洲地中海地區、西亞和澳洲、南美洲。臺灣引進 1 種。

1 歐小豆（歐泥索豆）

- ***Ornithopus sativus* Brot.**
  Ornithopus roseus Dufour
- ツノウマゴヤシ
- Serradella

分布　原產西南歐。臺灣1930年代引進當飼料植物栽植，稀少。

形態　一年生或多年生草本。莖直立或斜上升，長0.3~1 m，具多數分枝，小枝條細長，有倒伏性長毛。葉奇數羽狀複葉；小葉3~18枚，披針形、橢圓形至卵形，6~25 mm，先端鈍而有尖突，基部歪圓，兩面均被柔細長毛。花白色或粉紅色，2~5朵組成一繖形花序；花萼5裂，上位2枚短合生；雄蕊10枚，二體。莢果長1.5~4 cm，直或略彎曲，有尖喙，4~7節，種子間緊縮狀。

用途　對pH 5.0~5.5之酸性沙質土壤特別適應，歐洲當飼料、綠肥、覆蓋作物栽培。

2n = 14, 16, (56)

93 豆薯屬（Pachyrhizus Rich. *ex* DC.）

一年生或多年生草本，纏繞或直立性藤本。具肥大肉質塊根。葉羽狀三出複葉；小葉常角狀或波狀裂片，頂小葉闊，側小葉歪斜。花青紫色、紫色、淡紫色、粉紅色或白色，呈腋生的總狀花序，常簇生於腫脹的節上；雄蕊10枚，二體。莢果線形，種子間縊縮。種子4~9粒，黃色、紅色、紫色或黑色，扁平，卵形、方形或腎形。2n=22。

本屬約6種，廣泛分布熱帶和亞熱帶地區。臺灣栽培種2種。

1 豆薯（葛薯、涼薯、田薯、沙葛、地蘿蔔、刈薯、地瓜、三角薯、豆蘿、番薯）

- ***Pachyrhizus erosus* (L.) Urban**
  Dolichos erosus L.
  Pachyrhizus angulatus Rich. *ex* DC.
  Pachyrhizus bulbosus (L.) Kurz.
  Dolichos bulbosus L.
  Pachyrhizus jicamas Blanco
  Pachyrhizus trilobus DC.
- クズイモ, マメイモ
- Yam bean, Monoc pea, Yam lam, Jicama, Short-podded yam bean

分布　原產於熱帶。臺灣1910年代引進，全島栽培，南部高屏較多，已歸化生長於南部地區，為一栽培種食用根莖類作物。

形態　多年生的草本。匍匐或蔓生，具長毛。塊根肥大紡錘形或扁球形，肉質。葉羽狀三出複葉；頂小葉菱形，5~20 cm，先端不規則淺裂，側小葉歪卵形，較小。花淡紫色，呈腋生伸長的總狀花序，花序單生或2~4朵叢生，長20~60 cm，具褐色絨毛；雄蕊10枚，二體。莢果扁平，線形，7~14 cm，被絨毛，4~9粒種子。種子間緊縮狀，黃褐色，扁橢圓形。地下發芽型，初生葉單葉，耳形，對生。

用途　塊根可生食、煮食當蔬菜用，並可採澱粉。種子含豆薯酮，有毒，不可食用，但含油20 %以上，當工業用油，並可做殺蟲劑、皮膚藥及毒魚劑。莖可採纖維，當編織原料。根有清熱消暑、生津止渴、解酒毒之效。花亦有解酒毒之功效。

2n=20, 22

2 墨西哥豆薯（豆薯、美洲豆薯、大地瓜）

- ***Pachyrhizus tuberosus* (Lam.) Spr.**
  Dolichos tuberosus Lam.
  Cacara tuberosus (Lam.) Britt.
  Stizolobium tuberosus (Lam.) Spr.
- ポテトビーン
- Mexican yam bean, Potato bean, Yam bean

分布　原產西印度群島、中、南美洲、非洲、大洋洲均有栽培。臺灣引進栽培，為一栽培種食用根莖類作物。

形態　蔓性草本。塊根肥大。葉羽狀三出複葉；小葉略呈三角形、卵圓形、不整齊菱形或披針形，全緣。花白色至淡紫色，總狀花序。莢果線形，長20~25 cm，扁平，被絨毛，種子6~10粒。種子黃褐色，腎形，長1.1~1.4 cm。

用途　幼莢可食用。塊根較豆薯（*P. erosus*）更為肥大，富含澱粉，煮食當蔬菜，可採味佳之白色澱粉。種子含豆薯酮，有毒，不可食用。粉末當殺蟲劑。莖可採纖維。

2n=22

94 菜豆屬（Phaseolus L.）

一年生或多年生，纏繞性或直立性草本。葉羽狀三出複葉；小葉形狀多樣，或3裂，歪斜。花黃色、白色、紅色、粉紅色或紫色，總狀花序；花梗著生處腫脹；雄蕊二體 (9+1)。莢果線形，長橢圓形或鐮刀形，圓柱狀或扁平，二瓣裂。種子1~多粒，長橢圓形、腎形、橢圓形或卵形，種臍橢圓形至長橢圓形。2n=(14), 20, 22。

本屬約100種，起源於南美洲，有野生和栽培種，分布於全球溫暖地區。臺灣栽培種3種，1變種。

1 紅花菜豆（赤花菜豆、多花菜豆、大虎豆、虎豆、龍爪豆、福豆、荷包豆、大白芸豆、大花豆、看花豆）

- ***Phaseolus coccineus* L.**
  Phaseolus multiflorus Willd.
- ベニバナインゲン, アカハナマメ, ハナマメ, ハナササゲ
- Scarlet runner, Scalet runner bean, Flowering bean, Dutch case-knife bean, Haircot mouchete, Multiflora bean, Painted lady, Flower bean, Bow street runner

分布　原產中、南美洲。臺灣引進栽培，不常見，為一栽培種食用豆類作物。

形態　一年生或多年生蔓性草本。多年生者塊根可肥大。葉羽狀三出複葉；小葉濃綠色，全緣，頂小葉卵形，5~9 cm，先端銳尖，基部圓形或廣楔形，側小葉歪卵形。花紅色、緋紅色、淡紅白色、白色，多數頂生，呈總狀花序。莢果帶狀，微彎曲，10~16 cm。種子腎狀長橢圓形，扁平，1.5~2.5 cm，白色、紫色，有紫色斑點或黑色縞紋。地下發芽型，初生葉單葉，對生。有不同之變種及品種。**白花菜豆**（var. *albus* L. H. Baily），花白色，種子白色；**矮生白花菜豆**（var. *albonanus* L. H. Baily）；及**矮生紅花菜豆**（var. *rubronanus* L. H. Baily）。

用途　幼莢可食用，歐洲人多以此為食物。種子當裝飾用，也可食用，含油脂，塊根可食用，當蔬菜、飼料及綠肥用。中非當與玉米間作之作物。花美麗可供觀賞。

2n=22

2 萊豆（利馬豆、雪豆、觀音豆、皇帝豆、金甲豆、五色豆、香豆、棉豆）

- ***Phaseolus lunatus* L.**

  Phaseolus limensis Macf.

  Phaseolus inamonenus L.
- ライマメ, アオイマメ, ゴシヤマメ, ゴモンマメ, コチョウマメ。
- Lima bean, Sugar bean, Butter bean, Sieva bean, Burma bean, Duffin bean, Double bean, Java bean, Rangoon bean

分布　原產熱帶中美洲。臺灣早期引進栽培，為一栽培種食用豆類作物。

形態　越年生或多年生蔓性草本。莖纏繞性，具多數分枝，也有直立矮性品種（30~90 cm）。葉羽狀三出複葉；小葉卵狀三角形，5~13 cm，先端漸尖或銳尖，側生小葉較小，基部歪斜。花白色或淡黃色，呈腋生總狀花序，長3~12 cm；雄蕊10枚，二體。莢果寬帶形，長刀狀而扁平，5~12 cm，成熟時黃褐色。種子2~4粒，紅色、白色、黑色、褐色，腎形或橢圓形，扁平，有明顯的斑紋。栽培種分為兩變種：**利馬豆變種**（var. *limensis*）（Lima bean），多年生，種子大而白色；**雪豆變種**（var. *lunatus*）（Sieva bean），一年生，種子小，各種顏色。或分為兩個栽培種組群：極小粒栽培組群（cv. group lunatus）和大粒栽培組群（cv. group inamonenus）。品種很多，變異大。地上發芽型，初生葉單葉，耳形，對生。

用途　未熟種子煮食當蔬菜用。成熟種子含有特殊香味之菜豆苷（phaseolunation）和氰酸，能引起中毒，但浸水或水煮後可去除之。未熟豆為罐裝或冷凍之最重要的豆類。莖葉可當青貯飼料，枝葉繁茂為良好覆蓋及綠肥作物。種子當藥用。

2n=22

3a 菜豆（四季豆、敏豆、花豆、龍爪豆、雲豆、白雲豆、花雲豆、隱元豆、蔓性菜豆、腎豆）

- ***Phaseolus vulgaris* L.**
  Phaseolus vulgaris L. var. *communis* Aschers.
- インゲンマメ, サイトウ
- Common bean, Kidney bean, French bean, Garden bean, Snap bean, Pinto bean, Navy bean, String bean, Field bean, Common haircot bean, Runner bean, Climbing bean

分布　原產熱帶美洲，世界廣泛栽培。臺灣早期引進全島栽培，為一栽培種食用豆類作物。

形態　一年生蔓性草本。莖有攀緣性，具多數分枝。葉羽狀三出複葉；小葉卵形或圓卵形，6~15 cm，先端鈍或短漸尖。花白色、淡黃色或淡紫色，呈腋生的總狀花序，常 2 朵花生長於節上；雄蕊 10 枚，二體。莢果線形，直或略彎曲。種子腎形、長球形、圓形、橢圓形等，白色、紫色、褐色、黑色、斑紋等，栽培品種很多，變異很大。地上發芽型，初生葉單葉，耳形，對生。

用途　為最重要的食用豆類作物之一，種子可煮食，製豆沙餡、點心及糕餅之原料。嫩莢及種子含多量蛋白質及維他命 A、B_1、B_2、C 等，為良好的蔬菜。莖葉可供飼料或綠肥。種子含植物凝集素，增強免疫能力；也含有多酚類的花青素、原花青素及酚酸，具有高抗氧化能力，近年已被定位為重要的機能性食品。

2n=22

3b 矮性菜豆（矮性四季豆、花豆、倭小豆）

- ***Phaseolus vulgaris* L. var. *humilis* Alef.**
  Phaseolus vulgaris L. var. *nanus* (L.) Martens
  Phaseolus nanus L.
- ツルナシインゲン
- Bush bean, Dwarf bean, Dwarf French bean

分布　原產熱帶美洲，世界廣泛栽培。臺灣引進栽植，全島栽培，為一栽培種食用豆類作物。

形態　一年生直立草本。高約 0.5~0.6 m，具有多數分枝，人為培育的矮性變種。葉羽狀三出複葉；小葉菱狀卵形，10~15 cm，先端鈍或銳尖，基部心形。花白色、黃色或淡紫色，3~5 枚呈總狀花序；雄蕊 10 枚，二體。莢果細長 10~20 cm，線形，直或彎曲。種子腎形、圓形或橢圓形等，栽培品種很多，變化很大。地上發芽型，初生葉單葉，耳形，互生。

用途　如菜豆，鮮莢為一重要蔬菜豆類。乾種子為食用豆類，做豆餡，製粉後可做糕餅、醬油及味精的原料。

2n=22

95 排錢樹屬（Phyllodium Desv.）

草本或小灌木。葉羽狀三出複葉，具托葉及小托葉；小葉全緣或淺波狀緣，側小葉常偏斜。花白色至淡黃色，或偶為紫色，4~15 朵組成繖形頭狀花序排列成長總狀，頭花為葉狀苞片包被；雄蕊單體。莢果扁平，革質，長橢圓形，腹縫線縊縮成波狀，背縫線成淺齒狀，不開裂。種子扁平，腎形。2n=22。

本屬約 6 種，分布南亞、大洋洲和澳洲。臺灣自生 1 種，引進 1 種。

1 長葉排錢樹

- ***Phyllodium longipes* (Craib) Schindler**
  Desmodium longipes Craib

分布　原產中國大陸廣東、廣西、雲南、柬埔寨、寮國、泰國、緬甸、越南。臺灣引進栽培。

形態　灌木。分枝密被棕色絨毛。葉羽狀三出複葉；頂小葉披針形或長橢圓形，13~20 cm，側小葉斜卵形，3~4 cm，表面密被棕色軟毛，背面微毛或無毛。花白色或灰黃色，(5~)9~15 朵，被一對生之圓形苞片包被。莢果狹長橢圓形，0.8~1.5 cm，2~5 節，種子間緊縮。種子廣橢圓形，約 2.5~3 mm，米黃色。

用途　具根瘤，當綠肥、飼料及藥用。

2 排錢樹（圓苞小槐花、牌錢樹、圓苞山螞蝗、金錢草、阿婆錢、竺碗子樹、阿婆樹）

- ***Phyllodium pulchellum* (L.) Desv.**
  Hedysarum pulchellum L.
  Desmodium pulchellum (L.) Benth.
- ウチワウナギ
- Round bracted thick trefoil, Round bract thick clover, Beautiful phyllodium

分布　臺灣自生種，分布熱帶亞洲、澳洲、琉球。臺灣生長於全島低至中海拔山地、叢林、路旁。

形態　灌木。枝條纖細，被柔毛。葉羽狀三出複葉；小葉長橢圓或闊披針形，頂小葉最大，長 7~9 cm，側小葉較小，2.5~4.5 cm，先端漸尖，基部圓鈍。花乳白色，3~6 朵，常被一對生圓形苞片包被，全體花排列呈頂生或側生的總狀花序，由 12~60 個小繖形花序或叢生花序組成；花萼 4 裂，散生柔毛；雄蕊 10 枚，二體。莢果長橢圓形，7~8 mm，1~2 節，種子間緊縮。種子橢圓形，米黃色，2~3 mm。地上發芽型，初生葉單葉，對生。

用途　全草、根及葉當藥用。具有根瘤，可當飼料、綠肥用。

2n=22

96 豌豆屬（Pisum L.）

一年生或多年生草本。無毛，以卷鬚伸展或纏繞。葉偶數羽狀複葉；小葉 1~3 對，卵形至橢圓形，葉軸頂端具羽狀分枝卷鬚或剛毛。托葉大，有時比小葉更大。花美麗，紫色、粉紅色或白色，單生或數朵排成總狀花序，腋生，總花軸長；雄蕊二體

(9+1)。莢果扁平至圓柱狀，長橢圓狀披針形，先端斜急尖，二瓣裂。種子數粒，亞球形，光滑或皺縮。2n=14。

本屬約 6 種，原產東地中海和西亞地區。臺灣栽培種 1 種、3 亞種。

1a 豌豆（荷蘭豆、留豆、寒豆、冷豆、何連豆、番仔豆、白豌豆、麥豆、飛龍豆）

- ***Pisum sativum* L. var. *sativum***
- エンドウ, エンドウマメ
- Garden pea, Sugar pea, Pea, Field pea, Common pea, Green pea, Snow pea, English pea

分布　原產南歐，現全世界廣泛栽培。臺灣早期移民引進，各地栽植，為一栽培種食用豆類作物。

形態　一年生或越年生草本。莖蔓性，或矮性。葉偶數羽狀複葉，有卷鬚；小葉 1~3 對，橢圓形或長橢圓形，1.5~6 cm，先端鈍而有尖突，基部鈍圓；托葉大形，葉狀，基部心形且抱莖。花白色、粉紅色，腋生總狀花序；雄蕊 10 枚，二體。莢果長橢圓形，種子圓形或有菱角。粒色有乳白、黃、粉紅、淺綠，粒色單一，較淺。栽培變種（品種）很多，變化很大。地下發芽型，初生葉鱗片葉，互生。栽培品種豌豆臺中 11 號（cv. Taichung 11），花水紅色，嫩莢用。豌豆臺中 14 號（cv. Taichung 14），花白色，嫩豆用。

用途　嫩莢、嫩豆可煮食、炒食。並可供冷凍或製罐加工。莖葉可做綠肥或飼料。幼芽、嫩梢（豆苗）可做蔬菜。具多數栽培變種，各有其用途，並可當藥用。當飼料、綠肥用。

2n=14, 28

1b 紫花豌豆（留豆、紅花豌豆、子實豌豆、糧用豌豆、大田豌豆）

- ***Pisum sativum* L. var. *arvense* (L.) Poir.**
  Pisum arvense L.
- アカエンドウ
- Field pea, pea, East Prussian pea, Matar

分布　原產地中海地區，世界廣泛栽培。臺灣 1956 年引進栽培，為一栽培變種食用豆類作物。

形態　一年生草本。莖柔軟細長。葉偶數羽狀複葉；小葉一般 1~3 對，卵圓形或橢圓形，頂端有卷鬚；托葉 2 枚，比小葉大，抱莖，在托葉與葉腋間有紫或紅色斑點。花紫紅色或紅色，腋生總狀花序；雄蕊二體 (9+1)。莢果圓形或扁圓筒形，4~8 粒種子。莢殼內層為一層革質膜，成熟時莢平直不皺縮或扭曲。種子圓形或皺粒，方形或不規則形，棕色、褐色或黑色，粒色較深，具麻斑或花紋。栽培品種很多，變異很大。栽培品種臺中 9 號（cv. Taichung 9），臺中 12 號（cv. Taichung 12），花紫紅色，嫩莢用。

用途　主要當作糧食和蔬菜食用，亦可當飼料及綠肥。

2n=14

1c 早生矮豌豆（葉用豌豆、硬莢豌豆、豆苗、荷蘭豆苗、豌豆苗）

- ***Pisum sativum*** **L. var.** ***humile*** **Poir.**
- Early dwarf pea

分布　原產溫帶地區。臺灣引進秋、冬季栽培，為一栽培變種食用豆類作物。

形態　生育期短，一年生，植株矮小。葉偶數羽狀複葉；小葉 1~3 對，複葉先端變為卷鬚，托葉 2 枚，比小葉大，抱莖。花白色，罕紫色。莢硬，多纖維，莢殼內一般有革質膜，不適食用。栽培品種豌豆臺中 15 號（cv. Taichung 15），花白色，豆苗用。

用途　以幼嫩種子鮮食或製罐，採摘分枝頂端幼嫩部分，俗稱豆苗，當蔬菜用。當綠肥、飼料用。

2n=14

1d 甜豌豆（甜脆豌豆、大粒豌豆、糖豌豆、食莢豌豆、甜荷蘭豆、軟莢豌豆）

- ***Pisum sativum* L. var. *macrocarpa* Ser.**
- Sugar pea, Sugar pod, Garden pea, Snow pea, China pea, Edible-podded pea

分布　原產溫帶地區。臺灣引進秋、冬季當蔬菜栽培，為一栽培變種食用豆類作物。

形態　一年生或越年生蔓性草本。全株光滑，莖中空。葉偶數羽狀複葉，互生；小葉 2~3 對，複葉先端變為卷鬚而可攀爬；托葉 2 枚，較小葉大，抱莖。花白色、淡紅或紫色。軟莢種，莢充分發育後仍柔軟，糖度甚高，莢成熟時皺縮或扭曲。栽培品種豌豆臺中 13 號（cv. Taichung 13），花白色，甜豌豆用。

用途　肥大的嫩莢及飽滿之嫩種子同時當蔬菜食用或冷凍用。當綠肥、飼料用。

2n=14

97 水黃皮屬（Pongamia Vent.）

中喬木。葉奇數羽狀複葉；小葉 5~7 枚，對生，長橢圓形或卵形，革質。花淡紫色，腋生總狀或穗狀花序；雄蕊 10 枚，二體。莢果短柄，歪長橢圓形，扁平，光滑，厚革質至亞木質，無翅，或沿邊緣變厚，不開裂。種子 1 粒，厚，腎形，種臍小，橢圓形。2n=20, 22。

本屬僅 1 種，原產熱帶亞洲，廣泛分布熱帶地區，馬達加斯加、非洲和菲律賓。臺灣自生 1 種。

1 水黃皮（九重吹、水流豆、九層吹舅、臭腫仔、烏樹）

- ***Pongamia pinnata* (L.) Pierre *ex* Merr.**

  Millettia pinnata (L.) G. Panigrahi

  Cytisus pinnatus L.

  Pongamia glabra Vent.
- クロヨナ, ゴヨウフジ
- Poongaoil, Seashore mempari, Pongamia, Poona-oil tree

分布　臺灣自生種，分布印度、馬來西亞、華南、琉球、太平洋諸島、澳洲。臺灣生長於全島、蘭嶼之海岸，平地廣泛栽培。

形態　半落葉之中高喬木。多分枝而下垂。葉奇數羽狀複葉；小葉 5~7 枚，長橢圓形或卵形，6~10 cm，先端銳尖，基部圓鈍，革質，光滑。花粉紅色至紫紅色，呈腋生總狀花序排列；花萼鑷合成鐘形；雄蕊 10 枚，單體。莢果矩圓形或刀狀橢圓形，木質，光滑，4~6 cm，兩端銳形，頂端具短喙。種子 1 粒，橢圓形，赤褐色，1.8~2 cm。地下發芽型，初生葉單葉，互生。

用途 木材緻密可製作各種器具。樹皮含單寧，亦可取纖維。種子含油 30 %，稱 pongam 或 hongay oil 可治療皮膚病，製肥皂、蠟燭、燃料用。種子有毒，不可誤食。全株當藥用、殺蟲劑。樹形美觀，花美麗，為優良的行道樹、公園樹、遮蔭樹、防風樹，觀賞用。

2n=20, 22

98 翼豆屬（Psophocarpus Neck. *ex* DC.）

多年生纏繞性草本。塊根肥大。葉羽狀三出複葉，罕單葉，葉柄長；小葉卵形，小葉柄短，背面微毛。花大，白色、藍色或淺紫色，單生或排成總狀花序，腋生；雄蕊 10 枚，二體，對旗瓣的一枚分離或合生至中部。莢果長四稜形，沿稜角具明顯或不明顯的 4 翅，種子間多少具隔膜，開裂。種子橢圓形或卵橢圓形，種臍橢圓形。2n=18, 20, 22, 。

本屬約 12 種，原產熱帶非洲、馬達加斯加及東南亞、印尼及馬來西亞。臺灣栽培種 1 種，引進 1 種。

1 非洲翼豆（豆菜）

- ***Psophocarpus palustris* Desv.**

  Psophocarpus longepedunculatus Hassk.

  Psophocarpus palmettorum Guill. & Perr.

分布 原產熱帶非洲，野生或栽培。臺灣引進栽培，但少見。

形態 多年生蔓性草本，塊根肥大。葉羽狀三出複葉；小葉卵形、卵狀長橢圓形，先端銳尖，基部鈍圓。花淡藍色，總狀花序，腋生。莢果呈四稜狀。種子長橢圓形。地下發芽型，初生葉單葉，對生。為翼豆（*P. tetragonolobus* (L.) DC.）之近緣種。

用途 非洲原住民栽培，嫩莢和塊根食用。當覆蓋、綠肥作物。

2n=18, 20, 22

2 翼豆（四稜豆、四角豆、豆菜、羊角豆、楊桃豆）

- ***Psophocarpus tetragonolobus* (L.) DC.**
  Dolichos tetragonolobus L.
- シカクマメ, トウサイ, ワラスマメ, ヒレマメ
- Winged bean, Winged pea, Goa bean, Asparagus pea, Four-angled bean, Manila bean, Princess pea, Quadrangular pod

分布　原產印度、馬來西亞，分布亞洲東南部、非洲、南美洲及太平洋諸島。臺灣 1910 年代引進栽植，為一栽培種食用豆類作物。

形態　多年生蔓性草本。常攀緣他物，地下具肥大塊根。葉羽狀三出複葉；小葉卵形、菱狀卵形、卵狀長橢圓形，或披針形或長披針形，8~20 cm，先端銳尖，基部鈍圓歪斜；托葉披針形。花淡藍紫色、白色或深紫色，呈腋生的總狀花序；花萼筒狀；雄蕊 10 枚，二體。莢果長 10~40(~70) cm，有四條稜狀之翅狀突起，8~20 粒種子。種子橢圓形、長橢圓形或球形，白色、黑色、棕色、黃褐色，或有斑點。栽培種依葉形分為闊葉形和披針形（莢長）。地下發芽型，初生葉單葉，耳形，對生或互生。

用途　為一種特殊豆類，其鮮莢、種子、花、嫩莖、葉均極富蛋白質和維生素，而其塊根是根莖作物惟一最富蛋白質 (12.2~15.0 %)，均可食用。其種子亦是食用油源，為重要的資源豆類，可媲美大豆，深具潛能。

2n=18, 20, 22

99 羽葉補骨脂屬（Psoralea L.）

多年生草本，灌木或小灌木。具芳香和腺體，有些有毛或具走莖或厚根。葉奇數羽狀複葉，或掌狀 3 至多出複葉，罕單葉；小葉全緣或鋸齒，線形、披針形或倒卵形，少心形，具腺點。花藍色、紫色、粉紅色或白色，少黃色，腋生總狀花序，簇生或單花；雄蕊二體 (9+1)。莢果短，卵形，扁平或膨脹，不開裂。種子 1 粒，橢圓形，無附屬物。2n=18, 20, 22, 24。

本屬約 100 種，分布溫帶地區。臺灣引進 1 種。

1 羽葉補骨脂

- ***Psoralea pinnata*** **L.**
- Fountain tree, Fountain bush, Fonteinbos, Penwortel, Taylorina, Blue broom, Albany broom, African scurf pea, Blue psoralea, Dally pine

分布　原產南非，澳洲南部、紐西蘭歸化生長。臺灣引進栽培。

形態　直立灌木或小喬木，喜生長在溪旁或潮濕地方。葉奇數羽狀複葉；小葉 5~11 枚，線形或線狀披針形，先端銳形。花白色、淡紫色或藍色，單生或叢生，有香味。莢果小，單粒種子。種子暗棕色。

用途　花豔麗，觀賞用。

（陳和瑟　攝）

100 紫檀屬（Pterocarpus Jacq.）

落葉或常綠大喬木。葉奇數羽狀複葉，罕單葉；小葉大多互生，少至多枚。花黃色或橙色，罕白混淺紫色，腋生或頂生總狀花序；雄蕊 10 枚，單體，有時二體(5+5或9+1)。莢果翅果狀，闊卵形或圓形，扁平，邊緣具闊而硬的翅，宿存花柱向果頸下彎。種子1~3粒，常1粒，長橢圓狀亞腎形。2n=22, (24), 44。

本屬約30種，分布熱帶舊世界和新世界地區。臺灣引進7種。

1 華魚藤

- ***Pterocarpus chinensis*** **(Benth.) Kuntze**

  Derris chinensis Benth.

分布 原產中國大陸。臺灣1901年引進，栽植於林試所六龜分所扇平工作站。

形態 大藤本。莖木質粗狀，具有多數分枝，近似光滑無毛。葉奇數羽狀複葉，可長達45 cm，葉軸及幼葉密布褐色絨毛；小葉9~13枚，一般11枚，長橢圓形，18~25 cm，先端鈍或銳尖，基部圓或鈍，表面綠色，有光澤，背面稍白，中肋具黃褐色絨毛。花多數，呈腋生的圓錐花序，密被褐色絨毛；花萼截斷狀，先端淺裂齒，外被絨毛，花冠伸於花萼外，長1~1.2 cm，雄蕊10枚，單體。

用途 可做殺蟲劑。

2 紅花櫚木（紅毛櫚、紅花櫚）

- ***Pterocarpus dalbergioides*** **Roxb.**
- アンダマンカリン
- Andaman red wood, Andaman padauk

分布 原產印度。臺灣1936年及1938年分別引進之，栽植於臺北植物園。

形態 常綠大喬木。葉奇數羽狀複葉；小葉7~13枚，互生，卵狀橢圓形，先端漸尖，基部鈍圓，側脈5~8對，明顯。花黃色，頂生或腋生總狀或圓錐狀花序。莢果圓形，幾光滑無毛，徑2 cm，常有2粒種子。

用途 木材質緻密，心材的顏色淡灰色到紅褐色及鮮紅色，為有名的建材及家具用材。當庭園樹，觀賞用。

3 印度紫檀（黃柏木、青龍木、薔薇木、蘗木、紫檀、檀仔）

- ***Pterocarpus indicus*** **Willd.**
- インドカリン, インドシタン
- Rose wood, Burmese rose wood, Burma coast padauk, Padauk

分布 原產印度、馬來西亞、緬甸、菲律賓、華南。臺灣1896年、1901年及1935年由新加坡及印度引進，全省各地均有栽植。

形態 落葉大喬木。樹幹直，樹皮褐灰色，具多數分枝，枝條斜上升。葉奇數羽狀複葉；小葉7~11枚，卵形，5~10 cm，先端銳尖，基部鈍圓。花黃色，頂生或腋生的總狀花序，有時組合為圓錐花序；花萼5裂；雄蕊10枚，二體。莢果圓形，長3~5 cm，扁平，周緣具闊翅，種子1~2粒。種子腎形，扁平。地上發芽型，初生葉單葉，互生。

用途 木材耐久且色美、緻密、堅硬，邊、心材明顯，心材血赭色，有芳香，為有名的建材及家具材，俗稱「花梨木」。生長迅速，枝葉繁茂，為優良園景樹、行道樹。花芳香，樹皮當染料及藥用。泰國花及幼葉食用之。

2n=20

4 吉納檀（花櫚木）

- ***Pterocarpus marsupium* Roxb.**
- マラバルキノカリン, キノノキ
- Bastard teak, Vengai padauk, Indian kino tree, Gun kino tree, Malabar kino

分布　原產印度及斯里蘭卡。臺灣 1930 年代引進在臺北植物園栽培。

形態　落葉喬木，樹幹通直。葉奇數羽狀複葉；小葉 5~7 枚，長橢圓形，7~10 cm，先端鈍或凹入，基部鈍或圓。花黃色，呈頂生或側生的總狀花序；花萼 5 裂，裂片三角形；雄蕊 10 枚。莢果圓形，徑 2.5~5 cm，周緣圍有寬闊之硬翅。種子較小，2 粒，腎形。

用途　重要的木材材料，支柱、家具、農具、船舶等用材。乾燥汁稱 Malabar 或 East Indian kino 當藥用，含有吉納單寧酸（Kinotannic acid）為收斂劑。花與種子可食用。西洋酒之調整劑。

2n=44

5 紫檀（正紫檀、赤檀、紅檀、紅木、紫旃木、小葉紫檀、酸枝樹）

- ***Pterocarpus santalinus* L. f.**
- シタン, コーキシタン, コウキシタン, サンダルシタン
- Red sandal-wood, Red sanders tree, Red sanderwood, Barwood, Rubywood

分布　原產印度、斯里蘭卡、菲律賓。臺灣早年引進栽植。

形態　常綠高大喬木。葉奇數羽狀複葉；小葉 3 枚，偶亦有 5 枚，圓形或卵形，5~8 cm，先端圓鈍，略凹入，基部圓，背面具倒伏性絨毛。花黃色，呈較短的總狀花序，腋生或與羽狀葉對生；雄蕊 10 枚，2~3 束。莢果圓形，幼時具絲狀絨毛，後脫落光滑無毛，徑 3~4 cm，中心略腫脹，種子 1~2 枚，有翅，具放射狀條紋。

用途　木材當家具、裝飾品用。材稱「紫檀或紅檀」（red sanders wood 或 red sandal wood）。可採紅色 santal red 染料。自古當催吐劑，頭痛和炎症等之藥

用。莢果與種子煮後可食之。優良園林樹種，觀賞用。

6 染料紫檀

- ***Pterocarpus tinctorius* Welw.**
  Pterocarpus chrysothrix Thunb.
  Pterocarpus stolzii Harms
- Padouk, Camwood, Barwood

分布 原產熱帶美洲，分布安哥拉、查理、烏干達、坦尚尼亞、尚比亞、馬拉威、莫三鼻克等。臺灣引進栽培。

形態 常綠或落葉喬木，高可及 20 m。樹皮灰色或暗棕色，幼枝被短毛。葉奇數羽狀複葉，互生；小葉 5~15 枚，互生或近對生，長橢圓形至卵形或倒卵形，長 3~13 cm，基部鈍形至圓形或稍心形，先端短漸尖，紙質或薄革質。花乳白色至橙黃色，呈腋生或頂生總狀花序，長 8~22 cm；雄蕊 10 枚。莢果圓形，扁平，直徑 5~21 cm，不開裂，有翅，灰棕色或赤棕色。種子 1 粒，腎形至橢圓形，暗棕色至灰黑色。

用途 木材和根當紅色至赤褐色染料的原料。原住民用於身體和腳等之著色用，染鞋子用。當小孩肺充血藥用。為非洲重要的木材材料，當支柱、家具、箱、細木工、工具柄等用材。當薪材、木炭材用。優良園林樹種，當庇蔭樹、園景樹，觀賞用。

7 菲律賓紫檀（八重山紫檀）

- ***Pterocarpus vidalianus* Rolfe**
  Pterocarpus klemmei Merr.
  Pterocarpus indicus Willd. f. *echinatus* (Pers.) Rajo
- ヤエヤマカリン, ヤエヤマシタン
- Philippine padauk, Red narra, Pricky narra

分布 原產菲律賓、琉球。臺灣 1896 年、1934 年由新加坡、菲律賓引進，全島各地普遍栽培。

形態 落葉大喬木。葉奇數羽狀複葉；小葉 5~9 枚，互生，卵形，6~10 cm，先端銳尖而略呈短尾狀，基部鈍圓，兩面光滑無毛。花黃色或淡黃色，頂生或腋生總狀花序，長 10~15 cm；雄蕊 10 枚，二體。莢果扁平，圓形，徑 4~5 cm，具翅，中心有短刺。種子 1 粒，稀 2~3 粒，紫褐色，具光澤。地上發芽型，初生葉單葉，互生。

用途 木材赤褐色，有縞紋，鮮黃褐色，做高級家具、裝飾品等珍材。樹性強健，成長快速，綠蔭遮天，當行道樹、園景樹、庇蔭樹，觀賞用。

2n=44

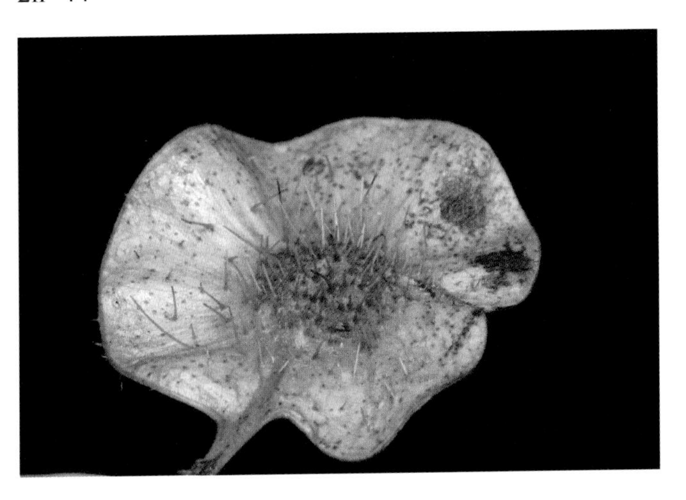

101 葛藤屬（Pueraria DC.）

多年生纏繞性藤本。莖革質或基部木質，有些種塊根可肥大。葉羽狀三出複葉；小葉卵狀菱形，全緣或 2~3 裂。花藍色、粉紅色或紫色，總狀花序腋生或數個總狀花序簇生於枝頂，常數朵簇生於花序軸的每一節上；雄蕊 10 枚，單體或二體。莢果線形，扁平或圓柱狀，有些密被絨毛，薄革質，二瓣裂。種子多粒，扁平，亞圓形或橢圓形，光滑。2n=22。

本屬約 20 種，分布熱帶東南亞，馬來西亞、波里尼西亞、日本、臺灣。臺灣自生 2 種、2 變種，歸化 1 變種。

1a 臺灣葛藤（山葛、葛、乾葛、越南葛藤、山割藤、山肉豆、葛藤草）

- ***Pueraria montana* (Lour.) Merr. var. *montana***
  Dolichos montanus Lour.
  Pueraria lobata (Willd.) Ohwi var. *montana* (Lour.) Maesen
  Pueraria tonkinensis Gagn.
  Pueraria thunbergiana Benth. var. *formosana* Hosokawa
- タイワンクズ
- Taiwan kudzu, Montane kudzu, Tonkin kudzu vine

分布 臺灣自生種，分布中國大陸、中南半島、琉球。臺灣生長於全島平地原野、低海拔山地、開闊地。

形態 蔓性多年生藤本。密被褐色粗毛。根粗壯，不成塊狀。葉羽狀三出複葉；小葉菱狀卵形或闊卵形，10~16 cm，先端銳尖而有短尾狀，基部歪斜，全緣。花粉紅色或略帶紫紅色，呈腋生密集的總狀花序；雄蕊 10 枚，二體。莢果線形，4~9 cm，密被褐色絨毛。種子橢圓形，棕褐色。地上發芽型，初生葉單葉，對生。

用途 塊根可採澱粉，供食用或釀酒。莖皮部纖維可供紡織。莖葉可當飼料、覆蓋用。葛蔓、葉、花、種子、葛粉均供藥用。

2n=22

1b 葛藤（野藤、葛麻姆、大葛藤、割藤、粉葛藤、甜葛藤、日本箭根）

- ***Pueraria montana* (Lour.) Merr. var. *lobata* (Willd.) Sanjappa & Predeep.**

  Pueraria lobata (Willd.) Ohwi var. *lobata*

  Dolichos lobatus Willd.

  Pueraria hirsuta (Thunb.) Schneider

  Pueraria triloba (Lour.) Makino

  Pueraria thunbergiana (Sieb. & Zucc.) Benth.

  Pachyrrhizus thunbergianus Sieb. & Zucc.
- クズ
- Kudzu, Kudzu bean, Japanese arrowroot, Kudzu vine

分布　臺灣自生種，廣泛分布中國大陸、韓國、日本。臺灣生長於全島低山地或平地原野。

形態　多年生的蔓性藤本。塊根肥大，富含澱粉。莖圓柱形，具黃色長硬毛。葉羽狀三出複葉，頂小葉菱狀卵形，5.5~19 cm，先端銳尖形，側小葉廣卵形，基部歪斜，全緣或 2~3 裂。花紫紅色或白色，呈密集的總狀花序，腋生，花梗長 20~40 cm；雄蕊 10 枚，二體。莢果扁平，9~12 cm，密被褐色絨毛。種子橢圓形，赤褐色，有光澤。地上發芽型，初生葉單葉，對生。

用途　莖之皮部採纖維，織葛布，並可造紙。塊根可採澱粉，食用及藥用。根乾燥中藥稱「葛根」。種子可榨油。莖葉可當飼料、牧草、覆蓋作物等。

2n=22

1c 湯氏葛藤（大葛藤、甘葛藤、粉葛）

- ***Pueraria montana* (Lour.) Merr. var. *thomsonii* (Benth.) Wiersena ex D. Bward**

  Pueraria thomsonii Benth.

  Pueraria lobata (Willd.) Ohwi var. *thomsonii* (Benth.) Maesen

  Pueraria lobata (Willd.) Ohwi ssp. *thomsonii* (Benth.) Ohashi & Tateishi

  Pueraria montana (Lour.) Merr. var. *chinensis* (Ohwi) Sanjappa & Predeep

  Pueraria chinensis Ohwi
- Thomson kudzu, Cu-san-day, Koudzou, Mealy kudzu

分布　臺灣自生種，分布亞洲、太平洋諸島。臺灣生長於全島低海拔之林緣、荒地，馬祖亦有之，有時栽培之。

形態　大型蔓性藤本。被棕色毛。葉羽狀三出複葉；頂小葉菱狀卵形至闊卵形，10~30 cm，先端鈍形，基部銳尖，一般 3 裂，膜質，兩面均被黃色粗伏毛。花粉紅、紫色，總狀花序，腋生。莢果長橢圓形，扁平，長 8~15 cm，密被黃色硬毛。種子 8~12 粒，褐色，腎形或圓形。地上發芽型，初生葉單葉，對生。

用途　莖之韌皮纖維可當紡織原料。地下莖肥大可食用，當澱粉料及釀酒原料。根和花藥用。種子榨油，當機械用油。莖、葉可當飼料、覆蓋用。

2a 熱帶葛藤（假菜豆、三裂葉野葛、小葉葛藤）

- ***Pueraria phaseoloides* (Roxb.) Benth. var. *phaseoloides***

  Dolichos phaseoloides Roxb.
- クズインゲン, ネタイクズ, サカサハマササゲ
- Tropical kudzu, Wild gram, Puero

分布　臺灣自生種，分布熱帶及亞熱帶地區。臺灣生長於全島開闊原野或低海拔山地。

形態　多年生蔓性藤本。塊根紡錘形，但體形不大。莖密被褐色硬毛，具纏繞性。葉羽狀三出複葉；小葉圓形、闊卵形或菱狀卵形，4~7 cm，先端鈍或銳尖，基部鈍圓，大多 3 裂，亦有全緣。花紫紅色或淡藍色，呈總狀花序，腋生，單出，花梗 5~15 cm，密被淡黃褐色絨毛；花萼鐘形，5 裂；雄蕊 10 枚，二體。莢果直或略彎曲，圓柱形，5~11 cm，被絨毛，成熟時開裂，7~20 粒種子。種子長橢圓形，兩端截形，3~4 mm，深褐色。地上發芽型，初生葉單葉，對生。

用途　為環境保全植物，當覆蓋、綠肥、牧草用。皮部可採纖維，製繩或袋。全植物體藥用。塊根加工做葛根用，洗製之葛粉可為糧食。嫩葉、塊根可食用。

2n=22

分布　原產東南亞。臺灣 1957 年引進栽培，歸化生長於恆春墾丁及臺中大坑地區。

形態　多年生蔓性藤本。莖密被硬毛。葉羽狀三出複葉；頂小葉卵形、菱狀卵形或近圓形，側小葉歪斜卵形，兩面密被長硬毛。花淡藍色或淡紫色，總狀花序，腋生，長 8~15 cm，花稀疏著生；花萼鐘形，被倒伏狀長硬毛。莢果近圓筒形，稍膨脹，4~8 cm，疏被伏貼之硬毛，薄革質，成熟後開裂扭轉。種子長橢圓形。地上發芽型，初生葉單葉，對生。

用途　當覆蓋、綠肥、牧草用。莖部可採纖維，當纖維料用。全植物體藥用。

2b　爪哇葛藤

- ***Pueraria phaseoloides*** **(Roxb.) Benth. var. *javanica* (Benth.) Bak.**

  Pueraria javanica Benth.
- Javanica kudzu

102 卜天尼豆屬（Pultenaea Sm.）

灌木。直立或橫臥，稍蔓延，幼枝被絨毛。葉單葉，大多互生，罕對生或三葉輪生；托葉披針形或鑽形，棕色。花橙黃色，單花或腋生或叢生，著生於先端部位；雄蕊 10 枚，分離。莢果卵形，具喙，小，扁平或腫脹，2 縫線，開裂。種子 1~2 粒，腎形。2n=(8, 12), 14, 16, 18, (27, 32)。

本屬約有 100 種，分布澳洲溫帶地區。臺灣引進 1 種栽培。

1 纏繞木豆

- ***Pultenaea tuberculata*** **Pers.**

  Pultenaea elliptica Sm.

  Pultenaea thymifolia Sieber *ex* DC.

  Pultenaea elliptica Sm. var. *oblongifolia* DC. *ex* Sieber
- Wreath bush-pea

分布　原產澳洲新南威爾斯州（New South Wales）。臺灣引進栽培。

形態　直立或伸長性灌木。莖被捲曲絨毛。葉單葉，互生，狹橢圓形至狹倒卵形，扁平至凹狀，長 3.2~15 mm，先端銳尖至鈍形，罕芒尖，邊緣內曲，下表面較上表面暗；托葉長 3~6.5 mm。花金黃色，長 10~16 mm，近頂生呈密集狀，與葉叢密生。莢果長約 5 mm，腫脹、卵形。種子腎形。

用途　葉和花多變化，當觀賞用。

103 密子豆屬（Pycnospora R. Br. *ex* Wight & Arn.）

多年生草本或小灌木。葉為羽狀三出複葉；小葉倒卵形，全緣。花小，淺紫色，總狀花序頂生，罕為圓錐花序；雄蕊 10 枚，二體。莢果小，長橢圓形，膨脹，密被絨毛，有橫脈紋，無橫隔，不分節，二瓣裂。種子 6~8 粒，圓形。2n=20。

本屬僅 1 種，原產熱帶和亞熱帶華南、印度至菲律賓、新幾內亞和北澳洲。臺灣自生 1 種。

1 密子豆（密子草）

- ***Pycnospora lutescens*** **(Poir.) Schindler**

  Hedysarum lutescens Poir.

  Pycnospora hedysaroides Wight & Arn.
- キンチャクマメ
- Lutescent pycnospora

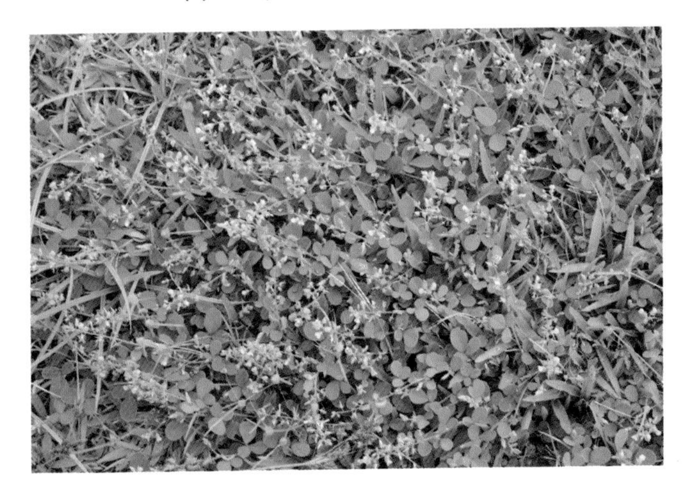

分布　臺灣自生種，分布華南、中南半島、印度、菲律賓、太平洋諸島、澳洲。臺灣生長於全島平地原野及低海拔山地。

形態　多年生的小灌木狀草本。具柔毛。葉羽狀三出複葉；小葉倒卵狀長橢圓形或倒卵形，1.5~3

cm，先端闊圓，截形或淺凹，基部圓鈍。花淺紫色，呈頂生或葉腋側生的總狀花序；花萼 5 裂，披針形；雄蕊 10 枚，二體。莢果長橢圓形，6~10 mm，腫脹，密被絨毛，成熟時黑色，6~8 粒種子。種子圓形。地上發芽型，初生葉 3 小葉，互生。

用途　具根瘤，可當綠肥及土壤改良用。全草當牧草用。

2n=20

104 括根屬（Rhynchosia Lour.）

多年生纏繞或蔓性草本或木質低灌木。葉羽狀三出複葉，罕為掌狀或單葉；小葉一般菱形，或心形，下表面具腺點。花大或小，黃色具紅色或紫色條紋，白色或淺綠色，腋生多花總狀花序，有時呈圓錐花序或單花；雄蕊二體。莢果扁平，球形或鐮刀形，一般具網紋和腺點，二瓣裂。種子 2 粒，藍黑色或棕色，扁球形或亞腎形。2n=22。

本屬約 300 種，分布熱帶非洲、南非、南美洲、亞洲和澳洲。臺灣自生 3 種。

1 小葉括根（小鹿藿）

- ***Rhynchosia minima* (L.) DC.**
  - *Dolichos minimus* L.
  - *Rhynchosia minima* (L.) DC. f. *nuda* (DC.) Ohashi & Tateishi
  - *Dolichos nuda* DC.
  - *Rhynchosia microphylla* Wall.
- ヒメアズキ

分布　臺灣自生種，分布熱帶及亞熱帶。臺灣多見生長於南部、東部原野或低海拔之草生地及澎湖、綠島海邊。

形態　一年生蔓性草本。莖具纏繞或匍臥。葉羽狀三出複葉；小葉闊倒卵形或近菱形，1~2 cm，先端鈍圓，基部漸尖。兩面密被粗毛，背面亦散生腺點。花黃色，呈腋生的總狀花序；花萼 5 裂，披針形；雄蕊 10 枚，二體。莢果鐮刀形，略寬，長 1~2 cm，光滑無毛，成熟時開裂。種子 2 粒，橢圓形。地下發芽型，初生葉單葉，對生。

用途　當綠肥及飼料用。

2n=22

2 絨葉括根（絨毛括根）

● ***Rhynchosia rothii*** **Aitch.**

Rhynchosia ericea Span.

● キヌノアズキ

分布　臺灣自生種，分布非洲、巴基斯坦、馬來西亞、印尼。臺灣生長於苗栗以南平地原野、草原。

形態　多年生藤本狀草本。纏繞性及擴展性，密被絨毛。葉羽狀三出複葉；小葉菱形或菱圓形，5~9 cm，先端銳尖或有短尖突，基部圓鈍，背面有腺點。花淡黃色或淡綠色，呈較密集的總狀花序；花萼 5 裂，披針形；雄蕊 10 枚，二體。莢果略帶鐮刀狀，密被短粗毛，長 3~4 cm，2 粒種子，先端有尖突。種子橢圓形。地下發芽型，初生葉單葉，對生。

用途　可作為綠肥用。

2n=22

3 括根（鹿藿、野綠豆、野毛豆、鹿豆）

● ***Rhynchosia volubilis*** **Lour.**

● タンキリマメ

分布　臺灣自生種，分布中國大陸、韓國、日本。臺灣生長於全島低至中海拔山地、開闊地及路旁，蘭嶼亦有之。

形態　多年生藤本狀草本。多少具纏繞性，具短粗毛。葉羽狀三出複葉；小葉卵形、菱形或卵菱形，2~5 cm，先端鈍而有尖突，基部漸尖，兩面密被短粗毛。花黃色或黃綠色，呈腋生的總狀花序；花萼 5 裂，披針形；雄蕊 10 枚，二體。莢果長橢圓形，長 1~2 cm，種子間緊縮，1~2 粒種子，成熟時開裂。種子橢圓形，黑色，有光澤。地下發芽型，初生葉單葉，對生。

用途　種子饑荒時可食用，磨粉當咖啡的代用品。全草及根當藥用。具根瘤可當綠肥用。

2n=22

105 刺槐屬（Robinia L.）

落葉灌木或喬木。葉奇數羽狀複葉，托葉刺狀，具小托葉；小葉 7~39 枚，長橢圓形。花白色、粉紅色或紫色，腋生總狀花序，偶具閉鎖花；雄蕊 10 枚，二體。莢果小而短柄，線形，平，光滑或有毛，有些沿背縫線具狹翅，縫線薄，膜質，二瓣裂。種子數至多粒，硬，歪斜長橢圓形或腎形。2n=20, 22。

本屬約 20 種，原產溫帶之中、北美洲，但引進分布其他地區。臺灣引進 4 種。

1 花槐

- ***Robinia hispida* L.**
- ハナエンジュ
- Moss locust, Rose acacia

分布　原產北美、日本。臺灣引進栽培。

形態　半落葉之灌木。樹幹、枝條、花序軸、小花柄等帶紫色之腺狀剛毛。葉奇數羽狀複葉；小葉 7~13 枚，卵形，長 2~3.5 cm，無毛。花紅紫色或淡紫色，總狀花序，著生 3~5 花，長約 2.5 cm，有香味，花華麗，較洋槐（*Rohinia pseudo-acacia* L.）大型。

用途　花非常美麗，當庭園樹栽培，觀賞用。

2 多花刺槐（新墨西哥刺槐）

- ***Robinia neomexicana* A. Gray**
- New Mexican locust

分布　原產美國西南部各州。臺灣引進園藝界栽培，但少見。

形態　灌木至小喬木。葉奇數羽狀複葉；小葉 9~21 枚，闊卵形至卵圓形，長 1.5~3.0 cm；托葉刺尖銳，長 1.2~2.5 cm。花粉紅色，具甜香，總狀花序，近枝端叢生，密集下垂。莢果線形，長 5~10 cm，密被腺毛。

用途　花美麗，庭園栽培觀賞用，花據說可食用。

3 洋槐（刺槐）

- ***Robinia pseudo-acacia* L.**
- ハリエンジュ, ニセアカシア
- Locust, Black locust, False acacia, American locust

分布　原產北美洲的東北部。臺灣 1925 年首次引進，臺北植物園內栽培之，各地偶有栽培。

形態　落葉喬木。葉奇數羽狀複葉；小葉 7~25 枚，卵形或橢圓形，2~5.5 cm，先端鈍而凹入，基部圓形；葉柄基部左右具短而大的刺狀托葉。花白色，有濃香味，呈腋生下垂的總狀花序；花萼杯狀，淺裂；雄蕊 10 枚，二體。莢果線狀長橢圓形，3~10 cm，扁平，1~13 粒種子。種子褐色，腎形。地上發芽型，初生葉單葉，3 小葉，互生。栽培品種**香花槐**（cv. Idaho）又名**富貴樹**、**香水槐**（圖 3），原產西班牙，花粉紅色，有濃郁芳香，可同時盛開 200~500 朵花。**紅花洋槐**（cv. Decaisneana），花有香味。

用途　木材堅硬，非常耐久，緻密，褐色，當船舶用材、枕木、細工材、薪材等。植物有毒，但當藥用。花為優良之蜜源。嫩葉及花據云可食。當行道樹、觀賞樹。香花槐為中國大陸大力推廣的園林綠化珍稀樹種，又是營造速生豐產林的優良樹種。

2n=20, 22

4 腺柄刺槐

- ***Robinia viscosa*** **Vent.**
- モモイロハリエンジュ
- Clammy locust

分布　原產北美洲。臺灣 1972 年由美國引進北部栽培，但少見。

形態　落葉性直立小喬木或喬木。幼枝條及花序軸密被腺體。葉奇數羽狀複葉；小葉 13~25 枚，卵形至卵披針形，2~5 cm，先端鈍至圓，具尖突，基部鈍或漸狹。花粉紅色，有香味，呈擴展或斜上升的總狀花序；花萼 5 裂；雄蕊 10 枚，二體。莢果狹帶形，5~7.5 cm，首尾兩端尖，密被有柄的腺毛。

用途　晚春開花，觀賞用。

2n=20

106 田菁屬（Sesbania Scop.）

一年生或多年生常綠或落葉草本或灌木，稀喬木，生長快速。葉偶數羽狀複葉，長而狹；小葉多對，圓形或長橢圓形，基部常歪斜，全緣。花黃色、橙紅色、紫紅色、稀白色，或具斑點，總狀花序；雄蕊二體。莢果線形，細長，圓柱狀或扁平，稀長橢圓形，有時四稜或 4 翅，二瓣裂或微裂，種子間具橫隔膜。種子多數，長橢圓形、亞方形或圓柱形，種臍圓形。2n=12, 14, 16。

本屬約 70 種，分布全球熱帶至亞熱帶地區。臺灣歸化 3 種，引進 4 種。

1 刺田菁

- ***Sesbania bispinosa*** **(Jacq.) W. F. Wight**
  - *Aeschynomene bispinosa* Jacq.
  - *Sesbania aculeata* (Willd.) Pers.
  - *Aeschynomene spinulosa* Roxb.
  - *Coronilla canabina* Willd.
- キバナツノクサネム
- Prickly sesban, Spiny sesbania, Canicha, Danchi, Dunchi fiber

分布　原產印度、斯里蘭卡、中亞、南亞、中國及熱帶非洲。臺灣引進栽培。

形態　小灌木。植株有細刺。葉偶數羽狀複葉，長 15~30 cm；小葉 20~40 對，帶狀長橢圓形，10~16 mm，先端鈍形，有細的突頭，兩面具褐色小腺體，無毛。花黃色，總狀花序葉腋側生，著生 2~6 朵花，長 0.9~1.2 cm；旗瓣長橢圓形，有紅色斑點；雄蕊二體。莢果圓筒形，直或鐮刀形彎曲，長 15~22 cm。種子多數，長橢圓形，3 × 2 mm，種臍圓形。

用途　莖為 Dundee 麻之纖維原料，當亞麻的代用品，在印度製漁網用。種子營養優質高，食用。當生籬、飼料、綠肥用。當瓜爾膠的原料。

2n=12, 14

2 田菁（田菁草、山菁仔、草菁仔、向天蜈蚣）

- ***Sesbania cannabina* (Retz.) Pers.**
  Aeschynomene cannabina Retz.
  Sesbania roxburghii Merr.
- ツノクサネム
- Prickly sesban, Common sesbania

分布　原產熱帶東南亞、印度、菲律賓。臺灣 1920 年代引進，普遍當綠肥栽培之，歸化自生於全島低海拔空曠地。

形態　一年生草本。莖綠色或紅色。葉偶數羽狀複葉；小葉 10~30 對，線形，對生或近似對生，1~2 cm，先端鈍或截斷形，有尖突，基部圓鈍，稍歪斜。花黃色，有棕色斑點，5~12 朵，呈腋生的總狀花序；花萼 5 裂，齒萼交接處有腺毛；雄蕊 10 枚，二體。莢果長線形，長 20~30 cm。種子多數，長橢圓形，黑褐色，種臍圓形。地上發芽型，初生葉單葉，羽狀複葉，互生。

用途　為臺灣重要的綠肥作物，並可當牧草、纖維作物。泰國嫩葉、花食用。全草中國稱「向天蜈蚣」。及種子當藥用。

2n=12, 24

3 大花田菁（白蝴蝶、木田菁、羅凱花）

- ***Sesbania grandiflora* (L.) Pers.**
  Aeschynomene grandiflora L.
  Robinia grandiflora (L.) Pers.
- シロゴチョウ
- Large-flowered sesban, Agati sesbania, Sesban, Sesbania, Vegetable humming bird, Red wisteria, Scarlet wisteria tree, Swamp pea

分布　原產西印度群島，分布熱帶亞洲、非洲西部。臺灣 1910 年由新加坡引進，中、南部庭園時有栽植，已歸化生長。

形態　常綠或落葉性小喬木。葉偶數羽狀複葉；小葉 10~30 對，長橢圓形，先端圓而凹入，基部鈍。花鮮紅色或白色，大形，2~3 朵，呈下垂的總狀花序；花萼 5 裂，裂片呈波浪狀，鈍鋸齒；雄蕊 10 枚，二體。莢果線形，20~60 cm，種子 15~50 粒。種子橢圓形。地上發芽型，初生葉單葉，羽狀複葉，互生。栽培品種**白花大花田菁**（cv. Alba），花白色。

用途　花及幼莢在東南亞當蔬菜沙拉食用。樹皮、根、葉及花當藥用。材原住民當支柱、薪材用。生長快速可當綠肥、飼料、木栓、紙漿及水土保持作物。花大型美麗，觀賞用。

2n=12, 14, 24

4 爪哇田菁（沼生田菁）

- ***Sesbania javanica* Miq.**
- Javan sesbania

分布　原產南亞和東南亞至澳洲。臺灣引進栽培。

形態　多分枝的草本或小灌木。葉偶數羽狀複葉，短柄；小葉 10~30 對，對生或亞互生，橢圓狀線形，兩端圓形，1.2~2.5 cm。花黃色，有棕色斑點，5~12 朵，總狀花序，長 10 cm，下垂，傍晚開花。莢果直，18~25 cm，紫色或棕色。種子多數，圓形，光滑，直徑 3 mm。

用途　幼嫩枝梢和花可食用，味美爽口。花含有胡蘿蔔素成分作為各種點心、食品、飲料的黃色染料。當綠肥、覆蓋作物用。

5 翅果田菁

- ***Sesbania punicea* (Cav.) Benth.**
  Piscidia punicea Cav.
- Wing-legume sesban

（鍾芸芸　攝）

（鍾芸芸　攝）

（鍾芸芸　攝）

分布　原產南美。臺灣引進栽培。

形態　灌木或小喬木。葉偶數羽狀複葉；小葉 6~20 對，長橢圓形，先端圓鈍，具短突尖。花紫紅色，長 1.5~2.0 cm，密集，呈總狀花序，長 10 cm。莢果具 4 翅，長 7.5~11 cm。

用途　栽培當觀賞用。

6 印度田菁（臭青仔、埃及田菁）

- ***Sesbania sesban* (L.) Merr.**

  Aeschynomene sesban L.

  Sesbania aegyptiaca (Poir.) Pers.

  Sesbania punctata DC.
- インドクサネム, ツノクサネム, センバン
- Indian sesbania, Sesban, Egyptian sesban

分布　原產熱帶及亞熱帶舊世界。臺灣 1930 年代引進栽培，已歸化自生或栽培，全島均可見。

形態　具軟木材的灌木。葉偶數羽狀複葉；小葉 7~18 對，線形，1.7~2 cm，先端鈍，有尖突，基部圓鈍。花黃色，具褐色斑點，3~13 朵呈腋生的總狀花序；花萼 5 裂，齒萼交接處無腺毛；雄蕊 10 枚，二體。莢果長線形，長 15~25 cm，有多數種子。種子長橢圓形。地上發芽型，初生葉單葉，羽狀複葉，互生。

用途　肯亞當放牧及飼料用。樹皮可採纖維，印度人當為製繩材料。葉之煎煮液及全草當藥用。為一優良之綠肥作物，當生籬、防風林用。種子饑荒時利用之。

2n=12, 14

7 非洲田菁

- ***Sesbania speciosa* Taub.**
- アフリカクサネム

分布　原產熱帶非洲，熱帶地區栽培。臺灣引進當綠肥栽培，稀少。

形態　一年生草本，生長快速。莖紅色。葉偶數羽狀複葉，葉較田菁為大；托葉 2 枚，長尖突狀，環繞葉柄；小葉 10~30 對。花橙黃色，有棕點斑紋，呈腋生總狀花序，花 10 朵以上。莢果扁長方形，25~30 cm，種子 50~80 粒，扁平，黃褐色。

用途　生長極快速，耐乾燥和鹽害強，極具綠肥價值，也可當飼料或青飼料用。

2n=12

107 坡油甘屬（Smithia Aiton）

一年生或多年生草本，或小灌木。葉偶數羽狀複葉；小葉小，3~12 對，基部歪斜，長橢圓形或線形。花黃色、橙色、藍色，總狀或頭狀花序；雄蕊二體 (5+5)。莢果 2~9 節，包於宿存之萼片中，莢節半圓形，光滑或瘤狀，不開裂。種子腎形。2n=38。

本屬約 30 種，分布熱帶舊世界，主要在亞洲和馬達加斯加。臺灣特有 1 種，自生 1 種。

1 薄萼坡油甘（施氏豆）

- ***Smithia ciliata* Royle**

  Smithia japonica Maxim.

  Smithia nagasawai Hayata
- ヒゲネムリハギ, シバネム

分布　臺灣自生種，分布日本、印尼、印度。臺灣生長於嘉義石卓及高雄桃源低至中海拔山地，多陽光的開闊地，稀有。

形態　一年生草本。莖匍匐或斜上升。葉偶數羽狀複葉；小葉 3~7 對，線狀披針形至倒卵形，5~12 mm，先端圓而有一尖突，基部鈍而稍歪基，緣有長毛。花黃色，呈腋生密集的總狀花序；花萼為唇裂形，邊緣及主脈具長毛；雄蕊 10 枚，二體。莢果關節緊縮，4~7 節，節成圓形，1 粒種子。種子腎形。

用途　可供改良土壤的參考。

2n=38

2 臺灣坡油甘（葉氏坡油甘）

- ***Smithia yehii*** **Wang & Tseng**
- タイワンネムリハギ

分布　臺灣特有種，生長於新竹、苗栗及花蓮玉里多陽光的濕潤地，稀有。

形態　一年生草本。葉偶數羽狀複葉；小葉 3~10 對，長橢圓狀倒披針形，長 6~15 mm，先端鈍形具短突尖，緣毛。花白、乳黃色，旗瓣白色，翼瓣乳黃色，1~6 朵，呈總狀花序，萼片 5 裂，表面具許多剛毛及腺點。莢果螺旋狀扭曲，藏於萼筒內，表面瘤狀，4~6 節，長 6~8 mm，腹面強烈收縮。種子腎形，有光澤。本種原屬於**坡油甘**（*Smitha sensitive* Aiton），而坡油甘花黃色，兩者差異明顯，確認為臺灣特有新種，擬命名為臺灣坡油甘。

用途　當綠肥、土壤改良之參考。

2n=38

108 槐樹屬（Sophora L.）

常綠或落葉喬木或灌木，罕多年生草本。葉奇數羽狀複葉；小葉全緣，多而小或少而大，有時密被絨毛。花一般黃色、白色，偶藍紫色，頂生總狀花序或圓錐花序；雄蕊 10 枚，離生或基部合生。莢果念珠狀，有時具翅，木質或革質，種子間縊縮，不開裂或遲裂。種子長橢圓形或卵形，一般黃色，有些扁平。2n=(16), 18, (28, 36)。

本屬約 70 種，分布舊世界和新世界溫暖地區。臺灣自生 2 種，引進 6 種。

1 白刺槐（白刺花、鐵馬胡燒、馬蹄針、狼牙刺）

- ***Sophora davidii* (Franch.) Skeels**

  Sophora moorcroftiana (Benth.) Baker var. *davidii* Franch.

  Sophora viciifolia Hance

- ヒメエンジュ

分布　原產中國華北、西北和西南部。臺灣引進當藥材栽植。

形態　灌木或小喬木。枝茶色，幾無毛，具銳刺，刺有時分枝。葉羽狀複葉，長 2~6.5(~8) cm，托葉鑿形，有時變針狀；小葉 11~19 枚，橢圓狀卵形或倒卵狀長橢圓形，5~20 mm，先端圓形或微凹，具小突頭，表面無毛，背面被稀毛。花白色或青白色，有香味，長約 1.5 cm，6~12 花呈總狀花序，著生於小枝先端。莢果念珠狀，6~8 cm，密生白色倒伏長軟毛。種子 3~5 粒，暗棕色，卵形，約 4 mm。

用途　花可食用，曬乾後可入藥，有清熱解毒功效。當土壤改良利用。

2 苦參（菱果苦樹、地槐、野槐、水槐、菟槐、白莖、地骨）

- ***Sophora flavescens* Aiton**

  Sophora flavescens Aiton var. *stenophylla* Hayata

  Sophora tetragonocarpa Hayata
- クララ, クサエンジュ
- Light yellow sophora

分布　臺灣自生種，分布中國大陸、日本、韓國。臺灣生長於全島低海拔山地、林緣或路旁。

形態　亞灌木，草質。莖枝淡綠色，具不規則縱溝，幼枝被疏毛。葉奇數羽狀複葉；小葉 11~25 枚，長橢圓形或卵形，紙質，3~5 cm，先端鈍或尖而微凹，基部圓鈍。花白色、淡黃色或黃色，呈頂生或腋生的總狀花序；花萼 5 裂，下部鑷合成鐘形；雄蕊 10 枚，完全離生。莢果圓筒形，長 5~8 cm，念珠狀，先端喙狀，種子間緊縮，3~7 粒種子，具短毛。種子圓形。地上發芽型，初生葉單葉，互生。

用途　根含多種生物鹼及黃酮類物質，中藥稱「苦參」，有清熱燥濕、祛風殺蟲、利尿之效。種子當農藥。樹皮採纖維，製造袋用。庭園栽培觀賞用。

2n=18

3 紫色槐（灰毛槐樹）

- ***Sophora glauca* Lesch. *ex* DC.**

分布　原產印度。臺灣引進民間藥用植物園栽培。

形態　亞灌木。枝密被灰色或茶色短軟毛。葉奇數羽狀複葉，長約 15 cm；小葉 19~25 枚，長橢圓形或長橢圓狀披針形，2~6 cm，先端鈍形或漸尖形，基部近圓形，裡面密生灰色或茶色絨毛，後漸變無毛。花紫色，總狀花序，頂生，花密生；萼片鐘形，密被茶色絨毛。莢果念珠狀，長 7~11 cm，被茶色或灰色絨毛。種子 5~6 粒。

用途　根藥用。觀賞用。

4 槐樹（豆槐、白槐、細葉槐、金葉槐、槐、櫰、金絲槐、國槐）

- ***Sophora japonica* L.**

  Styphnolobium japonica (L.) Schott.
- エンジュ
- Japanese pagoda tree, Chinese scholar-tree

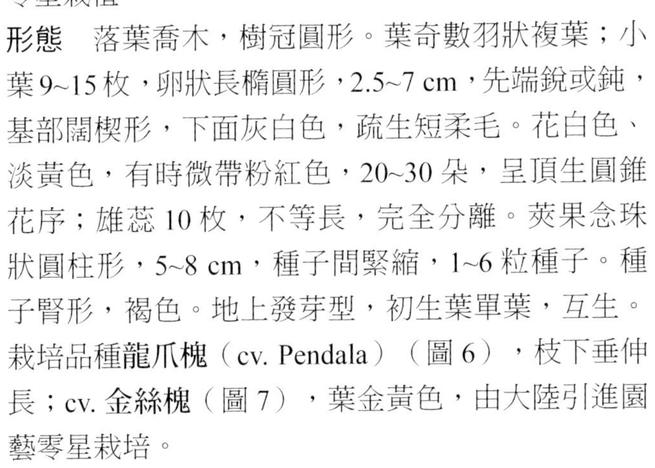

分布　原產日本、韓國、中國，大陸廣泛栽培。臺灣 1936 年首由日本引進栽植於臺北植物園，各地零星栽植。

形態　落葉喬木，樹冠圓形。葉奇數羽狀複葉；小葉 9~15 枚，卵狀長橢圓形，2.5~7 cm，先端銳或鈍，基部闊楔形，下面灰白色，疏生短柔毛。花白色、淡黃色，有時微帶粉紅色，20~30 朵，呈頂生圓錐花序；雄蕊 10 枚，不等長，完全分離。莢果念珠狀圓柱形，5~8 cm，種子間緊縮，1~6 粒種子。種子腎形，褐色。地上發芽型，初生葉單葉，互生。栽培品種**龍爪槐**（cv. Pendala）（圖 6），枝下垂伸長；cv. **金絲槐**（圖 7），葉金黃色，由大陸引進園藝零星栽培。

用途　花蕾當黃色染料，稱為「槐花末」。樹皮、葉、花蕾（槐米）、花及種子均可食用及藥用。含芳香油，為清涼性收斂止血藥。種子含油約 11 %。材硬而富彈性可供建築、車輪、家具、雕刻用材。樹姿美當行道樹、園景樹，觀賞用。花為優良之蜜源。

2n=28

5 紫槐（德州山月桂樹、側花紫槐、梅斯卡爾豆）

- ***Sophora secundiflora* (Ort.) DC.**
  Broussonetia secundiflora Ort.
- Mescal bean, Coral bean, Frizolito

分布　原產北美及墨西哥。臺灣引進栽植於臺北植物園，現各地零星栽培。

形態　常綠喬木。葉奇數羽狀複葉；小葉 7~9 枚，橢圓形，長 2.5~5 cm，先端圓鈍微凹頭，基部鈍，背面具絲狀毛。花紫藍色，長約 2.5 cm，有芳香，呈頂生總狀花序；花萼 5 裂；雄蕊 10 枚，完全離生。莢果木質，念珠狀，長約 20 cm。種子鮮紅色。地上發芽型，初生葉單葉，互生。

用途　種子可做項鍊等裝飾品，印地安人 red bean dance，與 peyote 儀式時使用之。種子稱之為梅斯卡爾豆（mescal bean），粉碎加入龍舌蘭酒內，有增醉效果。觀賞用。

2n=18

6 四翼槐樹（小葉槐）

- ***Sophora tetraptera* J. F. Mill.**
  Sophora microphylla Soland *ex* Aiton
  Sophora grandiflora (Solisb.) Skottsb.
- ハネミエンジュ
- Fourwing sophora, Kowhai tree, Kowhai

分布　原產南美智利及紐西蘭。臺灣引進栽培。

形態　小喬木。枝被白色絨毛。葉奇數羽狀複葉；小葉 29 枚以下，長橢圓形，長 1 cm 以下，先端圓形或微凹。花黃色，總狀花序，長達 5 cm，下垂，腋生；雄蕊 10 枚，離生。莢果念珠狀，長達 15 cm，具翅。地下發芽型，初生葉單葉，3 小葉，互生。

用途　栽培觀賞用。木材灰褐色，緻密，重而堅實，有彈性，具耐久性。利用為機械材、裝飾品、美工材。為紐西蘭的國花。

2n=18

7 毛苦參（嶺南槐樹、嶺南槐、絨毛槐）

- ***Sophora tomentosa* L.**
  Sophora heptaphylla Blanco
- ケクララ
- Downy sophora, Necklacepod, Yellow necklacepod, Silver bush

分布　臺灣自生種，分布熱帶地區。臺灣生長於南部恆春半島、東部、蘭嶼、綠島之濱海地區。

形態　常綠灌木或小喬木。全株被灰白色絨毛。葉奇數羽狀複葉；小葉 11~19 枚，倒卵形或長橢圓狀卵形，半革質，2~5 cm，先端鈍，基部鈍圓，背面與葉軸密被白絨毛。花黃色，15~25 朵，呈頂生的總狀花序，長 7~15 cm；花萼 5 裂，下部鑷合成鐘形；雄蕊 10 枚，分離。莢果呈念珠狀，密被絨毛。種子 6~8 粒，近球形，褐色，有光澤。地下發芽型，初生葉鱗片葉或單葉，互生。

用途　根或全草當藥用。典型海邊植物，耐旱、耐鹽、抗風。姿態美觀，適合庭園美化及盆栽觀賞。

8 絨槐（短絨槐）

- ***Sophora velutina* Lindl.**
- Velvety sophora

分布　原產中國大陸華西、中亞、北非等地。臺灣引進觀賞栽培之。

形態　灌木。枝被棕色絨毛。葉奇數羽狀複葉；小葉 9~25 枚，橢圓形或披針形，長 1.7~3.5 cm。花紫色，密集，長 1.3~1.5 cm，總狀花序，頂生或與葉對生。莢果長 6~7 cm，呈念珠狀，幼時被棕色絨毛。

用途　栽培觀賞用。

109 鷹爪豆屬（Spartium L.）

直立灌木。葉單葉，小，全緣，長橢圓形，披針形或橢圓狀披針形。花大，黃色，美麗有香氣，5~20 朵組成鬆散的頂生總狀花序；雄蕊單體。莢果長橢圓狀線形，光滑，扁平，種子間具隔膜，開裂。種子多數，表面光滑，無種阜。2n=(48), 52, 54, (56)。

本屬僅 1 種，原產地中海地區，引進在各地區栽培。臺灣引進 1 種。

1 鷹爪豆（線毛豆、鶯織柳、西班牙金雀花、南歐斯巴地豆）

- ***Spartium junceum* L.**
  Genista juncea (L.) Scop.
- レダマ
- Spanish broom, Weaver's broom

（陳運造　攝）

分布　原產地中海地區及歐洲東南部。臺灣 1960 年代引進，種植於高山地區觀賞。

形態　灌木。具多數分枝，小枝條直立，具縱的稜線突起。葉單葉，互生或成對叢生，長橢圓形、披針形或長橢圓狀披針形，1~4 cm，表面光滑無毛，背面密被灰色絨毛。花鮮黃色，有芸香味，2~2.5 cm，5~20 朵，呈直立伸長的總狀花序；花冠遠挺出於花萼外；花藥基部具毛茸。莢果線形，扁平，2 瓣裂，6~9 cm，成熟黑色，具厚縫線，無毛。種子間有隔膜，多數，表面光滑。

用途　莖當纖維料，做籠、造紙用。樹皮纖維製繩索等。花供提製芳香精油、製造香水。種子有毒。栽培觀賞用。

2n=52, 54, 56

110 黎豆屬（Stizolobium P. Br.）

一年生或越年生的蔓性藤本。葉羽狀三出複葉；小葉卵形或長橢圓形，兩面被白色絨毛。花暗紫色、紫色或白色，腋生呈下垂的總狀花序；花萼鐘形，5 裂；雄蕊 10 枚，二體。莢果多數，下垂而生，成繖狀，膨脹、厚或扁平，略彎曲，沿縫線具縱稜，密生白絨毛。種子長橢圓形或腎形，米色、灰白色、褐色、黑色，斑點或花紋；種臍長橢圓形，周圍有襟狀隆起的假種皮。2n=22。

本屬約 12 種，分布熱帶舊世界。臺灣栽培種 4 種。

註：植物分類學者認為 *Stizolobium* P. Br.=*Mucuna* Adans.。但兩者在種子和發芽形態上有顯著的差異，在農業上，黎豆屬均為栽培種豆類，站在實用上今將兩屬分開。

1 白花黎豆（白花富貴豆、冬胡豆、黑毛刀豆、龍爪豆）

- ***Stizolobium cochinchinensis* (Lour.) Burk.**
  Mucuna cochinchinensis (Lour.) A. Cheval.
  Macroanthus cochinchinensis Lour.
  Stizolobium niveum (Roxb.) Kuntze
  Mucuna nivea (Roxb.) DC.
  Carpogon niveus Roxb.
  Mucuna lyonii Merr.
- Lyon bean, Lyon's bean, Osceola

分布　原產南亞、菲律賓，和東南亞栽培。臺灣 1950 年代引進當綠肥作物栽培，已歸化生長，為一栽培種食用豆類作物。

形態　一、二年生蔓性藤本。莖圓形，褐色至暗褐色，具皮孔，被白毛，具明顯縱稜。葉羽狀三出複葉，全緣，紙質；頂小葉卵形至橢圓形，長 8~22

cm，側小葉葉基歪斜，卵狀橢圓形，二面被白色短毛。花白色，總狀花序，長 10~20 cm，下垂，花 3 朵呈叢排列，腋生；花萼筒狀鐘形，淺黃綠色；雄蕊 10 枚，二體 (9+1)。莢果扁狀長線形，長 8~12 cm，紙質，表面密被黃色短絨毛，具縱稜，熟時由綠轉為黑褐色。種子米白色，具淺花紋，橢圓形，1.8~2.0 cm。地下發芽型，初生葉單葉，對生。

用途　當綠肥或牧草用。種子有毒，但去毒後可食用。鮮莢當蔬菜。種子做豆泥或當粿餅之豆餡原料。

（陳侯賓　攝）

2 富貴豆（黎豆、虎爪豆、橫濱豆、八升豆、日本黎豆、頭花黎豆、虎豆）

- ***Stizolobium hassjoo* Piper & Tracy**
  - *Mucuna hassjoo* Sieb.
  - *Stizolobium capitatum* (Roxb.) Kuntze
  - *Carpogon capitatus* Roxb.
- ハッショウマメ, オシヤラクマメ, ヨコハマビン
- Yokohama bean, Japanese velvet bean, Capitate flower velvet bean

分布　原產熱帶地區，日本栽培。臺灣 1910 年代引進栽培，已歸化生長，為一栽培種食用豆類作物。

形態　一年生或二年生早熟型蔓性藤本。幼莖葉被白色絨毛。葉為羽狀三出複葉，小葉卵形或長橢圓形，8~13×7~7 cm，先端鈍，基部漸狹而歪斜，兩面散生絨毛。花暗紫紅色。呈腋生的總狀花序，花萼鐘形，5 裂，雄蕊 10 枚，二體。莢果多數，成繖狀，下垂而生。多少成 S 型而彎曲，9~12 cm，密生白絨毛，有 3~6 粒種子。種子長橢圓形或腎形，灰白色、褐色或斑點等。地下發芽型，初生葉單葉，對生。

用途　種子含有毒成分左旋多巴（levodopa）等有毒，但水煮去毒後可食用，做豆泥、可鹽漬食或做粿餅餡的原料。製造醬油。當綠肥、牧草用，並可改良土壤之用。如今為東部地區最主要的綠肥、覆

蓋作物。種子有溫中益氣、滋養強壯之效。葉有清熱涼血功效。

2n=22

3 刺毛黧豆（刺毛狸豆）

- ***Stizolobium pruriens* (L.) Medic.**

  Mucuna pruriens (L.) Cook non DC.

  Mucuna prurita (L.) Hook

  Dolichos pruriens L.

  Stizolobium pruium Piper ssp. *biflorum* Piper
- ビロウドマメ, ビロードマメ
- Cowhage, Cowitch, Horse-eye bean, Black velvet bean

分布　原產熱帶亞洲。臺灣 1961 年引進栽培，為一栽培種食用豆類作物。

形態　半木質狀蔓性大型草本，一年生或二年生。枝細長，密被絨毛。葉三出複葉；小葉卵形，先端漸尖，長 7.5~10 cm，頂小葉稍小，側小葉左右不等形，背面被銀色伏毛。花暗紫色，長 2.5~3.5 cm，稍大，著生於下垂的花軸，呈總狀花序。莢呈 S 狀彎曲，長 5~7.5 cm，密被發癢的硬刺毛，種子 4~6 粒。種子卵形，扁平，紫色帶黑色斑點；種臍隆起，白色，長不及種子的 1/2。

用途　幼莢去毒毛，細切煮而食用。成熟種子有毒，去皮煮熟去毒後可食用。果毛當驅蛔蟲、絛蟲藥用。

根、莢、種子當藥用。莖葉當家畜飼料、當綠肥、覆蓋作物。

4 虎爪豆（黎豆、絨毛豆、孟加拉虎爪豆）

- ***Stizolobium utile* Piper *et* Tracy**
  Mucuna utilis Wall. *et* Wight
  Mucuna pruriens (L.) DC. var. *utilis* (Wall. *et* Wight) Baker *ex* Burck
- Velvet bean, Bengal velvet bean

分布 原產熱帶亞洲地區，印度、孟加拉、華南栽培。臺灣 1950 年代引進栽培，已逸出歸化在中南部荒地、路旁生長，為一栽培種食用豆類作物。

形態 蔓生草本，長可達 15 m。葉三出複葉，頂小葉卵形，葉基及先端銳形，膜質，10~14 cm，側小葉極歪斜。花暗紫色至紫色，長 4~5 cm，腋生呈總狀花序。莢果線形，多絨毛，長及 15 cm，多數，成繖房狀下垂，成熟時稍扁，褐黑色，有隆起縱腹線 1~2 條，種子 3~8 粒。種子灰白色、褐色、黑色或有斑紋（點），臍白色隆起，有許多品種。地上發芽型，初生葉單葉，對生。

用途 生長繁茂，為良好之綠肥、覆蓋、牧草作物栽培利用。種子可食用，但含有毒成分左旋多巴，必須經煮沸、浸泡去毒才能食用，可當豆餡利用。種子性甘、微苦、溫，用於治腰脊痠痛、震顫性痲痺。2n=22

111 綠玉藤屬（Strongylodon Vogel）

攀緣灌木，小灌木或木質藤本。葉羽狀三出複葉。花紅色、藍色、淺紫或淺綠色，大型蝶狀，密集總狀花序，腋生，下垂；雄蕊 10 枚，二體。莢果具柄及喙，卵狀長橢圓形，二縫線凸出，革質，遲開裂。種子 1 至少粒，厚而大，圓形，種臍線形，半圍繞種子。2n=28。

本屬約 20 種，分布大洋洲地區，從夏威夷、波西尼亞、東南亞至馬達加斯加。臺灣引進 1 種。

1 綠玉藤

- ***Strongylodon macrobotrys* A. Gray**
- ヒスイカズラ, ストロンキドン
- Philippine jade vine, Jade vine, Emerald vine, Turquoise jade vine

分布　原產菲律賓。臺灣 1967 年引進，中、南部偶有栽植。

形態　多年生的木質藤本。葉羽狀三出複葉；小葉初為淡綠色或近紅色，成長後轉為暗綠色，卵形或長橢圓形，10~15 cm，先端鈍或圓，基部鈍或漸狹，全緣，背面具絨毛。花藍綠色，大形，約 5 cm，呈腋生下垂的總狀花序；花萼外被絨毛；雄蕊 10 枚，二體。莢果大形，長橢圓形，不開裂，內有 3~10 粒種子。

用途　花色極美、耀眼，觀賞用，最適於當蔓棚植物，菲律賓的名花。

2n=28

112 筆花豆屬（Stylosanthes Sw.）

多年生草本，罕亞灌木。葉羽狀三出複葉；小葉橢圓形，堅硬而尖銳。花橙黃色，罕白色，常具紫色條紋，頂生或腋生短穗狀或頭狀花序，對生或單花；雄蕊 10 枚，單體。莢果無柄，扁平，1~2 莢節，節具網紋，有小結節或多毛，先端具喙，喙彎曲或鉤狀，開裂或不開裂。種子扁平，卵形，光澤。2n=20。

本屬約 25 種，分布熱帶和亞熱帶美洲、非洲和亞洲地區。臺灣歸化 1 種，引進 3 種。

1 非洲筆花豆（野苜蓿、非洲泰樂豆）

- ***Stylosanthes fruticosa* (Retz.) Alston**

  Arachis fruticosa Retz.

  Stylosanthes bojeri Vogel

  Stylosanthes flavicans Baker

  Stylosanthes mucronata Willd.

  Hedysarum hamatum Burm. f.

- Wild lucerne, African stylo

分布　熱帶西非洲、馬達加斯加、阿拉伯、印度。臺灣 1964 年由澳洲引進栽培。

形態　多年生草本，在亞熱帶成為一年生。密被絨毛，呈灌木狀。莖直立或有時平臥。葉羽狀三出複葉；小葉橢圓形至披針形，長 3.3 cm，全緣。花腋生或頂生，單花；旗瓣乳白色至橘黃色，有紅色脈紋，基部紅色，翼瓣和龍骨瓣黃色。莢果 1~2 節，長 4~9 mm。地上發芽型，初生葉 3 小葉，互生。

用途　當牧草、家畜飼料、綠肥。當藥用。

2n=20, 40

2 筆花豆（泰樂豆、巴西泰樂豆、巴西苜蓿、巴西筆花豆、圭亞那筆花豆、熱帶苜蓿）

- ***Stylosanthes guianensis* (Aubl.) Sw.**

  Trifolium guianensis Aubl.

  Trifolium guianense Aubl.

  Stylosanthes gracilis Kunth

  Astyposanthes gracilis (Kunth) Herter

- Brazilian stylo, Brazilian lucerne, Common stylo, Stylo, Penflower, Schofied stylo, Tropical lucerne

分布 原產中、南美洲，熱帶地區幾乎均有栽培。臺灣1940年至1964年多次從巴西及澳洲引進栽培，已歸化生長於恆春半島、臺中大肚山及金門。

形態 多年生直立或半直立草本。根系發達，莖多分枝，基部時被絨毛。葉羽狀三出複葉；小葉長橢圓形至披針形，1.5~4.5 cm，先端銳尖，基部圓鈍；托葉與葉柄癒合包莖呈鞘狀。花黃色至橙黃色，有黑色或紅色條紋，呈頂生或腋生頭狀花序。莢果2節狀，僅1節有1粒種子，2~3 mm。種子非常小，橢圓形，灰棕色至黃棕色或紫色。地上發芽型，初生葉3小葉，互生。有7個變種。

用途 熱帶及亞熱帶非常普遍的豆科飼料作物，為優良之放牧草、綠肥作物、冬季之青飼料、乾草。防止土壤侵蝕，並可當先驅植物用。

2n=20

3 矮筆花豆（一年生筆花豆、湯斯維爾苜蓿）

- ***Stylosanthes humilis*** **Kunth**
  Stylosanthes sundaica Taub.
  Astyosanthes humilis (Kunth) Herter
- Townsville stylo, Townsville lucerne, Magsayaay lucerne, Wild lucerne

分布 原產中美洲和巴西，廣泛分布熱帶、亞熱帶地區。臺灣1961、1962年由澳洲引進栽培。

形態 一年生草本植物。主根深，側根少。莖直立或伏臥，多分枝。葉羽狀三出複葉；小葉披針形，狹而尖，中間小葉具柄。花黃色，呈短穗狀花序。莢果黑褐色，先端具鉤，每莢1粒種子。種子棕褐色。

用途 為優良之豆科牧草，宜作旱季飼料，亦可製乾草。可與禾本科牧草混植，適宜沙土、沙壤土種植。耐酸、耐旱。當綠肥、水土保持植物。

2n=20

4 糙葉筆花豆

- ***Stylosanthes scabra*** **Vogel**

  Stylosanthes nervosa J.F. Macbr.

  Stylosanthes suffruticosa Mohlenbr.

  Stylosanthes tuberculata S.F. Blake
- Shrubby stylo, Scabrous stylo, Pencilflower

分布　原產加勒比海、巴哈馬、古巴、南美洲，分布肯亞、南非、印度、印尼、澳洲等地區栽培。臺灣引進當牧草栽培。

形態　半直立草本，多年生，高及 2 m。葉羽狀三出複葉；小葉橢圓形至長橢圓披針形，兩面被粗糙短毛，頂小葉長 20~33 mm，側小葉較小。花灰至暗黃色，呈倒卵形或橢圓形，穗狀花序腋生或頂生。莢果 2 節狀，上節 4~5 mm，下節 2~3 mm，各有 1 粒種子，種子不對稱的腎形，長 2 mm，淺棕色。

用途　當多年生牧草、綠肥用，育有多數品種。在巴拉圭當民俗藥物用。

2n=20, 40

113 葫蘆茶屬（*Tadehagi* Ohashi）

灌木或亞灌木。葉為單葉，葉柄具寬翅。花粉紅色或紫紅色，頂生和腋生總狀花序，常組合成大的圓錐花序；雄蕊二體。莢果狹長橢圓形，常具 5~8 個莢節，腹縫線直或稍呈波狀，背縫線稍縊縮至深縊縮，每節有 1 粒種子。種子腎形，種臍周圍具帶邊假種皮。2n=22。

本屬約 6 種，分布熱帶亞洲、太平洋群島及澳洲北部。臺灣自生 1 種、1 變種。

1a 葫蘆茶（龍舌癀、劍板茶、螳螂草、三腳虎、瓠瓜草、一條根）

- ***Tadehagi triquetrum*** **(L.) Ohashi ssp. *triquetrum***

  Hedysarum triquetrum L.

  Desmodium triquetrum (L.) DC.

  Pteroloma triquetrum (L.) Desv.
- タデハギ
- Ovate unifoliate tick trefoil, Triquetrous tadehagi

分布　臺灣自生種，分布印度、華南、菲律賓。臺灣生長於北部、東部、南部中、低海拔山地，乾燥多陽光的地方。

形態　小灌木。莖直立或斜上，近基部分枝，枝四稜形。葉單葉，互生，長橢圓狀披針形至披針形，4~10 cm，先端漸尖或銳尖，基部圓鈍；葉柄成翅狀。花粉紅色或紫紅色，呈頂生及腋生的總狀花序，常組合為大的圓錐花序；花萼 5 裂，披針形；雄蕊 10 枚，二體。莢果狹長橢圓形，密被黃色或白色糙毛，不具網紋，有 5~8 節，上下縫線均微向內凹，每節有一粒種子。種子黑色，腎形。地上發芽型，初生葉單葉，對生。

用途　根及全株當藥用，也可當殺蟲劑。全株可當綠肥、飼料用；葉可代茶用。

2n=22

1b　蔓莖葫蘆茶（葫蘆茶、龍舌癀、一條根）

- ***Tadehagi triquetrum* (L.) Ohashi ssp. *pseudotriquetrum* (DC.) Ohashi**
  Desmodium pseudotriquetrum DC.
- タテハギモドキ

分布　臺灣自生變種，分布喜馬拉雅地區、中國、菲律賓。臺灣生長於全島中、低海拔之山地。

形態　小灌木。形態與葫蘆茶相似，惟莖半蔓性。為一亞種。葉單葉，長橢圓形至披針形，先端銳尖，6~10 cm，上表面光滑無毛，下表面沿葉脈有毛；葉柄成翅狀，2~3 cm。花粉紅色，呈總狀花序，頂生或腋生。莢果狹長橢圓形，僅縫線上被白色毛，餘平滑，具網紋，2~3 cm，有 6~7 節，略彎曲，每節有 1 種子。種子黑色，腎形。

用途　似葫蘆茶當藥用，葉可代茶用。當綠肥、飼料用。

114 灰毛豆屬（Tephrosia Pers.）

一年生或多年生灌木，小灌木或草本。葉奇數羽狀複葉；小葉多枚，罕 1~3 枚，葉脈常平行，背面常被絹毛。花紅色、紫色或白色，小或大，與葉對生，腋生或頂生總狀花序；雄蕊二體 (9+1)。莢果無柄，長橢圓形，卵形或線形，扁平，狹，歪斜，先端具喙，被毛，二瓣裂。種子多粒，橢圓形或卵形。2n=16, 20, 22, 24。

本屬約 400 種，分布全球溫帶、熱帶和亞熱帶地區。臺灣特有 2 種，自生 1 種，歸化 3 種，引進 1 種。

1 白花鐵富豆（山毛豆、白灰毛豆）

- ***Tephrosia candida* (Roxb.) DC.**
  Robinia candida Roxb.
- シロバナナンバンクサフジ, キダチナンバンクサフジ
- White tephrosia

分布　原產馬來西亞及中國大陸、印度。臺灣 1930 年代引進，已歸化生長於荒廢地。

形態　直立灌木。具多數分枝，枝細長，具稜角，被粗毛。葉奇數羽狀複葉，長 16~20 cm；小葉 11~27 枚，長橢圓形披針形或橢圓形，3~7 cm，先端圓有短突，裡面密被絨毛。花白色，單生或 2~6 枚群生呈總狀花序，頂生。莢果帶狀長橢圓形，6~10 cm，稍彎曲，密被倒伏性褐或灰色絨毛，5~15 粒種子。地上發芽型，初生葉單葉，3 小葉，互生。

用途　枝、葉為良好的綠肥，為咖啡園、果園良好的覆蓋、防風作物。觀賞用。葉及樹皮可毒魚用。

2n=22

2 白花灰毛豆（紫脈灰毛豆、紫葉灰毛豆）

- ***Tephrosia ionophlebia* Hayata**
- シロバナクサフジ

分布　臺灣特有種，生長於中、南部低海拔的原野及荒地。

形態　多年生草本。莖細長，斜立或直立，多分枝，莖及枝條密被黃毛。葉奇數羽狀複葉，長 6~10 cm；小葉 13~21 枚，長橢圓至倒披針形，1~2 cm，先端微凹，基部銳形，表面散生絨毛，裡面密被絨毛，全緣。花白色，呈頂生或與葉對生的總狀花序，長 2~5 cm，斜上升，具絨毛；花萼 5 裂，裂片線形；

雄蕊 10 枚，二體。莢果線形，成熟時開裂，呈扭曲狀，3~5 cm，5~7 粒種子。種子橢圓形。地上發芽型，初生葉單葉，3 小葉，互生。

用途　當綠肥、飼料用。觀賞用。

3 黃花鐵富豆（黃花灰毛豆、長序灰毛豆）

- ***Tephrosia noctiflora*** **Boj. ex Baker**

  Tephrosia subamoena Prain
- ビロードナンバンクサフジ
- Hairy bean

分布　原產非洲、印度。臺灣 1930 年代引進栽培，已歸化生長於中、北部平地及低丘陵地區。

形態　直立半灌木狀草本。莖基部近木質化，具多分枝，密被褐色絨毛。葉奇數羽狀複葉，長 6~8 cm；小葉 15~19 枚，倒披針形，2~4 cm，先端凹入具尖突，基部漸狹，上表面光滑，下表面被絨毛。花黃色，成對生長，呈腋生總狀花序；花萼 5 裂；雄蕊 10 枚，二體。莢果闊線形，略彎曲，被褐色絨毛，4~6 cm，6~11 粒種子。種子腎形，無粒狀突起。地上發芽型，初生葉單葉，3 小葉，互生。

用途　當飼料或綠肥。觀賞用。

2n=22, 44

4 臺灣灰毛豆（倒卵葉灰毛豆、卵葉灰毛豆、紅花灰毛豆、苦草、葉仔草、白葉菜、烏仔草、鱠仔草）

- ***Tephrosia obovata*** **Merr.**
- タイワンクサフジ
- Taiwan tephrosia

分布　臺灣自生種，分布菲律賓。臺灣生長於南部、東部多陽光之濱海平地原野，澎湖與小琉球亦有之。

形態　多年生草本。莖細長而柔弱，具多數分枝，密被柔毛。葉奇數羽狀複葉，長 5~7 cm；小葉 7~13 枚，倒卵形，5~10 mm，先端圓鈍有尖突，基部漸尖，兩面密被絨毛。花紅色，罕白色，呈腋生的總狀花序；花萼 5 裂，下部鑷合成鐘形；雄蕊 10 枚，二體。莢果線形，密被絲狀絨毛，成熟時開裂，5~7 粒種子。種子橢圓形。地上發芽型，初生葉單葉，3 小葉，互生。

用途　可當綠肥、地被植物。觀賞用。

2n=22

5 矮灰毛豆

● ***Tephrosia pumila*** **(Lamarck) Persoon**

Galega pumila Lamarck

分布　熱帶非洲、亞洲和澳洲北部；中國生長於廣東。臺灣引進，現歸化生長於臺南七股濱海原野草地。

形態　一年生或多年生草本。匍匐或蔓生，株高 20~30 cm；莖細長，具多數分枝，被柔毛。葉奇數羽狀複葉，小葉 9~11 枚，狹倒卵形至倒披針形，1.2~1.5 × 0.4 cm，先端圓鈍有尖突，基部漸尖，兩面密被柔毛。花白色，偽總狀花序，頂生或腋生，花萼鐘狀，約 3 mm，花冠白色，長約 1 cm； 旗瓣近圓形，外被短柔毛。子房有毛。莢果線形，長 3~4 × 3 cm，先端微彎，有喙，成熟時開裂，9~12 粒種子。種子微菱形，約 2.5 × 2.2 mm，棕色，具雜色斑點。為一新發現的歸化種。

用途　可當地被、綠肥植物用。

2n=22, 44

6 灰毛豆（假靛青、灰葉、烏仔草、紫草藤、野青樹、野藍靛、鱠仔草、葉仔草）

- ***Tephrosia purpurea* (L.) Pers.**
  Cracea purpurea L.
- ナンバンクサフジ
- Purple tephrosia, Wild indigo, Purple wild indigo

分布　臺灣自生種，分布熱帶及亞熱帶地區。臺灣生長於中、南、東部之原野、荒廢地、草生地。

形態　多年生草本。具擴展性分枝，初生枝具白色軟毛。葉奇數羽狀複葉，長 8~12 cm；小葉 7~17 枚，長橢圓形或長橢圓狀倒卵形，先端鈍形，基部鈍形，1.5~3.5 cm，裡面密被倒伏狀軟毛。花紅色、紫紅色，腋生的總狀花序，長 10~25 cm，疏花；花萼 5 裂；雄蕊 10 枚，二體。莢果扁平，闊線形，2.5~5 cm，密被粗絨毛，6~10 粒種子。種子腎形，長約 4 mm。地上發芽型，初生葉單葉，3 小葉，互生。

用途　固定流沙與海岸沙之植物。當綠肥及覆蓋植物。枝葉具麻醉性可毒魚。非洲原住民當乳品之香料。種子為咖啡的代用品。葉可取黃色染料。全草可入藥用。根含魚藤酮、魚藤素及灰葉素，藥用。$2n=16, 22, 24, 44$

7 威氏鐵富豆（非洲灰毛豆）

- ***Tephrosia vogelii*** **Hook. f.**

  Tephrosia periculosa Baker
- Fish bean, Fish-poison bean

分布　原產非洲。臺灣 1950 年代引進栽培。

形態　灌木。具多數斜上升枝條，密被褐色或黃色絨毛。葉奇數羽狀複葉；小葉 17~25 枚，倒披針形，3.5~9 cm，先端圓而有尖突，基部鈍。花白色，罕淡紫，頂生總狀花序，長 10~15 cm。莢果直或略向上彎曲，10~12 cm，密被灰色或褐色絨毛，14~18 粒種子。地上發芽型，初生葉單葉，3 小葉，互生。

用途　當綠肥或覆蓋作物栽培之。可當毒魚用，作為殺蟲劑用。觀賞用、綠籬、防風用。

2n=22

115 野黃豆屬（Teramnus P. Br.）

多年生纏繞性草本。多毛。葉羽狀三出複葉；小葉卵形至披針形。花紫色，成對著生於腋生之花序軸上，或成束的總狀花序；雄蕊單體，5 有葯雄蕊與 5 退化雄蕊互生。莢果線形，種子間具隔膜，先端具宿存之彎曲花柱，二瓣裂，裂瓣彎曲。種子多至 8 粒，長橢圓形，種臍橢圓形，無假種皮。2n=28。

本屬約 8 種，分布熱帶和亞熱帶地區。臺灣自生 1 種。

1 野黃豆（臺灣野黃豆、闊葉野黃豆、軟莢豆）

- ***Teramnus labialis*** **(L. f.) Spr.**

  Glycine labialis L. f.

  Teramnus angustifolius Merr.

  Glycine subonensis Hayata
- ヒロバンヤブマメ, ナンバンヤブマメ
- Rabbit vine, Horse vine

分布　臺灣自生種，分布熱帶非洲及亞洲。臺灣生長於南部臺南至屏東恆春一帶低海拔山地至平地原野。

形態　蔓生草本。密被粗毛。葉羽狀三出複葉；頂小葉長橢圓形或長橢圓狀卵形，2~6 cm，先端漸尖，基部圓鈍，漸狹，側小葉對生，較小。花紫紅色，呈腋生的總狀花序；花萼 5 裂，合成鐘形；雄蕊 5 枚，5 枚退化，無花葯，單體。莢果線形，扁平，3~8 cm，先端具彎鉤長喙，被絨毛，2~9 粒種子。種子長橢圓形，3.0~3.5 mm，表面光滑，褐灰色或褐色，種臍橢圓形。地上發芽型，初生葉單葉，對生。

用途　嫩葉可食用。全植物體當綠肥、牧草。在印度當苦味清涼收斂藥用。

2n=20, 24, 28

116 金蝶木屬（Tipuana Benth.）

中至大喬木，生長快速。葉奇數羽狀複葉，大多互生；小葉少至多枚，互生，橢圓形，倒卵狀長橢圓形。花鮮黃色，頂生圓錐花序；雄蕊 10 枚，二體。莢果革質，頂端具翅，不開裂。種子 1~3 粒，長橢圓形。2n=20。

本屬僅 1 種，原產玻利維亞至阿根廷西北部，今廣泛觀賞栽培。臺灣引進 1 種。

1 金蝶木（黃紫薇、玫瑰木）

- ***Tipuana tipu* (Benth.) Kuntze**
  Machaerium tipu Benth.
- Rose wood, Pride of Bolivia

分布 原產巴西南部、玻利維亞、阿根廷等南美洲熱帶地區。臺灣引進栽植之。

形態 半落葉性喬木，樹冠廣大。葉奇數羽狀複葉；小葉 7~23 枚，卵形，長 3~4 cm。花黃色至杏黃色，呈圓錐花序，頂生。莢果長約 6 cm，具翅。地上發芽型，初生葉單葉，3 小葉，互生。

用途 材為玫瑰木之原木。生長快速，當庇蔭樹、行道樹用，栽培觀賞用。

2n=20

117 菽草屬（Trifolium L.）

一年生、二年生或多年生草本。葉大多掌狀三出複葉，罕 5- 或 7 出複葉；小葉倒卵形，邊緣鋸齒狀。花大多紫色、紅色或白色，稀黃色，腋生或頂生的穗狀，簇生的頭狀或繖房花序，罕單花；雄蕊二體 (9+1)。莢果小，長橢圓形或卵形，扁平或亞圓柱形，膜質，為宿存的花萼所包被，不開裂或微開裂。種子 1~2 粒，腎形或卵形。2n=(10, 14) 16 (28, 32)。

本屬約 250 種，分布溫帶和亞熱帶地區。臺灣歸化 3 種，引進 8 種。

1 埃及三葉草（非洲菽草、亞歷山大三葉草）

- ***Trifolium alexandrinum* L.**
- エジプトクローバー
- Egyptian clover, Berseem clover, Alexandrian clover

分布 原產埃及及敘利亞，分布非洲東部及地中海。臺灣於 1957、1960 年引進栽培。

形態 一年生或二年生草本。具分枝，疏生絨毛或無毛。葉掌狀三出複葉；小葉披針形或線狀披針形，或長橢圓形，3~4 cm，先端鈍或銳尖，基部鈍；托葉卵形或長卵形，包被莖，先端有細長尾狀物。花黃白色，密集呈球狀花序，頂生或腋生；花萼筒狀，5 裂；雄蕊 10 枚。種子卵形，黃色或黃褐色。地上發芽型，初生葉單葉，3 小葉，互生。

用途　當飼料、牧草及綠肥用。觀賞用。

2n=16

2 田野三葉草（草原車軸草、忽布三葉草、大蛇麻三葉草）

- ***Trifolium campestre*** **Schreb.**
- クスグマツメクサ, ホップクローバー
- Field clover, Hop trefoil, Low hop clover

分布　原產歐洲。亞洲西部、非洲北部、北美、日本已歸化。臺灣引進當綠肥栽培。

形態　一年生或越年生草本，匍匐或偃臥狀。莖蔓生，有時呈斜上升狀。葉羽狀三出複葉；小葉長橢圓形；葉柄長 0.5~1 cm。花黃色，頭狀花序，花序由 20~30 朵蝶形花形成橢圓形，直徑約 1.5 cm；花冠在結果期最大，變褐色，旗瓣闊卵形，中肋左右各有 5~8 個側脈，為黃菽草之近緣種。

用途　當牧草飼料、綠肥作物。觀賞用。對非常濕潤土壤具耐性。

2n=14

3 垂花三葉草

- ***Trifolium cernuum*** **Brot.**
- Drooping clover, Drooping flower clover, Drooping flowered clover, Nodding

（江德賢　攝）

（江德賢　攝）

分布　原產非洲西北之摩洛哥，西歐之比利時、法國、葡萄牙和西班牙，廣泛自生於澳洲西部、南部、美國南部。臺灣引進栽培，已歸化生長南投信義鄉。

形態　一年生草本。無毛或疏生絨毛。莖直立或偃臥狀，分枝。葉掌狀三出複葉；小葉橢圓形或倒卵形，5~15 mm。托葉披針狀三角形。花粉紅色，多花，少者 5~6 花，腋生，頭狀花序，直徑 5~11 mm，結果期呈半圓柱形。莢果卵形；種子 1~4 粒。

用途　當飼料、綠肥作物。觀賞用。

2n=16

4 黃菽草（黃三葉草、小黃花菽草）

- ***Trifolium dubium*** **Sibth.**
  - *Trifolium minus* Smith.
  - *Trifolium pubescens* L.
  - *Trifolium procumbens* L.
- Yellow clover, Irish shamrock, Small hop clover

分布　原產歐洲，北美歸化生長。臺灣 1950 年代引進在梨山與梅峰栽植之，逸出已歸化生長。

形態　一年生草本。匍匐或偃臥狀莖蔓生，有時亦呈斜上升狀。葉羽狀三出複葉；小葉倒卵形或長橢圓形，7~9 mm，先端截形或凹入，基部楔形；托葉 2 枚，對生，披針形。花小，黃色，20~30 枚呈頭狀花序排列；花萼鐘形 5 裂；雄蕊 10 枚，二體。莢果小，包被在花瓣內。地上發芽型，初生葉單葉，3 小葉，互生。

用途　當為飼料、綠肥作物。觀賞用。

2n=12, 14, 28, 32

5 雜種三葉草（雜種車軸草、直立荷蘭三葉草）

- ***Trifolium hybridum*** **L.**
  Trifolium fistulosum Gilib.
- タチオランダレンゲ
- Alsike clover

分布　原產溫帶歐洲、小亞細亞、非洲北部。臺灣引進栽培。

形態　直立多年生草本。葉掌狀三出複葉；小葉卵形至闊卵形，1.5~3 cm，先端鈍圓形，基部歪斜，微鋸齒緣，無柄；托葉大，卵形，1~2.5 cm。花紅色、淡紅色或白色，頭狀花序密生，總花柄長 2~6 mm，花開後通常下垂。莢果被殘存的花萼及花冠包被，種子 2~4(6) 粒。

用途　常栽培當牧草、乾草用。為重要的蜜源植物。

2n=16, 32

6 紅花三葉草（克林生三葉草、絳紅三葉草、絳三葉草、深紅三葉草、地中海三葉草）

- ***Trifolium incarnatum*** **L.**
  Trifolium molineri Balb.
  Trifolium noeanum Reichb. *ex* Mart. & Koch
  Trifolium spicatum Perret *ex* Colla
  Trifolium stramineum Presl
- ベニバナツメクサ, クリムリンクローバー
- Crimson clover

分布　原產歐洲中部及南部、非洲北部。臺灣 1958 年由日本引進栽培。

形態　一年生或越年生草本。被黃色軟毛。葉掌狀三出複葉；小葉廣倒卵形或圓形，長 1.5~3.5 cm，兩面有軟毛，無柄；托葉橢圓形。花紅色，花序圓柱形，著生於分枝的先端。莢果倒卵形，成熟時藏

於宿存的花萼筒內，半膜質，有縱脈。種子 1 粒，褐色，腎形。

用途 當覆蓋和綠肥作物、牧草飼料、乾草作物栽培。觀賞用。

2n=14

7 大花三葉草（米奇利三葉草）

- ***Trifolium michelianum* Savi**
- Annual white clover, Big-flower clover, Balansa clover, Big-head clover, Micheli's clover, Mike clover

分布 原產歐洲南部，從西班牙至土耳其。臺灣 1962 年引進栽培。

形態 半直立越年生草本。莖鮮綠色偶有紅色化，光滑無毛。葉掌狀三出複葉，互生；小葉綠色，光滑，邊緣大小鋸齒狀。花白色至粉紅色，35~55 朵，呈繖形花序，徑 20~30 mm。種子卵狀橢圓形，長 1~3 mm，顏色變化大，橄欖綠、黃色、淡棕色、濃褐色至黑色。

用途 當觀賞植物。綠肥、牧草用。

8 紅菽草（紅三葉草、紅車軸草、紅荷蘭翹搖）

- ***Trifolium pratense* L.**

  Trifolium alpicola Hegetsch.

  Trifolium carpaticum Porc.

  Trifolium expansum Waldst. & Kif.

  Trifolium nivale Sieb.

  Trifolium silvestre Ducomm
- アカツメクサ, ムラサキツメクサ
- Red clover

分布 原產溫帶歐洲及亞洲。臺灣 1930 年代引進，阿里山及北部種植，逸出已歸化生長。

形態 多年生草本。莖直立或斜上升，有分枝，散生絨毛。葉掌狀三出複葉；小葉卵形，長橢圓形及倒卵形，1.5~5 cm。先端鈍、圓或凹入，基部鈍。表面常有大形白色斑塊；托葉卵形，先端有細長尾狀物。花粉紅色，多數密集排列，呈頭狀花序，生長於枝條先端之葉腋；雄蕊 10 枚，二體。莢果卵形，藏於宿存的花萼筒內，僅 1 粒種子。種子小，橢圓形或腎形，棕黃色或紫色。地上發芽型，初生葉單葉，3 小葉，互生。

用途 當乾草、青貯、牧草、飼料等。乾燥之花序當鎮靜劑、氣喘藥用。全草當藥用。花為紅色染料的原料。花及葉乾燥磨粉，與飯拌合食之，印地安人生食或當沙拉食用。種子含油率 12 %。幼苗可食用。當水土保持作物及觀賞用。

2n=14, 16, 28, 32, 48, 56

9 菽草（白三葉草、白車軸草、白翹搖、白荷蘭翹搖）

- ***Trifolium repens*** **L.**
- シロツメクサ, ツメクサ, オランダレンゲ
- White clover, Ladino clover

分布 原產於近中東，後傳入分布於北美洲、歐洲、溫帶亞洲及北非。臺灣 1910 年代引進栽植，逸出已歸化生長於北部平原及中部中、低海拔山區。

形態 匍匐性多年生草本。葉掌狀三出複葉；小葉倒卵形或卵形，1.5~3 cm，先端圓而微凹入，基部鈍；托葉卵狀披針形，抱莖，先端漸尖，膜質。花白色，多數（40~100 朵）排列成一頭狀花序；雄蕊 10 枚，二體。莢果線形，挺出於花萼外，2~4 粒種子。種子近圓形，黃色或褐色。地上發芽型，初生葉單葉，3 小葉，互生。栽培品種可分為小葉型、中葉型和大葉型 3 種類型。栽培品種**紅葉幸運草**（**紅葉白花三葉草**）(cv. Tinto Wine），小葉紅色，白花。**紅羽毛三葉草**（cv. Red Feather），小葉綠白二色，上有紅色羽紋（圖 4）。

用途 重要的牧草、乾草、蜜源、綠肥植物。全草有清熱、涼血、定神之效。花當藥用，為優良利尿劑。種子含油 11 %，蛋白質高，可做芽菜原料。幼苗、嫩莖葉、花及豆莢可食用。當草坪及水土保持植物。觀賞用。

2n=16, 22, 30, 32, 48, 64

10 波斯三葉草（鳥眼三葉草、反轉三葉草）

- ***Trifolium resupinatum* L.**
  Trifolium suaveolens Willd.
  Trifolium bicorne Forsk.
  Trifolium clusii Godr & Gren
- ヒナツメクサ
- Persian clover, Reversed clover, Birdseye clover

分布　原產地中海地區至希臘、伊朗。臺灣 1956 年引進栽培。

形態　一年生草本。莖直立或斜上升。葉掌狀三出複葉，互生，葉柄 3~5 cm；小葉長橢圓狀倒卵形，先端圓至鈍形。花淡紅色至紅紫色，長 6 mm，花序開始為扁球形，後變為球形，著生於長側枝之上；基部有總苞，總苞片為鱗片狀，長 1~2 mm；花萼被上、下 2 唇包被，上唇密生毛，開花後花萼肥大成袋狀，花瓣位置倒轉，龍骨瓣在上側，而旗瓣在下側。

用途　栽培當家畜之牧草、綠肥。觀賞用。

2n=16

11 箭葉三葉草

- ***Trifolium vesiculosum* Savi**
  Trifolium turgidum M. Bieb.
- Arrowleaf clover

分布　原產地中海，分布歐洲、中東及俄羅斯。臺灣引進當綠肥作物栽培。

形態　一年生草本。莖直立至攀升，具溝紋，高 15~60 cm。葉掌狀三出複葉；托葉狹尖鑽形；小葉披針形至橢圓形，長 1.5~4 cm。花粉紅至紫色，腋生或頂生，密生呈頭狀花序，長 3~6 cm，寬 2.5~3.5 cm。莢果長約 4 mm，2~3 粒種子。種子卵形，長 1.2 mm，棕色。

用途　當牧草或飼料，綠肥。觀賞用。

2n=16

118 葫蘆巴屬（Trigonella L.）

一年生直立或匍匐性草本。葉羽狀三出複葉；小葉葉脈明顯，葉緣鋸齒狀，葉脈深入齒端。花黃色、藍色或白色，密集的總狀花序呈頭狀或繖房狀花序；雄蕊二體 (9+1)。莢果長橢圓形或長橢圓狀線形，扁平或方形，厚，具喙，無隔膜，不開裂或僅沿一縫線開裂。種子 1~ 多粒，長橢圓形或橢圓形。2n=16, (28, 32)。

本屬約 80 種，分布地中海至中歐，東至中亞、南非、澳洲。臺灣歸化 1 種，引進 2 種。

1 葫蘆巴（凌靈香、芸香草、香豆子、苦豆、蘆巴、芸香、苦草、香草、雪莎、香草兒）

- ***Trigonella foenum-graecum* L.**
- コロハ
- Fenugreek, Fenugrec, Trigonel, Common fenugreek, Greek kays, Hay-seed, Greek hay-seed

分布　原產地中海地區，在中國大陸東北、西北及華中、華南均有栽培。臺灣 1961 年引進當藥用栽培，杉林溪栽培之。

形態　為一年或越年生草本，全株有香氣。莖多分枝，被白色疏絨毛。葉羽狀三出複葉；葉柄長 1~4 cm；托葉與葉柄連合，呈寬三角形；頂小葉倒卵形或倒披針形，1~3.5 cm，先端鈍圓，兩面被疏毛，側小葉略小。花黃白色，基部略帶紫色，有香味，1~2 朵，腋生，無梗；雄蕊 10 枚，二體。莢果條狀圓筒形，5.5~13 cm，先端呈尾狀，直或略彎，被疏柔毛，具明顯縱網脈。種子略呈斜方形，多數，黃色或棕色，有香味。地上發芽型，初生葉單葉，3 小葉，互生。

用途　主要當藥用。種子含葫蘆巴鹼、膽鹼、葫蘆巴苷 I、II，及多種皂苷，有補腎陽、祛寒止痛的功能。種子含蛋白質 20 %、油分 7 %，當咖啡等之添加劑或香辛料使用。葉及種子含芳香油，可用於輕工業原料。葉及幼莢當蔬菜食用，家畜的飼料。當綠肥用。

2n=16, 24, 32

2 彎果葫蘆巴

- ***Trigonella hamosa* Forssk.**

  Trigonella hamosa L. var. *glabra* (Thunb.) Sirj.

分布　原產蘇丹、埃及、阿拉伯半島、敘利亞、伊朗、北印度、南非。臺灣引進，已歸化生長在東部

花蓮地區。

形態　多年生草本。莖匍匐生長，分枝，幼枝多毛。葉羽狀三出複葉；頂小葉倒卵形，12~15 mm，表面光澤，背面多毛，基部楔形，先端截形而凸尖。花黃色，長約4.5 mm，頭狀花序，花(3)7~18朵，腋生。莢果褐色，線形，彎曲，被軟毛，10~15 mm，不開裂，5~8粒種子。種子鉻黃色，0.8~15 mm。地上發芽型，初生葉單葉，3小葉，互生。

用途　類似白花三葉草。優良之牧草。當藥用。

2n=16, 44

3 多角葫蘆巴（野葫蘆巴）

- ***Trigonella polyceratia* L.**
  Trigonella pinnatifida Cav.
  Trigonella polyceratoides Lange
  Trigonella ×ambigus Samp.
  Trigonella amandiana Samp.
  Trigonella polyceratia L. ssp. *amandiana* (Samp.) Amich & J. Sanchez
  Medicago polyceratia (L.) Sauv. *ex* Trautv.
  Medicago polyceratia (L.) Sauv. *ex* Trautv. ssp. *amandiana* (Samp.) Greuter & Burdet
- Wild fenugreek, Khandaror

分布　原產熱帶非洲，引進至西歐栽培。臺灣引進栽培。

形態　一年生草本。幼時多毛。莖匍匐或斜升，偶而直立，莖基部多分枝，有角。葉羽狀三出複葉；小葉長4~12 mm，倒卵形或亞圓形。花黃色，長約6 mm，頭狀花序，腋生，花梗短，2~6(8)朵花聚生。莢果成群，圓柱形，微扁平、彎曲，20~50 mm。種子長圓柱形，或長橢圓菱形，1.4~2 mm，灰黃色或棕色。

用途　當野菜（蔬菜）利用。當飼料、牧草。藥用。

2n=24, 28, 30, 32, 44

119 荊豆屬（Ulex L.）

灌木。主莖直立。葉初生葉為三出複葉，互生，但成株後葉退化為鱗片狀或狹針狀葉。花黃色，單生或短總狀花序或繖房花序；雄蕊單體。莢果卵形或線狀長橢圓形，扁平或膨脹，被密毛，二瓣裂，瓣裂卷曲。種子1~6粒，倒卵形，具種阜。2n=32, 64, (80), 96。

本屬約20種，分布西歐和北非。臺灣引進1種。

1 荊豆

- ***Ulex europaeus* L.**
  Ulex gallii Planch
- ハリエニシダ
- Common gorse, Furze whin, Gorse, Furze, Whin

（陳和瑟　攝）

分布　原產南歐、歐洲西部、英國北部、葡萄牙南部、愛爾蘭西部至波蘭、烏克蘭，引進至美國、紐西蘭、澳洲和南非栽培。臺灣引進園藝界栽培之。

形態　常綠灌木。幼莖綠色，刺三歧。葉變形為針狀，綠色，1~3 cm，被絨毛。發芽幼植物初期葉為三小葉，類似三葉草。花鮮黃色，長約 2 cm，密被絨毛，呈短總狀花序。莢果長橢圓形，扁平，長 2 cm，暗紫褐色，被毛，2~3 粒種子。種子小而硬，灰黑色，有光澤。地上發芽型，初生葉單葉，3 小葉，互生。

用途　小枝粉碎當牛之飼料。開花前不具毒性。花多而豔麗，庭園栽培觀賞用。

2n=64, 96

（陳和瑟　攝）

120 兔尾草屬（Uraria Desv.）

多年生草本，亞灌木或灌木。葉奇數羽狀複葉，三出複葉或單葉；小葉 1~9 枚。花粉紅色、紫色或黃色，小而密集，總狀花序，腋生，頂生或再組成圓錐花序，長及 30cm，且頂端常彎曲成鉤狀；雄蕊 10 枚，二體。莢果 2~7 個莢節，莢節卵形或扁圓形，扭曲重疊，膨脹，不開裂，每節具種子 1 粒。種子棕色，凸狀或亞腎形，扁平。2n=20, 22。

本屬約 20 種，分布熱帶亞洲、非洲、北澳洲和昆士蘭。臺灣自生 4 種。

1　兔尾草（貓尾草、通天草、狗尾草、狐狸尾、臺灣人參）

- ***Uraria crinita*** **(L.) Desv.** ***ex*** **DC.**
  Hedysarum crinitum L.
  Uraria macrostachya Wall.
- フジボグサ
- Common cat's tail, Cat's tail bean, Hairytail uraria

分布　臺灣自生種，分布爪哇、菲律賓、華南。臺灣生長於全島平地及低海拔原野、草生地、林緣，南投名間、臺中大肚山一帶大量栽培。

形態　多年生草本或亞灌木。基部木質化，具多數分枝，具粗毛。葉奇數羽狀複葉；小葉 5~7 枚，先端者偶亦有 3 枚，卵形，長橢圓形或長橢圓狀披針形，長 8~16 cm，先端鈍圓，亦有銳尖，最先端有一尖突，基部圓鈍；托葉三角形，先端漸尖。花紫紅色，多數呈密集的總狀花序，可達 25~30 cm，如狐尾狀；花萼 5 裂，被長毛；雄蕊二體 (9+1)。莢果抽自於殘存的花萼，有 3~7 節。種子腎形。地上發芽型，初生葉單葉，對生。

用途　民間藥草，為南投民間鄉的特產，專業栽培，用來燉雞、排骨等美味可口，增進食慾，有「臺灣人參」美稱。全草當藥用。花美觀賞用。葉入涼茶用。植株可當綠肥。

2n=22

2 大葉兔尾草（三葉兔尾草、狐狸尾、大葉貓尾草、尾萼豆、狸尾豆）

- ***Uraria lagopodioides*** **(L.) Desv.**
  Hedysarum lagopodioides L.
  Uraria lagopoides DC.
- オオバフジボグサ
- Lesser cat's tail, Hairy uraria, Hare-foot tailed tick trefoil

分布　臺灣自生種，分布菲律賓、印度、華南、澳洲南部。臺灣生長於中、南部平地原野、低海拔山地、草生地。

形態　匍匐性或斜立多年生灌木。莖基部稍木質化，具多數分枝，小枝斜上升狀，被鉤毛。葉羽狀三出複葉或單葉；小葉卵形、圓形或倒卵形，長 2~6 cm，先端圓鈍或凹，基部圓鈍。花紫色或淡紫色，密生呈頂生短圓柱總狀花序，花序長 3~5 cm；花萼 5 裂，被長毛，合成鐘形；雄蕊 10 枚，二體。莢果 1~2 莢節，每節呈卵形，扭旋而具粗網紋。種子橢圓形。地上發芽型，初生葉單葉，對生。

用途　根或全草當藥用。當綠肥、土壤改良、防止土壤侵蝕等。

2n=22

3 圓葉兔尾草（臺灣兔尾草、圓葉貓尾草、福建狸尾豆）

- ***Uraria neglecta*** **Prain**
  Uraria aequilobata Hosokawa
  Uraria lagopus DC. var. *neglecta* (Prain) Ohashi
  Uraria hamosa Wall. var. *formosana* Matsumura
- タイワンフジボグサ, マルバフジボグサ
- Round-leaf uraria, Taiwan uraria

分布　臺灣自生種，分布中國大陸。臺灣生長於中、南、東部低海拔山地、草生地、林緣或平地原野，稀有。

形態　略帶匍匐性的草本。莖近似圓柱形，被鉤毛。葉羽狀三出複葉，少數單葉；頂小葉近似圓形或圓心形、倒心狀卵形，1.5~3.5 cm，先端圓而略凹入，側小葉較小，長橢圓形。花淡紫紅色，呈頂生伸長疏生的總狀花序，長 8~12 cm。莢果扭曲狀，2~6 莢節，每節有 1 粒種子。種子腎形。地上發芽型，初生葉單葉，對生。

用途　可當綠肥用。

4 羽葉兔尾草（細葉兔尾草、細葉貓尾草、美花兔尾草、線葉貓尾草、美花狸尾豆）

- ***Uraria picta*** **(Jacq.) DC.**
  Hedysarum pictum Jacq.
- ホソバフジボグサ
- Beautiful flower uraria

分布　臺灣自生種，分布熱帶非洲、印度、馬來西亞、華南、菲律賓。臺灣生長於南部恆春半島之原野、多陽光之山野、路旁。

形態　多年生亞灌木。莖基部稍木質化，具多數分枝，被鉤毛。葉奇數羽狀複葉；小葉 5~7 枚，線形，5~9 cm，先端鈍有尖突，基部圓鈍；托葉卵形，先端漸尖。花初為紫紅色，後漸變為藍紫色，密集排列呈圓柱狀的總狀花序，長 10~20 cm，頂生；花萼 5 裂，下部合成鐘形；雄蕊 10 枚，二體。莢果扭曲狀，有 3~5 莢節，灰色，無毛。種子橢圓形。地上發芽型，初生葉單葉，對生。

用途　葉磨粉可治毒蛇咬傷。根當藥用。可當綠肥用。觀賞用。

2n=16, 22

121 蠶豆屬（Vicia L.）

一年生、二年生或多年生草本。莖蔓生、攀緣或匍匐，具稜，多分枝。葉偶數羽狀複葉；小葉小或全緣或頂端具卷鬚，線形或長橢圓形，一般多對。花藍色、淺紫色、黃色或白色，腋生總狀花序或複總狀花序，花密集著生於長花序軸上，罕單花或2~4朵簇生於葉腋；雄蕊二體 (9+1)。莢果長橢圓形或線形，平而腫脹，無隔膜，二瓣裂。種子 2~ 多粒，球形，罕扁平。2n=(10, 12), 14, (16)。

本屬約 150 種，分布溫帶地區，原產歐洲和亞洲、澳洲。臺灣自生 1 種，栽培種 1 種，歸化 4 種、1 變種，引進 2 種。

1 狹葉野豌豆

- ***Vicia angustifolia* L. *ex* Reichard**
  Vicia multicaulis Wallr.
  Vicia polymorpha Godron
- ホソバヤハズエンドウ
- Narrow-leaved vetch, August vetch

分布　原產歐洲、亞洲南部、非洲北部。臺灣引進栽培。

形態　一年生草本。葉偶數羽狀複葉，有卷鬚；小葉 4~6 對，幾近對生，狹長橢圓形，10~24 mm，先端截形，有短突，基部圓形，兩面被黃色軟毛。花赤紫色，葉腋側生，單花或對生；花柱先端被鬚毛。莢果帶狀，2.5~5 cm，成熟時黑色。種子小，球形。

用途　當冬季綠肥、覆蓋作物。為優良之牧草。

2n=12

2 多花野豌豆（草藤、山豌豆、宿根巢菜、透骨草、藍花苕子、苕草、油苕、藍花草、廣布野豌豆）

- ***Vicia cracca* L.**
- クサフジ
- Gerard vetch, Cow vetch, Blue vetch

分布　臺灣自生種，分布歐洲、亞洲。臺灣生長於花蓮及臺東一帶及中、南部低海拔山區之草地。

形態　多年生的蔓性攀緣宿根草本。莖四稜形，具多數分枝，略有毛。葉偶數羽狀複葉，有卷鬚；小葉 4~12 對，狹橢圓形或披針形，10~30 mm，先端突尖，基部鈍；托葉箭形或半截形，基部與葉柄相連。花紫紅色、藍紫色或藍色，10~30 朵，呈腋生直立的總狀花序；花萼 5 裂，鑷合成鐘形；雄蕊 10 枚，二體，花柱先端有黃色腺毛。莢果長橢圓形，褐色，1.5~2.5 cm，兩端銳。種子 5~8 粒，圓形，黑色、褐色、黃褐色或青褐色。地下發芽型，初生葉鱗片葉，互生。

用途　當牧草、綠肥、乾草等栽培之。嫩芽及葉當山菜利用。種子可食用。全草及種子當藥用。

2n=12, 13, 14, 21, 27, 28, 30

3 毛莢苕子（野豌豆、苕子）

- ***Vicia dasycarpa* Tenore**
  Vica villosa Poth. ssp. *Varia* (Host.) Corb.
- Woolly-pod vetch, Lana vetch, Woolly pod vetch

分布　原產歐洲。臺灣1951年自美國引進，在嘉南平原與中、北部丘陵地、旱地栽培之。

形態　越冬的一年生蔓性草本。莖柔軟，被柔毛。葉偶數羽狀複葉；小葉6~8對，線形或披針形，1.5~2 cm，先端截形而微凹入，基部漸狹。花紫紅色，呈總狀花序；花萼5裂，鑷合成鐘形；雄蕊10枚，二體。莢果長橢圓形，2~3 cm，2~6粒種子。種子歪球形或扁圓，黑色或深褐色，徑4~6 mm。地下發芽型，初生葉鱗片葉，互生。

用途　冬季生長良好，為優良之綠肥及牧草、飼料作物，適於沙地及酸性土壤栽培。

2n=14

4 蠶豆（馬齒豆、田豆、佛豆、胡豆、羅漢豆、寒豆、仙豆）

- ***Vicia faba* L.**
  Faba vulgaris Moench.
- ソラマメ, ナツマメ, ヤマトマメ, トウマメ, シカツマメ
- Broad bean, Pigeon bean, Horse bean, English bean, European bean, Fava bean, Field bean, Garden bean, Tick bean, Windsor bean, Faba

分布　原產地中海地區。臺灣早年引進栽培，為一栽培種食用豆類作物。

形態　直立一年生或越年生草本。莖直立，不分枝，近方形，中空，具縱走稜線。葉偶數羽狀複葉；小葉1~3對，橢圓形，4~8 cm，先端鈍圓形或銳尖，基部鈍，兩面光滑；葉柄基部有一對大形箭頭狀托葉，基部耳垂形，先端尖。花白色帶紅色或淡紫色斑紋，花大，2~6朵呈腋生的總狀花序；花萼5裂，上2裂片甚短，下3裂片長披針形；雄蕊二體(9+1)。莢果線形，肥厚、稍扁，長5~10 cm，先端喙形，1~7粒種子。種子橢圓形，白色、褐色、淡綠色或深紫色，稍扁平。栽培品種很多，變化大。地下發芽型，初生葉鱗片葉，互生。依種子大小（百粒種）分為三個變種：**大粒蠶豆**（var. *major* Harz.），百粒種120 g以上；**中粒蠶豆**（var. *equina* Pers.），70~120 g；**小粒蠶豆**（var. *minor* Beck.），70 g以下。

用途　種子食用，含油，磨成粉與麵粉混合可食用。全株可當飼料，綠肥。花、莢果、種子和葉當藥用。種子發酵可製味噌，可加工製成許多風味食品。澱粉製粉絲、粉皮。鮮種子做蔬菜，加工成罐頭。

2n=12, 14, 16, 24

5 小巢豆（小巢菜、沙苑蒺藜、薇）

- ***Vicia hirsuta* (L.) S. F. Gray**
  Ervum hirsutum L.
  Vicia coreana Leveille
- スズメノエンドウ
- Hairy vetch, Hairy tare

分布 原產歐洲、中國大陸、日本。臺灣早年引進，現已在北部、中南部歸化呈野生狀態生長。

形態 一年生蔓生藤本狀草本。莖具多數分枝，被絨毛。葉偶數羽狀複葉，先端有卷鬚；小葉 8~12 對，線形或披針形，6~20 mm，先端截形而有一小尖突，基部鈍；托葉狹，常分裂為 2~4 線形裂片。花白色或淡紫色，1~8 朵，密集生長，葉腋側生的總狀花序；花萼 5 裂；雄蕊 10 枚，二體。莢果長橢圓形，扁平，7~10 mm，具黃色粗毛。種子 1~2 粒，扁圓形，茶色。地下發芽型，初生葉鱗片葉，互生。

用途 冬天的牧草、飼料、綠肥、觀賞用。莖及葉食用，種子調理後食用或藥用為利尿劑。全草藥用，氣味甘，寒，無毒。

2n=14, 28

6a 苕菜（苕子）

- ***Vicia sativa* L. ssp. *sativa***
- オオヤハズエンドウ, サートウイッケ
- Common vetch

分布 原產地中海地區、西亞。臺灣 1956 年引進栽培，已歸化生長於中、北部各地。

形態 一年生或越年生的草本。莖具多數分枝，小枝細長，斜上升狀。葉偶數羽狀複葉，具卷鬚；小葉 3~8 對，長橢圓形或倒卵形，8~20 mm，先端截形而凹入，基部鈍，兩面光滑無毛；托葉有粗鋸齒，常有一暗色斑點。花紫紅色或紅色，1~4 朵腋生總狀花序；花萼 5 裂，呈鐘形；雄蕊 10 枚，二體。

莢果帶狀，扁平，長 5~8 cm。種子茶色，球形。地下發芽型，初生葉鱗片葉，互生。

用途　當綠肥或牧草用，乾草及冬季的牧草。種子某些地區食用之，幼芽當蔬菜。全株當藥用。觀賞用。

2n=10, 12, 14, 24, 48

6b 野豌豆（大巢菜、救荒野豌豆、大巢豆、薇菜、箭筈豌豆、春巢菜）

- ***Vicia sativa* L. ssp. *nigra* (L.) Ehrh.**
  Vicia sativa L. var. *nigra* L.
  Vicia sativa L. var. *abyssinica* (Alef.) Baker
  Vicia abyssinica Alef.
- ヤハズエンドウ, カラスノエンドウ, ノエンドウ
- Black-pod vetch, Vetch, Tala, Spring vetch

分布　原產歐洲。臺灣引進，已歸化於北部、中南部及花蓮地區。

形態　一年生藤本狀草本。莖有稜角，細長，多分枝，先端具有分枝性卷鬚。葉偶數羽狀複葉；小葉 3~7 對，線形至長橢圓形、倒卵形、披針形，長 1~2.5 cm，先端鈍圓，或微凹入，基部鈍；托葉卵形，先端漸尖。花淡紫紅色，1~3 朵，腋生；雄蕊 10 枚，二體。莢果線形，狹長，3~6 cm，黑色或黑褐色，光滑無毛。種子 5~12 粒，圓球形，2.5~3 mm，濃茶褐色黑斑。地下發芽型，初生葉鱗片葉，互生。

用途　冬季的覆蓋及綠肥作物，優良之牧草。全草當藥用。種子食用，葉當蔬菜食用。

2n=12, 14

7 烏嘴豆（四子野豌豆、烏喙豆、四籽野豌豆）

- ***Vicia tetrasperma* (L.) Moench**
  Ervum tetrasperma L.
- カスマグサ
- Slender vetch

分布　原產歐洲、日本、中國。臺灣早年引進，已歸化生長。

形態　一年生草本。莖具多數分枝，纖細，有稜，全株密被軟毛。葉偶數羽狀複葉，頂端有一條卷鬚；小葉 3~6 對，線形或線狀長橢圓形，長 5~20 mm，先端鈍而有尖突，基部鈍；托葉半戟形，全緣，4~5 mm，先端漸尖。花淡紫色，1~2 朵，腋生、單生或簡單的總狀花序；花萼 5 裂，鑷合成鐘形；雄蕊 10 枚，二體。莢果線形，9~16 mm，褐色，光滑無毛，大多 4 粒種子。種子圓形或腎形，黑色，有光澤。地下發芽型，初生葉鱗片葉，互生。

用途　當牧草、綠肥。嫩葉及芽當蔬菜食用。種子當咖啡的代用品。

2n=14, 28, 56

8 毛苕子（冬苕子、毛葉苕子、毛野豌豆、長柔毛野豌豆）

- ***Vicia villosa* Roth.**
- ケヤハズエンドウ, ビロードクサフジ
- Hairy vetch, Winter vetch, Russian vetch, Large Russian vetch

分布　原產地中海、西亞、北非。臺灣 1957 年引進，已歸化生長於北部、中部平地原野，梨山地區常作為綠肥栽培。

形態　一年生或二年生草本。全株密被黃色軟毛。葉偶數羽狀複葉，有卷鬚；小葉 5~8 對，長橢圓形或披針形，10~30 mm，先端鈍或銳尖，基部鈍；托葉大形，葉狀，無小托葉。花紫紅色，10~30 朵呈一側生的總狀花序；花萼基部顯著凸出，裂片大小不一；雄蕊 10 枚，二體。莢果 2~4 cm，褐色，光滑無毛，2~8 粒種子。種子圓形，黑褐色。地下發芽型，初生葉鱗片葉，互生。

用途　當綠肥、牧草、乾草、青貯料等栽培。可當蔬菜食用。耐寒性強。

2n=14

122 豇豆屬（Vigna Savi）

一年生或多年生纏繞或直立草本，稀亞灌木。葉羽狀三出複葉。花黃色、白色、粉紅色、淺紫色，1~ 多花腋生或頂生之總狀花序，花序軸上花梗著生處常增厚並有腺體；雄蕊二體 (9+1)。莢果線形，圓柱形，直或彎曲，種子間具海綿組織。種子形狀多樣，卵形至圓形，橢圓形或腎形，假種皮有或無。2n=(20), 22。

本屬約 150 種，分布熱帶和亞熱帶地區。臺灣自生 6 種、3 變種，栽培種 5 種、2 亞種，歸化 1 種，引進 1 種。

1 烏頭葉豇豆（尖葉豇豆）

- ***Vigna aconitifolia* (Jacq.) Marechal.**
  Phaseolus aconitifolius Jacq.
  Rudua aconitifolia (Jacq.) Marechal.
- Aconite-leaved kindney bean, Mott bean

分布　原產印度、巴基斯坦、緬甸。臺灣 1960 年引進栽培，現已歸化中、南部野生化生長，但不常見。

形態　一年生匍匐性多分枝植物。葉羽狀三出複葉；頂小葉5裂，側小葉3~4裂；莖葉密被絨毛。花黃色，腋生。莢果圓筒型，2.5~5 cm，被褐色毛，種子 4~9 粒。種子小，近方形，長 5 mm，綠色、褐色、黑色、黃色或斑點，種臍白色細長。地上發芽型，初生葉單葉，對生。

用途　種子食用之，幼莢當蔬菜。莖葉當青刈飼料、乾草、綠肥、沙地之防風、防蝕作物。

2n=22

2a 紅豆（小豆、赤小豆、紅小豆、赤豆、赤菽、小菽）

- ***Vigna angularis*** **(Willd.) Ohwi & Ohashi**
  Dolichos angularis Willd.
  Phaseolus angularis (Willd.) W. F. Wight
  Azukia angularis (Willd.) Ohwi
- アズキ
- Azuki bean, Small red bean, Small bean

分布　原產中國、日本。臺灣早期引進栽培，現高屏地區栽培甚廣，為一栽培種食用豆類作物。

形態　一年生草本。直立，多數品種蔓性。葉羽狀三出複葉；頂小葉卵形，長 4~10 cm，側小葉基部歪斜，全緣或 3 裂。花黃色，腋生的總狀花序；雄蕊 10 枚，二體，柱頭反曲。莢果細長，呈圓柱狀，長 10 cm 左右，先端尖，稍帶彎曲，表面光滑無毛，7~15 粒種子。種子紅色、赤褐色、白（灰）色、綠色、黃褐色、黑花紋、黑花斑等，長橢圓形。栽培品種很多，普通採用種子大小（百粒種）分為三種：小粒種 14g 以上，中粒種 14~17g，大粒種 17.1g 以上。地下發芽型，初生葉單葉，心形，對生。

用途　種子主要以甜食點心為主，糕餅業上製豆沙、紅豆粉、紅豆餡，冷飲方面製紅豆冰、紅豆水或紅豆湯，他如紅豆罐頭、羊羹等。莖葉可當飼料、綠肥用。種子當藥用。

2n=22

2b 野紅豆（蔓小豆）

- ***Vigna angularis* (Willd.) Ohwi & Ohashi var. *nipponensis* (Ohwi) Ohwi & Ohashi**
  Phaseolus nipponensis Ohwi
  Azukia angularis (Willd.) Ohwi var. *nipponensis* (Ohwi) Ohwi
- ヤブツルアズキ

分布　臺灣自生種，分布日本、韓國、中國大陸、尼泊爾。臺灣生長於中、南部中海拔之林緣、原野。

形態　蔓生的一年生草本。具明顯黃褐色長毛。葉羽狀三出複葉；頂小葉長 3~10 cm，側小葉較小。花黃色，2~10 朵，呈腋生總狀花序。莢果線形，無毛，2~9 cm，6~14 粒種子，黑褐色，成熟時開裂。種子橢圓形，3~5.5 mm，綠褐色至暗紫褐色，種臍線形，假種皮平坦。地下發芽型，初生葉單葉，心形，對生。

用途　被認為是栽培種的原種。種子可食用。當飼料、綠肥、牧草、覆蓋用。

2n=22

3 何氏豇豆

- ***Vigna hosei* (Craib) Backer**
  Dolichos hosei Craib
- Sarawak bean, Hosei vigna

分布　臺灣自生種，分布婆羅洲、馬來西亞、斯里蘭卡及琉球。臺灣生長於全島平地及低海拔山地、路旁、荒廢地。

形態　多年生藤本狀草本。莖蔓長，匍匐性，具多數分枝，小枝條細長，稍有絨毛。葉羽狀三出複葉；小葉卵形至橢圓形或歪卵形，3~7.5 cm，先端鈍或圓，基部鈍，兩面具長毛。花黃色，呈腋生總狀花序，結果節少數，每一節有 1~3 朵花；花萼 5 裂，上位裂片合生為三角形；雄蕊 10 枚，二體。莢果 10~20 mm，黑色，種子 1~4 粒。種子橢圓形，褐色，4.5~5 mm。地下發芽型，初生葉單葉，卵形，對生。

用途　當果園及其他耕地的綠肥、覆蓋植物，也可當牧草使用。

2n=20

4 長葉豇豆

- ***Vigna luteola* (Jacq.) Benth.**
  Dolichos luteolus Jacq.
  Vigna acuminata Hayata
  Vigna nilotica (Delile) Hook.
  Vigna bukombensis Harms
- ナカバハマササゲ
- Dalrymple vigna, Gililbande, Goko

分布　臺灣自生種，廣泛分布於熱帶地區、澳洲。臺灣生長於全島之平地原野及海邊。

形態　多年生藤本狀草本。莖細長，攀緣或匍匐狀，常被粗毛。葉羽狀三出複葉；小葉多變化，以卵形或卵狀披針形最多，長 2.5~5 cm，先端銳尖或漸尖，基部圓鈍，稍歪斜，全緣或淺 3 裂。花淡黃色，叢生於花梗先端；花萼 5 裂，披針形；雄蕊 10 枚，單體。莢果圓柱形，5~7.5 cm，具粗毛或無毛光滑狀，5~10 粒種子。種子橢圓形，4.5~5 mm，黑褐色、灰色或斑點狀，光滑。地下發芽型，初生葉單葉，披針形，對生。

用途　豆莢當蔬菜利用，可當綠肥及牧草用。

2n=22

5 濱豇豆（豆仔藤、海豆）

- ***Vigna marina*** **(Burm.) Merr.**
  Phaseolus marinus Burm.
  Vigna lutea (Swartz) A. Gray
- ハマササゲ, ハマアズキ
- Kachang laut

分布　臺灣自生種，分布熱帶地區。臺灣生長於全島、澎湖、綠島、蘭嶼之沿海地區。

形態　多年生藤本狀草本。莖匍匐或蔓延，具多數分枝，小枝條擴展性。葉羽狀三出複葉；小葉卵形、長橢圓形或倒卵形，5~8　cm，先端鈍，基部圓鈍，稍歪斜。花黃色，4~8 朵呈腋生總狀花序；花萼 5 裂，裂齒三角形，下部合成筒狀；雄蕊 10 枚，二體。莢果 5~7.5 cm，圓柱形，略彎曲，光滑無毛，3~7 粒種子。種子橢圓形，6~6.4 mm，黃褐色、棕色、黃色或黃棕色，有光澤。地下發芽型，初生葉單葉，長橢圓形，對生。

用途　為優良之飼料及綠肥。馬來西亞葉及其他食物混食之。屏東滿州九棚一帶稱為「海豆」，幼莖葉炒而當蔬菜食用。當定沙植物，可改良海埔地土壤。

2n=22

6a 小豇豆（小葉山菜豆、臺灣小豇豆、細葉小豇豆、賊小豆）

- ***Vigna minima* (Roxb.) Ohwi & Ohashi var. *minima***
  Phaseolus minimus Roxb.
  Vigna minima (Roxb.) Ohwi & Ohashi f. *heterophylla* (Hayata) Ohwi & Ohashi
  Phaseolus heterophyllus Hayata
- コバノツルアズキ

分布　臺灣自生種，分布菲律賓、華南、日本、琉球。臺灣生長於全島、蘭嶼各地平地原野或草生地。

形態　多年生藤本狀草本。莖細長，蔓生性，被白絨毛。葉羽狀三出複葉；小葉長橢圓形，卵形至近圓形，長 2.2~5 cm，先端銳尖或鈍，基部圓鈍；托葉盾形，長 4~5 mm。花黃色，腋生總狀花序；花萼 5 裂，下部鑷合成鐘形；龍骨瓣扭旋；雄蕊 10 枚，二體。莢果圓柱形，長 3~4 cm，3~10 粒種子。種子橢圓形，扁平，黑褐色、黑色或灰色，帶有斑點，3.2~3.5 mm。地下發芽型，初生葉單葉，對生。

用途　當飼料及綠肥。種子可食用。

2n=22

6b 小葉豇豆（圓葉小豇豆、圓葉小菜豆）

- ***Vigna minima* (Roxb.) Ohwi & Ohashi var. *minor* (Matsumura) Tateishi**
  Vigna lutea A. Gray var. *minor* Matsumura
  Phaseolus rotundifolius Hayata
  Phaseolus minimus Roxb. f. *rotundifolius* (Hayata) Hosokawa
- ヒメハマアズキ

分布　臺灣自生變種，分布琉球。臺灣生長於北部及南部之海邊草地。

形態　多年生藤本狀草本，蔓性。葉羽狀三出複葉；小葉圓形，甚小，直徑 1~1.5 cm。花黃色，叢生於花梗先端；花萼 5 裂，下部鑷合成鐘形；龍骨瓣扭旋；雄蕊 10 枚，二體。莢果圓柱形，長 3~4 cm。種子長橢圓形，黑褐色。地下發芽型，初生葉單葉，對生。

用途　可當飼料及綠肥用。

2n=22

7 吉豆（黑小豆、小豆、安豆、毛蟹眼豆、黑吉豆）

- ***Vigna mungo* (L.) Hepper**
  Phaseolus mungo L.
  Azukia mungo (L.) Masamune
  Rudua mungo (L.) Maekawa
- ケツルアズキ, マツペ, ケツルマメ
- Urd bean, Black gram, Urd, Black matpe, Wolly pyrol, Schalet runner bean, Spinch bean, Mung bean mash

分布　原產印度及中亞。臺灣 1963 年引進栽培，近逸出生長於雲林縣濱海地區，但不常見，為一栽培種食用豆類作物。

形態　一年生蔓性或直立、半直立狀草本。密被粗毛。葉羽狀三出複葉；小葉卵形至菱狀卵形，5~10 cm，先端漸尖，亦有銳尖者，基部鈍，稍歪斜。花黃色，5~6 朵，呈腋生總狀花序；花萼 5 裂，長披針形，被長毛；雄蕊 10 枚，二體；龍骨瓣扭曲。莢果線形，直立或斜生，密被暗褐色毛，長 5~7 cm，6~10 粒種子。種子短矩形，黑褐色（大粒種）或褐綠色（小粒種）。地上發芽型，初生葉單葉，卵形，對生。

用途　為印度最重要豆類之一，全粒或碎粒煮食、煮粥、煎餅等，也供藥用。未熟莢當蔬菜用。莖葉當綠肥或覆蓋作物，短期青刈飼料、乾草等。種子為重要之豆芽菜原料。種子及種皮當藥用。

2n=22, 24

8 綠豆（文豆、菉豆、青小豆）

- ***Vigna radiata* (L.) R. Wilczck**

  Phaseolus radiatus L.

  Azukia radiatus (L.) Ohwi

  Vigna aureus (Roxb.) Hepper

  Phaseolus aureus Roxb.

  Rudua aurea (Roxb.) Maekawa
- リョクトウ, ヤエナリ, ブンドウ, アオアズキ
- Green gram, Green bean, Mung bean, Golden gram, Mung, Mung gram, Mongo, Moong

分布　原產印度，廣泛栽植於熱帶及亞熱帶地區。臺灣早期引進栽培，已歸化生長於路旁或空曠地，為一栽培種食用豆類作物。

形態　直立或半直立性草本。散生粗絨毛。葉羽狀三出複葉；小葉卵形、菱狀卵形至菱形，10~18 cm，先端銳尖或漸尖，基部鈍或圓，稍歪斜。花黃色或黃綠色，呈腋生總狀花序；花萼 5 裂，上位裂片合生，下位裂片鈍鋸齒狀，具絨毛；雄蕊 10 枚，二體；龍骨瓣卷曲。莢果圓柱形，6~7 cm，散生褐色毛。種子橢圓形，綠色、黃色或綠褐色，種臍卵三角形。栽培品種很多。臺灣慣以種子光澤及粉質之有無，分為油綠豆、黃綠豆及粉綠豆三種。地上發芽型，初生葉單葉，對生。

用途　種子食用，作為綠豆湯、粥之點心材料，做冬粉、餅餡等主要原料。綠豆芽含豐富之維生素 C，當蔬菜利用之。種子當藥用為清涼劑，有解毒、利

尿、養目之功效。全植物可當綠肥、飼料、牧草等。
2n=22

9 曲毛豇豆

- ***Vigna reflexo-pilosa* Hayata**
  Azukia reflexo-pilosa (Hayata) Ohwi
  Phaseolus reflexo-pilosus (Hayata) Ohwi
- オオヤブツルアズキ, サカサハマササゲ

分布　臺灣自生種，分布東南亞、澳洲、斐濟、日本、琉球。臺灣生長於全島平地原野及低海拔山地。
形態　多年生蔓性草本。莖細長，圓柱形，有稜角，具黃褐色卷曲絨毛。葉羽狀三出複葉；頂小葉菱狀卵形，5~10 cm，側小葉較小，歪卵形，先端突銳尖，基部漸尖，兩面散生粗毛；托葉長橢圓形，基部盾狀耳形，先端銳尖。花黃色，呈腋生總狀花序；花萼 5 裂，2 短 3 長，合成鐘形；雄蕊 10 枚，二體，具反曲的絨毛。莢果線形，熟時黑色，7~9 cm，9~15 粒種子。種子黑褐色，圓柱狀，3.8~4.5 mm，種臍卵三角形。地下發芽型，初生葉單葉，卵形，對生。
用途　當綠肥、覆蓋、飼料用。
2n=44

10 多年生蔓豇豆（匍匐豇豆）

- ***Vigna repens* (L.) Kuntze**
  Dolichos repens L.
  Vigna lanceolata Benth.
- Creeping vigna, Mologa bean

分布　原產澳洲。臺灣 1961 年自澳洲引進，當飼

料栽培，但未推廣。

形態　多年生之蔓性草本。莖柔軟細弱，多分枝。葉羽狀三出複葉；小葉橢圓形，3~6.5 cm，先端銳尖，基部鈍圓。花黃色，腋生的總狀花序；花萼4裂；雄蕊10枚，二體。莢果線形，無毛，種子間緊縮，5~8 cm，3~7粒種子。種子方橢圓形，4.5~5 mm，棕色或棕綠色，種臍線形。地下發芽型，初生葉單葉，長披針形，對生。

用途　澳洲種子食用，莖葉當飼料。品質優良，生長繁茂，也可當覆蓋、綠肥作物。

2n=22

11 三裂葉豇豆（三裂葉菜豆、蛾豆、雲豆）

- ***Vigna trilobata*** **(L.) Verdc.**
  Dolichos trilobatus L.
  Vigna radiata (L.) Wilczek var. *sublobata* (Roxb.) Verdc.
  Vigna stipulata Hayata
  Phaseolus trilobatus (L.) Schreb.
- シマアズキ, モスビーン
- Trilobed bean, Moth bean, Mat bean

分布　臺灣自生種，分布印度、巴基斯坦、緬甸，現印度、斯里蘭卡、中國雲南廣泛栽培。臺灣生長於中、南部平地原野、低海拔山地、多陽光開闊地。

形態　多年生蔓性草本，擴展或偃臥狀。莖具多數分枝，小枝條細長，具逆向粗毛。葉羽狀三出複葉；小葉菱形或卵形，3~5 cm，先端銳尖或漸尖，基部漸尖，頂小葉常3裂；托葉闊卵形，先端銳尖。花黃色，呈腋生的總狀花序；花萼5裂，裂齒三角形；雄蕊10枚，二體，花柱有毛。莢果圓柱形，下垂，3~5 cm，散生褐色硬毛，6~12粒種子。種子橢圓形，灰色、褐色、綠色、黑色、黃色、斑點等。地上發芽型，初生葉單葉，對生。

用途　印度廣泛栽培，種子當糧食，幼莢當蔬菜食用。耐旱性強，營養價值高，全植物體當牧草、乾草、綠肥、覆蓋用。當防止沙地之侵蝕作物用。

2n=22

12 飯豆（米豆、蛋白豆、赤小豆、竹豆、爬山豆、精米豆、蔓豆、烏田紅豆）

- ***Vigna umbellata* (Thunb.) Ohwi & Ohashi**
  Dolichos umbellatus Thunb.
  Phaseolus calcaratus Roxb.
  Azukia umbellatus (Thunb.) Ohwi
- タケアズキ, シマツルアズキ
- Rice bean, Red bean, Tapilon, Climbing mountain bean, Mambi bean, Oriental bean

分布　原產中國南部、馬來西亞及斯里蘭卡等地，分布菲律賓、越南、印度、美國、烏干達。臺灣早年引進栽培之，現已歸化生長於荒廢地，為一栽培種食用豆類作物。

形態　一年生的蔓性草本。具絨毛。葉羽狀三出複葉；小葉闊卵形至披針形，3~10 cm，先端尖銳，基部鈍圓，全緣或淺裂；托葉卵圓或披針形。花黃色，腋生或頂生的總狀花序；花萼 5 裂；雄蕊 10 枚，二體。莢果線形，細長，6~10 cm，散生倒伏性絨毛，6~12 粒種子。種子長橢圓形，濃赤色、黑褐色、黃色、淡黃色或花斑等色，種臍線形。地下發芽型，初生葉單葉，披針狀心形，對生。

用途　種子似紅豆食用之，並可與米煮食或代替食米，故稱「米豆」。幼莢及幼葉可做蔬菜。植株可做坡地覆蓋作物，及一般綠肥外，並可供家畜的飼料用。種子當藥用，有行血、補血、健胃、利尿等功效。

2n=22

13a 普通豇豆（豇豆、米豆仔、菜豆仔、矮豇豆、絹帶豆、印度豇豆）

- ***Vigna unguiculata* (L.) Walp. ssp. *unguiculata* (L.) Verdc.**
  Dolichos unguiculatus L.
  Vigna unguiculata (L.) Walp.
  Vigna sinensis (L.) Endl. *ex* Hassk.
  Dolichos sinensis L.
- ササゲ, アズキササゲ
- Cowpea, Common cowpea, Cow gram, Southern pea, Crowder pea, Black-eyed pea, China pea, Black-eyed bean

分布　原產非洲，亞洲廣泛栽培。臺灣早年引進，各地均有栽培，為一栽培種食用豆類作物。

形態　一年生伸展或近似半直立的草本，長 0.5~1 m。葉羽狀三出複葉；小葉卵形、卵狀菱形或卵狀披針形，長 5~16 cm，先端鈍或銳尖。花白色、藍紫色、淡黃色或紫紅色，2~6 朵，生長於花序軸的先端；花萼 5 裂；雄蕊 10 枚，二體。莢果圓柱形，10~50 cm，稍硬而堅實，不膨起，幼莢時平伸後漸下垂，種子變異大，長0.6~1 cm，赤色、白色、褐色、黑色、黑白兩色、斑紋等，有各種不同品種。地上發芽型，初生葉單葉，卵形，對生。

用途　為重要的糧食豆類，種子可以煮食，與飯同煮，當餡、味噌原料。幼莢、嫩芽、嫩葉可當蔬菜。熟豆可當咖啡的代用品。莖葉可當飼料及綠肥。種子藥用，氣味甘鹹，平，有理中益氣、補腎健胃、和五臟。調營衛、生精髓、止消渴之效。

2n=22, 24

13b 短豇豆（菜豆仔、短莢豇豆、角豆、木豇豆、硬莢豇豆、米豆仔、烏豇豆、樹飯豆）

- ***Vigna unguiculata* (L.) Walp. ssp. *cylindrica* (L.) Verdc.**

  Phaseolus cylindricus L.

  Vigna sinensis (L.) Endl. *ex* Hassk. ssp. *cylindrica* (L.) Van Eseltine

  Vigna sinensis (L.) Endl. *ex* Hassk. var. *cylindricus* (L.) Koern.

  Vigna catjang (Burm.) Walp.

  Dolichos catjang Burm.

  Vigna cylindrica (L.) Skeels

- ヤツコササゲ, ハタササゲ
- Catjang cowpea, Catjang, Wild cowpea, Hindu cowpea, Horn bean, Catjung

分布　原產熱帶非洲，亞洲廣泛栽培。臺灣早年引進栽培，山地已歸化生長，為一栽培種食用豆類作物。

形態　一年生草本。半直立或直立，株高約0.5~1 m。葉羽狀三出複葉；小葉卵形、卵狀菱形或卵狀披針形，先端鈍或銳尖，基部圓鈍，歪斜。花白色或淡黃色、紫紅色，2~6朵生長於花序軸的先端；花萼5裂；雄蕊10枚，二體。莢果圓柱形，7~12 cm，幼莢直立或微斜升，莢殼硬而不膨起，種子3~6 mm，赤色、白色、褐色、黑色、斑紋等，有各種不同品種。地上發芽型，初生葉單葉，卵形，對生。

用途　為重要糧食豆類，種子可以煮食，與飯同煮，當餡、味噌原料，可當咖啡代用品。莖葉可當飼料及綠肥。種子藥用，有健胃補氣作用。幼莢做「菜豆仔乾」之原料。

2n=22

13c 長豇豆（長莢豇豆、蔓性豇豆、長菜豆仔、十六豇豆、長豆、三尺豇豆、裙帶豆）

- ***Vigna unguiculata* (L.) Walp. ssp. *sesquipedalis* (L.) Verdc.**
  Dolichos sesquipedalis L.
  Vigna sesquipedalis (L.) Fruhw.
  Vigna sinensis (L.) Endl. *ex* Hassk. ssp. *sesquipedalis* (L.) Van Eseltine
  Vigna sinensis (L.) Endl. *ex* Hassk. var. *sesquipedalis* (L.) Koern.
- ジュウロクササゲ, ナガササゲ
- Asparagus bean (pea), Yard-long bean, Pea bean, Chinese long bean, Long bean, Snake bean

分布　原產熱帶非洲，遠東地區栽培最多。臺灣早期引進，廣泛當蔬菜豆類栽培，為一栽培種食用豆類作物。

形態　一年生蔓性草本，株高 2~4 m。葉羽狀三出複葉；小葉卵形、卵狀菱形或卵狀披針形，先端鈍尖，基部圓鈍，稍歪基。花白色或紫紅色；花萼 5 裂；雄蕊 10 枚，二體。莢果長 30~120 cm，幼莢下垂，多少有膨起，柔軟，綠色、紫色等。種子長 8~12 mm，腎形，白色、黑色、赤斑等，有各種不同品種。地上發芽型，初生葉單葉，對生。

用途　幼莢主要當蔬菜用，臺灣稱之為「長菜豆仔」。莖葉可當飼料、乾草或綠肥用。

2n=22

14 野豇豆（披針葉豇豆、紅菜豆、紅色菜豆仔）

- ***Vigna vexillata* (L.) A. Rich var. *tsusimensis* Matsumura**
  Vigna vexillata (L.) A. Rich.
  Phaseolus vexillata L.
  Vigna carinalis Benth.
  Vigna golungensis Bak.
- アカササゲ, フジササゲ
- Zombi pea

分布　臺灣自生變種，分布熱帶地區。臺灣生長於中部以南，低至中海拔地帶向陽之路旁。

形態　多年生蔓性草本。主根系粗，被倒伏絨毛。葉羽狀三出複葉；小葉披針形，少為線狀披針形或線形，長 5~15 cm，先端漸尖至銳尖，基部圓鈍。花淡紫紅色，2~4 朵呈腋生總狀花序，軸長 15~20 cm；花萼 5 裂，鑷合成鐘形；雄蕊 10 枚，二體。莢果線形，長 10~12 cm，密被褐色毛，10~15 粒種子。種子橢圓形，4~5 mm，黑色，有光澤。地下發芽型，初生葉單葉，對生。

用途　當牧草及飼料用，塊根可食用，可當養氣藥用。

2n=22

123 斑巴拉花生屬（Voandzeia Thou.）

一年生匍匐性草本。多分枝。葉羽狀三出複葉，具長葉柄；小葉披針狀橢圓形，基部狹，光滑，全緣，頂小葉大。花小，淺黃色，1~3 朵，腋生；雄蕊二體 (9+1)；開花授粉後子房柄伸長至地下發育結果。莢果不規則亞球形、半圓形至亞卵形，1~2 粒種子，棕色，成熟後硬且皺縮，不開裂。種子亞球形，光滑，乳白色、棕色或黑色，斑點或斑紋，無假種皮。2n=22。

本屬僅 1 種，分布非洲和馬達加斯加。臺灣栽培種 1 種。

1 斑巴拉花生（巴巴拉花生、地豆、土豆）

- ***Voandzeia subterranea*** **(L.) Thou.**

  Voandzeia subterranea (L.) DC.

  Glycine subterranea L.

  Vigna subterranea (L.) Verdc.
- バンバラビーン, バンバラマメ
- Bambara groundnut, Bambara bean, Madagascar-groundnut, Earth pea

分布　原產熱帶非洲、馬達加斯加，今熱帶地區栽培之。臺灣早期曾引進，1985 年再引進，不常見，為一栽培種食用豆類作物。

形態　一年生的草本，匍匐性，多分枝。葉羽狀三出複葉，葉柄長；小葉橢圓狀披針形，全緣，先端銳尖，基部漸尖。花黃色，每葉腋著生 1~2 朵花；花萼 5 裂；雄蕊 10 枚，二體。與花生一樣，開花後，子房柄伸入土中結實。莢果長橢圓形，每莢 1~2 粒種子。種子球形或橢圓形，淡黃色、灰黃、褐、赤褐或有斑紋（點）等。地下發芽型，初生葉三出複葉，對生。

用途　為一營養價值極高的豆類，未熟種子可生食或熟食，完熟種子煮、炒或磨粉製餅而食，可作為咖啡的代用品。莖葉可做牧草或綠肥。極耐乾燥，能成為極有希望的豆類。

2n=22

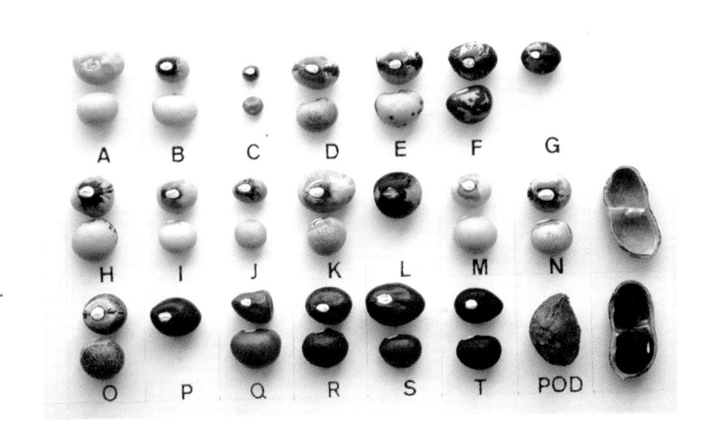

124 紫藤屬（Wisteria Nutt.）

木質纏繞性大藤本。葉奇數羽狀複葉；小葉互生，長橢圓狀橢圓形，全緣，5~19 枚，頂小葉最大。花藍色、紫色、粉紅色或白色，大而美麗，花組成頂生、下垂的總狀花序；多數散生於長花序軸上；雄蕊二體 (9+1)。莢果扁平，種子間縊縮成念珠狀，革質，無隔膜，遲開裂。種子多粒，大，腎形、橢圓形或圓形，無種阜。2n=16, 24。

本屬約 10 種，分布中國、日本、北美和澳洲。臺灣引進 5 種。

1 山紫藤（白雪藤、白花紫藤、白花藤、絲紫藤）

- ***Wisteria brachybotrys*** **Sieb. & Zucc.**
  Wisteria venusta Rehder & Wilson
- ヤマフジ, ノフジ
- Mountain wisteria

分布　原產日本本州、四國、九州。臺灣 1926 年引進，不常見。

形態　木質藤本。莖左旋性。葉奇數羽狀複葉；小葉 9~13 枚，狹卵形或卵狀長橢圓形，長 4~6 cm，先端漸尖或銳尖，基部鈍。花紫色或白色，有香味，總狀花序，長 10~20 cm，有時可達 30 cm；花萼 5 裂，上位裂片較小，散生絨毛；雄蕊 10 枚，二體。莢果圓柱形或狹長橢圓形，10~15 cm，密被絨毛。種子扁平，褐色。地下發芽型，初生葉鱗片狀，互生。栽培品種**白雪藤**（cv. Alba），花白色；**紫雪藤**（cv. Atripurpurea），花淡紫色。

用途　庭園栽培，觀賞用。嫩葉及種子可當救荒食用。樹皮當纖維料，製布或線。

2n=16

2 多花紫藤（日本紫藤、藤蘿、茱藤、藤）

- ***Wisteria floribunda*** **(Willd.) DC.**
  Glycine floribunda Willd.
  Kraunhia floribunda (Willd.) Taubert
- フジ, ノダフジ
- Japanese wisteria

分布　原產日本。臺灣 1910 年代引進，廣泛種植於庭園。

形態　大藤本。莖草質，右旋性，幼枝、葉密被褐色柔毛。葉奇數羽狀複葉；小葉 13~19 枚，卵狀長橢圓形，長 5~10 cm，先端漸尖，基部鈍。花紫色或淡紫色，密集呈下垂的總狀花序，長 30~60 cm，最長可達 90 cm；花萼先端 5 裂，齒裂片大小不一，呈卵狀三角形；雄蕊 10 枚，二體。莢果長橢圓形，扁平，10~15 cm，密被短毛。種子黑色，球形。地下發芽型，初生葉鱗片狀，互生。栽培品種甚多，常見者有**正紫藤**（cv. Typica）；**白玉藤**（cv. Alba），花淡紫色，旗瓣基部白色；**白九尺藤**（cv. Longissima Alba），花序長 1m 以上；**新紅藤**（cv. Rubra），花紅色；**黑龍藤**（cv. Violaceplena），花深紫紅色等。

用途　庭園栽培，當蔭棚或盆栽，觀賞用。根及莖有收斂解毒、消炎之效。種子民間當緩和下痢劑。炒食用。幼葉、花煮湯可食。莖可採纖維、編籠、織布。樹皮含單寧。

2n=16, 24

3 美國紫藤

- ***Wisteria frutescens*** **(L.) Poir.**

  Glycine frutescens L.
- アメリカフジ
- American wisteria

分布　原產北美。臺灣引進園藝栽培。

形態　木質蔓性大藤本。葉奇數羽狀複葉；小葉 9~15 枚，卵形至卵狀披針形，長 2.5~5 cm，先端漸尖，鈍頭。花碧紫色，長 1.2~2 cm，芳香，總狀花序，下垂，長 10~15 cm，花密集；萼被細毛；旗瓣具耳突。莢果平滑，長 5~12 cm。

用途　栽培觀賞用。

2n=16

4 長穗紫藤

- ***Wisteria macrostachya*** **Nutt.** ***ex*** **Torr. & A. Gray**
- ホナガアメリカフジ
- Bonaga-America wisteria, Long-racemous wisteria

分布　原產北美。臺灣引進觀賞栽培。

形態　蔓性藤本。葉奇數羽狀複葉；小葉 7~13 枚，一般 9 枚，卵形或卵狀披針形，長 4~12 cm，幼時兩面被毛，老時平滑。花淡紫色至碧紫色，總狀花序，長約 30 cm 以上。莢果無毛。

用途　栽培觀賞用。

2n=16

5 紫藤（藤花、朱藤、中國紫藤、招豆藤、徼藤）

- ***Wisteria sinensis* (Sims) Sweet**

  Glycine sinensis Sims

  Wisteria chinensis DC.

  Wisteria praeoox Hand.-Mazz.

  Kraunhia sinensis (Sims) Makino
- シナフジ
- Chinese wisteria

分布　原產中國。臺灣 1930 年代引進栽培，1974 年林試所再從美國加州引入。

形態　木質纏繞性大藤本。幼枝、葉密被柔毛。葉奇數羽狀複葉；小葉 7~13 枚，卵形或卵狀披針形，4~11 cm，先端銳尖，基部鈍。花藍紫色，呈下垂的總狀花序，長 15~30 cm；花萼 5 裂，具短柔毛；雄蕊 10 枚，二體。莢果扁平，長線形，長 10~20 cm，密被黃色絨毛。種子 1~3 粒，圓形，扁平。地下發芽型，初生葉鱗片葉，互生。栽培品種**華貴藤**（cv. Superba）花特大型，亦有重瓣及白花品種。

用途　花觀賞用，含有芳香油。樹皮及花當解毒劑、驅蟲劑、止吐止瀉劑。根及種子當藥用。花與種子可食用。莖可採纖維。

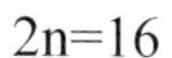
2n=16

125 丁葵草屬（Zornia J. F. Gmel.）

大多多年生，少一年生草本。葉掌狀 2-4- 罕三出複葉；小葉橢圓形、披針形或線形，通常具腺點。花黃色或黃橙色，常具紅色或紫色條紋，單花或多數，不對稱的穗狀總狀花序，頂生和腋生；雄蕊 10 枚，單體。莢果扁平，腹縫線直，背縫線深鋸齒狀，具隔膜，不開裂。種子 1 粒，亞圓形或腎形。2n=20。

本屬約 75 種，分布熱帶和溫帶地區。臺灣特有種 1 種，自生 1 種。

1 丁葵草（二葉丁葵草、人字草、鋪地錦、行穀仔草）

- ***Zornia cantoniensis* Mohlenb.**

  Zornia gibbosa Span.

  Zornia gibbosa Span. var. *cantoniensis* (Mohlenb.) Ohashi

  Zornia diphylla (L.) Pers.

  Hedysarum diphyllum L.

  Zornia angustifolia Smith.

- スナジマメ

分布　臺灣自生種，分布中國、日本。臺灣生長於全島中海拔以下之平地或山地，多陽光之草生地。

形態　多年生草本。莖線形，匍匐，無毛。葉掌狀二出複葉；小葉披針形，1~2.5 cm，先端銳尖，基部圓鈍；托葉一對，卵狀披針形，盾狀著生。花黃色，呈穗狀花序排列；花萼 5 裂；雄蕊 10 枚，單體。莢果 2~6 節，每節圓形，長 3~4 mm，具刺毛，可附著人畜以散播種子。種子腎形，有光澤。地上發芽型，初生葉 2 小葉，披針形，互生。

用途　具根瘤，可當綠肥用。根及全草當藥用。

2n=20, 22

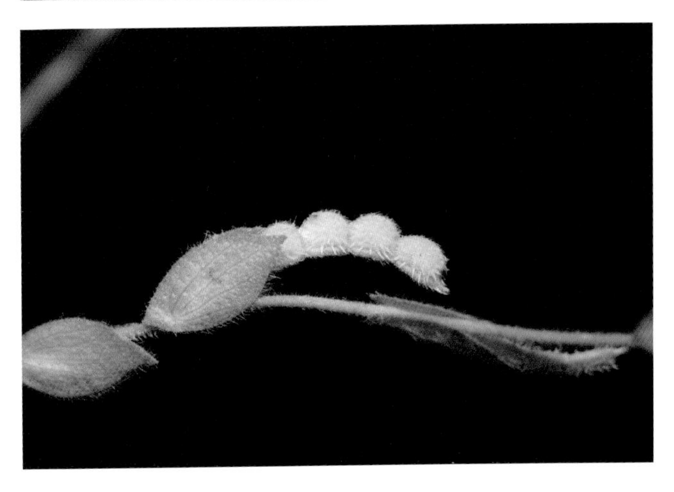

2 臺東葵草（臺東丁葵草）

- ***Zornia intecta* Mohlenb.**

  Zornia diphylla (L.) Pers. var. *ciliaris* Ohwi
- タイドウスナジマメ
- Taitung zornia

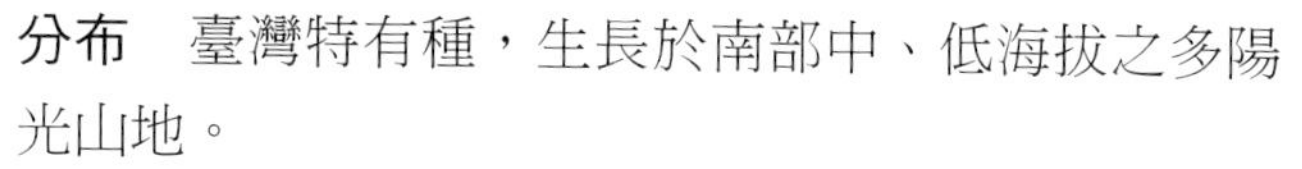

分布　臺灣特有種，生長於南部中、低海拔之多陽光山地。

形態　多年生草本。莖近似直立或斜上升，近無毛或被毛。葉掌狀二出複葉；小葉披針形，略不相等，下位小葉長 1~1.5 cm，上位小葉長 1.8~2.2 cm，先端漸尖或銳尖，基部圓鈍；托葉盾狀對生，披針形或闊披針形，光滑無毛。花黃色或淡黃色，呈頂生穗狀花序；花萼 5 裂；雄蕊 10 枚，單體。莢果扁平，5~6 節，基部 1~2 節隱藏於卵形之苞片內，每節 2~2.5 mm，光滑無毛，但邊緣具絨毛，每節 1 粒種子。種子腎形。地上發芽型，初生葉 2 小葉，互生。

用途　可當綠肥的參考。

主要參考文獻

中國本草圖錄編輯委員會（編）。1978~1990。中國本草圖錄。卷一～卷十。台灣商務印書館。台北。

中國科學院植物研究所（編）。1972。中國高等植物圖鑑 II。pp.320~516。科學出版社。

中國農村復興聯合委員會（編）。1967。臺灣小農制下的飼料作物經營。第二卷。臺灣主要豆科牧草概述。68pp.。農復會。台北。

甘偉松。1979。臺灣藥用植物誌。第二卷。pp.235~344。國立中國醫藥研究所。臺灣。

呂福原、歐辰雄、陳運造、祈豫生、呂金誠。2000。臺灣樹木圖誌 ‧ 第一卷。豆部（Leguminales）。pp.138~207。pp.273~303。國立中興大學森林學系歐辰雄（出版）。台中。

呂福原、歐辰雄、曾彥學、王秋美。2017。臺灣樹木誌。（七）豆部（Leguminales）。pp.193~283。中華易之森林植物研究學會。台中。

金平亮三。1973。增補改訂臺灣植物誌。井上書店。東京。

張慶恩。1978。雙溪熱帶樹木園之樹木。pp.25~72。臺灣省林務局編印。

陳德順、胡大維。1978。臺灣外來觀賞植物名錄。pp.43~79。川流出版社。台北。

葉茂生。1990。臺灣豆科植物資源之調查研究。（79 農建、7、1- 糧 -33(6) 研究報告）。193pp.。中興大學農藝學系。

葉茂生。2003。食用豆類作物學講義。215pp.。國立中興大學農藝系。（未出版）。

葉茂生、鄭隨和。1991。臺灣豆類植物資源彩色圖鑑。268pp.。行政院農業委員會（補助出版）。

湯淺浩史、前川文夫（編）。1987。マメ科資源植物便覽。511pp.。財團法人日本科學協會。東京。

楊再義。1982。臺灣植物名彙。132 Leguminosae 豆科。pp.715~776。天然書社。台北。

鄭武燦。2000。臺灣植物圖鑑上冊。豆科 Legu minosae。pp. 358~466。茂昌圖書有限公司。台北。

劉和義、楊遠波、呂勝由、施炳霖。2000。臺灣維管束植物簡誌第三卷。57 Leguminosae（豆科）。pp.48~105。pp.299~309。行政院農業委員會。台北。

臺灣省林業試驗所。1982。恆春熱帶植物園名錄。豆科。pp.25~29。臺灣省林業試驗所。

臺灣省林業試驗所。1982。台北植物園名錄。豆科。pp.9~12。臺灣省林業試驗所。

臺灣植物資訊整合查詢系統 https://tai2.ntu.edu.tw/

應紹舜。1987。臺灣高等植物彩色圖誌（第二卷）。pp.1~5。pp.81~519。著者自行出版。

鐘詩文。2017。台灣原生植物全圖鑑。第四卷。豆科。pp.126~274。貓頭鷹出版。台北。

Allen, O. N. and E. K. Allen. 1981. The Leguminosae, A Source Book of Characteristics, Uses, and Nodulation. 812pp. Wisconsin, U. S. A.

Aykroyd, W. R. and J. Doughty. 1964. Legumes in Human Niutrition. 138pp. FAO nutritional studies. No. 19. FAO, Rome.

Bogdam, A. V. 1977. Tropical Pasture and Fodder Plants (Grasses and Legumes). 475pp. Longmans, London.

Chung, C. C. and C. Huang. 1965. The Leguminosae of Taiwan for Pasture and Soil Improvement. 286pp.

Taiwan, Taipei.

Duke, J. A. 1981. Handbook of Legumes of World Economic Importance. 345pp. Plenum Press., New York and London.

Flora of China http://www.efloras.org/

Huang, P. and H. Ohashi. 120. *Ohwia* H. *Ohashi*（小槐花屬 xiao huai hua shu）. *In:* Flora of China vol. 10. page2, 262, 267.

Huang, P. and H. Ohashi. 122. Hylodesmum H. Ohashi & R. R. Mill（長柄山螞蝗屬 chang bing ma huang shu）. *In:* Flora of China vol. 10. page 2, 262, 279.

Huang, T. C. and H. Ohashi. 1993. Leguminosae. *In:* Editorial Committee of the Flora of Taiwan. 2nd (ed.) Flora of Taiwan (2nd ed.) vol. 3. pp. 160~196. Dep. of Botany National Taiwan University, Taipei.

Hutchinson, J. 1977. The Genera of Flowering plants. vol. 1. Dicotyledons. pp. 221~494. Clarendon Press, Oxford.

International Institute of Agriculture. 1936. Use of Leguminous Plant in Tropical Countries as Green Manure, as Cover and as Shade. 262pp. Rome.

Kew The Plant List → http://www.theplantlist. org/tpl1.1/record/ild-

LPWG(The Legume Phylogeny Working Group). 2017. A new subfamily classification of the Leguminosae based on a taxonomically comprehensive phylogeny. Taxon 66(1): 44~77.

Mackinder, B. A. and R. Clark. 2014. A synopsis of the Asian and Australasian genus *Phanera* Lour. (Cercudeae: Caesalpiniodeae: Leguminosae) inclouding 19 new combinations. Phytotaxa 166(1): 049~068.

Maslin, B. R. D. S. Seigler, and J. Ebinger. 2013. New combinations in *Senegalia* and *Vachellia* (Leguminosae: Mimosoideae) for Southeust Asia and China. Blumea 58: 39~44.

Perry, L. M. 1980. Medicinal Plant of East and Southeat Asia. pp. 203~231. The MIT. Press, London.

Plants of the World online / kewsience Gigasiphon Drake http:// powo.science.kew.org/ taxon/urn: lsid: ipni. org: names: 22484-1. 4pp.

Plants of the Word online/ kewscience Lysiphyllum (Benth.) de Wit hhtp://powo.science. kew.org/ taxon/ urn: lsid: ipni.org: names: 22849-1. 8pp.

Plants of the Word online/ kewscience Phanera Lour. hhtp:// powo.science. kew. org/ taxon/ urn: lsid: ipni. org: names: 23206-1. 9pp.

Plants of the Word online/ kewscience Tylosema (Schweinf.) Torre & Hillc. http://www. plants of the world on line.org/ taxon/ urn: lsid: ipni.org: names: 237433-1. 7pp.

Polhill, R. M. and P. H. Raven. (eds.). 1981. Advances in Legume Systematics. Part1, Part2. 1049pp. Royal Botanic Gardens, Kew.

Seigler, D. S. and J. E. Ebinger. 2010. New combinations in *Senegalia* and *Vachellia* (Fabaceae: Mimosoideae). Phytologia 92(1): 92~95.

四劃

五劃

六劃

七劃

八劃

九劃

十劃

十三劃

十五劃

十六劃

十七劃

十八劃

十九劃

二十劃

二十一劃

二十二劃

二十三劃

二十四劃

二十六劃

二十八劃

學名索引

A

B

C

D

E

F

G

R

U

V

英名索引

日名索引

國家圖書館出版品預行編目資料

臺灣豆科植物圖鑑 / 葉茂生, 曾彥學, 王秋美編著. -- 初版. -- 臺北市 : 五南圖書出版股份有限公司, 2021.08
面 ; 公分
ISBN 978-986-522-758-6(精裝)
1.雙子葉植物 2.臺灣
377.22 10006969

5N27

臺灣豆科植物圖鑑

作　者 — 葉茂生、曾彥學、王秋美
發行人 — 楊榮川
總經理 — 楊士清
總編輯 — 楊秀麗
主　編 — 李貴年
責任編輯 — 何富珊
封面設計 — 羅秀玉
出版者 — 五南圖書出版股份有限公司
地　址：106台北市大安區和平東路二段339號4樓
電　話：(02)2705-5066　傳　真：(02)2706-6100
網　址：https://www.wunan.com.tw
電子郵件：wunan@wunan.com.tw
劃撥帳號：01068953
戶　名：五南圖書出版股份有限公司
法律顧問　林勝安律師事務所　林勝安律師
出版日期　2021年8月初版一刷
定　價　新臺幣2500元